计算机基础与实训教材系列

HTML5+CSS3网页设计

实例教程

杨福贞 何永峰 李岩 编著

U0232228

清华大学出版社

北 京

内 容 简 介

本书循序渐进地讲述 Web 网页设计技术,从基本概念到 HTML5 网页设计、CSS3 样式控制以及综合实例,主要内容包括网页设计新时代、HTML5 的演进、创建 HTML5 文档、表格与列表、图片与富媒体、HTML5 表单的应用、CSS3 概述、CSS3 选择器、文本与字体、应用 CSS3 的属性、页面布局与媒介查询、变形和变换以及动画等,并且运用大量实例对各种关键技术进行深入浅出的分析。

本书内容丰富、结构合理、思路清晰、语言简练流畅、示例翔实,既适合作为高等院校计算机相关专业的教材,也可作为网页设计应用开发人员的参考书。

本书的电子课件、习题答案和实例源代码可以到 http://www.tupwk.com.cn/downpage 网站下载,也可通过扫描前言中的二维码下载。

图书在版编目(CIP)数据

HTML5+CSS3 网页设计实例教程 / 杨福贞,何永峰,李岩 编著. —北京:清华大学出版社,2019

(计算机基础与实训教材系列)

ISBN 978-7-302-52500-4

Ⅰ. ①H… Ⅱ. ①杨… ②何… ③李… Ⅲ. ①超文本标记语言—程序设计—教材 ②网页制作工具—教材 Ⅳ. ①TP312.8 ②TP393.092.2

中国版本图书馆 CIP 数据核字(2019)第 043133 号

责任编辑:胡辰浩
装帧设计:孔祥峰
责任校对:牛艳敏
责任印制:沈 露

出版发行:清华大学出版社

网 址:http://www.tup.com.cn,http://www.wqbook.com
地 址:北京清华大学学研大厦 A 座 邮 编:100084
社 总 机:010-62770175 邮 购:010-62786544
投稿与读者服务:010-62776969,c-service@tup.tsinghua.edu.cn
质 量 反 馈:010-62772015,zhiliang@tup.tsinghua.edu.cn

印 装 者:清华大学印刷厂
经 销:全国新华书店
开 本:190mm×260mm 印 张:25.5 字 数:652 千字
版 次:2019 年 4 月第 1 版 印 次:2019 年 4 月第 1 次印刷
定 价:68.00 元

产品编号:077832-01

前　言

Internet 正在经历惊人的巨变，不仅有浩如烟海的用户人群，还有复杂多样的联网设备，网络的连接速度也与日俱增。简单的网页设计技术已经不能满足需求，HTML5 和 CSS3 技术的更新，更加优化了网页设计的技术标准。

HTML5+CSS3 以标准布局和精美样式，实现了网页内容和样式的分离，使网页样式布局和美化达到空前的高度，成为 Web 标准中不可替代的技术规范。本书以知识点示例、章节综合实例和全书综合实例等形式，全面涵盖网页设计的基础知识、HTML5 和 CSS3 技术等。

本书共 13 章，从 Web 网页设计的基本概念出发，由浅入深地详细讲述了包括网页设计新时代、HTML5 的演进、创建 HTML5 文档、表格与列表、图片与富媒体、HTML5 表的应用、CSS3 概述、CSS3 选择器、文本与字体、应用 CSS3 的属性、页面布局与媒介查询、变形和变换以及动画等内容。在讲述网页设计的各种技术时，运用丰富的实例，注重培养读者解决实际问题的能力，使大家快速掌握应用 HTML5+CSS3 进行网页设计的操作技术。

本书内容丰富、结构合理、思路清晰、语言简练流畅、示例翔实。每一章的引言部分概述了该章的作用和内容。在每一章的正文中，结合所讲述的关键技术和难点，穿插了大量极富实用价值的示例。每一章末尾都安排了有针对性的思考题和练习题，思考题有助于读者巩固所学的基本概念，练习题有助于培养读者的实际动手能力，增强对基本概念的理解和实际应用能力。

本书面向高等院校计算机相关专业师生，以及网页设计爱好者和制作人员。既适合作为高等院校网页设计课程的教材，也可作为网页设计应用开发人员的参考书。

参与本书编写的人员均为高等院校从事计算机课程教学和研究的教师，全书共 13 章，其中集宁师范学院的杨福贞负责第 1、2、7、8、9 章的编写；集宁师范学院的何永峰负责第 3、4、10、12 章的编写；集宁师范学院的李岩负责第 5、6、11、13 章的编写。另外，参加本书编写的人员还有薛山、梁琦、高宇飞、赵国桦、丁鑫、贾圣杰、武红欣、张晓菊、陈光训、吴超群、郑玉祥、付君泽、黄怀春、靳廷喜等人。全书整体框架设计由杨福贞负责，组稿工作由李岩负责，统稿工作由何永峰负责，薛山及梁琦等协助编者进行材料搜集工作。

本书在编写过程中参考了国内同行和广大实践工作者的诸多文献与资料，并引用了部分材料与成果。在此一并致以深深的敬意和衷心的感谢。

尽管全体编写者都已倾尽全力而为,但由于水平有限,难免有疏漏和不足之处,希望同行专家给予指正。我们的电话是 010-62796045,信箱是 huchenhao@263.net。

本书的电子课件、习题答案和实例源代码可以到 http://www.tupwk.com.cn/downpage 网站下载,也可通过扫描下方二维码下载。

作 者

2018 年 10 月

目　录

第1章

网页设计新时代

从 2010 年开始，HTML5 和 CSS3 就一直是互联网技术中最受关注的两个话题。2010 年，在 MIX10 大会上微软的工程师在介绍 IE9 时，从前端技术的角度把互联网的发展分为三个阶段：第一阶段是以 Web 1.0 为主的网络阶段，前端主流技术是 HTML 和 CSS；第二阶段是 Web 2.0 的 Ajax 应用阶段，热门技术是 JavaScript/DOM/异步数据请求；第三阶段为 HTML5+CSS3 阶段，这两者相辅相成，使网页设计进入一个崭新的时代。本章将重点介绍 HTML5 语言基础、HTML5 的由来及其要解决的问题、指导进行网页开发的设计原则以及 HTML5 带来的新特性，为系统地学习使用 HTML5+CSS3 设计网页奠定基础。

本章的学习目标：

- 了解 Web 网页设计原则
- 了解 HTML5 是如何形成的
- 了解 HTML5 的设计原则
- 了解 HTML5 页面的特征
- 了解网页的基本元素和网页设计的常用技术
- 使用 HTML 创建一些 Web 页面

1.1 Web 网页设计原则

本节介绍开放 Web 标准的重要性、构造良好的语义化标记技术，以及编写良好的 HTML 是网页设计过程的一部分；简单、直白的 HTML 结构应当用 CSS 进行样式化等。

1.1.1 Web 标准

成立于 1998 年的 Web Standards Project(Web 标准项目，WSP)一直致力于跨不同浏览器的标准实现和基于标准的 Web 设计方法。其目标是降低 Web 开发的成本与复杂性，并通过使 Web 内容在不同设备和辅助技术之间更具一致性和兼容性，提高 Web 页面的可访问性。他们说服浏览器和工具开发商进行改进，以支持 World Wide Web Consortium(万维网联盟，W3C)推荐的 Web 标准，如

HTML、CSS 等。由此，Web 标准得到了跨所有主流浏览器的一致实现。

1. 什么是 Web 标准

我们在日常生活中会不经意地用到标准。例如，在买灯泡时，我们知道要买螺旋式或卡口式灯泡，这样才会与家中的灯座装置匹配。标准保证了我们所买的灯泡不会太大，也不会太宽。标准就在我们身边：看看家里的插头、电器的额定功率，以及整个社会都使用的时间、距离、温度度量标准等。

Web 标准出自同样的道理。当浏览器制造商和 Web 开发人员都采用统一的标准时，编写浏览器专用标记的需求就减少了。通过使用结构良好的 HTML 对网页内容进行标记，并使用 CSS 来控制网页的呈现，我们便可设计出能在各种标准兼容浏览器中显示一致的 Web 网站，而不管是什么样的操作系统。重要的是，当同样的标记由基于文本的旧式浏览器或移动设备浏览器呈现时，其内容仍然是可访问的。Web 标准节约了 Web 设计者的时间，让他们坚信自己的杰作是可访问的，而不管用户使用的是哪种平台或哪种浏览器。

2. 使用 Web 标准的好处

使用 Web 标准办法的好处是显而易见的，包括如下方面。

(1) 减少开发时间

只需要建立一个单一的网站，便可以在所有平台、浏览器、设备上运行。如果没有标准，则可能需要为每一种浏览器开发不同的网站。

(2) 创建易于更新与维护的网站

例如，通过 Web 标准和最佳做法，可以更新一个单一的 CSS 文件来改变有若干 HTML 页面的整个网站的样式。在这之前，我们习惯于将样式信息放在 HTML 的内部，这意味着要在每个页面上修改这些信息。这太过烦琐而不便。

(3) 改善搜索引擎排名

HTML 中的内容是基于文本的，因而是搜索引擎可读的。此外，编写良好的副本和恰当使用语义化 HTML(如标题)，可以提高相应关键字的权重，并发送含有 Google Chart 图片的页面。

(4) 改善可访问性

编写良好的 HTML 和 CSS 可以使 Web 站点更易于让不同用户人群访问。例如，残疾人、移动设备用户、使用低带宽连接的人群等。

3. 语义化标记

语义化标记(有时也称为 POSH，代表 Plain Old Semantic HTML)是指要让 HTML 标记侧重于说明内容的含义，例如"这是标题""这是段落"等。语义化标记不关注内容的表现层含义，如"标题用什么字体、什么颜色、大小如何"等，这种表现层含义属于 CSS 样式要解决的问题。整个 Web 页面的设计过程实际上被分成若干层次，其中一个是标记层，以说明内容的含义，即采用语义化标记来说明内容的含义，这是 HTML 标记的任务。另一个是表现层，用以说明内容的样式或观感，这是 CSS 要解决的问题。

语义化标记是自描述的，用正确的 HTML 元素表示恰当的含义。例如，使用如下标记来表示一个标题：

```
<div id="heading" style="font-size:300%; padding: 10px;">My heading</div>
```

确实，它看起来像一个标题，但它并不是按照标题的含义或目的而起作用的。因此，在搜索引擎优化(标题中的关键字具有更高的权重)、可访问性(屏幕阅读器会使用标题元素作为导航标志)、开发(在使用不当语义元素的情况下，让目标元素带有样式和脚本会需要更多技巧)等方面，都会带来负面影响。

使用适当的元素会好得多，参考如下代码：

```
<h1>My heading</h1>
```

语义化标记也应该尽可能轻量级，也就是要消除所有那些嵌套的<div>标记和其他意大利面条式代码。这可以使文件更小，让编码更加容易。

4. Web 标准层次

五彩缤纷的 Web 页面犹如蛋糕一样，是很多东西的混合体，包括语义化标记、样式信息、脚本/行为等。繁杂的 Web 标准作为整体，是运作整个 Web 世界的一整套合理体系，这也像蛋糕一样，是由很多不同的标准构成的，各种标准都同样重要，不可或缺。其本质是应该将数据结构、样式信息、脚本/行为分离成不同的层次。Web 标准层次包括如下这些。

(1) 数据结构层

语义化 HTML 提供数据结构，是整洁、易于访问的内容集合。HTML5 对此提供很好的支持。应当尽可能使这种数据是可用和可访问的，而无须任何样式方面的脚本强化。

(2) 样式信息层

CSS 提供样式信息，它会利用数据并给出用户所期望的可视化呈现。与 CSS2 相比，CSS3 提供了功能更加强大的工具。

(3) 脚本/行为层

JavaScript(包括在 HTML5 中定义的基本语言和脚本 API)提供脚本/行为层，这为网站添加了可用性和更丰富的功能。

1.1.2　Web 标准与浏览器的兼容性

浏览器的前景正在朝着标准的方向演化和靠拢。Firefox、Safari、Opera、Chrome，当然也包括古老的 IE，都在以不同的速度朝着全面支持 HTML5、CSS3 等标准的方向前进。

但另一个问题是：不仅要支持桌面浏览器。通过移动设备、平板电脑、电视、游戏终端等，在移动过程中访问 Web 的人群快速增长。设备的爆炸式增长，如 Apple 的 iPhone 和 iPad、Google 的 Android 设备、Blackberry、Wii、DS 以及 Philips 和 Sony 的网络电视机等，极大地增加了在移动时、在客厅以及远离桌面的其他地方访问 Web 的人数。

随着访问 Web 内容的设备种类越来越多，精确预测网站在各种用户设备上的外观变得越来越困难。因此，网页的设计不应受像素完美控制的困扰，而是要接纳这种不确定性，设计出可适应不同浏览环境的柔性网站。

1.1.3　可访问性

使用 Web 设计标准会在更广泛的设备上有更好的可访问性，带来更多样的用户等。

设计网页首先要关注不同用户如何使用 Web。有些人使用不同的设备或低速的 Web 连接，有些人只使用键盘，有些人使用屏幕阅读器阅读 Web 页面，有些人听不到音频内容。因此，要熟悉形形色色的 Web 用户。不要只是假设所有人都以相同的模式使用 Web。

HTML5 给 Web 网页的可访问性带来了更广泛的便利。

1.1.4 结构化文档的 Web

可以把 Web 想象成由文档组成的大海，文档之间相互关联，并且与日常生活中遇到的打印文档有着很多相似性。

新闻网站中文章的结构与报纸上文章的结构类似。每一篇文章包含标题、文本段落以及一些图片(有时可能用视频代替图片)。相同点非常明显，而唯一的不同就是：在报纸上，可以在一个版面上放置多篇故事；而在网页上，每篇故事则倾向于独占一个页面。新闻网站还经常使用首页显示新闻头条以及故事梗概。

又比如火车时刻表，火车时刻表的主体是一个表格(table)。从论文资助清单到电视节目表，每一天都会遇到表格化的信息。当这些信息被放到 Web 上时，这些表格就需要被重构。

另一种常见的打印文档是表单(form)。例如，保险公司的一张普通表单包含一些填写区域，用以填写姓名、地址以及保额，同时还有一些复选框，用以指明房子的房间数以及前门锁的种类。Web 上有很多表单，从简单询问寻找事物的搜索框，到在线订购书籍之前需要填写的注册表单。

在上述打印文档与你看到的 Web 页面之间，结构上有着很多相似性。在编写 Web 页面时，HTML 代码会告知 Web 浏览器需要显示的信息结构，即什么文本放在标题、段落或表格中等，从而让浏览器能够恰当地将它们呈现给用户。

1.2 HTML5 概述

2004 年成立的 Web 超文本应用技术工作组(WHATWG)创立了 HTML5 规范，同时开始专门针对 Web 应用开发新的功能。2006 年，W3C 介入 HTML5 的开发，并于 2008 年发布了 HTML5 的工作草案。2009 年，W3C 停止对 XHTML 2.0 的更新。2010 年，HTML5 开始用于解决实际问题。这时各大浏览器厂商开始对旗下产品进行升级以支持 HTML5 的新功能，因此，HTML5 规范得到了持续性的完善。

1.2.1 传统 HTML 与 XHTML

标记语言在我们的日常计算中无处不在。在传统的文字处理文档中，用于描述结构与外观的标记代码常常不是后台编码的。在 Web 文档中，传统 HTML 和 XHTML(XHTML 是使用 HTML 基于 XML 语法规则建立的标记语言)的标记代码是明显可见的。这些非后台的标记语言能够将 Web 页面的结构与外观传递给 Web 浏览器。

从 1991 年底开始推出至今，HTML 和基于 XML 的 XHTML 都发生了许多变化。最早构建 Web 页面的 HTML 版本并没有严格的定义。然而在 1993 年，Internet Engineering Task Force(IETF)开始标准化语言，并且在 1995 年发布了第一个真正意义上的 HTML 标准——HTML 2.0。在以后很长一段时间里，可能会遇到其他的标记版本，表 1-1 简要介绍了常见的 HTML 和 XHTML 版本。

表 1-1　常见的 HTML 或 XHTML 版本

HTML 或 XHTML 版本	说　　明
HTML 2.0	该版本是 Mosaic 等浏览器支持的经典 HTML 版本，支持 HTML 核心元素与功能(例如表格和表单等)，但是不支持较新的高级浏览器功能(例如样式表、脚本、框架等)
HTML 4.0 Transitional	该版本是 W3C 于 1997 年 12 月发布的 HTML 4.0 过渡版，保留了大量 HTML 3.2 中表示外观的元素。该版本提供了向层叠样式表(CSS)，支持与访问多语言环境的元素和特性，以及脚本程序的过渡
HTML 4.0 Strict	该版本为严格的 HTML 4.0 版本，从 HTML 规范中删除了大量表示外观的元素(例如 font)，以支持使用 CSS 的页面格式
HTML 4.0 Frameset	该版本为框架文档提供严格的语法，这在 HTML 以前的版本中是没有实现的
HTML 4.01Transitional/Strict/Frameset	该版本是对 4.0 标准版的简单升级，仅仅就原始版本中的一些错误进行了纠正
XHTML 1.0 Transitional	该版本是 HTML 规范的 XML 应用的改版。该版本作为过渡版本保留了 HTML 4.0 过渡版的基本外观表示的功能，但是同时向 HTML 应用了严格的 XML 语法规则
XHTML 1.0 Strict	该版本是使用 XML 的 HTML 4.0 严格版本的改版。该版本将所有表示外观的职责都交给 CSS 来完成
XHTML 1.1	该版本是 XHTML 1.0 的改版，其中对标记语言进行了模块化，以方便扩展或缩减。该版本在本书撰写时还没有得到广泛应用，同时并没有对严格的 XHTML 1.0 做大的改变
XHTML 2.0	该版本是对 XHTML 的新的应用，不向后兼容 XHTML 1.0 和传统的 HTML。XHTML 2.0 删除了所有表示外观的标记，并且向语言中引入了不同的新标记和新思想
XHTML Basic 1.0	该版本是在模块化的 XHTML 1.1 基础上设计的，是在功能不太强大的 Web 客户端(例如手机)上使用的版本
XHTML Basic 1.1	该版本是 XHTML 基本规范的改善版本，添加了一些功能，其中一些功能是针对移动设备的界面设计的

1.2.2　HTML5 是如何形成的

HTML5 是 HTML 长期发展过程中的一个里程碑，各种版本的 HTML 以不同规范形成了各种编码风格。尽管它们可能在细节方面有所不同，但它们都有一个共同的基本方面：HTML 是一种标记语言。

1. 超越 HTML 4.0

其实，HTML 4.0 毫无错误之处。它是一个堪称完美的规范，而且其技术与其原先期望要做的工作完全一致：标记出带有相互链接的静态文档。但是 Web 开发人员不会满足于只制作静态文档。他们希望制作具有应用程序行为而不是页面的动态 Web 网站，于是使用了诸如 PHP、JavaScript 以及 Flash 之类的技术。这就形成了要演变的需求。

> **注意：**
>
> Flash 最初变得流行的原因是，20 世纪 90 年代后期跨浏览器的 Web 标准支持实在太差，而 Flash 插件提供了一种方式，使内容能够跨浏览器具有一致的行为。同时，Flash 能够让开发人员在 Web 页面上做一些动画、视频之类的事情。当时，Web 标准还没有支持这些内容的工具。

2. 转向 XHTML 1.0

1998 年，HTML 4.0 规范几近完成，W3C 决定让 Web 转向 XHTML 而不是 HTML，于是终止了 HTML 4.0 的相关工作(最后一个版本实际上是 HTML 4.01，它包括一些 bug 修正等)，并全力集中于 XHTML 1.0 规范。

2002 年 8 月，W3C 在考虑 HTML 最佳演化的情况下重磅推出最初的 XHTML。XHTML 1.0 主要是以 XML 词汇重新整理了 HTML 4.0，使之具备 XML 的那种更严谨的语法规则(例如，属性值必须有引号、元素需要关闭等)。目标是拥有更好的质量和更有效的标记。

3. XHTML 2.0 的失败

XHTML 的最后一个版本 XHTML 2.0 也是精心编写的规范，但它完全没有反映出 Web 开发人员在 Web 页面上实际要做的工作，也未能对 Web 页面上已有的内容做到向后兼容。许多特性的工作方式已有所不同，例如 XHTML 的 mimetype(application/xhtml+xml)在 IE 中根本不起作用，而且浏览器中可用的开发人员工具尚未做好使用 XML 的准备。

2004 年，WHATWG(www.whatwg.org) 小组编写了一个更好的标记规范，使得具有一组能更有效创建新品种 Web 应用程序的特性，重要的是不会打破向后兼容性。

WHATWG 创建了 Web Application 1.0 规范，它记录了已有的可交互浏览器行为和特性，以及用于 Open Web 技术堆栈(如 API 以及新的 DOM 解析规则等)的新特性。经过 W3C 成员之间的多次磋商之后，2007 年 3 月 7 日，新的 HTML 工作小组(HTML Working Group，HTML WG)以开放的参与方式重新启动了 HTML 的有关工作。HTML WG 的首要决策之一是，采纳 Web Application 1.0 规范并称之为 HTML5。

WHATWG 和 W3C 现在以两个不同规范联合开发 HTML5 规范。

- WHATWG HTML 规范是贡献者快速生成和从事创造新特性的地方，这是在新特性被纳入官方推荐之前的工作方式。注意，这里去掉了版本号，表明这是一个活动中的标准，它会作为单一的整体，以免除版本化的方式继续进化。
- W3C HTML5 规范是提供最稳定且被广泛认可的特性的地方。该版本描绘了一幅真实画面，在这里商讨哪些特性是最完整的且最可能在浏览器中得到支持。

4. HTML5 的成功

在 XHTML 2.0 失败之时，HTML5 已经取得了成功，因为它在开发时考虑到了当前和未来的浏览器开发，以及过去、现在和将来的 Web 开发任务。

HTML5 是向后兼容的。它包含 HTML 4.0 规范的全部特性，进行了少量修改和完善。它还包含很多用于建立动态 Web 应用程序以及创建更高质量的标记所需的附加素材，例如：

- 新的语义化元素，可以语义化地定义更多标记成分，而不是使用大量的 class 和 ID。
- 新的元素和 API，用于为网站添加视频、音频、脚本化图片以及其他内容。

- 用于标准化功能的新特性，如服务器发送的更新、表单验证等。
- 弥补功能不足的新特性，这些是已经在开放标准中生效的功能。例如，定义浏览器如何处理标记错误、允许 Web 应用程序离线运行、将长时间打开的套接字连接用于应用程序数据传输以及音频、视频、脚本化图片(画布)等。

HTML5 的许多内容已得到所有现代浏览器的良好支持，利用少量的 JavaScript 处理，就可以在旧式浏览器中正常运行。

1.2.3 HTML5 的设计原则

HTML5 的形成基于许多设计原则，在应用新的标记时，还要有计划地支持现有内容。另外，W3C 还定义了以下原则：

- 确保支持现有内容；
- 在旧式浏览器中让新特性能够优雅降级；
- 不要重新发明；
- 铺平老路；
- 进化而非革命；
- 能够普遍访问。

与 XHTML 2.0 不同，HTML5 对标记采取务实的办法，有助于让"真实世界"的办法战胜开发 XHTML 2.0 时所采用的不切实际的办法(这些办法最终导致 XHTML 2.0 的消亡)。这种务实办法让我们能够现在就使用 HTML5，坚信它会朝着期望的目标前进。

1. 支持现有内容

2019 年是 Web 诞生以来的第 29 个年头。它的非凡增长是历史上绝无仅有的，而且现在已有数十亿计的 Web 页面。HTML5 的发展核心就在于支持所有现有内容的重要性。

HTML5 并非推陈出新，而是保持现状，并添加新的增强功能。基于这一思想，W3C 指出：应当尽可能将现有 HTML 文档处理成 HTML5 文档，并根据现有浏览器的行为，得到与用户和作者的当前期望相兼容的结果。

简言之，当 HTML5 施行时，要考虑如何对用旧版 HTML 设计和开发的已有内容做适当处理。

支持现有的内容，这一点非常重要，因为很多人都认为 HTML5 很新，它应该代表着未来发展的方向，应该把 Web 推向一个新的发展阶段。但必须考虑支持已有的内容，只要想构建一款浏览器，就必须记住一条原则：必须支持已有的内容。

例如，下面的代码展示了编写同样内容的 4 种不同方式。上面是一个 img 元素，下面是带一个属性的段落元素，4 种写法唯一的不同就是语法。把其中任何一段代码交给浏览器，浏览器都会生成相同的 DOM 树，如图 1-1 所示。从浏览器的角度看，这 4 种写法没有区别，因此在 HTML5 中可以随意使用下列语法。

```
<img src=" tomato.png" alt="bar" />
<p class=" tomato.png">你好，HTML5！</p>

<img src="tomato.png" alt="bar" >
<p class="tomato.png">你好，HTML5！
```

```
<IMG SRC="tomato.png" ALT="bar">
<P CLASS="tomato.png">你好，HTML5！</P>

<img src=tomato.png alt=bar>
<p class=tomato.png>你好，HTML5！</p>
```

图 1-1 相同内容的 4 种不同编写方式在浏览器的显示效果相同

HTML5 同时允许这些写法，对于那些写了很多年 XHTML1.0 代码，已经非常适应严格语法的开发人员来说，这是难以适应的，但站在浏览器的角度，这些写法实际上是一样的，肯定没有什么问题。

HTML5 必须支持已有的内容，而已有的内容就是这个样子的，浏览器没有别的选择。

2. 优雅降级

与支持现有内容一致，在 HTML5 演化过程中，W3C 的 HTML 设计原则要确保考虑到旧式浏览器如何处理新元素。要使 Web 内容能够在旧式或低能力的用户代理中优雅降级，即使在利用新的元素、属性、API 以及内容模型的情况下也没有问题。

HTML5 遵循这条原则的例子，就是使用 type 属性增强表单。下面列出了可以为 type 属性指定的新值，有 number、search 和 range 等。

```
Input type=" number"
Input type=" search"
Input type=" range"
Input type=" email"
Input type="date"
Input type=" url"
```

最关键的问题在于浏览器看到这些新的 type 值时会如何处理。那些无法理解这些新的 type 值的浏览器会将 type 值解释为 text。

例如，现在输入 type="number"。假设需要一个输入数值的文本框，那么可以把这个 input 元素的 type 属性设置为 number。能识别它的浏览器(如 Chrome 浏览器)就会呈现一个带小箭头图标的微调框，如图 1-2 所示。而在不能识别它的浏览器中则会出现一个文本框。

图 1-2　将 type 属性设置为 number 后 Chrome 浏览器中的显示效果

3. 不要重新发明

关于 HTML5 引入的新元素的命名方式，HTML5 考虑了过去的情况。W3C 特别强调，不要重新发明，或是让它不那么正规，"如果没被打破，就别修正它"。

也就是说，如果涉及特定使用场合的技术已经有了广泛的应用和实现，那么只需要考虑延续这种技术，而不是针对同样目的去发明某种新的东西。以前大家所熟悉的大部分东西都包含在 HTML5 开发中，因而应该不需要重新学习所有东西。

4. 铺平老路

铺平老路的本质含义是，如果一条工作路径或一种工作方式已经经历了自然进化，并在开发人员中普遍使用，那么更好的方式是继续使用而不是取代。在官方规范中要提倡并采纳事实上的标准。例如在 HTML5 引入新元素的名称时，就是按照这一设计原则实现的。

5. 进化而非革命

正如 W3C 所说：革命有时会让世界变得更好。但大多数情况下，更好的做法是进化已有的设计而非摒弃。这样，用户不必学习新模型，内容也会得到延续。这意味着减少现有设计人员和开发人员重新学习的需求。

6. 能够普遍访问

HTML5 的普遍访问原则可以分成 3 个概念。

(1) 可访问性：出于对残障人士的考虑，HTML5 与 WAI(Web 可访问性倡议)和 ARIA(可访问的富 Internet 应用)做到了紧密结合，WAI-ARIA 中以屏幕阅读器为基础的元素已经被添加到 HTML 中。

(2) 媒体中立：如果可能的话，HTML5 的功能在所有不同的设备和平台上应该都能正常运行。

(3) 支持所有语种：例如，新的<ruby>元素支持在东亚地区页面排版中会用到的 Ruby 注释。

1.3　HTML5 页面的特征

本节通过一个较为完整的页面来介绍 HTML5 页面的特征。

1.3.1 使用 HTML5 结构化元素

通过研究 Web 页面发现，如果使用一些带有语义的标记，可以加快浏览器解释页面中元素的速度，如早期的<samp>、<var>元素。HTML5 继承了这些元素，并根据用户使用最为频繁的类名称和 ID 号不断开发新的标记，因为这些标记能真正体现开发者真实意图所在。下面通过示例说明 HTML5 是如何使用这些全新的 HTML5 特征来结构化元素的。

例 1-1：本例将页面分成上、中、下 3 部分。上部用于显示导航；中部分成两部分，左边设置菜单，右边显示文本内容；下部显示页面版权信息。该页面在 Chrome 浏览器中的预览效果如图 1-3 所示。

```html
<!DOCTYPE html>
<html>
<head>
<meta http-equiv="content-type" content="text/html; charset=UTF-8" />
<title></title>
<style type="text/css">
#header, #siderLeft, #siderRight, #footer {
    border: solid 1px #666;
    padding: 10px;
    margin: 6px;
}
#header {
    width: 500px;
}
#siderLeft {
    float: left;
    width: 60px;
    height: 100px;
}
#siderRight {
    float: left;
    width:406px;
    height: 100px;
}
#footer {
    clear: both;
    width: 500px;
}
</style>
</head>
<body>
<div id="header">导航</div>
<div id="siderLeft">菜单</div>
<div id="siderRight">内容</div>
<div id="footer">底部说明</div>
</body>
</html>
```

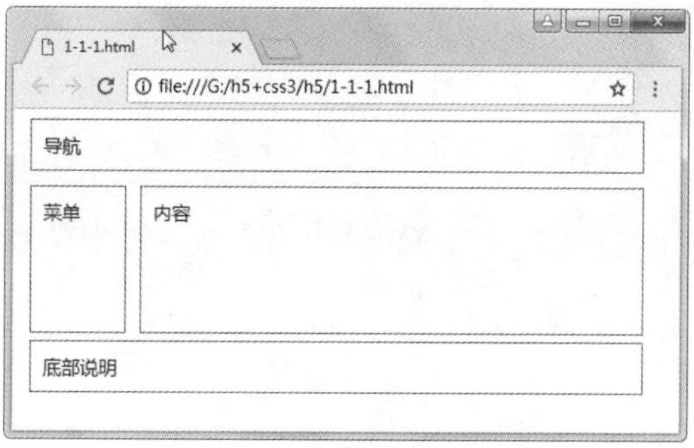

图 1-3　简单的网页布局

　　尽管上述代码不存在任何错误，还可以在 HTML5 环境中很好地运行，但该页面结构的很多部分对于浏览器来说都是未知的，这是因为浏览器不能很好地表明元素在页面中的位置，必然影响页面的解析速度。幸好 HTML5 中新增的元素可以很快地定位某个标记，以明确地表示页面中的位置。将上述代码修改成 HTML5 支持的页面代码，如下所示，效果如图 1-4 所示。

```
<!DOCTYPE html>
<html>
<head>
<meta charset=UTF-8" />
<title></title>
<style type="text/css">
header, nav, article, footer {
    border: solid 1px #666;
    padding: 10px;
    margin: 6px;
}
header {
    width: 500px;
}
nav {
    float: left;
    width: 60px;
    height: 100px;
}
article {
    float: left;
    width:406px;
    height: 100px;
}
footer {
    clear: both;
    width: 500px;
}
</style>
</head>
<body>
<header>导航</header>
<nav>菜单</nav>
```

```
<article>内容</article>
<footer>底部说明</footer>
</body>
</html>
```

图 1-4　使用 HTML5 新增元素后的网页布局

虽然两段代码不同，但在 Chrome 浏览器中实现的页面效果相同。从上述两段代码来看，使用 HTML5 新增元素创建的页面代码更加简单和高效。

可以看出，使用<div id="header">、<div id="siderLeft">、<div id="siderRight">和<div id="footer">标记元素没有任何现实意义，即浏览器不能根据标记的 id 属性来推断标记的真正含义，因为 id 是可以变化的，不利于寻找。

而 HTML5 中的新增元素<header>可以明确地告诉浏览器此处是页头，<nav>标记用于构建页面的导航，<article>标记用于构建页面内容的一部分，<footer>元素表明页面已到页脚或根元素部分，并且这些标记都可以重复使用，从而极大地提高了开发者的工作效率。

此外，有些新增的 HTML5 元素还可以单独成为区域，如下列代码所示：

```
<header>
    <article>
        <h1>内容 1</h1>
    </article>
</header>
<header>
    <article>
        <h2>内容 2</h2>
    </article>
</header>
```

在 HTML5 中，一个<article>可以创建一个新的节点，如图 1-5 所示；并且每个节点都可以有自己单独的元素，如<h1>或<h2>，这样不仅使内容区域各自分段、便于维护，而且代码简单，局部修改方便。

图 1-5　一个<article>可以创建一个新的节点

1.3.2　使用 CSS3 美化 HTML5 文档

在支持 HTML5 新元素的浏览器中，样式化各新增元素变得十分简单，可以对任意一个元素应用 CSS，包括直接设置或引入 CSS 文件。需要说明的是，默认情况下，CSS 会默认元素的 display 属性值为 inline。因此，为了正确显示设置的页面效果，需要将元素的 display 属性设置为 block。下面通过一个简单示例来说明这一点。

例 1-2： 在页面中设置相关样式，显示一篇文章的内容。该页面在 Chrome 浏览器中的预览效果如图 1-6 所示，代码如下。

```html
<!DOCTYPE html>
<head>
<meta charset="utf-8" />
<style type="text/css">
article {display: block}
article header p {font-size: 13px}
article header h1 {font-size: 16px}
.p-data { font-size: 11px}
</style>
</head>
<body>
<article>
  <header>
    <h1><a>使用 CSS3 美化 HTML5 文档</a></h1>
    <p class="p-data">日期：2018-08-10</p>
    <p>在支持 HTML5 新元素的浏览器中，样式化各新增元素变得十分简单，可以对任意一个元素应用 CSS，包括直接设置或引入 CSS 文件。</p>
  </header>
</article>
</body>
```

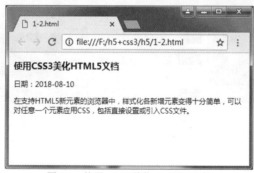

图 1-6　使用 CSS3 美化 HTML5 文档

由于有些浏览器不支持 HTML5 中的新增元素，如 IE8 或更早版本，CSS 只能应用于 IE 支持的那些元素；因此，为了能对新增的 HTML5 元素应用样式，可以在头部标记<head>中加入如下 JavaScript 代码，这样就可以应用样式了。

```html
<script type="text/javascript">
document.createElement('article');
document.createElement('header');
```

`</script>`

考虑到各浏览器的兼容性不一样，可以对上述 JavaScript 代码进行优化，即使用条件语句包含这些 JavaScript 代码，使浏览器只在不支持 HTML5 的情况下才执行这段脚本。

1.4 Web 网页设计基础

要设计 Web 网页，应该了解网页的基本元素和网页设计的常用技术等基础知识。

1.4.1 网页的基本元素

网页作为信息的载体，包含各种各样的元素。从网页的内容或媒体元素的角度出发，网页包含文本、图像、动画、音频和视频等；从布局设计的角度出发，网页包含标题、页眉、主内容区和页脚等。

1．网页的基本媒体元素

从网页包含的内容来看，网页的基本元素包括文本、图像、动画、音频、视频等多种媒体元素。除此以外，元素的超链接也是网页中使用非常频繁的元素。图 1-7 是新浪网首页的基本媒体元素。

图 1-7　网页的基本媒体元素

(1) 文本

一般情况下，网页中的信息以文本为主。文本一直是人类最重要的信息载体与交流工具，它能准确地表达信息的内容和含义，所以文本是网页中运用最广泛的元素之一。

为了丰富文本的表现力，网页设计与制作者可以通过设置文本的字体、字号、颜色、底纹和边框等属性来改变文本的视觉效果。但是，用于网页正文的文字一般不要太大，也不要使用过多的字体。

(2) 图像

图像是美化网页必不可少的元素，适用于网页的图像格式主要有 JPEG、GIF 和 PNG。图像能比文本更直观地表达信息，在网页中通常起到画龙点睛的作用，它能表达网页的形象和风格，恰到好处地使用图像能使网页更加生动和美观。网页中的图像主要有用于点缀标题的小图像、背景图像、介绍性的图像、代表企业形象或栏目内容的标志性图像、用于宣传广告的图像等多种形式。

(3) 动画

动画是网页中最活跃的元素，创意出众、制作精致的动画是吸引浏览者眼球的最有效方法之一。但是，过多的动画容易使人眼花缭乱，进而产生视觉疲劳。

网页中使用较多的动画格式是 GIF 动画(或 GIF 图像)与 Flash 动画。GIF 动画在浏览器中播放时不需要插件，通常用于制作简单的、只需要几帧图片的交替动画。使用 Flash 软件制作出的动画质量较好，许多网页中的大型、复杂的动画几乎都用 Flash 来制作。一般浏览器中都内嵌插件 Adobe Flash Player 以支持 Flash 动画的播放。

(4) 音频

音频的适当使用能极好地吸引浏览者，烘托网页所表现内容的氛围。但添加音乐后，网页的加载速度会受到影响。另外，不同的浏览器对于音频文件的处理方法是不同的，彼此之间很可能不兼容。因此，在添加音乐时需要考虑声音文件的大小、品质和在不同浏览器中的差异，适时适度地添加。

用于网络的声音文件格式非常多，常用的是 MIDI、WAV、MP3、RM 和 AIF 等。很多浏览器不需要插件也可以支持 MIDI、WAV、MP3 格式的声音文件，而 RM 和 AIF 格式的声音文件则可能需要专门的浏览器插件才能播放。

(5) 视频

视频可以给访问者带来强烈的视觉冲击力，让网页内容更加丰富。网络上的许多插件也使得向网页中插入视频的操作变得非常简单。网页中应用的视频文件格式越来越多，常见的有 RM、WMV、ASF、MPEG、AVI、RMVB 和 DivX 等。

(6) 超链接

超链接是网页的主要特色，指从一个位置指向另一个目的位置的连接关系。超链接由链接载体和链接目标两部分组成。最常见的链接载体是文本或图片，链接目标则可以是任意网络资源，既可以是另一个网页，也可以是网页上的某个位置，还可以是图片、电子邮件地址、文件甚至是应用程序。

2. 网页的基本布局元素

从布局设计的角度讲，网页一般由标题、页眉、主内容区和页脚部分构成。页眉部分通常包括网站的 Logo 和导航栏，如图 1-8 所示。

(1) 标题

标题是对网页内容的高度概括，便于搜索引擎搜索，预览时通常出现在浏览器的标题栏以及状态栏中。

(2) 页眉

页眉是指页面上端的部分，通常是网站访问者在网页中看到的第一个元素，是网站设计中非常重要的部分。因关注度较高，网页设计者常常依靠独特的设计手法，搭配上创意优秀的图片，让网页突破很多空间界限，给人留下深刻的印象。

图1-8　网页的基本布局元素

大多数网站制作者在页眉部分设置站点名称图片或标志、网站宗旨、展示宣传网站的广告条和动画、链接网页的导航栏，以及跳转网页的按钮等，有的则设计成广告位出租。当然，页眉也并非所有网页都有，一些特殊的网页就没有明确划分出页眉。

● Logo

Logo是徽标或商标的英文缩写，起到对徽标拥有公司的识别和推广作用。网络中的徽标主要是各个网站用来与其他网站链接的图形标志，代表网站或网站的某个版块。Logo在网站中的作用主要体现在树立形象、传递信息以及品牌拓展三个方面。

Logo的设计需要从多方面分析，涉及图形、文字、颜色和排版等各个方面的内容。通常设计Logo时主要从构成(英文名称、网址、标志图形和主题描述)、颜色、形体(企业品牌标识和名称)、文字的字体以及文字的抽象五个方面考虑。图1-9是几个知名网站的Logo示例。

图1-9　网站Logo示例

● 导航栏

导航栏是网站内多个栏目的超链接组合，在网页中起着很重要的作用。它不仅是整个网站的方向标，而且还能体现整个网站的内容，如同书的目录一样。导航栏是网页设计中不可缺少的部分，利用导航栏，浏览者就可以快速找到他们想要浏览的页面。

导航栏通常位于网页的顶部或左侧。合理地使用导航栏，可以使网页层次分明，但导航栏不宜过多，否则留给内容的空间就可能不够(尤其是那些提供横幅广告的网站)。可用图像、文本或 Flash 动画来创建导航栏。文本的加载速度更快、更容易生成，使用 CSS 样式可为文本导航栏指定"悬停即改变颜色"等效果。图像导航栏则显得更美观，因为当鼠标指针悬停在上方时，图像更容易更改，从而为用户提供视觉线索。

(3) 主内容区

主内容区放置网页的主体元素，往往由文字、图像、下一级内容的超链接等构成，有些网页还会加入音频、视频等多媒体元素。

在设计主内容区时，可以使用 DIV 等布局元素合理地把网页分割成不同版块：文字和图片巧妙配合、文字和背景和谐对比；还要符合用户的阅读习惯，将重要的内容排在左上方。

(4) 页脚

页脚位于网页的最底部，和页眉相呼应。页脚部分通常用来介绍网站所有者的具体信息，如名称、地址、联系方式、ICP 备案、网站版权制作者信息等，其中一些内容也可能被做成标题式超链接，引导用户进一步了解详细内容。

1.4.2 网页设计常用技术

在 Web 标准中，网页主要由三部分组成：结构(Structure)、表现(Presentation)和行为(Behavior)。对应的标准也分为三方面：结构化标准语言，主要包括 HTML、XHTML 和 XML；表现标准语言，主要包括 CSS；行为标准，主要包括 ECMAScript(网页脚本语言规范)等。

下面介绍网页标记语言 HTML、设计网页样式所使用的技术 CSS、最常用的脚本语言 JavaScript，以及动态网页编程技术 ASP、JSP 和 PHP 等。

1. 网页标记语言 HTML

HTML 是用于创建网页和设计其他可在网页浏览器中看到的信息的一种标记语言，以纯文字格式为基础。可以使用任何文字编辑器或所见即所得的 HTML 编辑器来编辑 HTML 文件。HTML 被用来结构化信息——例如标题、段落、列表和图像等，主要负责网页的"内容"部分。

如果想要专业地学习网页的设计和编辑，必须具备一定的 HTML 知识。虽然有类似 Dreamweaver 这样的网页编辑软件，并不要求使用者掌握 HTML，但网页的本质是由 HTML 构成的，掌握好 HTML 是精通网页设计和制作的最根本要求。

2. 网页表现技术 CSS

CSS 是 Cascading Style Sheet 的缩写，中文译为"层叠样式表"，简称"样式表"。W3C(World Wide Web Consortium，万维网联盟)创建 CSS 标准的目的是以 CSS 取代 HTML 表格式布局、帧和其他表现型语言，用来定义网页的外观样式，特别是进行网页的排版布局。HTML 和 CSS 分别实现了网页内容和样式的设计，实现了结构和外观的分离，使站点的访问及维护更加容易。

如今网页排版愈发复杂，布局样式都需要通过 CSS 来实现。采用 CSS 技术可以方便有效地对页面布局，更加精确地控制网页的字体、颜色、背景和其他效果。内容相同的网页，只需要对 CSS 样式进行一些改变，就可以实现不同的页面外观和格式。学好 CSS 技术是精通网页设计和制作的基本要求。

3. 网页脚本语言

脚本语言由 ASCII 码构成，是一种不必事先编译，只要利用适当的解释器就可以执行的简单程序。在网页中使用脚本语言，可以丰富网页的表现力，是网页设计中很重要的一种技术。目前常用的脚本语言有 JavaScript、VBScript，其中 JavaScript 是众多网页开发者首选的脚本语言。

JavaScript 是一种属于网络的脚本语言，已经被广泛用于 Web 应用开发，常用来为网页添加各式各样的动态功能，为用户提供更流畅美观的浏览效果。通常 JavaScript 代码可以直接嵌入 HTML 文件中，随网页一起传送到客户端的浏览器，然后通过浏览器解释执行。

4. 动态网页编程技术

网页的发展绝不满足于仅供用户单纯地浏览，更应该着重于用户的交互操作和对网站内容的便捷管理，这些都需要通过动态网页编程技术来实现。目前常用的动态网页编程技术有 JSP、ASP.NET 和 PHP 等。

JSP 是 Java Sever Pages 的缩写，是基于 Java 的动态网页技术标准，用于创建可支持跨平台及 Web 服务器的动态网页。从构成情况看，JSP 页面代码一般由普通的 HTML 语句和特殊的基于 Java 语言的嵌入标记组成，所以它具有 Web 和 Java 功能的双重特性。

ASP 是 Active Server Pages 的缩写，是微软公司推出的 Web 服务器端脚本开发环境。ASP.NET 是 ASP 技术的升级换代版，是建立在公共语言运行库之上的编程框架，可用于在服务器上生成功能强大的 Web 应用程序。ASP.NET 开发的首选语言是 C#及 VB.NET，同时也支持多种语言的开发。

PHP 原来是 Personal Home Pages 的缩写，现已正式更改为 Hypertext Preprocessor 的缩写。PHP 是一种 HTML 内嵌式语言，也是一种在服务器端执行的嵌入 HTML 文档的脚本语言。PHP 语言比较简单，属于轻量级的高级语言，风格类似于 C 语言，被广泛地运用于互联网中。

1.4.3　网页设计常用工具

HTML 文件的编写可以使用任何文本编辑器，如记事本、写字板、Word 等，不过在保存时都必须保存为.html 或.htm 格式。为了使设计网页更加简单、方便，有些公司和人员设计了专业的 HTML 编辑工具，这些工具绝大多数可以分为两类：一类是基于文本的编辑器，另一类是所见即所得编辑器。

1. 基于文本的编辑器

基于文本的编辑器要求使用者掌握 HTML 代码，可以对其进行定制，从而提高编码速度，通常复杂的机制用于检查编码中的错误。这样的编辑器非常多，读者可以多下载几个免费版本并进行简单试用。

(1) Windows 自带的记事本

基于文本的编辑器，最简单的要数 Windows 自带的记事本，虽然它在严格意义上并不能被称为 HTML 编辑器，但它简单易得，可以编辑 HTML、CSS、JavaScript 等，在学习 HTML 之初是非常好的选择。缺点是记事本只是基本的文字编辑软件，没有代码提示、检查等功能。

(2) Notepad++

Notepad++是一套自由软件中的纯文本编辑器，功能比 Windows 自带的记事本(Notepad)强大，除了可以用来制作一般的纯文字的帮助文档,也十分适合用作撰写计算机程序的编辑器。Notepad++不仅有语法高亮显示功能,也有语法折叠、代码自动补全等功能,并且支持宏以及扩充基本功能的外挂模块。图 1-10 是使用 Notepad++编辑网页的示例。

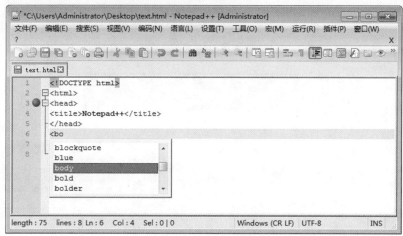

图 1-10　基于文本的编辑器 Notepad++

(3) Phase5

Phase5 是自从 1998 年起就被期待和熟知的网页编辑器,支持大多数语言的格式,例如 HTML、PHP、JavaScript 和 VBScript 等。

2. 所见即所得编辑器

所见即所得编辑器不要求使用者了解 HTML 知识,除 HTML 编辑功能外,提供图形化的"预览"页面效果,允许用户通过看到的页面预期效果进行简单的拖放布局即可。此类软件中最著名的当属 Adobe Dreamweaver(DW),它是美国 Macromedia 公司(后被 Adobe 公司收购)开发的集网页制作和网站管理于一身的所见即所得网页编辑器。DW 是针对专业网页设计师特别开发的视觉化网页开发工具,利用它可以轻而易举地制作出跨越平台限制和浏览器限制的充满动感的网页。Dreamweaver 是一款专业的网页制作工具,不仅拥有"所见即所得"的可视化编辑环境,还提供强大的 HTML 代码编写功能。无论使用 HTML 语言,还是使用可视化的编辑器,Dreamweaver 都为我们提供良好的工具,丰富我们的操作。

图 1-11 是使用 Dreamweaver 编辑网页的示例。

3. 如何选择工具

根据前面的介绍,读者可能会毫无疑问地爱上所见即所得编辑器,因为它们具备预览功能,能进行拖放式编辑,同时也能方便快捷地进行代码编辑,具有更强的灵活性。但一些开发者倾向于使用基于文本的编辑器来完成工作,原因是所见即所得编辑器会占用更多的系统资源,并且容易产生冗余代码,使得一些不必要的代码重复出现多次。更糟糕的是,所见即所得编辑器并非所有方式都具有相同的输出效果,往往会"所见非所得"。

图 1-11   所见即所得编辑器 Dreamweaver

综上所述，无论是基于文本的编辑器还是所见即所得编辑器，都具有各自的优缺点。本书涉及的 HTML 和 CSS 都可以在记事本或 Dreamweaver 中进行编辑和处理。目前来看，Dreamweaver 是今后从事网页设计与制作的首选工具，但在学习的过程中，为了专注于代码本身，建议在开始时采用 Windows 自带的记事本作为网页编辑工具。在学习基础知识以后，可以使用 Dreamweaver，但为了更好地掌握代码的使用，建议只使用 Dreamweaver 的代码编辑功能。

1.5   编写一个简单的 Web 页面

1.5.1   搭建浏览环境

尽管各主流浏览器都对 HTML5 提供很好的支持，但毕竟 HTML5 是一种全新的 HTML 标记语言，许多新的功能必须在搭建好浏览环境后才可以正常浏览。为此，我们在正式浏览一个 HTML5 页面之前，必须先搭建支持 HTML5 的浏览器环境，并检查浏览器是否支持 HTML5 标记。

目前，Microsoft 的 IE 系列(IE9+)浏览器，以及 Mozilla 的 Firefox 与 Google 的 Chrome 浏览器等都可以很好地支持 HTML5。

本书中所有的实例，主要应用的浏览器为 Chrome，要浏览相应的实例页面效果，需要安装最新版的 Chrome 浏览器。

1.5.2   检测浏览环境是否支持

为了进一步了解浏览器支持 HTML5 新标记的情况，可以在引入新标记前，通过编写 JavaScript 代码来检测浏览器是否支持该标记。

浏览器在加载 Web 页面时会构造一个文本对象模型(DOM)，然后通过该文本对象模型来表示页面中的各个 HTML 元素，这些元素被表示为不同的 DOM 对象。全部的 DOM 对象都共享一些公共或特殊的属性，如 HTML5 的某些特性。如果在支持该属性的浏览器中打开页面，就可以很快检测出这些 DOM 对象是否支持这些特性。

下面以加入画布(Canvas)标记为例，简单地说明检测浏览器的整个过程。在 HTML 页面中插入一段 HTML5 的画布标记，当浏览器支持该标记时，将出现一个矩形；反之，则在页面中显示提示"该浏览器不支持 HTML5 的画布标记！"

例 1-3：在 Dreamweaver 中新建一个 HTML 页面，保存为 index.html，代码如下所示。

```
<!DOCTYPE html>
<html>
<head>
<meta http-equiv="Content-Type" content="text/html; charset=utf-8">
<title></title>
<style type="text/css">
#myCanvas {
    background: blue;
    width: 300px;
    height: 150px;
}
</style>
</head>
<body>
<Canvas id="myCanvas">
该浏览器不支持 HTML5 的画布标记！</Canvas>
</body>
</html>
```

在 IE8 浏览器中执行页面文件 index.html。由于 IE8 浏览器暂不支持 HTML5 的画布标记，因此将显示如图 1-12 所示的页面效果。但是在 Chrome 浏览器中执行后，由于该浏览器支持 HTML5 的画布标记，因此将显示如图 1-13 所示的页面效果。

图 1-12　IE8 不支持 HTML5 的画布标记

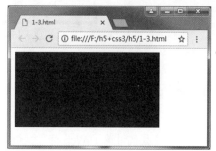

图 1-13　Chrome 支持 HTML5 的画布标记

虽然是同一个页面，但由于不同的浏览器对 HTML5 标记的支持情况不同，所显示的页面效果也各异。因此，在编写 HTML5 新标记时，有必要先检测浏览器是否支持该标记。

接下来将使用 HTML5 编写一个简单的 Web 页面，从中体会 HTML5 的代码简洁所在。

1.5.3　使用 HTML5 编写一个简单的 Web 页面

现在来看一个简单的 Web 页面。不需要任何特殊程序来编写网页。可以仅使用文本编辑器，例如 Windows 自带的记事本或者 Mac 中的 TextEdit。然后以.html 或.htm 为文件扩展名保存文件。

```
<html>
 <head>
  <title>热门网站:Google</title>
 </head>
 <body>
  <h1>关于 Google</h1>
  <p>Google 以其搜索引擎而闻名，尽管
谷歌现在提供了许多其他服务。</p>
  <p>Google 的使命是组织世界的信息，
使其普遍可用和有用。</p>
   <p>其创始人拉里佩奇和谢尔盖布林在
斯坦福大学创办了 Google。</p>
 </body>
</html>
```

例子中有几组代码的中间包含单词或字母的尖括号，例如<html>、<head>、</title>以及</body>。这些尖括号以及它们内部的单词被称为"标签"(tag)，它们就是前面提到的"标记"(markup)。图 1-14 展示了这个 Web 页面在 Web 浏览器中的效果。

图 1-14　一个简单的 Web 页面

1.6　本章小结

在本章中，我们讨论了 Web 标准、最重要的 Web 设计原则、语义标记及层次分离的重要性、现代 Web 浏览器的前景、接受不确定性以及倡导可访问性；介绍了 HTML5 的历史和起源、设计原则以及 HTML5 要解决的问题；举例介绍了 HTML5 的页面特征。我们还介绍了网页的基本元素和网页设计的常用技术等基础知识，并编写了一个简单的 Web 页面。

1.7　思考和练习

1. Web 标准是什么？

2. 使用 Web 标准的好处有哪些？

3. 语义化标记是什么？

4. 简述 Web 标准层次。

5. 网页制作常用技术有哪些，分别有什么作用？

6. HTML5 的设计原则有哪些？

7. 简述 HTML 及 CSS 技术在网页设计中的作用分别是什么？

8. 简述结构化文档的含义。

第2章

HTML5的演进

"超文本标记语言"(HyperText Markup Language，HTML)代码用于创建 Web 页面。从 Web 诞生起，至今出现过 5 个版本的 HTML。HTML5 是这门语言的最新版本。本章将介绍 HTML5 的演化过程及其与 XHTML 之间的重要区别。

本章的学习目标：

- 了解 HTML 与 XHTML 的基础知识
- 了解网页设计中一些关键术语(如"元素""特性""标签""标记")的含义
- 掌握如何将 HTML 或 XHTML 页面转换成 HTML5 页面
- 了解 HTML5 的新的结构化元素

2.1 HTML 与 XHTML 基础

标记语言在我们的日常计算中无处不在。在文字处理文档中，填充了大量的标记指令来描述其结构与外观。在传统的文字处理文档中，用于描述结构与外观的标记代码常常不是后台编码的，然而在 Web 文档中，传统的 HTML 和 XHTML(XHTML 是基于 HTML 的扩展标记语言(XML)的变体)标记代码是明显可见的。这些前端标记语言能够将 Web 页面的结构与外观传递给 Web 浏览器。

2.1.1 标签与元素

在 HTML 中，网页中的标记指令会把文档结构传递至浏览器。例如，当要将一段文本突出显示时，就应当使用如下形式，将这些文本包含在标签和中：

```
<em>This is important text!</em>
```

如图 2-1 所示，当 Web 浏览器读取带有 HTML 标记的文档时，就会根据嵌入文档中的 HTML 元素来确定在屏幕上如何显示该文档。

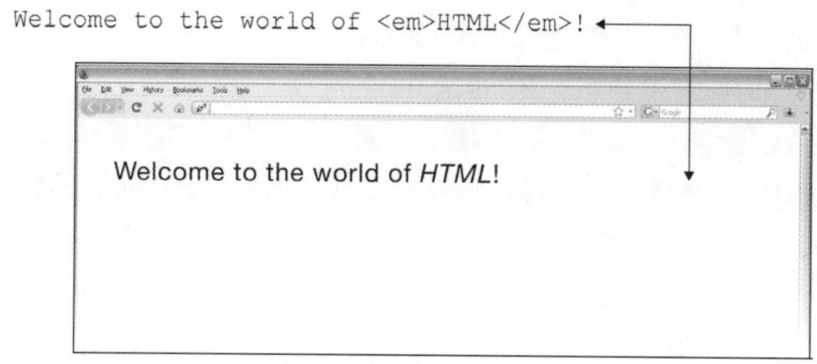
Welcome to the world of <em>HTML</em>!
Welcome to the world of HTML!

图 2-1　带有 HTML 标记的文档

因此，HTML 文档其实就是一个文本文件，这个文本文件包含要发布的信息和指示浏览器如何显示这些信息的标记指令。

标记元素(element)一般由开始标签(如<strong>)和结束标签(如</strong>)组成，结束标签由用斜线“/”打头的标签表示。对于标记元素而言，结束标签不是必要的。由开始标签与结束标签组成的标签对把要描述的所有内容(包括文本和其他 HTML 标记)都包含进去。

注意：

元素(如 strong)与元素使用的标签(如<strong>和</strong>)是不同的。然而，人们常用“标签”取代“元素”。尽管人们在讨论标记语言时存在用词不准确的情况，但这并不是什么大问题，因为大家都能够很好地理解其中的意思。

在传统的 HTML(注意不是 XHTML) 中，因为一些元素的结束标签可以被推断出来，所以可以省略不写。例如，在下面的例子中，因为标签<P>不能作为另一个标签<P>的结束标签，因此就可以推断出这里省略了结束标签</P>。

```
<P> This is a paragraph.
<P> This is also a paragraph.
```

虽然这种依赖于推断的缩短标记表示法能够使用语法规范在技术上自动更正，但是并不提倡这样做。针对上面的例子，最好使用下面这种更精确的标记表示方式：

```
<P> This is a paragraph.</P>
<P> This is also a paragraph.</P>
```

空元素(empty element)是指不包含任何内容的标记元素。它们不需要结束标签。对于 XHTML，空元素要使用自闭合标识的方式。例如，在插入一个换行符时，因为空元素不包含任何内容，所以不必添加结束标签，只需要使用一个
标签即可，如下所示：

```
<br>
```

然而，对于 XML 的标记变体，特别是 XHTML，是不允许没有结束标签的。因此，需要添加一个结束标签，如下所示：

```
<br></br>
```

另一种更常用的方法是使用自闭合标识的方式，如下所示：

```
<br />
```

元素的开始标签中一般包含用于修改标签含义的特性(attribute)。如下所示，在 HTML 中，<hr> 标签中的 noshade 特性表示这条水平线不能使用阴影效果。

<hr noshade>

然而，在 XHTML 中则不允许这样做。因为 XHTML 中的所有特性都必须被赋值，所以上面的语句应修改为：

<hr noshade="noshade" />

在上面的示例中，特性是通过等号来赋值的，这些值要用双引号或单引号包含，如下所示：

<img src="dog.gif" alt="Angus-Black Scottish Terrier" height="100" width="100">

上面使用标准的 HTML 语法对<img>标签的 4 个特性进行赋值，这 4 个特性对如何使用图像提供了更详细的信息。在传统的 HTML 中，简单的字母数字型特性值可以不使用引号，如下所示：

<p class=fancy>

然而，无论标准 HTML 中提供什么样的灵活方式，都应尽量对特性使用引号。这样做不但有利于标记的一致性，更容易升级到更严格的标记版本，而且有利于减少由于不一致而造成的错误。

如图 2-2 所示，用语法结构图概括了前面学过的 HTML 标记语言的语法。

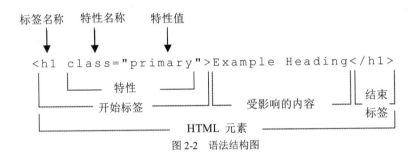

图 2-2 语法结构图

2.1.2 特性组

正如前面介绍的，特性位于元素的开始标签中，并为所属元素提供额外的特性信息。很多特性由"名称"和"值"两部分组成。名称反映该特性所描述元素的某方面属性，而值则是该属性的值。例如，lang 特性描述了元素中所使用的语言(language)，而值(比如"EN-US")则表明该元素中使用的语言为美国英语(U.S. English)。

有些特性只含有一个名称，如 required 或 checked。这些特性被称作"布尔特性"。称某件事物为"布尔"，是指其只能处于两种状态之一：真或假。对于 HTML 特性而言，在一个标签中出现某个布尔特性，则代表该特性的值为真。因此，以下两行是等价的：

<input type="text" required >
<input type="text" required="true">

HTML 中的很多元素可以包含你在本节中遇到的部分或全部特性。起初它们中的一部分可能听上去有一点抽象，但在看过它们贯穿本书的用法之后，一切都会顺理成章。所以不必担心最初不能完全理解它们。

在本节中，将会看到 HTML 元素中常见的三组特性。

- 核心特性，例如 class、id、style 以及 title 特性。
- 国际化特性，例如 dir 和 lang 特性。
- 辅助访问特性，例如 accesskey 和 tabindex 特性。

注意：
核心特性与国际化特性被一起称为"通用特性"。

1. 核心特性

可以在多数 HTML 元素中使用的 4 个核心特性是：id、title、class、style。

(1) id 特性

可以使用 id 特性来唯一标识页面中的任何元素。可以通过唯一标识一个元素，链接到文档中的该特定部分，或者用来指定一个 CSS 样式或一段 JavaScript 代码应该只被应用于文档中的该元素。

id 特性的使用语法如下(此处的"string"是为该特性选定的值)：

id="string"

例如，可以使用 id 特性区分两个段落元素，如下所示：

<p id="accounts">This paragraph explains the role of the accounts department.</p>
<p id="sales">This paragraph explains the role of the sales department.</p>

以下是 id 特性取值的一些特殊规则：

- 必须以字母开头(A-Z 或 a-z)。之后可接任意数量的字母、数字(0-9)、横线(-)、下划线(_)、分号(;)以及句号(.)。(不能以数字、横线、下划线、分号或句号开头)
- 在文档中必须保持唯一性。同一 HTML 页面中不允许存在两个取值相同的 id 特性。这种情况下应该由 class 特性处理。

(2) class 特性

可以使用 class 特性指定某元素属于某一特定"类型"(class)。例如，有一个包含了很多段落的文档，其中一部分段落包含对关键点的总结，这种情况下可以通过给相关段落加上值为 summary 的 class 特性以与文档中的其他段落相区分。

<p class="summary">Summary goes here</p>

这种用法在 CSS 中运用非常普遍。class 特性的语法如下：

class="className"

class 特性的取值还可以是以空格分隔的 class 名称列表，例如：

class="className1 className2 className3"

(3) title 特性

title 特性为元素提供可供参考的标题。title 特性的语法如下：

title="string"

title 特性的行为取决于包含它的元素。不过它经常会作为提示标签或在元素载入时显示。并不是每一个"可以"包含 title 特性的元素都实际上需要。所以当遇到一个特别受益于使用该特性的元素时，你会在该元素中看到它的行为。

(4) style 特性

style 特性可以在元素内部指定 CSS 规则。下面给出一个如何使用它的例子：

```
<p style="font-family:arial; color:#Fc00f000;">Some text.</p>
```

不过，作为总体规则，最好避免使用这个特性。如果想使用 CSS 规则控制元素的显示方式，最好使用一种独立的样式表取而代之。该特性仍然常用的唯一情况是当它由 JavaScript 进行设置时。

2. 国际化

Web 是一种全球现象。因此，很多机制被内置于驱动 Web 的工具中，以允许作者们使用不同语言创建文档。这一过程被称为"国际化"(internationalization)。

有两个常见的国际化特性可以使用不同的语言及字符集来编写网页：dir 和 lang。

接下来你将了解它们中的每一个特性，但值得注意的是，即使在目前的浏览器中，对于这些特性的支持也不尽相同。因此，可能的话，应该指定一个字符集，以按照所需方式显示文本。

(1) dir 特性

dir 特性允许指定浏览器中文本的显示方向：从左向右或从右向左。当需要为整个文档或文档的大部分指定行文方向时，应该在<html>元素而非<body>元素中使用该特性。这样做有两个原因：该特性在<html>中拥有更好的浏览器支持，并且可以对页面标题和内容主体都起到作用；如果希望修改文档中一小部分文本的行文方向，也可以在文档主体的元素中使用 dir 特性。

dir 特性有两个可能的取值，如表 2-1 所示。

表 2-1　dir 特性的取值

值	含　义
ltr	从左向右(默认值)
rtl	从右向左(用于希伯来文或阿拉伯文等从右向左朗读的语言)

(2) lang 特性

使用 lang 特性可以指定文档中使用的主要语言。

lang 特性的设计初衷是为用户提供基于语言的显示方式。然而，它在主流浏览器中的效果很不明显。使用 lang 特性的好处主要体现在以下几个方面：搜索引擎(可以告知用户编写文档所用的语言)、屏幕阅读器(可能需要对不同语言使用不同发音)以及应用程序(当不支持该语言或者页面语言与默认语言不同时，可以警告用户)。当与<html>元素一同使用时，该特性作用于整个文档；不过，也可以在其他元素中使用它，这种情况下它仅会作用于这些元素的内容。

lang 特性的取值是 ISO-639-1 的标准双字符语言代码。如果想指定该语言的某种方言，可以在语言代码后附上一个横线和次级语言代码。表 2-2 提供了一些例子。

表 2-2　lang 特性的取值

值	含　义
ar	阿拉伯语
en	英语
en-us	美国英语
zh	中文

2.1.3　HTML 和 XHTML 实例

现在通过一个实例来看看如何应用前面学过的基本的 HTML 语法。

例 2-1： 首先使用严格的 HTML 4.01 编写如图 2-3 所示的"你好 HTML 4 世界"网页。代码如下所示：

```
<!DOCTYPE HTML PUBLIC "-//W3C//DTD HTML 4.01//EN"
"http://www.w3.org/TR/html4/strict.dtd">
<html>
<head>
<meta http-equiv="Content-Type" content="text/html; charset=utf-8">
<title>你好 HTML 4 世界</title>
<!-- Simple hello world in HTML 4.01 strict example -->
</head>
<body>
<h1>欢迎来到 HTML 世界</h1>
<hr>
<p>HTML <em>真的</em>不是那么难！</p>
<p>很快你就会&hearts;使用 HTML。</p>
<p>如果你愿意，可以在这里放置大量文字。</p>
</body>
</html>
```

图 2-3　"你好 HTML 4 世界"网页

如果要把上面的实例转变为 HTML5 版本，只需要简单修改一下<! DOCTYPE>行即可。当然，为保持内容一致，还要对注释与文本信息进行相应的修改。

```
<!DOCTYPE html>
<html>
<head>
<meta http-equiv="Content-Type" content="text/html; charset=utf-8">
<title>你好 HTML5 世界</title>
<!-- Simple hello world in HTML5 example -->
</head>
<body>
<h1>欢迎来到 HTML5 世界</h1>
<hr>
<p>HTML5 <em>真的</em>不是那么难！</p>
```

```
<p>很快你就会&hearts;使用 HTML5。</p>
<p>如果你愿意，可以在这里放置大量文字。</p>
</body>
</html>
```

XHTML 是 HTML 基于 XML 语法规则建立的标记语言，因此，上面的实例转变为 XHTML 版本后不会有什么大的变化，如图 2-4 所示。代码如下所示：

```
<!DOCTYPE html PUBLIC "-//W3C//DTD XHTML 1.0 Strict//EN"
  "http://www.w3.org/TR/xhtml1/DTD/xhtml1-strict.dtd">
<html xmlns="http://www.w3.org/1999/xhtml">
<head>
<meta http-equiv="Content-Type" content="text/html; charset=utf-8" />
<title>你好 XHTML 世界</title>
<!-- Simple hello world in XHTML 1.0 strict example -->
</head>
<body>
<h1>欢迎来到 XHTML 世界</h1>
<hr />
<p>XHTML <em>真的</em>不是那么难！</p>
<p>很快你也会&hearts;使用 XHTML。</p>
<p>XHTML 和 HTML 之间存在一些差异，但通过一些精确的标记，您会发现这些差异很容易解决。</p>
</body>
</html>
```

图 2-4 "你好 XHTML 世界"网页

在上面的例子中，在(X)HTML 文档中使用的最常用元素有：

- <!DOCTYPE>语句——用于说明文档使用的 HTML 或 XHTML 的特定版本。例如，第一个例子中使用的是严格的 HTML 4.01 规范，第二个例子中使用的是 HTML5 的简化形式(稍后再进行解释)，第三个例子中使用的是严格的 XHTML 1.0 规范。
- <html>、<head>、<body>标签对——用于描述文档的基本结构。XHTML 与其他标记语言稍有不同，它要求必须在<html>标签中添加 xmlns 特性。
- <meta>标签——用于说明文档的 MIME 类型和使用的字符集。需要注意的是，在上面的 XHTML 例子中，<meta>标签末尾的斜杠指示它是一个空元素。
- <title>和</title>标签对——用于表示文档的标题，标题会出现在 Web 浏览器的标题栏中。
- <!-- -->——用于表示注释，以便页面制作者提供参考信息。
- <h1>和</h1>标签对——用于以标题的形式显示包含的信息，以强调内容的重要性。

- <hr>标签——用于在屏幕上插入一条水平线，在 XHTML 中要用自闭合结束标签<hr />来表示。
- <p>和</p>段落标签对——表示包含的信息是文本段落。
- &hearts；——HTML 中的命名实体，用于在文本中插入特殊符号♥。
- 和标签对——用于在浏览器中以斜体的方式显示所包含的文本，以示强调。

2.2　认识 HTML5

本节首先用 XHTML 1.0 标记一个页面，然后把它转换成 HTML5 页面，以此让我们认识 HTML5，并能够利用它所提供的优势。虽然有些方面属于新内容，但许多背景知识我们都是熟悉的。

2.2.1　用 XHTML 1.0 标记页面

例 2-2：选用 XHTML 1.0，在介绍美国太空第一夫人贝克小姐的网页示例中，尽可能用最合适的元素对示例内容进行标记。为节省篇幅，用省略号替代部分内容。除了使用以前的语义化标记之外，还用 id 和 class 提供额外的含义，如图 2-5 所示。

页面代码如下：

```
<!DOCTYPE html PUBLIC "-//W3C//DTD XHTML 1.0 Strict//EN"
        "http://www.w3.org/TR/xhtml1/DTD/xhtml1-strict.dtd">
<html xmlns="http://www.w3.org/1999/xhtml">
<head>
    <meta http-equiv="content-type" content="text/html; charset=UTF-8" />
        <title>贝克小姐</title>
</head>
<body>
<div id="container">
    <div id="header">
        <h1>原始空间先锋</h1>
        <h4>美国的无名英雄</h4>
    </div>
    <div id="article">
        <h2>贝克小姐</h2>
        <h4>太空第一夫人</h4>
        <div id="introduction">
            <p>Before humans were launched into space, many animals were propelled heavenwards…</p>
            …
        </div>
        <div class="section">
            <h3>贝克小姐的历史性飞行</h3>
            <p>Miss Baker and fellow female pioneer Able's historic flight…</p>
            …
        </div>
        <div class="section">
            <h3>使命</h3>
            <p>Miss Baker's flight was another milestone in the history of space flight…</p>
```

```
                ...
            </div>
            <div class="aside">
                <h3>美国太空计划</h3>
                <p>A technological and ideological competition between the United States and the Soviet Union…</p>
                ...
            </div>
            <div class="section">
                <h3>退休生活</h3>
                <p>Miss Baker spent the latter part of her life at the US Space and Rocket Centre…</p>
                ...
            </div>
            <p class="smallprint">Copyright 2010 &middot; Christopher Murphy</p>
        </div>
        <div id="footer">
            <p>The Space Pioneers web site is an example site, designed to accompany The Web Evolved, published by Apress.
Text: The Web Evolved; Design: Jonny Campbell.</p>
            <p>HTML + CSS released under a Creative Commons Attribution 3.0 license.</p>
            <p>Photography &copy; iStockphoto</p>
        </div>
    </div>
    </body>
    </html>
```

图 2-5　用 XHTML 1.0 标记的"贝克小姐"页面

2.2.2　84.8%的标记可以保留

虽不能保证100%，但从科学上讲大约有84.8%的标记可以保留，这一数据基本是准确的。正如前面提到的，HTML5 的设计原则包括不要重新发明、铺平老路以及倡导进化而非革命。

简言之，HTML5 提倡沿原有基础向前发展。因此，在着手从事 HTML5 开发时，并不需要重新学习所有东西。你所熟知的所有语义化元素仍适用。有些新元素可供我们使用，但里面大量元素仍是我们所熟知的。

2.3　关于<head>

在开始创建传统的"Hello World!"页面之前,让我们先看看将要碰到的一些修改,特别是在向 HTML5 推进时要在<head>中进行的修改。在开始进入<body>标记的实际细节之前,需要先理解这些基础。

本节将介绍 HTML5 中新的 DOCTYPE,解释在 HTML5 中如何声明语言,并介绍新的、更简单的 meta charset 属性。

在开始这一旅程之前,让我们先看看已有的内容,前面对"贝克小姐"页面选用的是 XHTML 1.0,读者的<head>可能有所不同。此刻,"贝克小姐"页面中的<head>如下所示:

```
<!DOCTYPE html PUBLIC "-//W3C//DTD XHTML 1.0 Strict//EN"
        "http://www.w3.org/TR/xhtml1/DTD/xhtml1-strict.dtd">
<html xmlns="http://www.w3.org/1999/xhtml">
<head>
        <meta http-equiv="content-type" content="text/html; charset=UTF-8" />
        <title>贝克小姐</title>
</head>
```

现在看看 HTML5 中的表示:

```
<!DOCTYPE html>
<html lang="en">
        <head>
            <meta charset="UTF-8" />
            <title>贝克小姐</title>
        </head>
```

可见,代码明显更简单了。

2.3.1　更完美的 DOCTYPE

令人畏惧的 DOCTYPE,以前很少有人能记住它。之前,无论选择的风格是 XHTML1.0 还是 HTML 4.01(或其他可用模式),DOCTYPE 都一直是一串让人无法理解的字符。如果使用过 XHTML 1.0 标记,那么一定看到过以下 DOCTYPE:

```
<!DOCTYPE html PUBLIC "-//W3C//DTD XHTML 1.0 Strict//EN"
        "http://www.w3.org/TR/xhtml1/DTD/xhtml1-strict.dtd">
```

如果标记风格是 HTML 4.01,那么会更熟悉以下 DOCTYPE:

```
<!DOCTYPE HTML PUBLIC "-//W3C//DTD HTML 4.01//EN"
        "http://www.w3.org/TR/html4/strict.dtd">
```

无须让 DOCTYPE 如此复杂且难以记忆。W3C 在开始创建标记规范时,或许对 DOCTYPE 的目的有宏伟设计,但实际上它的作用只是告诉浏览器,以标准模式而不是怪异模式去呈现页面。在编写 HTML5 规范时,WHATWG 意识到了这一点,并将它改为构成有效 DOCTYPE 的最短字符序列:

```
<!DOCTYPE html>
```

启用新的 HTML5 DOCTYPE，这 15 个字符可以保证触发标准模式。现在修改前面示例中的 DOCTYPE，并再次对页面进行验证，它会工作得很好。鉴于 Google 在其搜索页面中已经使用了 HTML5 的 DOCTYPE，因此修改页面中的 DOCTYPE。

2.3.2　在 HTML5 中声明语言

现在来看看如何在 HTML5 中声明语言。但为什么总是要声明语言呢？W3C 对这一问题的回答如下：

对于大量的应用程序而言，从语言敏感的搜索到运用语言专用的显示属性，指定内容的语言都是有用的。在某些情况下，用于语言信息的潜在应用程序仍须进一步实现，而在另一些情况下，如发声浏览器的语言检测，指定内容的语言目前还是必需的。

对内容添加关于语言信息的标记是目前可以而且应该做的事情。如果不这样做，便可能很难利用未来的一些新技术。

就目前而言，为应用程序声明一种默认语言是重要的，例如对可访问性和搜索引擎等会有影响。不过随着时间的推移，或许还会出现一些其他类型的应用程序。

为 HTML 文档指定语言最容易的方式是对 HTML 页面的根元素添加 lang 属性。HTML 页面的根元素始终是<html>，因此为了指定语言，可以采用如下做法：

```
<html lang="en">
```

在这个示例中，lang 属性的值是 en，意指该文档是用英语写成的。但是，如果文档中含有并非用 lang 指定的语言写成的元素，怎么办呢？没关系，语言属性 lang 也可以内联使用。以下示例包含一个内联的<span>元素，它含有一个值为 fr 的 lang 属性，指示其中的内容是以法语写成的：

```
<p>Miss Baker, on entering the capsule, declared to her fellow astronaut Able:
<span> lang="fr">"Bon chance!"</span></p>
```

其他语言也有两字母的基本代码，例如 de(德语)、it(意大利语)、nl(荷兰语)、es(西班牙语)、ar(阿拉伯语)、ru(俄语)、zh(中文)。

还可以在语言中指定方言，这通常是以语言基本代码来表示的，例如 en 后跟一个连字符及相应的方言。以下示例分别显示了美式英语和英式英语：

```
en-US: 美式英语
en-GB: 英式英语
```

要是希望使用一种更前卫的语言，含有基本标签 x 的语言表示是一种实验性语言，如下所示：

```
<p lang="x-klingon">nuqDaq 'oH puchpa''e'</p>
```

Klingon(克林贡语)短语"nuqDaq 'oH puchpa''e'"意为"洗手间在哪里"。

最后，要是希望创建自己的语言代码，也是完全可能的。Geoffrey Snedders 为他的个人网站使用了以下语言代码：

```
<html lang="en-gb-x-sneddy">
```

Snedders 先生的 lang 属性可以翻译成如下含义：

```
English - Great British - Experimental - Sneddy
```

2.3.3　字符编码

让我们回到前面的"贝克小姐"页面，它用以下方式指定了字符编码：

```
<meta http-equiv="content-type" content="text/html; charset=UTF-8" />
```

在 HTML5 中，指定页面的字符编码简单多了，如下所示：

```
<meta charset="UTF-8" />
```

实际上并不需要了解字符编码的细节，它定义了一套可用于文档的人类语言字符集。使用 UTF-8 是最安全的，这是一套几乎含有所有语言中全部字符的通用字符集。

2.3.4　简单易记

将以上介绍的内容综合在一起，不再需要复杂的模板，以下代码对任何人来说都十分易记：

```
<!DOCTYPE html>
<html lang="en">
    <head>
        <meta charset="UTF-8" />
        <title>贝克小姐</title>
    </head>
```

接下来看看如何在实际的页面中将上述内容综合在一起，创建"Hello World！"页面。

2.4　从 HTML 与 XHTML 到 HTML5

为了展示出不同版本 HTML 间的标记差异，并且转换成 HTML5(进化而非革命)，下面展示一系列"Hello World！"Web 页面，以说明除其他事项外，HTML5 还提供了各种标记风格选择。通过考查感觉最舒适的标记风格，得出我们的结论：应当采用将 XHTML(一种更严格、更易于学习的语法)和 HTML5(具有前瞻性、更富有语义化色彩)最好的方面结合在一起的标记风格。

2.4.1　XHTML 1.0 风格的"Hello World！"

第一个例子是一个很简单的"Hello World！"页面，这是用 XHTML 1.0 模式的 DOCTYPE 标记而成的。这是一个典型的页面，结构良好且完全合法。

```
<!DOCTYPE html PUBLIC "-//W3C//DTD XHTML 1.0 Strict//EN"
        "http://www.w3.org/TR/xhtml1/DTD/xhtml1-strict.dtd">
<html xmlns="http://www.w3.org/1999/xhtml">
<head>
    <meta http-equiv="content-type" content="text/html; charset=UTF-8" />
    <title>Hello World! XHTML 1 Strict</title>
</head>
<body>
    <p>Hello World!</p>
</body>
</html>
```

2.4.2　HTML 4.01 风格的"Hello World!"

以下示例与上一示例等效，但使用的是 HTML 4.01 模式的 DOCTYPE 进行标记的，并使用了简单得多的<html>开始标签(去掉了上述 XHTML 1.0 版本中的 XML 命名空间声明)。

与前一示例一样，它完全合法，也没什么惊奇之处：

```
<!DOCTYPE HTML PUBLIC "-//W3C//DTD HTML 4.01//EN"
        "http://www.w3.org/TR/html4/strict.dtd">
<html>
<head>
        <meta http-equiv=content-type content="text/html; charset=UTF-8">
        <title>Hello World! HTML 4 Strict</title>
</head>
<body>
        <p>Hello World!</p>
</body>
</html>
```

至此，一切都是熟悉的。让我们看看 HTML5 示例。

2.4.3　HTML5"松散"风格的"Hello World!"

前面演示的 XHTML1.0 和 HTML 4.01 页面没什么惊奇之处。现在让我们看看最简单、最小形式的 HTML5 页面。以下页面虽然只有几行，但却是 100%合法的 HTML5"Hello World!"页面：

```
<!DOCTYPE html>
        <meta charset=UTF-8>
        <title>Hello World!</title>
        <p>Hello World!
```

没有<html>开闭标签，也没有<head>和<body>元素，属性值没有引号。这是因为 HTML5 继承了 HTML 4.01 的许多特征，具有相比 XHTML 1.0 宽松得多的语法限制。

HTML5 开发的特点在于采用了一种务实的办法，WHATWG 允许各种通用的语法变异，包括 XHTML 的严格语法以及 HTML 4.01 的松散语法。为了强调这一点并明白 HTML5 是如何演化而来的，让我们看一个稍作简化但仍然合法的 HTML 4.01 页面。

```
<!DOCTYPE HTML PUBLIC "-//W3C//DTD HTML 4.01//EN"
        "http://www.w3.org/TR/html4/strict.dtd">
<meta http-equiv=content-type content="text/html; charset=UTF-8">
<title>Hello World! HTML 4.01 Strict</title>
<p>Hello World!
```

除了冗长的 DOCTYPE 以及较长的 meta charset 属性之外，这两个例子是等同的。两者都没有<html>开闭标签以及<head>和<body>元素。

原因很简单，为了向后兼容，HTML5 允许 Web 页面用 HTML 4.01 或 XHTML 1.0 语法进行标记。无论采用哪一种语法，HTML5 都能对其进行包容。

如果一直使用 XHTML，便会习惯使用小写的标签和属性名、关闭元素、使用引号，并为所有属性赋值。有些人发觉这些规则是限制，而有些人则欣赏带给标记的这种一致性。

总之，可以任意选择语法来标记 HTML5 页面，但是，我们建议采用较为严格的 XHTML 语法。

因为规则是有用的，它们能够协同工作，让大家遵照一种标准化语法。规则也使标记易于学习。使用严格的 XHTML 语法还有一些其他原因。例如，可访问性的最佳做法是期望在<html>标签中使用 lang 属性来指定文档的语言。如果在页面中不使用<html>标签，这就不可能实现了。

2.4.4　HTML5"严格"风格的页面

如果一直使用 XHTML 的严格语法和规则编写标记，便会习惯于小写元素、属性值加引号、关闭空元素等。正如从上一示例中看到的，对于 HTML5，这些都可以不必遵循，可以使用大写的元素，属性不加引号也行。

但是要想把 XHTML 的习惯带入 HTML5，会怎么样呢？我们可以选用 XHTML 语法对页面进行标记，从而得到两者都有的好处。请看以下示例。

```
<!DOCTYPE html>
<html lang="en">
    <head>
        <meta charset="UTF-8" />
        <title>Hello World!</title>
    </head>
    <body>
        <p>Hello World!</p>
    </body>
</html>
```

这是 100%合法的。该页面结合了 HTML5 与 XHTML 严格语法所带来的好处。简言之，这种 XHTML 语法风格的 HTML5 页面是最好的，如图 2-6 所示。

图 2-6　XHTML 语法风格的 HTML5 页面

2.5　让 HTML5 得到跨浏览器支持

下面继续了解所能采用的技术，以使新的 HTML5 语义化元素能够在各种浏览器，甚至老式的 IE6 中生效。首先介绍浏览器如何处理未知元素。

2.5.1　浏览器如何处理未知元素

HTML 是一种宽松的语言。在很多情况下，大多数浏览器都会温和地处理它们不认识的元素和属性，把这些元素处理成匿名的内联元素，并允许设定它们的样式。

每种浏览器都有一个支持元素的列表。例如，Firefox 的列表便存储在一个名为 nsElementTable.cpp 的文件中。该文件的作用是告诉浏览器如何处理它所遇到的元素，告知浏览器这些元素的样式如何，以及在 Document Object Model(文档对象模型，DOM)中应该如何对它们进行处理。

在以下示例中，每个简单页面都使用了新的<time>元素。示例中包括一个用于这一新元素的样式表。现在的问题是，浏览器会如何设置这个<time>元素的样式呢？

```
<!DOCTYPE html>
<html lang="en">
  <head>
    <meta charset="UTF-8" />
    <title>Styling Unknown Elements - 1</title>
    <style>
      time
      {
      font-style: italic;
      }
    </style>
  </head>
  <body>
    <p>Miss Baker made her historic journey on <time datetime="1959-05-28">May 28,
1959</time>.</p>
  </body>
</html>
```

首先，大多数现代浏览器都能很好地识别<time>元素，并将日期"May 28, 1959"的样式设置为斜体。然而，IE(包括 IE8)不能识别这个<time>元素，结果导致这一文本是无样式的。

这一问题有一种解决方案：可以用一小段 JavaScript 为 IE 明确地声明这一元素。该技术的做法是创建一个新的 DOM 元素，与目标元素同名以欺骗 IE，使其能够"看到"这一新元素及其所运用的样式。以下是一个使用了 document.createElement 的代码行，它明确地在 DOM 中创建<time>元素的一个实例：

```
<!DOCTYPE html>
<html lang="en">
  <head>
    <meta charset="UTF-8" />
    <title>Styling Unknown Elements - 2</title>
    <script>document.createElement('time');</script>
    <style>
      time
      {
      font-style: italic;
      }
    </style>
  </head>
  <body>
    <p>Miss Baker made her historic journey on <time datetime="1959-05-28">May 28,
1959</time>.</p>
  </body>
</html>
```

通过这一简单的 JavaScript 片段，可以使 IE 能够看到<time>元素，并允许插入斜体样式。显然，这只能解决单个元素(此例中的<time>)的问题。下一个示例演示如何解决 HTML5 引入的所有新元素的问题。其中包括要强制 IE 识别的所有元素：

```
<!DOCTYPE html>
<html lang="en">
  <head>
    <meta charset="UTF-8" />
    <title>Styling Unknown Elements - 3</title>
    <script>
      (function(){if(!/*@cc_on!@*/0)return;var e = "abbr,article,aside,audio,
canvas,datalist,details,eventsource,figure,footer,header,hgroup,mark,menu,
meter,nav,output,progress,section,time,video".split(','),i=e.length;
while(i--){document.createElement(e[i])}})()
    </script>
    <style>
      time
        {
        font-style: italic;
        }
    </style>
  </head>
  <body>
    <p>Miss Baker made her historic journey on <time datetime="1959-05-28">May 28,
1959</time>.</p>
  </body>
</html>
```

2.5.2　shiv

HTML5 Enabling Script(通俗称谓为 shiv)是一种解决 IE 中未知元素的样式设置问题的更简单方案。以下示例演示了这一方案。

```
<!DOCTYPE html>
<html lang="en">
  <head>
    <meta charset="UTF-8" />
    <title>Styling Unknown Elements - 4</title>
    <!--[if lt IE 9]>
      <script src="http://html5shiv.googlecode.com/svn/trunk/html5.js"></script>
    <![endif]-->
    <style>
      time
        {
        font-style: italic;
        }
    </style>
  </head>
  <body>
    <p>Miss Baker made her historic journey on <time datetime="1959-05-28">May 28,
1959</time>.</p>
```

```
    </body>
</html>
```

通过将该脚本嵌入到条件注释中，我们便能够让它针对早于 IE9 的 IE 版本(IE9 对 HTML5 有相当好的支持)。这使得不需要该脚本的浏览器能够直接将其视为 HTML 注释而跳过。结果会怎样呢？不需要该脚本的浏览器便不会下载它，免去了一个 HTTP 请求。

最后有两点要强调。首先，shiv 需要放在<head>元素中，以使 IE 在呈现之前便能识别这些 HTML5 新元素。其次，shiv 依赖于启用 JavaScript。如果大部分浏览者以禁用 JavaScript 的方式浏览 Web，那么便需要考虑替代方案，例如在标记中使用 HTML5 语义化的 class 名称。

2.5.3　IE 打印保护器

链接到 Google Code 的 shiv 除了提供最新版 shiv 之外，还提供一种称为 IE 打印保护器的功能，它解决了 IE 在打印 HTML5 页面时将会遇到的一个问题：不会适当呈现打印页面上的 HTML5 元素。IE 打印保护器的工作方式是：在打印时用所支持的后备元素(如<div>和<span>)临时替换 HTML5 元素，并根据现有样式为这些元素创建一个特殊的样式表。

2.5.4　声明块级元素

正如前面提到的，在进行样式设置时，浏览器会将未知元素处理成匿名的内联元素。HTML5 引入了大量新的块级元素：如果这些元素未包含在浏览器的已知元素查找表中，那么它们将被视为内联元素。因此，需要添加一条 CSS 规则，将它们声明为块级元素。

```
<style>
article, aside, details, figcaption, figure, footer, header, hgroup, menu, nav, section {
    display: block;
}
</style>
```

这一简单规则指示浏览器将这些新的 HTML5 元素(<article>、<aside>、<details>、<figcaption>、<figure>、<footer>、<header>、<hgroup>、<menu>、<nav>以及<section>)视为块级元素，并相应地显示它们。

2.6　HTML5 样板页面

下面将前面所涉及的全部内容综合在一起，形成一个简单的 HTML5 样板页面，代码如下，效果如图 2-7 所示。

```
<!DOCTYPE html>
<html lang="en">
<head>
    <meta charset="UTF-8" />
    <title>HTML5 样板页面</title>
    <!--[if lt IE 9]>
        <script src="http://html5shiv.googlecode.com/svn/trunk/html5.js">
</script>
```

```
        <![endif]-->
        <style>
          article, aside, details, figcaption, figure, footer, header, hgroup, menu, nav, section
           {
           display: block;
           }
        </style>
   </head>
   <body>
       <p>在此处插入您的内容。</p>
   </body>
   </html>
```

图 2-7　HTML5 样板页面

2.6.1　不再有 type 属性

在上一示例中发现缺少一点东西：在声明 JavaScript 或 CSS 时，已不再需要包含 type 属性。以前是需要包含 type 属性的，如下所示：

```
<!--[if lt IE 9]>
    <script type="text/javascript"
             src="http://html5shiv.googlecode.com/svn/trunk/html5.js">
</script>
    <![endif]-->
    <style type="text/css">
      article, aside, details, figcaption, figure, footer, header, hgroup, menu, nav, section
       {
       display: block;
       }
</style>
```

type 属性 type="text/javascript"和 type="text/css"已不再需要。现在可以删掉它们以节约几字节，如下所示：

```
<!--[if lt IE 9]>
    <script   src="http://html5shiv.googlecode.com/svn/trunk/html5.js"></script>
<![endif]-->
<style>
    article, aside, details, figcaption, figure, footer, header, hgroup, menu, nav, section
     {
     display: block;
```

```
        }
    </style>
```

这是因为在样式设置和脚本语言方面只有 CSS 和 JavaScript，已经没有其他语言可用并要进行区分。过去，在某些场合下，需要用 VBScript 编制脚本，但它早已过时。

2.6.2 填充材料与替换

刚才展示的 HTML5 样板页面以及丰富的 HTML5 和 CSS3 跨浏览器支持，为用户带来了令人惊艳的现代 Web 体验，但在许多情况下，这些还不够。有时会要求对不支持 HTML5 和 CSS3 新特性的那些老式浏览器(如 IE6~IE8)也要实现支持，而有时会希望使用并非所有现代浏览器都能支持的尖端特性。

这些问题有一些处理办法，而且你在本书中会看到多种不同的技术用以解决这类问题。这些技术一般分为以下三大类。

- 优雅降级：可以让许多 Web 特性在现代浏览器中具有很好的观感，而对老式浏览器进行降级处理，以使它们看起来不那么美观，但仍然是可访问和可用的。
- 渐近式增强/替换：渐近式增强/替换与优雅降级相反。可以为所有浏览器建立最基本的功能，然后为支持高级特性的浏览器构建一些增强的样式和可用性。有时，这只是在建立标记和样式的过程中便可完成的事情，而有时则需要一些额外的辅助。

> **注意：**
> 一个名为 Modernizr 的特性检测库会检测浏览器是否支持 CSS3、HTML5 的各种特性，并能够运用相应的不同样式和脚本。例如，如果一个网站使用了 CSS 动画界面特性，那么可以用 Modernizr 检测对它的支持，然后将一个较简单的样式集运用于不支持的浏览器，使它仍然能够呈现可访问和可用的内容。

- 填充材料：这是一些通常内置在 JavaScript 中的程序，可以将一些对 Web 技术的支持添加到尚不支持它的浏览器中。CSS PIE 就是一个很好的例子，它对老版本的 IE 添加对渐变效果、圆角以及其他一些 CSS3 特性的支持。

2.7 HTML5 页面验证

本节介绍如何对新型的 HTML5 页面进行验证。

为什么要验证呢？对页面进行验证通常是找出问题的第一阶段。使用验证器有助于找出简单且易忽视的错误，并了解标记运行的更多情况。

2.7.1 HTML5 验证器

下面两个验证器是非常可靠且可用的。

(1) W3C Markup Validator

W3C Markup Validator 可以检查 HTML、XHTML、SMIL、MathML 等格式的 Web 文档标记的有效性。这个验证器是 W3C 标准验证服务 Unicorn 的一部分。要对 HTML5 使用这个验证器，需要使用 More Options 选项以及选择 Document Type 为 HTML5(experimental)，如图 2-8 所示。详见 https://validator.w3.org/#validate_by_uri+with_options。

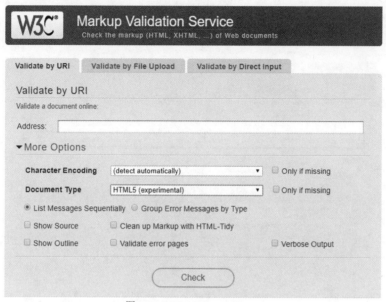

图 2-8　W3C Markup Validator

(2) Validator.nu (X)HTML5 Validator

下面是另一个 HTML5 验证器 Validator.nu (X)HTML5 Validator，如图 2-9 所示。详见 https://html5.validator.nu/。

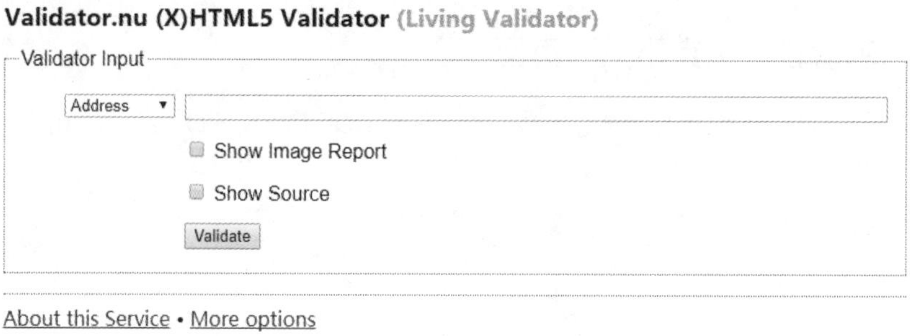

图 2-9　Validator.nu (X)HTML5 Validator

对之前的 HTML5 样板页面进行检查，看看它是否合法，如图 2-10 所示。

验证器返回的结果如下：The document is valid HTML5→ARIA + SVG 1.1 + MathML 2.0 (subject to the utter previewness of this service)，表示"该文档是 HTML5→ARIA + SVG 1.1 + MathML 2.0 合法的(完全符合本服务预览)"。

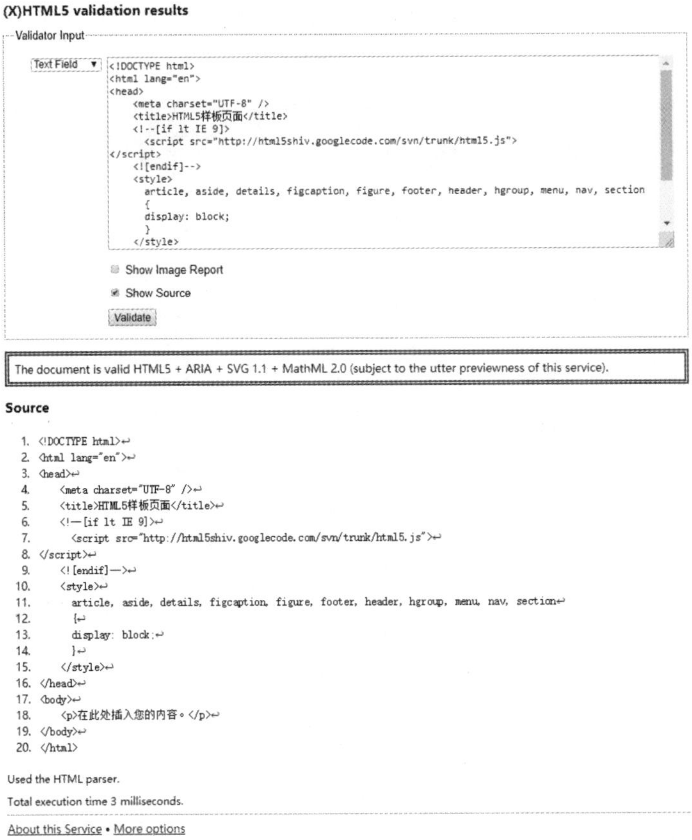

图 2-10　HTML5 样板页面合法，完全符合服务预览

2.7.2　更新和验证"贝克小姐"页面

更新本章开始时介绍的"贝克小姐"页面，采用新的 DOCTYPE，并用前面介绍的内容对<head>进行修改。

```
<!DOCTYPE html>
<html lang="en">
<head>
    <meta charset="UTF-8" />
    <title>贝克小姐</title>
    <!--[if lt IE 9]>
        <script    src="http://html5shiv.googlecode.com/svn/trunk/html5.js">
</script>
    <![endif]-->
    <style>
    article, aside, details, figcaption, figure, footer, header, hgroup, menu, nav, section
    {
    display: block;
    }
    </style>
</head>
<body>
<div id="container">
```

```
<div id="header">
    <h1>原始空间先锋</h1>
    <h4>美国的无名英雄</h4>
</div>
<div id="article">
    …
</div>
<div id="footer">
        <p>The Space Pioneers web site is an example site, designed to accompany The Web Evolved, published by Apress.
Text: The Web Evolved; Design: Jonny Campbell.</p> <p>HTML + CSS released under a Creative Commons Attribution 3.0
license.</p>
        <p>Photography &copy; iStockphoto</p>
    </div>
    </div>
    </body>
    </html>
```

在 W3C Markup Validator 验证器中测试该页面，结果如图 2-11 所示。

图 2-11　更新后的"贝克小姐"页面的文档标记是有效的

使用 Validator.nu (X)HTML5 Validator 验证器对其语法进行测试，结果如图 2-12 所示。

简单地修改"贝克小姐"页面的<head>元素，同时不改变 body 元素中的标记，便形成了一个合法的 HTML5 页面，就这么简单。

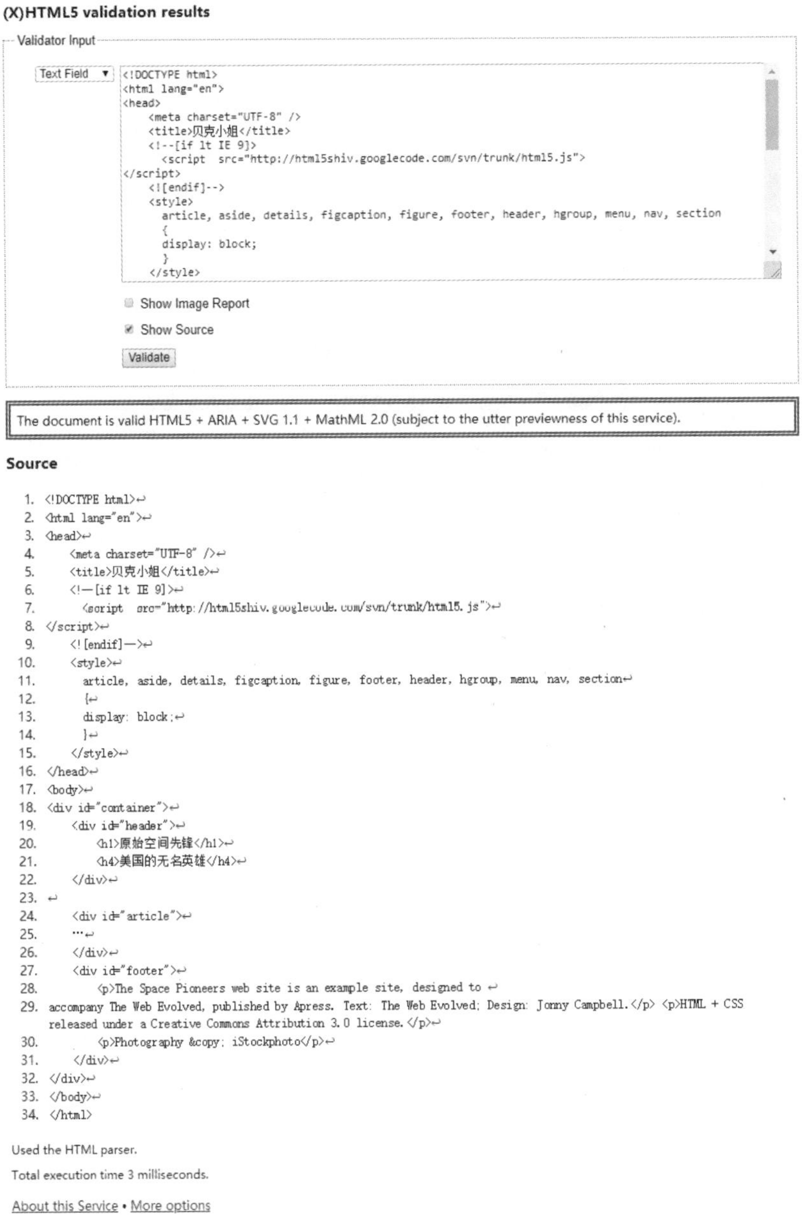

(X)HTML5 validation results

Validator Input

```
Text Field ▼   <!DOCTYPE html>
               <html lang="en">
               <head>
                   <meta charset="UTF-8" />
                   <title>贝克小姐</title>
                   <!--[if lt IE 9]>
                       <script  src="http://html5shiv.googlecode.com/svn/trunk/html5.js">
               </script>
                   <![endif]-->
                   <style>
                       article, aside, details, figcaption, figure, footer, header, hgroup, menu, nav, section
                       {
                       display: block;
                       }
                   </style>
```

☐ Show Image Report

☑ Show Source

[Validate]

The document is valid HTML5 + ARIA + SVG 1.1 + MathML 2.0 (subject to the utter previewness of this service).

Source

```
1.  <!DOCTYPE html>
2.  <html lang="en">
3.  <head>
4.      <meta charset="UTF-8" />
5.      <title>贝克小姐</title>
6.      <!--[if lt IE 9]>
7.          <script  src="http://html5shiv.googlecode.com/svn/trunk/html5.js">
8.  </script>
9.      <![endif]-->
10.     <style>
11.        article, aside, details, figcaption, figure, footer, header, hgroup, menu, nav, section
12.        {
13.        display: block;
14.        }
15.     </style>
16. </head>
17. <body>
18. <div id="container">
19.     <div id="header">
20.         <h1>原始空间先锋</h1>
21.         <h4>美国的无名英雄</h4>
22.     </div>
23.
24.     <div id="article">
25.         …
26.     </div>
27.     <div id="footer">
28.         <p>The Space Pioneers web site is an example site, designed to
29. accompany The Web Evolved, published by Apress. Text: The Web Evolved; Design: Jonny Campbell.</p> <p>HTML + CSS
    released under a Creative Commons Attribution 3.0 license.</p>
30.         <p>Photography &copy; iStockphoto</p>
31.     </div>
32. </div>
33. </body>
34. </html>
```

Used the HTML parser.

Total execution time 3 milliseconds.

About this Service • More options

图 2-12   更新后的"贝克小姐"页面得到完美验证

2.8 新的结构化元素

在 HTML 4.01 和 XHTML 1.0 中，可选的标记在一定程度上是有限的。尽管<div>要远比<table>

更适合于布局，但它仍然只是一个用于流式内容的一般性容器。可以使用 class 和 id 来添加 CSS 样式，使用名称描述元素的内容，以及给元素添加额外的特定语义。然而，尽管\<ul class="nav"\>和\<div class="sidebar"\>可以工作得很好，但添加的额外语义并不是用户可访问的，甚至不是浏览器能够识别的。

HTML5 中的变化是增加了新的结构化元素。这些元素用于表示页面部分常用的特定语义，以代替以前用 class 和 id 表示的部分，只不过现在它们具有标准化的媒体独立的语义。这些新的结构化元素是：

\<section\>　\<article\>　\<header\>　\<footer\>　\<hgroup\>　\<nav\>　\<aside\>

2.8.1　块级元素与行内元素

\<body\>中的每个元素都属于以下两种类别之一：块级(block-level)元素和行内(inline)元素。

块级元素在屏幕上展现时，就好像在它的首尾都有一个换行符。例如，\<p\>、\<h1\>、\<h2\>、\<h3\>、\<h4\>、\<h5\>、\<h6\>、\<ul\>、\<ol\>、\<dl\>、\<pre\>、\<hr\>、\<blockquote\>以及\<address\>元素，都是块级元素。它们都在其新行开始显示内容，并且这些元素之后的任何内容同样也会另起一行。

行内元素则可以出现在同一行句子中而不必另起一行。\<b\>、\<i\>、\<u\>、\<em\>、\<strong\>、\<sup\>、\<sub\>、\<small\>、\<ins\>、\<del\>、\<code\>、\<cite\>、\<dfn\>、\<kbd\>以及\<var\>元素，都是行内元素。

例如，看一下标题和段落，两个元素都从新行开始显示内容，并且元素之后的任何内容同样另起一行显示。与此同时，段落中的行内元素并没有另起一行放置。代码示例如下：

```
<h1>Block-Level Elements</h1>
  <p><strong>Block-level elements</strong> always start on a new line. The
  <code>&lt;h1&gt;</code> and <code>&lt;p&gt;</code> elements will not sit
  on the same line, whereas the inline elements flow with the rest of the
  text.</p>
```

可以在图 2-13 中查看效果。

图 2-13　块级元素与行内元素的显示效果

从严格意义上说，行内元素不可以包含块级元素，并且只能位于块级元素内，因此不应该将\<b\>元素放到块级元素之外。同时，块级元素既可以包含其他块级元素，也可以包含行内元素。

2.8.2　结构化构建块\<div\>、\<section\>和\<article\>

首先比较用于结构化页面的 3 个易于混淆的元素。

● \<div\>：这是一种常用的一般性容器，是一种无附加语义含义的流式内容元素。

● \<section\>：这是文档或应用程序的一般性小节(也可以理解为"节""片段""部分"等)，

几乎总是带有标题(也许在<header>中),有时也带有<footer>。它是一种大段的相关内容,如一篇文章的小节、页面的主要部分(如首页的新闻片段)或 Web 应用程序的选项卡式界面中的选项卡页面等。

● <article>:这是文档或网站的独立小节。意即,它可以单独存在,并且在其他地方遇到时(如在 RSS 馈送中)仍具有完整的意义。例子有,一篇博客文章、一个论坛帖子或一个评论等。与<section>一样,它应该有标题,并可能包含标头(header)和/或脚注(footer)。

1. <div>、<section>和<article>的区别

(1) <div>元素

在编写 POSH(简单、旧式、语义化的 HTML)的过程中,我们应当使用最适当或语义最准确的元素。虽然<div>具有一般性流式容器元素的语义,但它不具有除此之外的任何语义含义,而且是在没有更合适元素的情况下才使用的(HTML 4.01 一直就是这样)。<div>的内容没有相互关联的要求。

(2) <section>元素

HTML5 的新元素<section>类似于<div>,也是一种一般性容器元素,但它确实具有一些附加的语义含义——它所包含的东西是一组逻辑相关的内容。

<section>也是一种内容的分节元素。与<article>、<nav>、<aside>等配合使用,可以指示文档中的小节。

(3) <article>元素

新的 HTML5 元素<article>是一种特殊的<section>。它具有更特定的语义含义,即它是页面的一个独立、自包含部分。在使用<article>的地方可以使用<section>,但使用<article>可以给出更多的语义含义。

2. 选用哪一个

<section>表示"相关内容",而<article>则意味着即使是在页面的上下文之外(页面的标头、脚注等),这也是"一段具有完整意义的相关内容"。

容易引起混淆的是,<section>可以用于一个页面的多个部分,因而能够包含多个<article>(如首页的"Recent Articles"(最新文章)部分),而且能够用于一篇文章中的多个小节(在一篇文章中)。因此,要想决定<article>、<section>、<div>是否合适,需要按以下优先顺序选择适当的选项:

(1) 被封装的内容在馈送阅读器中会有完整意义吗?如果有,选用<article>。

(2) 被封装的内容是相关的?如果是,选用<section>。

(3) 如果没有语义关系,选用<div>。

在语义化的 HTML5 中,希望在适当的地方用<section>、<article>以及其他新的结构化元素代替简陋的<div>。然而,不必担心在相应的地方使用了<div>,因为它仍然是合法的 HTML5 标记。<section>和<article>的使用方法和 HTML 4.01 中的<div>一样。例如,这些元素不能用于<blockquote>或<address>内部,而且要避免在一个<article>中嵌套另一个<article>,要用一些<section>来表示<article>中的逻辑部分。一些 Web 应用程序的<section>和<article>不需要标题,但最好还是加一个标题,哪怕后面再通过 CSS 把它隐藏起来。

3. 使用这些元素的基本结构

以下是两个示例，它们展示了\<section\>和\<article\>的用法。

一篇博客文章，以下是要处理的结构：

- 博客文章
    - 标题
    - 内容……

在 HTML 4.01 中，可将这篇文章封装在\<div class="article"\>等元素中。显然，在 HTML5 中应该用\<article\>代替。

```
<article>
  <h1>Heading</h1>
  <p>Content…</p>
</article>
```

一篇有多个小节的长文章，以下是使用的文章结构：

- 文章
    - 标题
        - 小节
            - 小节标题
            - 内容
        - 小节
            - 小节标题
            - 内容
        - 小节
            - 小节标题
            - 内容

同样，这篇文章在 HTML 4.01 中通常被封装在\<div\>中，而各小节只会由\<h1\>～\<h6\>元素标记。在 HTML5 中，这篇文章应该被封装在\<article\>中，而\<article\>的各个子小节应当明确地由封装子小节内容的\<section\>元素指示；或者，如果想对小节进行编号，可以用有序列表来表示。

```
<article>
  <h1>Heading</h1>
  <section>
    <h2>Section heading</h2>
    <p>Content</p>
  </section>
  <section>
    <h2>Section heading</h2>
    <p>Content</p>
  </section>
  <section>
    <h2>Section heading</h2>
    <p>Content</p>
  </section>
```

```
</article>
```

2.8.3　标题：<header>、<footer>、<hgroup>以及<h1>～<h6>

接下来，让我们详细看看<header>、<footer>、<hgroup>以及<h1>～<h6>元素。

- <header>：用于分节元素的内容介绍和导航。一般包括标题(一个<h1>～<h6>的元素或一个<hgroup>元素)，但也可以含有其他内容，如<nav>元素或导航链接、内容表格、搜索表单或相关徽标等，不过不能包含<footer>或另一个<header>(参见 http://j.mp/html5-header)。
- <footer>：用于表现内容的附加信息，如作者、相关文档的链接、版权数据、返回到页首的链接等，而且通常出现在内容的底部。像<header>一样，它也不能再包含<header>或<footer>元素。
- <hgroup>：这是<header>的一种特殊形式，只能包含<h1>～<h6>元素，用于对带有副标题的标题进行组合。
- <h1>～<h6>：这些原有的标题元素已经被沿用下来，而且基本上没什么改变，只不过 HTML5 更为强调对它们的正确使用(原则上不跳越标题级别)，而且对标题级别增加了有趣的 HTML5 样式。

2.8.4　更多的结构化元素：<nav>、<aside>、<figure>以及<figcaption>

下面介绍另外两个内容分节元素——<nav>和<aside>，还会涉及<figure>及其子元素<figcaption>，并将它们与<aside>进行比较。

- <nav>：导航链接小节，这些链接要么链接到其他页面，要么链接到同一页面的其他小节，如用于长文章的目录。通常用于主导航块，而不只是一组纯粹的链接。一条经验规则是，最好为它添加"跳过导航"链接。
- <aside>：页面中的一个小节，由与周边内容略微相关但又单独分开的内容组成。在打印时，它可能是侧边栏、醒目的引文或脚注。而在一篇博客文章中，它可能是文章的相关信息、旁注的附加信息或评论小节。
- <figure>：它用于这样一种内容——对理解至关重要，但可以在文档流中迁移(移到不同的地方)，却不影响文档的含义。可以用于图像或视频，也可以用于任何其他内容，包括图表、代码示例或其他媒体。使用可选(而有趣)的子元素<figcaption>可以提供标签。

网站导航已经在使用<ul class="nav">或其他类似的方法。<nav>元素能够明确地标记导航链接组。它具有可访问性所能带来的好处，例如它让使用残障技术(如屏幕阅读器)的用户能够跳过导航而直接进入内容，或是直接跳到导航部分。如果导航使用的是列表，那么仍然需要<ul>或<ol>元素，但是也可以包含标题或其他相关内容。以下是一个实用的<nav>示例，它带有标题，可以通过 CSS 来隐藏，如图 2-14 所示。

```
<nav>
  <h2 class="a11y">Main navigation</h2>
  <ul>
    <li><a href="/">Home</a></li>
    <li><a href="/blog/">Weblog</a></li>
    <li><a href="/about/">About</a></li>
    <li><a href="/contact/">Contact</a></li>
```

```
    </ul>
</nav>
```

图 2-14 网站导航

<aside>应当是对主内容的补充，是一些有点相关的内容。例如，让放在<aside>中的网站侧边栏作为<body>的子元素就很好，但整个网站范围的信息不应该出现在作为<article>子元素的<aside>中。另外，<aside>适合于放置广告，只要与父分节元素有关即可。以下是一个<aside>示例，它在文章的边空处提供了补充信息。

```
<aside class="sidenote">
    <p><em>Sectioning root</em> elements are <code>&lt;blockquote&gt;</code>, <code>&lt;body&gt;</code>,
<code>&lt;details&gt;</code>, <code>&lt;fieldset&gt;</code>, <code>&lt;figure&gt;</code>, and <code>&lt;td&gt;</code></p>
    </aside>
    <p><code>&lt;header&gt;</code> and <code>&lt;footer&gt;</code> apply to the current sectioning content or 'sectioning root'
element…</p>
```

<figure>的内容是必需的，但位置是可变的。一个小节中要用 CSS 进行定位的任何一部分都是很好的运用场景。通常，这称为依文字而定，但并不是必需的，如下所示：

```
<p>… Here is an example of using <code>hgroup</code> for a subtitle.</p>
<figure>
    <img src="img/hgroup-subtitle.png" width="500" height="136" alt="hgroup example usage; an article heading with an
alternative heading" />
</figure>
```

也可以用<figcaption>作为第一个或最后一个子元素，为<figure>提供可选标题，如下所示：

```
<figure>
    <figcaption>An article heading with an alternative heading</figcaption>
    <img src="img/hgroup-subtitle.png" width="500" height="136" alt="hgroup example usage; an article heading with an
alternative heading" />
</figure>
```

最后，<figure>可以包含多个内容片段，如下所示：

```
<figure>
    <pre><code>&lt;ruby&gt;&lt;strong&gt;cromulent&lt;/strong&gt; &lt;rp&gt;(&lt;/rp&gt;&lt;rt&gt;crôm-yū-lənt&lt;
/rt&gt;&lt;rp&gt;)&lt;/rp&gt;&lt;/ruby&gt;</code></pre>
    <img src="img/cromulent.png" width="570" height="80" alt="Displaying ruby text after the base text for an English dictionary">
    <figcaption>Using ruby text for a dictionary definition by displaying the ruby text inline after the base text</figcaption>
</figure>
```

2.8.5 将一个简单的页面转换成 HTML5 页面

例 2-3：这是一个理想化的文章页面的范例结构，它采用标准的布局，包括页头(带有徽标等)、主导航、主内容(包括文章、侧边栏以及页脚)。

以下是该页面的大纲。

- 页头(网站名称、徽标、搜索框等)
- 主导航
- 主内容(封装器)
  - 文章(主栏目)
    - 文章标题
    - 文章元数据
    - 文章内容
    - 文章脚注
  - 侧边栏
    - 侧边栏标题
    - 侧边栏内容
  - 页脚

图 2-15 显示了这个页面布局。

图 2-15　文章的页面布局

因此，让我们先用标准的 POSH(XHTML 1.0 风格)进行编写。

```
<!DOCTYPE html PUBLIC "-//W3C//DTD XHTML 1.0 Strict//EN"
   "http://www.w3.org/TR/xhtml1/DTD/xhtml1-strict.dtd">
<html lang="en" xml:lang="en">
  <head>
    <title>Article (XHTML 1)</title>
    <meta http-equiv="Content-Type" content="text/html; charset=utf-8" />
  </head>
  <body>
    <div id="branding">
      <h1>Site name</h1>
```

```
      <!-- other page heading content -->
    </div>
    <ul id="nav"><li>Site navigation</li></ul>
    <div id="content">
      <div id="main"> <!-- main content (the article) -->
        <h1>Article title</h1>
        <p class="meta">Article metadata</p>
        <p>Article content...</p>
        <p class="article-footer">Article footer</p>
      </div>
      <div id="sidebar"> <!-- secondary content -->
        <h2>Sidebar title</h2>
        <p>Sidebar content...</p>
      </div>
    </div>
    <div id="footer">Footer</div>
  </body>
</html>
```

下面用新的结构化元素将它转换成 HTML5 页面。

```
<!-- 'HTML-style' HTML5 -->
<!DOCTYPE html>
<html lang="en">
  <head>
    <meta charset="utf-8">
    <title>Article (HTML5)</title>
  </head>
  <body>
    <header id="branding"><!-- page header (not in section etc) -->
      <h1>Site name</h1>
      <!-- other page heading content -->
    </header>
    <nav>
      <ul><li>Main navigation</li></ul>
    </nav>
    <div id="content"> <!-- wrapper for CSS styling and no title so not section -->
      <article> <!-- main content (the article) -->
        <header>
          <h1>Article title</h1>
          <p>Article metadata</p>
        </header>
        <p>Article content...</p>
        <footer>Article footer</footer>
      </article>
      <aside id="sidebar"> <!-- secondary content for page (not related to article) -->
        <h3>Sidebar title</h3> <!-- ref: HTML5-style heading element levels -->
        <p>Sidebar content</p>
      </aside>
    </div>
    <footer id="footer">Footer</footer> <!-- page footer -->
```

```
    </body>
</html>

<!-- 'XHTML-style' HTML5 -->
<!DOCTYPE html>
<html lang="en">
    <head>
        <meta charset="utf-8" />
        <title>Article (HTML5)</title>
    </head>
    <body>
        <header id="branding"> <!-- page header (not in section etc) -->
            <h1>Site name</h1>
            <!-- other page heading content -->
        </header>
        <nav>
            <ul><li>Main navigation</li></ul>
        </nav>
        <div id="content"> <!-- wrapper for CSS styling and no title so not section -->
            <article> <!-- main content (the article) -->
                <header>
                    <h1>Article title</h1>
                    <p>Article metadata</p>
                </header>
                <p>Article content...</p>
                <footer>Article footer</footer>
            </article>
            <aside id="sidebar"> <!-- secondary content for page (not related to article) -->
                <h3>Sidebar title</h3> <!-- ref: HTML5-style heading element levels -->
                <p>Sidebar content</p>
            </aside>
        </div>
        <footer id="footer">Footer</footer> <!-- page footer -->
    </body>
</html>
```

2.9 本章小结

至此，我们已经学习了 HTML5 的有关知识，并了解了 XHTML 1.0、HTML 4.01、"松散的" HTML5 风格、更为严谨的 XHTML 风格以及 HTML5 风格之间的语法区别。本章也展示了新的 HTML5 DOCTYPE，为了升级到 HTML5 需要对文档的<head>所做的修改，以及如何让 HTML5 的内容能够在所有浏览器，甚至老版本的 IE 中正常运行。你看到了每一个 HTML 文档至少应该包含<html>、<head>、<title>和<body>元素。本章介绍了一个 HTML5 样板页面，可以将其作为所有 HTML5 文档的起点，另外还展示了如何对 HTML5 标记进行最好的验证。本章接着介绍了 HTML5 新的结构化元素，包括一些新的、更具语义化的用于替代<div>的元素，如内容分节元素<section>、<article>、<aside>、<nav>等。本章最后介绍了一个将 HTML 或 XHTML 页面转换成 HTML5 页面的例子。

2.10　思考和练习

1. HTML5 有什么新特性？

2. HTML5 新增的结构标记有哪些？

3. 简述 HTML 元素中常见的三组特性。

4. 分节元素包括哪些元素？

5. 如何让 HTML5 得到跨浏览器支持？

6. 简述<div>、<section>和<article>的区别。

7. 参照本章示例创建一个"Hello World!"Web 页面。验证该 Web 页面。

8. 选择"贝克小姐"页面，在相应的地方添加 HTML5 的语义化元素；验证"贝克小姐"页面，并在浏览器中观察页面效果。

第 3 章
创建HTML5文档

HTML5 中的一个主要变化是：将元素的语义与元素对其内容呈现结果的影响分开。HTML 元素负责文档内容的结构和含义，内容的呈现则由应用于元素的 CSS 样式控制。网络之所以有别于其他媒体，是因为网页中可以包含链接(或者叫超链接)。本章主要介绍如何创建 HTML5 文档，最基础 HTML 元素——文档元素和元数据元素的应用，以及导航、链接的概念与使用方法。

本章的学习目标：

- 了解基本的 HTML5 文档结构
- 掌握基本文本格式化元素的使用方法
- 掌握导航、链接的概念与使用方法

3.1　HTML5 文档结构

3.1.1　构建基本的文档结构

构成 HTML 文档基本结构的是 4 个主要元素：DOCTYPE 元素、html 元素、head 元素、body 元素。这 4 个元素出现在每个 HTML 文档中，基本的文档结构代码如下：

```
<!DOCTYPE HTML>
<html>
    <head>
        <title>title</title>
    </head>
    <body>
        文档内容
    </body>
</html>
```

1. DOCTYPE 元素

每个 HTML 文档必须以 DOCTYPE 元素开头。其告知浏览器两件事情：第一，处理的是 HTML

文档；第二，用来标记文档内容的 HTML 所属的版本。

注意：

HTML 4.01 中要求的 DTD 已不在 HTML5 中使用！

● 如果网页代码含有 DOCTYPE 元素，浏览器就会按声明的标准解析。

● 如果不添加 DOCTYPE 元素，将使网页进入怪异模式(quirks mode)，两者会有一定的区别！

```
<!—HTML 4.01 -->
<!DOCTYPE HTML PUBLIC "-//W3C//DTD HTML 4.01//EN"
            "http://www.w3.org/TR/html4/strict.dtd">
<!-- HTML5 -->
<!DOCTYPE HTML>
```

2. html 元素

html 元素是整个 HTML 文档的包含元素(containing element)。在 DOCTYPE 声明之后，每个 HTML 文档都应该有一个开始标签<html>，而且每个文档都应该以结束标签</html>结束。

html 元素也可以包含 id、dir、lang 特性。

3. head 元素

head 元素仅仅是所有头部元素的容器。它是开始标签<html>后出现的第一个标签。

每个 head 元素内必须包含一个 title 元素，用以指定文档的标题。不过，它还可以包含以下元素按任意顺序出现的一种组合：

● <base>用于设置相对 URL 的解析基准。

● <link>用于链接外部文件，例如样式表等。

● <style>用于在文档内包含 CSS 规则。

● <script>用于在文档内包含脚本。

● <meta>包含文档的相关信息，比如一段描述或作者姓名等。

<head>开始标签可包含 id、dir、lang 特性。

注意：

有一个需要了解的<meta>标签，就是<meta charset=utf-8>。这种标签与特性的组合告知浏览器应使用哪种字符集。字符集是字符的集合，用于渲染书写语言。在大部分情况下，使用 utf-8 将是最好的选择。utf-8 包含 Unicode 字符集(超过一百万个字符)中的每一个字符。这意味着使用 utf-8 可以渲染从英文到中文，甚至俄文的任何语言。

4. title 元素

使用 title 元素可以为网页设置标题，它是 head 元素的一个子元素。它以如下几种方式呈现和使用：

● 显示在浏览器窗口的顶端。

● 在 IE、Firefox、Chrome 等浏览器中作为书签的默认名称。

● 搜索引擎使用其内容帮助建立页面索引。

因此，必须使用一个描述网站内容的标题。

检验标题好坏的标准是，访问者能否在不必查看网页实际内容的情况下，仅通过标题就能说出将在页面中找到什么；以及标题是否使用了人们搜索此类信息时常用的字眼。

title 元素应该只包含标题文本，而不可以包含任何其他元素。

title 元素可以包含 id、dir、lang 特性。

5. 链接与样式表

下面简单介绍一下如何将 CSS 和 JavaScript 包含于网页中。

添加样式表需要依靠<link>元素。<link>元素同样使用 href 特性。该特性用于指向 Web 上的某个资源。在这里，使用 href 不是为了在单击链接时打开一个新页面或网站，而是指向一个为当前页面提供样式信息的文件位置。rel 特性指明链接的文档是一个样式表，并且浏览器应据此做相应处理。

```
<link rel="stylesheet" href="css/main.css">
```

向页面添加脚本则更加简单。在页面中添加一个<script>元素，然后添加 src 特性，指向需要使用的 JavaScript 文件的位置。

```
<script src="js/main.js"></script>
```

> **注意：**
> 即使对于使用<script>元素的情况，在开始和结束标签之间没有任何内容，但在插入一个脚本元素时，也要永远记得包含一个结束标签</script>。

3.1.2 用元数据元素说明文档

meta(元数据)是用来描述 HTML 文档的信息，它使用 meta 元素来完成此工作，meta 元素位于<head>和</head>标签对内。在<head>和</head>标签对内包含以下用以说明文档信息的功能。

1. 设置文档标题

用 title 元素设置文档标题，如 3.1.1 节所述。

2. 设置相对 URL 的解析基准

base 元素可用来设置基准 URL，让 HTML 文档中的相对链接在此基础上进行解析。base 元素还能设定链接在用户单击时的打开方式，以及提交表单时浏览器如何反应。

例 3-1：在 HTML 文档中指定相对链接的基准 URL 为 http://www.yk.pmjt.cn，并指定链接打开方式为"当前页面"。在浏览器中显示的效果如图 3-1 所示，代码如下：

```
<!doctype html>
<html lang="en">
<head>
    <meta charset="UTF-8">
    <title>Base Test</title>
    <!-- 指定相对 URL 的基准 URL -->
    <base href="http://www.yk.pmjt.cn">
    <!-- 指定链接打开方式为:当前页面 -->
```

```
    <base target="_self">
</head>
<body>
    <!-- 图片地址:http:// www.yk.pmjt.cn/Images/qywh.gif -->
    <img src="/Images/qywh.gif" alt="企业文化">
    <a href=" ">平煤股份一矿</a>
</body>
</html>
```

图 3-1　示例页面在浏览器中的显示效果

注意：

如果不指定基准 URL，那么浏览器会将当前文档的 URL 认定为所有相对 URL 的解析基准。

3. 用元数据说明文档

meta 元素可以用来定义文档的各种元数据，每个 meta 元素只能用于下面一种用途。

(1) 指定名/值元数据对

表 3-1 提供了 5 个预定义的元数据，需要用到 name 和 content 属性。

表 3-1　预定义的元数据

元数据名称	说　　明
application name	当前页面所属 Web 应用系统的名称
author	当前页面的作者名
description	当前页面的说明
generator	用来生成 HTML 的软件名称
keywords	一批以逗号分开的字符串，用来描述页面的内容

(2) meta 元素的其他用途

meta 还可以用于设置文档内容的字符编码方式，用于计时刷新页面及计时跳转页面的设置等。
代码如下：

```
<!-- 文档内容的字符编码 -->
<meta charset="UTF-8">
<meta http-equiv="content-type" content="text/html charset=UTF-8">
<!-- 5s 后刷新当前页面 -->
<meta http-equiv="refresh" content="5">
<!-- 5s 后跳转到百度 -->
<meta http-equiv="refresh" content="5; http://www.baidu.com">
```

4. 定义 CSS 样式

style 元素用来定义 HTML 文档内嵌的 CSS 样式，link 元素用来导入外部样式表中的样式。

(1) 指定样式适用的媒体

media 属性可用来表明文档在什么情况下应该使用元素中定义的样式，如表 3-2 所示。

表 3-2　media 属性的值

设　　备	说　　明
all	所有设备(默认)
aural	语音合成器
braille	盲文设备
handheld	手持设备
projection	投影机
print	打印预览和打印页面
screen	计算机显示器屏幕
tty	电传打字机之类的等宽设备
tv	电视机

例 3-2：使用 media 属性指定在不同的设备上显示的背景色。其中，在计算机显示器屏幕上，当字块宽度小于 500px 时背景为蓝色，如图 3-2 所示；当字块宽度大于 500px 时背景为灰色，如图 3-3 所示。另外设置打印页面的背景为蓝色。代码如下：

```
<!doctype html>
<html lang="en">
<head>
    <meta charset="UTF-8">
    <title>Style Test</title>
    <!-- 显示样式 && 小于 500px -->
    <style media="screen and (max-width:500px)">
        div{
            background-color: blue;
            color: white;
        }
    </style>
    <!-- 显示样式 && 大于 500px -->
    <style media="screen and (min-width:500px)">
        div{
            background-color: grey;
            color: white;
        }
    </style>
    <!-- 打印样式 -->
    <style media="print">
        div{
            background-color: green;
            font-weight: bold;
```

```
        }
      </style>
  </head>
  <body>
      <div>
          注意我的背影颜色吼!!!
      </div>
  </body>
</html>
```

图 3-2　字块宽度小于 500px

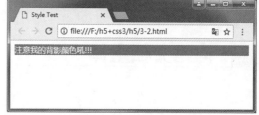

图 3-3　字块宽度大于 500px

(2) 指定外部资源

link 标签同样支持 ref 属性。ref 属性决定浏览器对待 link 元素的方式，见表 3-3。

表 3-3　ref 属性的值

值	说　明
author	文档作者
help	当前文档的说明文档
icon	图标资源
license	当前文档的相关许可证
stylesheet	载入外部样式表

示例如下：

```
<!DOCTYPE html>
<html lang="en">
<head>
    <meta charset="UTF-8">
    <title>Link Test</title>
    <link rel="shortcut icon" href="favicon.ico" type="image/x-icon" />
</head>
<body>
</body>
</html>
```

注意：

如果网站标志文件位于项目根目录下，就无须使用 link 元素加载，而是会自动请求加载该文件。

3.1.3　使用脚本元素

有两个元素与脚本相关：第一个是 script，它定义脚本并控制其执行过程；第二个是 noscript，它规定浏览器不支持脚本或禁用脚本情况的处理方法。在引入外部资源时，如果使用自闭合标签，浏览器会忽略这个元素，不会加载引用的文件。加载资源时，可以使用 async(script 元素的默认行为是在加载和执行脚本时暂停处理页面，从而可以让资源异步加载)和 defer(告知浏览器等页面载入和解析完毕后才能执行脚本)来控制。

示例如下：

```
<!-- 未启用或不支持脚本 -->
<noscript>
        <!-- 5s 后跳转到百度 -->
        <meta http-equiv="refresh" content="5; http://www.baidu.com ">
</noscript>
```

3.2 构建文档主体

3.2.1 基本文本格式化

在本节中将介绍如何使用下列"基本文本格式化元素"。

`<h1>、<h2>、<h3>、<h4>、<h5>、<h6>、<p>、<br>、<pre>`

每种浏览器都会以特定的方式显示它们中的每个元素，因此不同的浏览器会以稍微不同的方式显示同一页面。比如所使用的字体、文字的大小以及元素周围空白区域的大小等，在不同浏览器中的显示都可能不尽相同，因此一段文本占用的空间大小也可能发生变化。

1. 空格与流

在开始标记文本之前，要先了解一下当 HTML 遇到空格时的行为，以及浏览器是如何处理长句子和文本段落的。

如果在两个词之间加入数个连续的空格，那么在屏幕上这些空格不会出现在这两个词之间。默认情况下，只有一个空格会被显示。这种处理方式被称为"空格压缩"。类似地，如果在源文档中另起一个新行，或者有多个连续的空行，这些都会被忽略，并会作为一个空格处理。这一规则同样适用于制表符。例如，下面的段落在浏览器中的显示效果如图 3-4 所示。

```
<p>此段     显示    如何  将单词之间的    多个空格    视为单个空格。
这称为        白色空间折叠，
某些单词之间的大空间    不会出现在
浏览器中。

它还演示了浏览器如何将多个回车
(新行)视为单个空格。</p>
```

在图 3-4 中，浏览器将多个空行以及若干换行都以单个空格处理。它还使文本行完全占据浏览器窗口的全部宽度。

空格压缩有时非常有用，因为它允许在 HTML 中加入额外的空格，而在浏览器中查看时又不会显示。可以利用这一特性对代码进行缩进，从而提高代码的可读性。前面的示例演示了代码缩进，子元素由左向右缩进，将它们与父元素区分开，从而保证可读性。如果想保留文档中的空格，可以使用<pre>标签，也可以使用实体引用，例如使用特殊字符 ，它代表一个不间断空格。

2. 使用<hn>元素创建标题

无论要创建何种文档，大多数文档都具有某种形式的标题。报纸使用的是头条标题；表单的标题告诉你表单的用途；而比赛结果表的标题会告诉你球队所在的联盟或赛区，等等。

在较长的文本片段中，标题还可以帮助组织文档结构。如果查看一下本书的目录，就能看到不同级别的标题是如何组织的，利用在主标题下设置次级标题的方式，为本书添加了目录。

HTML 提供 6 个级别的标题，使用元素<h1>、<h2>、<h3>、<h4>、<h5>以及<h6>来表示。浏览器以 6 个元素中的最大字体显示<h1>，而<h6>则最小。不同级别标题的显示效果如图 3-5 所示。

图 3-4　多个空格、空行在浏览器中的显示效果

图 3-5　不同级别标题的显示效果

> **注意：**
> 大多数浏览器在显示<h1>、<h2>、<h3>元素的内容时会使用大于文档默认的文本字体大小；<h4>的内容会与默认文本的字体大小相同；而<h5>和<h6>的内容则会小于默认字体，除非使用 CSS 对它们另外进行设置。

例 3-3：使用标题组织文档结构。其中<h2>元素是<h1>元素的次级标题。图 3-6 在浏览器中展示效果。代码如下：

```
<!doctype html>
<html>
<head>
<meta charset="utf-8">
<title>创建标题</title>
</head>
<body>
<h1>基本文本格式</h1>
<p> 本节将介绍标记文本的方式。您创建的几乎每个文档都包含某种形式的文本，因此这将是一个非常重要的部分。</p>
<h2>空格与流</h2>
<p> 在开始标记文本之前，要先了解一下当 HTML 遇到空格时的行为，以及浏览器是如何处理长句子和文本段落的。</p>
<h2>创建标题</h2>
<p>无论你要创建何种文档，大多数文档都具有某种形式的标题或其他...</p>
</body>
</html>
```

本节中的 6 个标题元素都可以包含以下通用特性：

class id style title dir lang

3. 使用<p>元素创建段落

<p>元素为结构化文本提供了另一种方式。每个文本段落都应该置于开始标签<p>与结束标签</p>之间，如下所示：

Here is a paragraph of text.
Here is a second paragraph of text.
Here is a third paragraph of text.

当浏览器显示一个段落时，通常会在下一个段落前插入一个空行，并加入少许额外的纵向空间，如图 3-7 所示。

图 3-6 使用标题组织文档结构

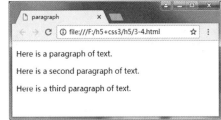

图 3-7 使用<p>元素创建段落

<p>元素可包含所有通用特性：

class id style title dir lang

4. 使用
元素换行

任何时候，当使用
元素时，它后面的内容都会换行显示。
元素是"空元素"的一个例子，不需要开闭标签对，因为二者间不会有任何内容。

可以使用多个
元素将文本下推多行，相比于使用<p>元素结构化文本，很多网页设计者更喜欢在文本段落间使用两个换行符，如下所示：

Paragraph one

Paragraph two

Paragraph three

尽管两个
元素看起来效果同使用<p>元素类似，但是要记住，HTML 标记应该用于描述内容的结构。所以，在段落间插入两个
元素，并不是描述文档结构的行为。

注意：
从严格意义上讲，不应该使用
元素来控制文本位置，应该只在块级元素内部使用它，而<p>元素就是一个块级元素。

下面是一个在段落中使用
元素的例子：

```
<p>When you want to start a new line you can use the line break element.
So, the next<br />word will appear on a new line.</p>
```

图 3-8 展示了在单词"next"和"do"之后换行的效果。

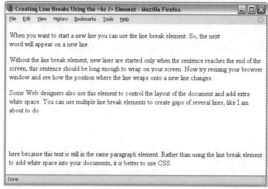

图 3-8　在单词"next"和"do"之后换行的效果

元素可以包含以下特性：

```
class    id    style    title
```

5. 使用<pre>元素预格式化文本

如果想让文本与它写在 HTML 文档中的格式完全保持一致，在文本行到达浏览器边框时不自动换行(浏览器能够忽略多个空格，并且让文本行能够按照编写时的格式换行)，那么可以使用<pre>元素预格式化文本以达到上述目的。

任何位于<pre>开始标签和</pre>结束标签之间的文本都会保持它在源文件中的格式。但同时，大多数浏览器默认会使用等宽字体显示这种文本(Courier 字体就是一种等宽字体，因为每个字母都占用相同的宽度。与之相对的是不等宽字体，这种字体中，字母"i"的宽度通常小于字母"m"的宽度)。

<pre>元素最常用于显示源代码。例如，下面展示了<pre>元素中的一些 JavaScript 代码：

```
<pre>
function testFunction(strText){
    console.log(strText)
}
</pre>
```

图 3-9 展示了<pre>元素中的内容是如何以等宽字体显示的。更重要的是，可以看到它是如何遵循<pre>元素内的显示格式的——空格得到了保留。

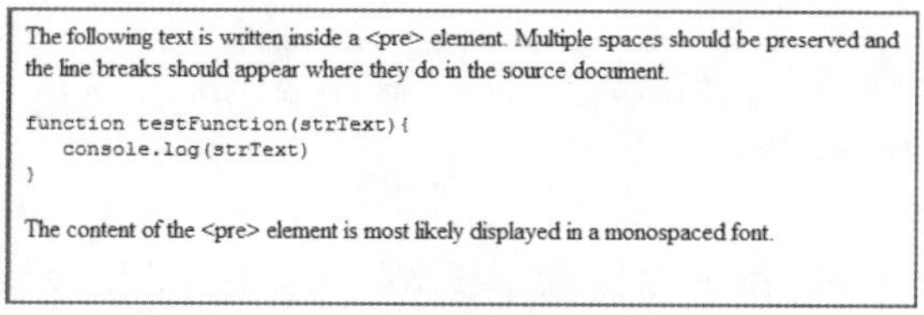

The following text is written inside a <pre> element. Multiple spaces should be preserved and the line breaks should appear where they do in the source document.

```
function testFunction(strText){
    console.log(strText)
}
```

The content of the <pre> element is most likely displayed in a monospaced font.

图 3-9　<pre>元素中的内容以等宽字体显示

尽管制表符在<pre>元素中可以起作用，而且制表符应该以 8 个空格的宽度显示，但不同浏览器对制表符的处理也不尽相同，所以应尽量使用空格替代制表符。

6. 基本文本格式化示例

例 3-4：为一家名为 Example Café 的公司创建一个网页。这个网页将被作为网站的首页，用于向人们介绍咖啡馆。

(1) 添加文档框架：DOCTYPE 声明以及<html>、<head>、<title>和<body>元素。

```
<!doctype html>
<html>
  <head>
    <title>Example Cafe - community cafe in Newquay, Cornwall, UK </title>
  </head>
  <body>
  </body>
</html>
```

整个网页都包含在<html>元素中。<html>元素只能包含两个子元素：<head>元素和<body>元素。<head>元素包含页面的标题，从标题中能知道页面所包含内容的类型。

与此同时，<body>元素包含网页的主体部分。这一部分也是在 Web 浏览器中实际可见的部分。

(2) 向页面中添加主标题以及一些二级标题，从而为页面信息添加结构：

```
<body>
  <h1>EXAMPLE CAFE</h1>
  <h2>A community cafe serving home cooked, locally sourced, organic food</h2>
  <h2>This weekend's special brunch</h2>
</body>
```

(3) 在标题后向页面内填入一些文本段落：

```
<body>
  <h1>EXAMPLE CAFE</h1>
    <p>Welcome to example cafe. We will be developing this site throughout
    the book.</p>
  <h2>A community cafe serving home cooked, locally sourced, organic food</h2>
    <p>With stunning views of the ocean, Example Cafe offers the perfect
environment to unwind and recharge the batteries.</p>
    <p>Our menu offers a wide range of breakfasts, brunches and lunches,
    including a range of vegetarian options.</p>
    <p>Whether you sip on a fresh, hot coffee or a cooling smoothie, you never
    need to feel rushed - relax with friends or just watch the world go by.</p>
  <h2>This weekend's special brunch</h2>
    <p>This weekend, our season of special brunches continues with scrambled egg
    on an English muffin. Not for the faint-hearted, the secret to these eggs is
    that they are made with half cream and cooked in butter, with no more than
    four eggs in the pan at a time.</p>
</body>
```

(4) 以文件名"index.html"保存文件，然后在 Web 浏览器中打开，显示的效果如图 3-10 所示。

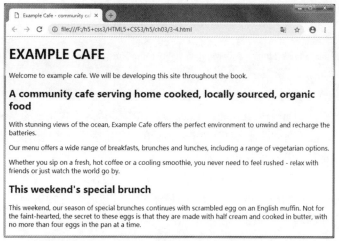

图 3-10 网页在 Web 浏览器中的显示效果

这个基础框架包含<head>和<body>元素，并且将<p>元素和标题结合起来使用，虽然可能简单，但却代表一个完整的网页。即使没有任何样式信息，但<p>元素以及<h1>、<h2>元素的默认渲染风格为页面提供了不错的结构。

3.2.2 链接与导航

网络之所以有别于其他媒体，是因为网页中可以包含链接(或者叫超链接)。通过单击链接，可以从一个页面跳转到另一个页面。链接的形式可以是一个单词、一条短语或一幅图片。

指向同一网站中其他页面的链接被称作"内部链接"。当链接到不同网站时，链接为"外部链接"。外部链接使用"绝对 URL 地址"，包含完整的 Web 地址(例如 http://www.baidu.com/)。本节将介绍如何创建这两种链接以及在页面内链接到指定位置。

1. 基本链接

可以使用<a>元素指定链接。开始标签<a>与结束标签</a>之间的内容将成为链接在浏览器中可供用户单击的部分。

(1) 链接到其他网页

为链接到其他网页，<a>标签必须带有一个叫作 href 的特性。该特性的值是将要链接的文件的名称。例如，下面是一个页面的<body>部分。该页面包含一个指向另一个页面 index.html 的链接。

```
<body>
    <p>Return to the <a href="index.html">home page</a>.</p>
</body>
```

只要 index.html 与当前页面文件处于同一目录中，在单击"home page"之后，index.html 页面就会被载入同一窗口，并取代当前页面。如图 3-11 中所示，<a>元素的内容构成了链接。如果需要链接到其他网站，同样需要使用<a>元素，只是这种情况下不能只简单指明文件名，还需要指定希望链接的页面的完整网址。以下是一个链接到外

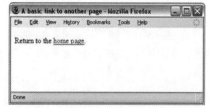

图 3-11 <a>元素的内容构成了链接

部网站的例子，该链接指向 Wrox 网站：

```
<body>
    <p>Why not visit the <a href="http://www.wrox.com/">Wrox Web site</a>?</p>
</body>
```

href 特性的值就是直接访问 Wrox 站点时需要在浏览器中输入的网址。完整的 Web 地址经常被称为"统一资源定位符"(Uniform Resource Locator，URL)。因为包含完整的 Web 地址，所以又被称为"绝对 URL"。很多网页设计者还喜欢在<a>元素中使用图片。当使用图片链接时，需要确保使用的图片能够清晰表达链接所指向的内容。

在链接中还可以使用 title 特性。title 特性的值应为指向内容的描述信息。当鼠标悬浮于链接上时，该信息会以提示标签的形式进行显示。在使用图片链接时，这种机制很有帮助。

下面是一个指向 Google 首页的链接：

```
<p><a href="http://www.Google.com/" title="Search the Web with Google">Google</a>
is a very popular search engine.</p>
```

图 3-12 是 title 特性的展现效果。当鼠标悬浮于链接上时，该特性会向用户展现链接的进一步信息。由于<a>元素中的任何内容都会被渲染为一个链接，包括字符或图片周围的空格，因此应该避免在开始标签<a>之后以及结束标签</a>之前直接使用空格。例如，下面的代码在<a>元素内带有空格：

```
Why not visit the<a href="http://www.wrox.com/"> Wrox Web site </a>?
```

如图 3-13 所示，链接中的空格也被加上下划线进行显示。

图 3-12　title 特性的展现效果　　　　　　图 3-13　链接中的空格也被加上下划线

如果把空格移到链接标签外，就会好很多，如下所示：

```
Why not visit the <a href="http://www.wrox.com/">Wrox Web site</a>?
```

(2) 链接到电子邮件地址

在包含电子邮件地址的网页中，当单击链接时，会在电子邮件程序中打开一个新邮件，并且会在"收件人"中预先填入该电子邮件地址。

为创建电子邮件地址链接，需要按如下语法使用<a>元素：

```
<a href="mailto:name@example.com">name@example.com</a>
```

此处 href 特性的值由关键字 mailto 开始，随后是冒号，然后是希望发送到的电子邮件地址。与其他形式的链接一样，<a>元素的内容是浏览器中所显示链接的可见部分，所以如下用法同样可行：

```
<a href="mailto:name@example.com">E-mail us</a>.
```

2. 链接实例

下面用一个例子说明如何创建链接。

例 3-5：创建一个页面，其中包含三种类型的链接——一个内部链接、一个外部链接以及一个电子邮件地址链接。

(1) 检查并确认页面内容如下：

```
<!doctype html>
<html>
<head>
  <meta charset="utf-8">
  <title>Example Cafe - community cafe in Newquay, Cornwall, UK</title>
  </head>
<body>
  <h1>EXAMPLE CAFE</h1>
  <p>Welcome to Example Cafe. We will be developing this site throughout
     the book.</p>
  <h2>Contact</h2>
  <address>12 Sea View, Newquay, Cornwall, UK</address>
</body>
</html>
```

(2) 加入站内页面间导航。将第一段内容(位于\<h1\>元素之后)替换为指向站内其他三个页面的链接。如下所示，每一个\<a\>元素都应该包含其指向页面的名称。最后，将这些链接元素一同放入\<nav\>元素：

```
<h1>EXAMPLE CAFE</h1>
  <nav>
    <a href="">HOME</a>
    <a href="">MENU</a>
    <a href="">RECIPES</a>
  </nav>
```

(3) 加入联系页面的名称。不过不要将其设置为链接，因为用户已经位于该页面，不需要再链接到页面自身：

```
<h1>EXAMPLE CAFE</h1>
  <nav>
    <a href="">HOME</a>
    <a href="">MENU</a>
    <a href="">RECIPES</a>
    CONTACT
  </nav>
```

(4) 添加各页面的文件名作为 href 特性的值：

```
<h1>EXAMPLE CAFE</h1>
  <div>
    <a href="index.html">HOME</a>
    <a href="menu.html">MENU</a>
    <a href="recipes.html">RECIPES</a>
    CONTACT
```

```
</div>
```

因为这些页面文件位于同一文件夹内,所以只需要指定文件名,而不需要完整的 URL。

(5) 在以上包含地址的段落之后,在下一段中加入一个指向 Google Maps 的链接,比如:

```
<p><a href="http://maps.google.com/maps?q=newquay">Find us on Google Maps</a></p>
```

这一次,href 特性的值是在浏览器中访问 Google Maps 以寻找 Newquay 的地图时将会使用的地址。

(6) 在 Google Maps 链接之下,添加一个向 info@examplecafe.com 发送电子邮件的链接:

```
<p><a href="mailto:info@examplecafe.com">Mail Example Cafe</a></p>
```

这一次,href 特性的值以“mailto:”开始,接着是电子邮件地址。

(7) 将文件以 contact.html 为文件名保存在同一目录下,作为本章的示例应用程序。然后在浏览器中打开并查看保存的页面文件。包含三种类型链接的页面的效果如图 3-14 所示。

图 3-14　包含三种类型链接的页面

本例中使用三种不同风格的 URL 来创建链接。在站点导航中使用的相对 URL 基于页面所在位置进行解析;而指向 Google Maps 的绝对 URL 则代表网络上该资源的完整地址;最后的电子邮件地址链接则会打开用户的电子邮件客户端以发送电子邮件。

3. 目录与目录结构

“目录”是网站中对文件夹的另一种称呼。类似于硬盘中包含不同的文件夹,一个网站可以包含多个目录。例如,一个包含多个版块的大型网站,可能每个版块都有一个独立的目录,并针对不同类型的文件设有不同的目录(例如,图片文件和样式表文件都可能有各自的目录)。

图 3-15 展示了一个新闻网站的目录结构,该目录结构中的每个版块都有各自的文件夹。Music 版块中还拥有自己的子版块文件夹,包含 Features、MP3s 以及 Reviews。除此之外,主文件夹还包含用于存放不同类型文件的子文件夹,包括 Images、Scripts 和 Style Sheets。

在学习链接的同时,了解一些有关描述目录结构以及目录间关系的术语会对学习很有帮助。参照图 3-15 理解目录结构:

● “根目录”或根文件夹是网站的主目录,包含整个网站的内容。在本例中是 exampleNewsSite.com 目录。

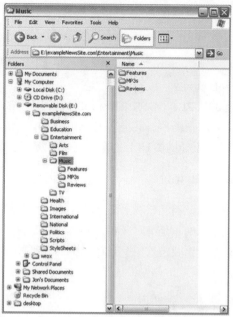

图 3-15　一个新闻网站的目录结构

- “子目录”是位于其他目录中的目录。本例中 Film 目录是 Entertainment 目录的一个子目录。
- “父目录”是包含其他目录的目录。本例中 Entertainment 目录是 Arts、Film、Music 以及 TV 目录的父目录。

4. 理解 URL 概念

“统一资源定位符”(Uniform Resource Locator，URL)指定在网络上从哪里可以找到某一资源。在网络中浏览时，可以在浏览器的地址栏中看到每一个 Web 页面的 URL 地址。

如图 3-16 所示，URL 包含三个关键组成部分：协议、主机地址以及文件路径。

图 3-16　URL 的组成

下面依次介绍这些概念。

“协议”指明文件将以何种方式传输。大多数 Web 页面使用所谓的“超文本传输协议”(HyperText Transfer Protocol，HTTP)传输信息，这就是为什么大多数网页的地址以“http://”开头的原因。还有其他前缀，如使用电子银行时会看到“https://”(HTTPS 是 HTTP 的一种更安全形式)，或者下载大型文件时看到的“ftp://”。

“主机地址”通常是网站的域名，如 wrox.com。经常会在域名前看到“www”前缀，但它实际上并非域名的一部分。主机地址还可以是称为 IP 地址的数字形式。

“文件路径”永远以正斜线(/)开头，并可能包含一个或多个目录名称。文件路径可能以一个文件名结束，例如下例中的 BeginningHTML.html 就是文件名：

/books/BeginningHTML.html

文件路径通常与网站的目录结构相对应。所以，在上例中应该可以在一个名为 books 的目录中找到页面文件 BeginningHTML.html。

并非只有网页才拥有自己的 URL。网络中的任何文件，包括每张图片，都有自己的 URL。所以，URL 中的文件名也可能是一张图片，而并非 HTML 页面。

在链接网站内部的页面时，无须提供 URL 的全部三个部分，可以仅提供文件路径与文件名。

5. 绝对 URL 地址与相对 URL 地址

(1)"绝对 URL 地址"中包含访问互联网上某一特定文件所需要的所有要素。在浏览器中访问某一页面时，在地址栏中需要输入的正是绝对 URL 地址。例如，在前面介绍过的虚构的新闻网站中，如果要访问它的电影页面，就需要输入如下 URL 地址。参考图 3-15 将有助于理解文件路径与目录结构的对应关系。

http://www.exampleNewsSite.com/Entertainment/Film/index.html

由于绝对 URL 地址很容易变得很长，而每个 Web 页面也很可能包含很多链接，因此当链接网站内部页面时，可以使用一种缩略形式：相对 URL 地址。

(2)"相对 URL 地址"指定被访问资源与当前页面的相对位置。在本章之前的示例中，访问同一目录下的其他页面时所使用的就是相对 URL 地址。还可以使用相对 URL 地址访问不同目录下的文件。例如，在虚构的新闻网站中，娱乐版块的首页在如下位置：

http://www.exampleNewsSite.com/Entertainment/index.html

要在索引页面中加入每一个子版块的链接：Film、TV、Arts 以及 Music。这一次不再对每一页面使用完整的 URL 地址，而是选择使用相对 URL 地址，例如：

Film/index.html
TV/index.html
Arts/index.html
Music/index.html

这样做相比使用如下绝对 URL 地址形式要快捷很多：

http://www.exampleNewsSite.com/Entertainment/Film/index.html
http://www.exampleNewsSite.com/Entertainment/TV/index.html
http://www.exampleNewsSite.com/Entertainment/Arts/index.html
http://www.exampleNewsSite.com/Entertainment/Music/index.html

注意：

Web 服务器通常会有"默认文档"的概念。这意味着对目录的任何访问请求会被传递给默认页面。在很多服务器中，该页面通常是 index.html，这使得长文章列表更易于使用。

(3) 相对 URL 地址的类型

同一目录：当需要链接到或包含来自同一目录下的某一资源时，可仅使用文件名进行引用。例如从首页(index.html)中链接到 Contact Us(contactUs.html)页面，可以使用如下方式：

> contactUs.html

子目录：图 3-15 中的 Film、TV、Arts 以及 Music 目录都是 Entertainment 目录的子目录。如果在 Entertainment 目录中建立一个页面，则可以在其中包含如下指向各子目录索引页面的链接：

> Film/index.html
> TV/index.html
> Arts/index.html
> Music/index.html

必须包含子目录名，紧跟一个正斜线，然后是需要链接到的页面的名称。

每多一级子目录，就在 URL 中添加该子目录名以及正斜线。所以，如果从网站根目录中的页面创建指向相同页面的链接，则应使用如下相对 URL 地址形式：

> Entertainment/Film/index.html
> Entertainment/TV/index.html
> Entertainment/Arts/index.html
> Entertainment/Music/index.html

父目录：如果需要从一个目录中创建指向其父目录(即该目录所在目录)的链接，则可以使用"../"符号(两个句点加一个正斜线)。例如，从 Music 目录中的页面指向 Entertainment 目录中的另一个页面，可以使用相对路径来表达：

> ../index.html

而如果想从 Music 目录中指向根目录，则可以重复"../"符号，例如：

> ../../index.html

每一次重复"../"符号，就多向上返回一级目录。

从根目录出发：可以指定文件相对于网站根目录的位置。所以，如果希望从站点中的任意页面链接到 contactUs.html 页面，则可以使用以正斜线开头的路径形式。例如，如果 Contact Us 页面位于根目录，则需要输入：

> /contactUs.html

再如，如果想从网站中的任意页面链接到 Music 版块的索引页面，则可以使用如下形式：

> /Entertainment/Music/index.html

起始位置的正斜线代表根目录，之后的路径便是从根目录开始的相对位置。

(4) <base>元素

当浏览器遇到相对 URL 地址时，实际上会将相对 URL 地址转换为完整的绝对 URL 地址。而 <base>元素允许为一个页面指定一个基础 URL 地址。通过这种设置，浏览器会以在相对 URL 地址前加上基础 URL 地址的方式得到完整的绝对 URL 地址。

基础 URL 地址的值可以在<base>元素的 href 特性中进行设置。例如，如果需要指定 http://www.exampleSite2.com/作为基础 URL 地址，则可进行如下设置：

> <base href="http://www.exampleSite2.com/" />

这种情况下，如果页面中有如下相对 URL 地址：

> Entertainment/Arts/index.html

则最终浏览器会请求如下页面：

http://www.exampleSite2.com/Entertainment/Arts/index.html

除 href 特性外，<base>元素可带有的唯一其他特性为 id 特性。

6. 使用<a>元素创建页内链接

下面将介绍如何使用<a>元素创建指向页面特定部分的链接。

在 HTML 中，链接的起点和终点都叫作"锚"(anchor)。任何在页面上看到并可以单击的链接，都是"源锚"(source anchor)，使用<a>元素创建。还可以使用<a>元素在页面中的不同位置设置标记，称为"目的锚"(destination anchor)，从而直接链接至页面中的该位置。

(1) 使用 href 特性创建源锚

"源锚"是一种可供用户单击并希望被跳转至其他位置的东西。开始标签<a>和结束标签</a>之间的全部文本内容将组成链接中供用户单击的部分，而用户将被跳转到的 URL 地址则在 href 特性中指定。

例如，当单击文字 Wrox Web site(可以看到位于<a>元素内)时，链接会跳转至http://www.wrox.com/：

Why not visit the <a href="http://www.wrox.com/">Wrox Web site</a> tofind out about some of our other books?

如果下例中的链接位于前面新闻网站的首页，则单击后会跳转至网站中 Film 版块的首页：

You can see more films in the <a href="Entertainment/Film/index.html">filmsection</a>

默认情况下，该链接的效果如图 3-17 中所示，即带下画线的蓝色文本。

(2) 使用 name 与 id 特性创建目的锚(链接至页面内的特定位置)

如果网页很长，就可能需要设置到页面内某些特定位置的链接，以使用户避免为寻找相关内容而上下滚动页面。"目的锚"使页面作者能够标记出页面中可由源锚指向的特定点。

图 3-17　链接的效果

网络中比较常见的链接到页面中特定部分的一些例子包括：

- 位于长页面底部的返回顶端(Back to Top)链接
- 将用户跳转至页面中各相关小节的目录列表
- 行文中的脚注以及定义链接等

目的锚同样使用<a>元素创建，但在作为目的锚使用时，需要使用 id 特性而非 href 特性。name 和 id 特性是两个通用特性，绝大多数元素都可以包含二者。目前 id 特性被推荐用于创建目的锚，但因为 id 特性直到 HTML 4.01 才被引入，所以在之前版本中 name 特性被用来完成同样的功能。

在创建指向页面中各个小节的链接(使用源锚)之前，必须先添加目的锚。从下例中能够看到，在<h2>次级标题元素中有一个 id 特性，它的值唯一标识了所在的每个小节。请记住，在同一页面中不能存在两个值完全相同的 id 特性。

```
<h1>Linking and Navigation</h1>
<h2 id="URL">URLs</h2>
<h2>id="SourceAnchors">Source Anchors</h2>
```

```
<h2id="DestinationAnchors">Destination Anchors</h2>
<h2id="Examples">Examples</h2>
```

在创建完目的锚之后，可以开始创建链接至各小节的源锚。为链接至特定的小节，源锚的 href 特性值需要与对应的目的元素的 id 特性值相同，并且在值的最前面加上井号(#)。

```
<nav>
    <p>This page covers the following topics:</p>
    <ul>
    <li><a href="#URL">URLs</a></li>
    <li><a href="#SourceAnchors">Source Anchors</a></li>
    <li><a href="#DestinationAnchors">Destination Anchors</a></li>
    <li><a href="#Examples">Examples</a></li>
    </ul>
</nav>
```

如图 3-18 所示，可以看到页面中包含多种指向各小节链接的方式。从图 3-19 中则能够看到：当用户单击第二个链接后，被直接跳转到页面中的对应小节。

图 3-18　页面中包含多种指向各小节链接的方式　　图 3-19　跳转到页面中的对应小节

如果希望从其他网站链接至本页中的某个特定部分(比如 Source Anchors 小节)，则需要在链接中补充页面的完整 URL 信息，并跟上井号以及该小节的 id 特性值，例如：

```
http://www.example.com/HTML/links.html#SourceAnchors
```

注意：

name 或 id 特性的值在页面中应该是唯一的。源锚应该使用与对应的目的锚相同的大小写组合形式。

7. <a>元素的其他特性

(1) accesskey 特性

accesskey 特性创建可以通过键盘按键激活链接的快捷方式。例如，如果将值"t"赋给 accesskey 特性，当用户按下 T 键的同时按下 Alt 键或 Ctrl 键时，链接就会被激活。

在一些浏览器中，当链接被激活后，浏览器会立即跳转到链接指向的位置；而在另一些浏览器中，链接仅会被高亮显示。用户必须按回车键，链接才能发生实际跳转。

accesskey 特性应该在源锚中进行指定。例如，如果需要创建一个链接，当用户按下 T 键时(同时按下 Alt 或 Ctrl 键)页面会跳转至顶端，则可以按如下方式使用 accesskey 特性：

```
<a id="bottom" accesskey="t">Back to top</a>
```

(2) hreflang 特性

hreflang 特性指定链接到的目标页面所使用的语言。该特性用于链接的目标页面与当前页面语言不同的情况。该特性的值是一个双字符语言代码，例如：

```
<a href="http://www.amazon.co.jp/" hreflang="JA">Amazon Japan</a>
```

(3) rel 特性

在源锚中使用 rel 特性可以指明当前文档与 href 特性所指向资源间的关系。主流浏览器目前对该特性尚无任何实际使用。尽管如此，一些自动化的应用程序中仍有可能编写了使用此信息的功能。例如，下例中的链接使用 rel 特性指明目标是文档中所用术语的词汇表：

```
For more information, please read the <a href="#glossary"rel="glossary">glossary</a>
```

(4) tabindex 特性

为理解 tabindex 特性，需要知道元素获得"焦点"所指的意思。任何可以与用户交互的元素都可以获得焦点。在页面加载之后，如果用户按下键盘上的 Tab 键，浏览器就会在页面中用户可以交互的部分间移动焦点。页面中可以获得焦点的部分包括链接以及表单的某些部分(例如文本输入框等)。在链接获得焦点之后，如果用户按下键盘上的 Enter 键，链接就会被激活。

(5) target 特性

默认情况下，对于由<a>元素创建的链接，浏览器会在同一窗口内打开所要链接的文档。如果需要在新的浏览器窗口中打开链接，可以通过给 target 特性赋值为"_blank"来实现。

```
<a href="Page2.html" target="_blank">Page 2</a>
```

(6) title 特性

对于任何包含图片的链接都应该使用 title 特性。同时，在多数浏览器中它还能够帮助以文本提示标签的形式向访问者提供附加信息；而在语音浏览器中，则可以为视力受损者提供语音提示。

(7) type 特性

type 特性用于指定链接的 MIME 类型。MIME 类型类似于文件扩展名，但前者在不同操作系统中被更广泛接受。例如，HTML 页面的 MIME 类型可能是 test/html，而 JPEG 图片的 MIME 类型则可能是 img/jpeg。

下例中，type 特性被用于指定该链接所指向的资源是一个 HTML 文档：

```
<a href="index.html" type="text/html">Index</a>
```

8. 高级电子邮件地址链接

创建一个能够打开用户的默认电子邮件编辑程序的链接，并自动将指定的一个电子邮件地址设置为收件人，这可以通过如下方式实现：

```
<a href="mailto:info@example.org">info@example.org</a>
```

还可以指定邮件消息的其他部分，比如主题、邮件主体以及需要抄送及秘密抄送的邮件地址。

想要控制电子邮件的其他属性，需要在邮件地址后附加一个问号并在之后以"名称/值"对的形式指定额外属性。名称与值之间使用等号分隔。

9. 在页面中创建链接的实例

创建一个长页面，其中包含指向页面中不同部分的各种链接。

例 3-6：为 Example Cafe 创建菜单页面。现在使用文本编辑器或网页编写工具打开示例应用中的 menu.html 页面：

(1) 起始状态页面应如下所示：

```
<!doctype html>
<html>
<head>
    <title>Example Cafe - community cafe in Newquay, Cornwall, UK</title>
</head>
<body>
    <h1>EXAMPLE CAFE</h1>
    <p>Welcome to Example cafe. We will be developing this site throughout
        the book.</p>
    <h2>Menu</h2>
    <p>The menu will go here.</p>
</body>
</html>
```

(2) 在<h1>元素之后，使用包含导航链接的<nav>元素替换第一段，在页面中创建导航区域。

```
<nav>
    <a href="index.html">HOME</a>
    MENU
    <a href="recipes.html">RECIPES</a>
    <a href="opening.html">OPENING</a>
    <a href="contact.html">CONTACT</a>
</nav>
```

(3) 在导航栏之下，添加在售不同菜品的标题行。

(4) 每个标题行都应该有对应的目的锚，从而使你在页面中可以直接链接到该位置。此外，标题元素的 id 特性应该使用能够描述所在小节的字符串。主标题同样需要目的锚，以供 Back to Top 链接使用。还需要记住的是，目的锚内需要内容，此处以对应标题中的文本作为内容。

```
<h1 id="top">Example Cafe Menu</h1>
<h2 id="starters">Starters</h2>
<h2 id="mains">Main Courses</h2>
<h2 id="desserts">Desserts</h2>
```

(5) 在 Example Cafe Menu 标题之下，添加对应每道菜品目的锚的链接。所有链接应放入一个<p>元素内：

```
<p><a href="#starters">Starters</a> | <a href="#mains">Main Courses</a> | <ahref="#desserts">Desserts</a></p>
```

(6) 在页面底部，有一段注释用于声明任何标记有字母 v 的菜品都适于素食者食用。相应的素食菜品旁会有一个指向该注释的链接，所以此处也需要设置一个目的锚：

```
<p><small><a id="vegetarian">Items marked with a (v) are suitable for vegetarians.</a></small></p>
```

（7）可以使用无序事项列表添加菜单项。素食菜品还会有一个指向页尾相关描述的链接。另外，在每一个列表后都要记得加上 Back to Top 链接。

```
<h2><a id="starters">Starters</a></h2>
<ul>
  <li>Chestnut and Mushroom Goujons (<a href="#vegetarian">v</a>)</li>
  <li>Goat Cheese Salad    (<a href="#vegetarian">v</a>)</li>
  <li>Honey Soy Chicken Kebabs</li>
  <li>Seafood Salad</li>
</ul>
<p><small><a href="#top">Back to top</a></small></p>

<h2><a id="mains">Main courses</a></h2>
<ul>
  <li>Spinach and Ricotta Roulade (<a href="#vegetarian">v</a>)</li>
  <li>Beef Tournados with Mustard and Dill Sauce</li>
  <li>Roast Chicken Salad</li>
  <li>Icelandic Cod with Parsley Sauce</li>
  <li>Mushroom Wellington (<a href="#vegetarian">v</a>)</li>
</ul>
<p><small><a href="#top">Back to top</a></small></p>

<h2><a id="desserts">Desserts</a></h2>
<ul>
  <li>Lemon Sorbet (<a href="#vegetarian">v</a>)</li>
  <li>Chocolate Mud Pie (<a href="#vegetarian">v</a>)</li>
  <li>Pecan Pie (<a href="#vegetarian">v</a>)</li>
  <li>Selection of Fine Cheeses from Around the World</li>
</ul>
<p><small><a href="#top">Back to top</a></small></p>
```

图 3-20　本例在浏览器中的效果

（8）以文件名 menu.html 保存文件，然后在浏览器中打开查看，效果如图 3-20 所示。

id 特性的作用就像路标，标识出页面中特定区域的位置。当用户单击一个页内链接，或者通过一个带有井号参数的 URL(例如 menu.html#starters)访问某个页面时，Web 浏览器会将该页面滚动至所需要的指定区域。

3.3　描述文本级语义

本节介绍可用于文本标记的元素。

3.3.1 描述文本级语义的元素

本节将介绍多个元素,这些元素有助于更加精确地描述文本。首先是用于描述文本重要性或强调文本的元素,之后是用于描述时间等结构化数据的元素,以及用于表现程序代码的元素。

1. <span>元素

<span>元素是<div>元素的一位表亲。它同样是一个没有语义值的通用元素,主要用于组织行内元素。下例中的<span>元素用于指出对于一位"发明者"(inventor)的描述内容。它包含一个<strong>元素以及一些文本内容。

```
<div class="footnotes">
  <h2>Footnotes</h2>
  <p><span class="inventor"><strong>1</strong> The World Wide Web was
    invented by Tim Berners-Lee</span></p>
  <p><strong>2</strong> The W3C is the World Wide Web Consortium
    which maintains many Web standards</p>
</div>
```

就其自身而言,<span>元素对文档的视觉效果没有任何影响,但它却通过将相关元素组织到一起,给内容标记增加了更多语义。它在使用 CSS 规则向这些元素附加特定的样式时尤为有用。

2. <em>元素

<em>元素的内容是文档中有意强调的重点,其内容通常会使用斜体文本显示。有意强调的类型类似于下面句子中的"must"(必须)一词:

```
<p>You <em>must</em> remember to close elements in HTML.</p>
```

应该只有在需要为某个词添加强调语气时使用<em>元素,而不只为得到斜体字效果而使用。如果仅为显示风格原因需要斜体效果——而非需要添加强调语气——则可以要么使用<i>元素,要么最好使用 CSS。

3. <strong>元素

<strong>元素用于有意强烈着重的内容,程度强于<em>元素。与<em>元素相同,<strong>元素应仅用于文档中需要强烈着重的部分。多数视觉浏览器以粗体显示强烈着重的内容。

```
<p><em>Always</em> look at burning magnesium through protective colored
glass as it <strong>can cause blindness</strong>.</p>
```

图 3-21 展示了 Firefox 浏览器中<em>元素与<strong>元素的不同效果。

这些元素的展现效果,无论斜体还是粗体,本身并不重要。这些元素应当用于词句的着重,并以此增强文档的语义,而非用于控制视觉效果。使用 CSS 修改这些元素的视觉呈现非常简单——例如可以将<em>元素的内容背景设置为黄色,并将斜体变为粗体,以达到高亮的效果。

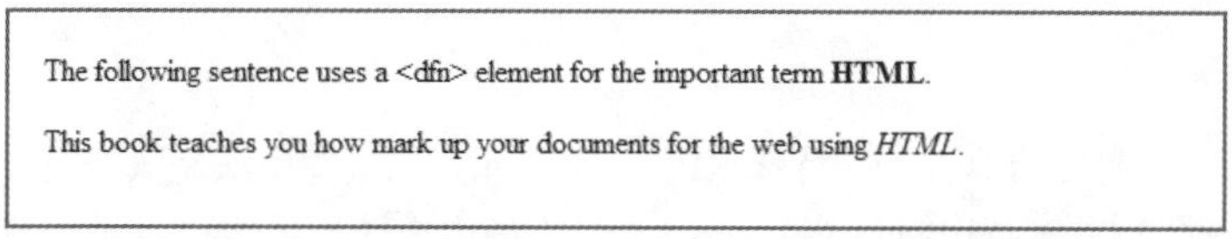

图 3-21 Firefox 浏览器中<em>元素与<strong>元素的不同效果

4. <b>元素

<b>元素中的任何内容都会以粗体显示,如下例中的 bold 这个词:

```
The following word uses a <b>bold</b> typeface.
```

5. <i>元素

<i>元素的内容会以斜体显示,如下例中的 italic 这个词:

```
The following word uses an <i>italic</i> typeface.
```

浏览器未必使用对应字体的斜体版本显示其内容。大多数浏览器会通过将文字线性倾斜的算法来模拟斜体效果。

6. <strong>和<b>以及<em>和<i>

你可能很好奇为什么不同元素在浏览器中显示时会以同样的方式呈现,以及应该选择哪一个。总体上,因为强烈语气与内容强调未必一定与打印方式相关联,所以更推荐使用<strong>和<em>而不是<b>和<i>。这意味着<strong>和<em>更易于在屏幕阅读器或者其他不依赖于特定风格类型的呈现手段中使用。

7. <small>元素

<small>元素用于打印"条纹细则"(fine print)。免责声明、警告以及版权信息等都是典型的<small>元素用例。

```
<small id="copyright">© Rob Larsen 2012</small>
```

8. <cite>元素

在引用文本时,可以通过将来源信息置于开始标签<cite>与结束标签</cite>之间对其进行指定。类似于纸质出版物,<cite>元素中的来源信息默认会以斜体渲染。

```
This chapter is taken from <cite>Beginning Web Development</cite>.
```

如果是引用在线资源,应该将<cite>元素置于<a>元素中。

9. <q>元素

当在语句内想要添加引用时可以使用<q>元素:

```
<p>As Dylan Thomas said, <q>Somebody's boring me. I think it's me</q>.</p>
```

<q>元素中的文本应该以双引号开始及结束。Firefox 浏览器会自动插入引号,而 IE 系列中直到 IE8 才开始支持<q>元素。因此,如果页面中有引用内容,需要注意 IE7 以及更早版本并不会自动显示引号。如果需要这些浏览器的支持,也可以使用 CSS 解决。

<q>元素同样可以带有 cite 特性,它的值应该是指向引用源的 URL 地址。

10. <dfn>元素

<dfn>元素用于指明文档中引入的特殊术语。<dfn>元素的典型用法是只在第一次引入某关键术语时使用。多数现代浏览器使用斜体渲染<dfn>元素中的内容。例如,可以指定下面句子中的术语"HTML"很重要,并应该进行相应的标记。图 3-22 展示了<dfn>元素的使用效果。

This book teaches you how to mark up your documents for the Web using
<dfn>HTML</dfn>.

The following sentence uses a <dfn> element for the important term **HTML**.

This book teaches you how mark up your documents for the web using *HTML*.

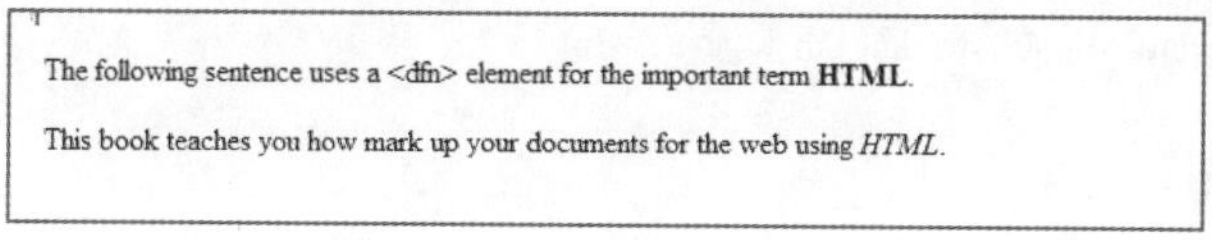

图 3-22 <dfn>元素的使用效果

11. <abbr>元素

可以通过在<abbr>开始标签与</abbr>结束标签之间放置缩写信息，以在使用缩略形式或首字母缩写时进行指定。

可以同时使用 title 特性，并为其赋予缩写形式的完整含义。例如，要指定“HTML”为“HyperText Markup Language”的缩写形式，可以使用<abbr>元素进行如下标记：

This book teaches you how to mark up your documents for the Web using <dfn>
<abbr title="HyperText Markup Language">HTML</abbr></dfn>

要对英语之外的语言进行缩写标记，还可以使用 lang 特性指定所用的语言。

12. <time>元素

可以使用<time>元素以及与之关联的 datetime 特性，标记以不同形式展示时间的文本。这种用法包括<time>元素以及可选的 datetime 特性。<time>元素的内容用于在浏览器中实际显示，而 datetime 特性则使用计算机可识别的格式记录相同的日期和时间。若省略 datetime 特性，则<time>元素的内容必须符合 datetime 的有效格式，如表 3-4 所示。

表 3-4 datetime 特性的有效格式

格 式	示 例
有效的“月”日期字符串	`<time>2018-10</time>`
有效的日期字符串	`<time>2018-10-1</time>`
有效的“月日”日期字符串	`<time>10-1</time>`
有效的时间字符串	`<time>11:11</time>`
有效的本地日期和时间字符串	`<time>2018-10-1T11:11</time>`
有效的时区偏移字符串	`<time>+0000</time>` `<time>-0800</time>`

有效的全球日期和时间字符串	`<time>2018-10-1T14:54+0000</time>`
	 `<time>2018-10-1T06:54-0800</time>`
	 `<time>2018-10-1T06:54:39-0800</time>`

有效的周字符串	`<time>2018-W1</time>`
有效的非负整数年份字符串	`<time>2018</time>`
有效的持续时间字符串	`<time>2h 3m 38s</time>`

使用 datetime 特性使得能以友好的格式向用户展现日期时间，同时又可以保留计算机可识别的格式供用户加以利用。下面是一个以人类可读形式展现有效日期字符串的例子：

```
<time datetime="2018-10-1">New Year's Day 2018</time>
<time datetime="2004-10-27T20:25">On a late October night</time>, the
Boston Red Sox played in the decisive game four of the 2004 World Series
The world marathon record now sits at <time datetime="2h 3m 38s">
just over two hours</time>
```

13. \<code\>元素

如果页面中包含程序代码，那么下面将要介绍的 4 个元素将在这方面非常有帮助。必须将希望在网页上显示的代码放置在\<code\>元素中。通常\<code\>元素中的内容会以等宽字体显示，与大多数编程类书籍中使用的方式类似。

注意：

尝试在 Web 页面上显示代码时(例如，创建一个介绍网页编程的页面)，如果需要包含尖括号，不能在内容中直接使用开闭尖括号，因为浏览器会将它们错误理解为 HTML 标记。正确的做法是使用<取代左尖括号(<)，使用>取代右尖括号(>)。这类替代字符的集合被称作"转义码"(escape code)。

下面展示了在\<code\>元素内展现 HTML 中\<h1\>元素及其内容的方式：

```
<p><code>&lt;h1&gt;This is a primary heading&lt;/h1&gt;</code></p>
```

图 3-23 展示了浏览器中的显示效果。

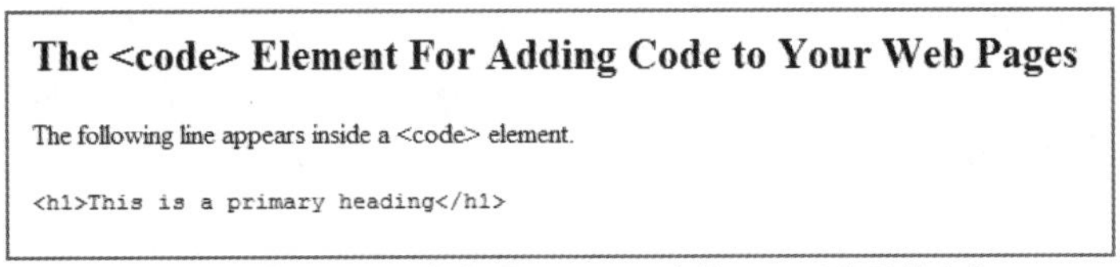

图 3-23　在\<code\>元素内展现 HTML 中的\<h1\>元素及其内容

\<code\>元素还经常与\<pre\>元素一同使用，从而保持代码格式。

14. \<figure\>及\<figcaption\>元素

可以使用\<figure\>元素以及与之关联的\<figcaption\>元素对图表或插图进行标记和声明，以指明这些图表或插图可能在文档中被引用，但并非文档主体的一部分。下面使用一小段\<code\>元素展示如何利用\<figure\>元素展现本书中的一段代码。

```
<figure id="l4">
   <figcaption> using the code element to represent an h1 element and its content in HTML</figcaption>
   <code>&lt;h1&gt;This is a primary heading&lt;/h1&gt;</code>
</figure>
```

15. \<var\>元素

\<var\>元素是另一个为帮助程序员而添加的元素。通常将它与\<pre\>和\<code\>元素共同使用，用来指明其内容是一个可由用户提供的变量。

```
<p><code>console.log( "<var>user-name</var>" )</code></p>
```

<var>元素中内容的典型形式是斜体。

16. <samp>元素

<samp>元素用于指明来自程序、脚本等的示例输出。该元素与前述元素类似，都用于记录编程的相关内容，例如：

```
<p>The following line uses the &lt;samp&gt; element to indicate the output from a script or program.</p>
<p><samp>This is the output from our test script.</samp></p>
```

这类内容倾向于以等宽字体显示，如图 3-24 所示。

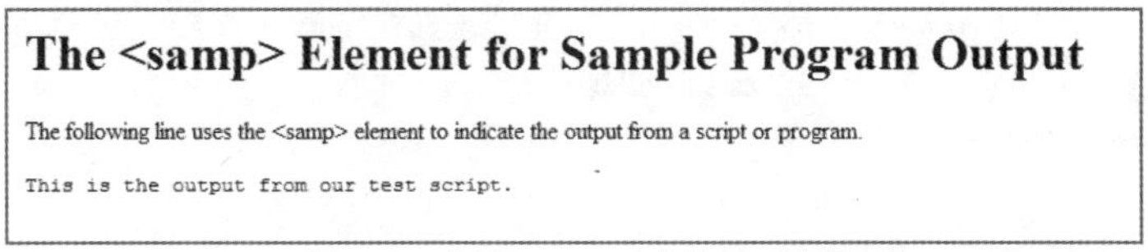

The <samp> Element for Sample Program Output

The following line uses the <samp> element to indicate the output from a script or program.

`This is the output from our test script.`

图 3-24　应用<samp>元素的显示效果

17. <kbd>元素

如果在描述有关计算机的话题时，希望读者输入一些文本，则可以使用<kbd>元素指明需要输入的内容，如下所示：

```
<p>To force quit an application in Windows, hold down the <kbd>ctrl</kbd>,
<kbd>alt</kbd> and <kbd>delete</kbd> keys together.</p>
```

<kbd>元素的内容通常以等宽字体显示，这一点与<code>元素的内容很类似。图 3-25 展示了浏览器中的效果。

The <kbd> Element for Keyboard Instructions

To force quit an application in Windows, hold down the `ctrl`, `alt` and `delete` keys together.

图 3-25　应用<kbd>元素的显示效果

18. <sup>元素

<sup>元素的内容会以上角标形式显示。显示位置比普通字符高出半个字符的高度，并且经常比周围文本的字体小一些。

```
Written on the 31<sup>st</sup> February.
```

<sup>元素对于在等式中添加指数值，以及在日期等数字后添加 st、nd、rd 以及 th 后缀特别有用。但需要注意的是，在一些浏览器中，上角标可能造成其所在行与上一行的行间距加大。

19. <sub>元素

<sub>元素的内容会以下角标形式显示，因此<sub>元素在创建脚注时特别有用。显示位置比普通字符低半个字符的高度，并且比周围文本的字体小一些。

```
The EPR paradox<sub>2</sub> was devised by Einstein, Podolsky, and Rosen.
```

20. <mark>元素

可以使用<mark>元素在文档中高亮显示文本，使用方式类似于在纸质书中使用高亮笔标注内容。在一些网站中，<mark>元素被普遍用于凸显文本块中匹配到搜索字眼的内容。下面展示了在文本块中使用<mark>元素高亮显示"HTML5"一词：

```
<p> This book focuses on the latest version of the language, popularly
referred to as <mark>HTML5</mark>. There are two other versions you might encounter.
These are HTML 4.01, the last major versions of the language from December
1999 and a stricter version from 2000 called XHTML (Extensible Hypertext
Markup Language). XHTML is still very popular in some applications so important
differences between it and <mark>HTML5</mark> will be called out in
the text. </p>
```

3.3.2 使用文本标记的实例

下面举例说明用于标记文本的各种元素及特性。

例 3-7：选择一套标记来为咖啡馆网站创建一个页面，用来展示世界上炒蛋的最好配方。现在打开文本编辑器或网页编辑工具，并按照以下步骤操作。

(1) 为文档添加框架：使用<html>、<head>、<title>和<body>。

```
<!doctype html>
<html>
  <head>
    <title>Wrox Recipes - World's Best Scrambled Eggs</title>
  </head>
  <body>
  </body>
</html>
```

(2) 在文档的<body>中加入一些合适的标题元素，这将有助于组织页面结构。

```
<body>
  <h1>Wrox Recipes - World's Best Scrambled Eggs</h1>
  <h2>Ingredients</h2>
  <h2>Instructions</h2>
</body>
```

(3) 在添加一个说明此配方用于炒蛋的<h1>标题之后，现在加入一些解释内容。在下面两个段落中使用之前介绍的一些元素：

```
<h1>Wrox Recipes - World's Best Scrambled Eggs</h1>
  <p>I adapted this recipe from a book called
    <a href="http://www.amazon.com/exec/obidos/tg/detail/-/0864119917/">
      <cite>Sydney Food</cite>
    </a> by Bill Grainger. Ever since tasting
  these eggs on my 1<sup>st</sup> visit to Bill's restaurant in Kings
  Cross, Sydney, I have been after the recipe. I have since transformed
```

```
    it into what I really believe are the <em>best</em> scrambled eggs
    I have ever tasted.</p>
    <p>This recipe is what I call a <q>very special breakfast</q>; just look at
    the ingredients to see why. It has to be tasted to be believed.</p>
```

<cite>元素标识出对本配方来源书籍的引用。接下来使用了<sup>元素，因此就可以写出"1st"这样的上角标形式。不过因为上角标将上一行顶了起来，使得第一行与第二行的间距大于第二行与第三行的间距。第一段文本的最后一句对单词"best"进行了强调。

在第二段中，使用<q>元素进行文本的引用。

(4) 在第一个<h2>元素之后使用无序列表显示配方清单：

```
<h2>Ingredients</h2>
    <p>The following ingredients make one serving:</p>
    <ul>
    <li>2 eggs</li>
    <li>1 tablespoon of butter (10g)</li>
    <li>1/3 cup of cream <i>(2 3/4 fl ounces)</i></li>
    <li>A pinch of salt</li>
    <li>Freshly milled black pepper</li>
    <li>3 fresh chives (chopped)</li>
    </ul>
```

在描述奶油使用量的那一行，替代测量方式使用斜体显示。

(5) 在第二个<h2>元素后使用编码列表添加指导步骤：

```
<h2>Instructions</h2>
    <ol>
    <li>Whisk eggs, cream, and salt in a bowl.</li>
    <li>Melt the butter in a non-stick pan over a high heat <i>(taking care
        not to burn the butter)</i></li>
    <li>Pour egg mixture into pan and wait until it starts setting around
        the edge of the pan (around 20 seconds).</li>
    <li>Using a wooden spatula, bring the mixture into the center as if it
        were an omelet, and let it cook for another 20 seconds.</li>
    <li>Fold contents in again, leave for 20 seconds, and repeat until
        the eggs are only just done.</li>
    <li>Grind a light sprinkling of freshly milled pepper over the eggs
        and blend in some chopped fresh chives.</li>
    </ol>
    <p>You should only make a <strong>maximum</strong> of two servings per frying pan.</p>
```

编码列表中包含用斜体字添加的注释，指明不要烧焦黄油。最后一段中包含强烈着重，指明在平底锅中最多只能制作两份炒蛋。

(6) 将本例以 recipes.html 文件名保存。当使用浏览器打开该文件时，应该看到如图 3-26 所示的效果。

将内容描述元素以更粗粒度加入文档中，从而加入更有含义的内容。通过合理使用这些元素，可以强调某些特定步骤中的重点，通过指定引用信息的来源或者改变语态来指明一段旁白。

图 3-26　本例在浏览器中的显示效果

3.4　编辑文本

以下是两个专门用于审阅与修改文本的元素：

● <ins>元素，用于需要插入文本时(浏览器中通常以下划线字体显示)。

● <del>元素，用于需要删除文本时(浏览器中通常以横穿线字体显示)。

下面展示了在 HTML 中进行内容编辑的代码：

```
<h1>How to Spot a Wrox Book</h1>
<p>Wrox-spotting is a popular pastime in bookshops. Programmers like to find
the distinctive <del>blue</del><ins>red</ins> spines because they know that
Wrox books are written by <del>1000 monkeys</del><ins>Programmers</ins> for
Programmers.</p>
<ins><p>Both readers and authors, however, have reservations about the use
of photos on the covers.</p></ins>
```

图 3-27 展示了上述代码在浏览器中的效果。

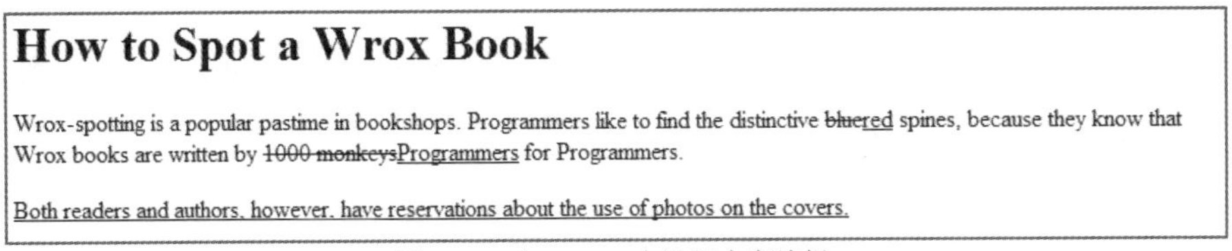

How to Spot a Wrox Book

Wrox-spotting is a popular pastime in bookshops. Programmers like to find the distinctive ~~blue~~red spines, because they know that Wrox books are written by ~~1000 monkeys~~Programmers for Programmers.

Both readers and authors, however, have reservations about the use of photos on the covers.

图 3-27　在 HTML 中进行内容编辑

这些特性作为编辑工具也特别有用，它们可以提示由其他作者做出的修改。

> **注意：**
>
> 使用<ins>和<del>元素时必须当心不能将块级元素(如<p>或<h2>元素)添加到行内元素中(如<ins>或<del>元素)。

可以使用 title 特性提供谁添加了<ins>和<del>元素，以及添加或删除原因等信息。在主流浏览器中，这些信息将以提示标签的方式呈现给用户。还可以在<ins>和<del>元素中使用 cite 特性，以指定来源以及修改原因等信息。不过，因为 cite 特性的取值必须是 URI，所以导致其使用限制较多。<ins>和<del>元素还可以包含 datetime 特性，其取值应该是符合以下格式的日期与时间：

YYYY-MM-DDThh:mm:ss-TZD

以上格式中各部分的含义为：

- YYYY 代表年份
- MM 代表月份
- DD 代表该月的第几天
- T 是日期与时间部分的分隔符
- hh 代表小时
- mm 代表分钟
- ss 代表秒
- TZD 是时区指示符

例如，2018-09-16T20:30-05:00 代表美国东部标准时间 2018 年 9 月 16 日的晚上 8 点 30 分。

注意：

datetime 特性的值非常长，不便于手动输入。该值可以使用编辑网页的程序来填写。

3.5　使用字符实体显示特殊字符

大多数字母数字字符都可以在文档中直接使用而不会有任何问题。然而，有些字符在 HTML 中具有特殊含义，此外还有一些字符在键盘上并没有对应按键。例如，不能使用用于标识 HTML 标签起止的尖括号，因为浏览器会错误将其理解为 HTML 标记。不过，可以使用一组不同的字符代替这些特殊字符，即所谓的"字符实体"。字符实体有时还称作"转义字符"。

所有特殊字符都可以使用数字形式的字符实体替代，而其中一部分特殊字符还有对应的命名实体，如表 3-5 所示。

表 3-5　常见字符的数字和命名实体

字　　符	数 字 实 体	命 名 实 体
"	&#034;	&quot;
&	&#038;	&amp;
<	&#060;	&lt;
>	&#062;	&gt;

3.6　注释

可以在 HTML 文档的任何标签之间使用注释，格式如下：

```
<!-- comment goes here -->
```

任何从<!--之后，到-->为止的内容都不会显示。尽管在源代码中仍然可见，但不会显示在浏览器中。

在代码中添加注释是一种良好习惯。特别在复杂文档中，使用注释为文档添加分区描述以及其他注释，有助于他人理解代码。

甚至可以注释掉整节代码。在下面这段代码中，<h2>元素中的内容将不会显示。还有指明代码分段的注释，内容包括添加者以及添加时间等。

```
<!-- Start of Footnotes Section added 04-24-04 by Bob Stewart -->
<!-- <h2>Character Entities</h2> -->
<p><strong>Character entities</strong> can be used to escape special
characters that the browser might otherwise think have special meaning.</p>
<!-- End of Footnotes section -->
```

3.7　本章小结

本章在介绍基本的结构化元素后，介绍了很多用于描述文本结构的新元素及其可以携带的特性。

- 呈现性元素：<b>、<i>、<sup>以及<sub>
- 短语类元素：<em>、<strong>、<abbr>、<dfn>、<blockquote>、<q>、<cite>、<code>、<kbd>、<var>以及<samp>
- 编辑类元素：<ins>以及<del>

本章还介绍了链接。链接使用户可以在页面之间甚至同一页面的不同部分之间进行跳转，这样就不需要通过滚动页面来定位所需要内容的位置。可以通过使用id特性链接到页面中的指定部分。本章接下来介绍了关于URL的知识，以及绝对URL地址与相对URL地址间的区别。

本章还介绍了用于添加文本级语义的许多元素，以及两个专门用于审阅与修改文本的元素：<ins>元素与<del>元素。最后，简单介绍了使用字符实体显示特殊字符与使用注释。

3.8　思考和练习

1. 使用相关呈现性元素标记以下语句：

The 1st time the bold man wrote in italics, he emphasized several key words.

2. 为Example Cafe网站创建3个页面，每一个页面的起始部分与首页类似，有一个一级标题"Example Cafe"，之后是一段文字"Welcome to Example Cafe. We will be developing this site throughout the book"。在这段内容之后：

a. 在"菜单"页面，添加一个二级标题"Menu"。之后应该有一段文字"The menu will go here"。更新<title>元素中的内容以反映本页功能，即咖啡馆菜单页。以文件名menu.html保存文件。

b. 在"营业时间"页面，添加一个二级标题"Opening hours"。之后应该有一段文字"Details of opening hours and how to find us will go here"。更新<title>元素中的内容以反映本页功能，即告知顾客营业时间及本店位置。以文件名opening.html保存文件。

c. 在 "联系信息" 页面，添加一个二级标题 "Contact"。本页中应该包含地址 "12 Sea View, Newquay, Cornwall, UK"。更新<title>元素以反映本页功能，即告知顾客本店的联系地址。

3. 创建一个新页面，其中包含直接指向菜单页中各个菜品的链接。最后再添加一个指向 Wrox 网站的链接(www.wrox.com)。页面的显示效果如图 3-28 所示。

图 3-28　页面的显示效果

4. 返回并检查示例应用程序中的页面，确认已经更新了每一页的导航模块。

第 4 章

表格与列表

表格以行和列显示信息，它们被普遍用于显示所有适合网格结构的数据，如列车时刻表、电视节目表、财务报告以及体育赛事结果。列表可以有序地编排一些信息资源，使其结构化和条理化，以便浏览者更加快捷地获取信息。本章将主要介绍何时使用表格以及创建它们所需的标记。本章还介绍如何在 HTML 中创建 3 种类型的列表。

本章的学习目标：

- 了解表格的概念以及在 HTML 中使用它们的方法
- 掌握基本表格元素与特性
- 了解创建易访问表格的方法
- 掌握各种形式列表的实现

4.1 表格介绍

要想使用表格，需要以"网格"模式去思考。图 4-1 展示了 NFL(美国全国橄榄球联盟，National Football League)中国官方网站，上面有每一支球队的当前状态。可以在其中看到主、客球队列表以及比赛时间列表，而对于每支球队又有多个列提供不同的状态信息，包括胜、负或平局的比分。

如果查看一个网页，想要了解该网页是否使用表格来控制其数据的布局方式，可以查看页面的源代码，在其中寻找想要了解的元素。

表格类似于电子表格，因为它们都由行和列组成，如图 4-2 所示。

这里能看到一个由矩形组成的网格。每个矩形被称作一个"单元"(cell)。一"行"(row)由一组由左至右位于同一横线内的单元组成；一"列"(column)由从上至下位于同一纵列内的单元组成。

现在来看一个基本 HTML 表格的例子，从中可以了解它是如何创建的，如图 4-3 所示。

可以使用<table>元素创建 HTML 表格。在<table>元素内，表格是以行挨着行的形式书写的。每一行包含在一个<tr>元素内，"tr"代表"表格行"(table row)。之后每个单元使用<td>元素写在行元素内，"td"代表"表格数据"(table data)。

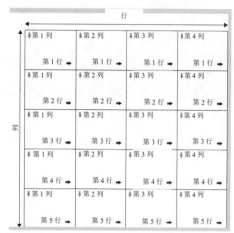

图 4-1　NFL 中国官方网站

图 4-2　表格由行和列组成

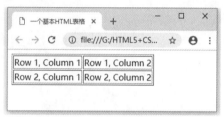

图 4-3　一个基本 HTML 表格

下面是用于创建该基本表格的代码：

```
<table border="1">
  <tr>
    <td>Row 1, Column 1</td>
    <td>Row 1, Column 2</td>
  </tr>
  <tr>
    <td>Row 2, Column 1</td>
    <td>Row 2, Column 2</td>
  </tr>
</table>
```

当在文本编辑器内编写表格代码时，应该如示例中所示，以新行开始每一个表格行及单元，并且将单元缩进到表格行内。如果使用 Dreamweaver 之类的网页编写工具，则很可能已经自动缩进了代码。缩进代码可以使跟踪每个元素的开闭标签更加容易。

再来看一遍相同的代码。这一次没有被分割到不同的行内，也没有缩进代码，非常难以阅读。

```
<table border="1"><tr><td>Row 1, Column 1</td><td>Row 1, Column 2</td></tr><tr>
<td>Row 2, Column 1</td><td>Row 2, Column 2</td></tr></table>
```

所有的表格都遵守这一基本结构，尽管使用额外的元素和特性可以使你控制表格的呈现。如果行或列应该包含表头，可以对包含表头的单元使用<th>元素代替<td>元素。默认情况下，大多数浏览器会以粗体渲染<th>元素的内容。

注意：

每个单元都应该使用`<td>`或`<th>`元素来表示，从而确保表格能正确显示。即使单元中没有数据，也应该这样做。

现在来看一个稍微复杂一点的表格，如图4-4所示。这个表格中包含表头。在本例中，表格显示的是一家小公司的财务总结。

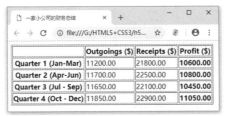

图4-4　一家小公司的财务总结

下面是用于创建该表格的代码：

```
<table border="1">
  <tr>
    <th></th>
    <th>Outgoings ($)</th>
   <th>Receipts ($)</th>
    <th>Profit ($)</th>
  </tr>
  <tr>
    <th>Quarter 1 (Jan-Mar)</th>
    <td>11200.00</td>
    <td>21800.00</td>
    <td><b>10600.00</b></td>
  </tr>
  <tr>
    <th>Quarter 2 (Apr-Jun)</th>
    <td>11700.00</td>
    <td>22500.00</td>
    <td><b>10800.00</b></td>
  </tr>
  <tr>
    <th>Quarter 3 (Jul - Sep)</th>
    <td>11650.00</td>
    <td>22100.00</td>
    <td><b>10450.00</b></td>
  </tr>
  <tr>
    <th>Quarter 4 (Oct - Dec)</th>
    <td>11850.00</td>
    <td>22900.00</td>
    <td><b>11050.00</b></td>
  </tr>
</table>
```

第一行被全部作为表头，包括支出、收入以及利润。图 4-4 中的左上角为空单元，在表格代码中，仍然需要使用空的<td>元素以告知浏览器该单元为空(否则浏览器无法获知此处有一个空的单元)。

在每一行中，第一个单元同样是表头单元(使用<th>指定)，用以声明该行结果所属的财季。之后每行中剩下的三个单元包含了表格数据，这些数据都包含在<td>元素内。

利润数据(位于最右列)包含在一个<b>元素内，它会以粗体显示利润数据。这里演示了在单元中如何包含任意类型的标记。在表格中放置其他标记的唯一限制是，元素必须嵌套于单元内(无论<td>还是<th>元素)。不能在单元内包含元素的开始标签，而结束标签位于单元之外，反之亦然。

在创建表格时，很多人实际上并不在乎使用<th>元素，而是对于任何单元(包括表头)都使用<td>元素。但是，无论何时有一个表头，都应该尽量使用<th>元素。特别在使用 scope 特性(将在 4.2 节"基本表格元素与特性"中了解到)时尤其应该这样做，因为它只对<th>元素有效。

> **注意：**
> 表格可以占据很多空间，从而使文档变得很长，但清晰的表格格式可以使你更加容易地了解代码运行的情况。

4.2　基本表格元素与特性

前面已经介绍了基本表格是如何工作的，本节将对这些元素稍微加以描述，并将介绍它们可包含的特性。其中一些特性可用于创建更加复杂的表格布局。先快速浏览本节，等到需要使用这些标记时，随时可以再回来仔细研究这些标记以了解如何实现需求。

4.2.1　使用<table>元素创建表格

<table>元素是所有表格的包含元素。它可以包含以下特性：
- 所有通用特性
- 面向脚本的基本事件特性

1. dir 特性

dir 特性应该被用于指定表格中所使用文本的行文方向。可能的取值为由左向右的 ltr 或由右向左的 rtl(源于希伯来语和阿拉伯语等语言)：

```
dir="rtl"
```

如果在<table>元素中使用值为 rtl 的 dir 特性，单元将从右开始显示，每一个后续单元将从该单元起向左排列。

2. <tr>元素包含表格行

<tr>元素包含表格的每一行。任何出现在<tr>元素中的内容应该出现在同一行中。

3. <td>与<th>元素表示表格单元

表格中的每一个单元可以由<td>元素表示，表示里面包含的是表格数据；也可以由<th>元素表示，表示里面包含的是表头信息。

默认情况下，<th>元素的内容通常以粗体显示，并水平对齐于单元中央。同时，<td>元素的内容则通常以左对齐非粗体显示(除非使用 CSS 或其他元素另行设置)。

<td>与<th>元素可以包含相同的特性集，并且特性只作用于所在单元。这些特性拥有的任何效果将覆盖表格或任何包含元素(如表格行)的整体设置。

除通用特性以及基本事件特性外，<td>与<th>元素还可包含以下特性：

```
colspan headers rowspan
```

<th>元素还可以包含 scope 特性。

4. colspan 特性

当一个单元应该横向跨越多个列时，可以使用 colspan 特性。该特性的取值指定所在单元横跨的表格列数(具体可以查看 4.4.1 节"使用 colspan 特性跨越列"。)

```
colspan="2"
```

5. headers 特性

headers 特性指明哪些表头应该对应所在单元。该特性的值是一个由空格分隔的表头单元 id 特性值列表：

```
headers="income q1"
```

该特性的主要目的是支持语音浏览器。当表格以语音形式读出时，听众很难保持跟踪所在的行与列。因此，headers 特性提醒使用者当前单元的数据所属的行与列。

6. rowspan 特性

rowspan 特性指明一个单元纵向跨越多少表格行。该特性的值为所在单元伸展跨越的表格行数，具体可以查看 4.4.2 节"使用 rowspan 特性跨域行"。

```
rowspan="2"
```

7. scope 特性

可以使用 scope 特性指定当前表头向哪些单元提供标签和表头信息。可以在基本表格中使用该特性替代 headers 特性，但目前对它的支持还不多。

```
scope="range"
```

表 4-1 展示了该特性的可能取值。

表 4-1　scope 特性的可能取值

值	作　用
row	所在单元包含该行的表头信息
col	所在单元包含该列的表头信息
rowgroup	所在单元包含该行组的表头信息(由\<thead\>、\<tbody\>或\<tfoot\>元素创建的位于一行内的一组单元)
colgroup	所在单元包含该列组的表头信息(一组由\<col\>或\<colgroup\>元素创建的列，将在 4.4 节"表格区域分组"中进行讨论)

4.2.2　创建基本表格

我们已经了解了表格的基本元素与特性，现在可以创建一个显示关于 Example Cafe 经营时间信息的表格。

例 4-1：创建营业时间表。

在本例中，要为 Example Cafe 创建一个展示营业时间的表格。该表格的效果如图 4-5 所示。

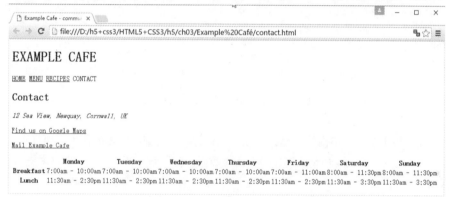

图 4-5　展示营业时间的表格

(1) 在文本编辑器或 HTML 编辑器中打开 contact.html 文件，并在电子邮件地址链接下面添加一个展示营业时间的表格。

(2) 这个表格包含于\<table\>元素内，内容将逐行书写。该表格包含 3 行 8 列。

从最上面第 1 行开始，有 8 个表头元素。第 1 个\<th\>元素为空，因为表格的左上角单元是空的。之后的 7 个单元包含一周的每一天。

在表格的第 2 行中，第 1 个单元起到所在行表头的作用，用于指明进餐时间(早餐)。剩下的单元显示提供服务的时间。接下来第 3 行与第 2 行的格式相同，不过显示的是午餐时间。

```
<table>
  <tr>
    <th></th>
    <th>Monday</th>
    <th>Tuesday</th>
    <th>Wednesday</th>
    <th>Thursday</th>
    <th>Friday</th>
    <th>Saturday</th>
```

```
    <th>Sunday</th>
  </tr>
  <tr>
    <th>Breakfast</th>
    <td>7:00am - 10:00am</td>
    <td>7:00am - 10:00am</td>
    <td>7:00am - 10:00am</td>
    <td>7:00am - 10:00am</td>
    <td>7:00am - 11:00am</td>
    <td>8:00am - 11:30pm</td>
    <td>8:00am - 11:30pm</td>
  </tr>
  <tr>
    <th>Lunch</th>
    <td>11:30am - 2:30pm</td>
    <td>11:30am - 2:30pm</td>
    <td>11:30am - 2:30pm</td>
    <td>11:30am - 2:30pm</td>
    <td>11:30am - 2:30pm</td>
    <td>11:30am - 3:30pm</td>
    <td>11:30am - 3:30pm</td>
  </tr>
</table>
```

只要接受逐行书写的方式，创建很复杂的表格就不会有什么问题。

(3) 将文件保存为 contact.html。

<table>元素用于表示表格内的信息。<table>元素起到多行数据容器的作用，而行数据则由<tr>元素表示。<tr>元素包含由<td>元素包含的表格化数据。按照这一模式，可以轻松构建出大型数据或信息网格。

4.3 为表格添加标题

无论表格是用于显示某特定试验的结果还是某一特定市场的股票指数，抑或今晚的电视节目，每个表格都应该拥有标题，这样网站访问者才能知道表格的用途。

即使周围的文本描述了表格的内容，使用<caption>元素赋予表格正式的标题仍然是一种良好的习惯。默认情况下，多数浏览器在表格的中央位置显示元素的内容。

<caption>元素直接出现在开始标签<table>之后，并且应该位于第一行之前：

```
<table>
  <caption> Opening hours for the Example Cafe</caption>
  <tr>
```

通过使用<caption>元素，相比于仅仅在表格之前或之后的段落中描述其目的，可以将表格内容与该描述相关联，而且这种关联还可以被屏幕阅读器以及其他处理 Web 页面的应用程序(如搜索引擎)处理。

4.4　表格区域分组

在本节中将介绍一些可以将表格中的单元、行以及列组织到一起的技术，包括以下内容。

- 使用 rowspan 及 colspan 特性使单元跨越多个行或列。
- 将表格分割为三个区域：表头、表体以及表尾。
- 使用<colgroup>元素对列分组。
- 使用<col>元素在不相关列之间共享特性。

4.4.1　使用 colspan 特性跨越列

对于<td>及<th>元素，二者都可以包含一个名为 colspan 的特性，该特性使表格单元可以跨越多列。

图 4-6 展示了一个拥有三个列的表格。表格中的单元被涂上颜色以演示 colspan 所起的作用：

- 在第 1 行中，有三个等宽列，并且每列有一个单元。
- 在第 2 行中，第 1 个单元为一列的宽度，第 2 个单元则跨越两列的宽度。
- 在第 3 行中，只有一个跨越三列宽度的单元。

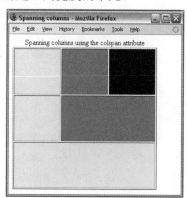

图 4-6　有三个列的表格

现在来看一下本例使用的代码以了解如何使用 colspan 特性。本例还使用了 CSS 以在视觉上展示出重点。

```
<table>
<caption>Spanning columns using the colspan attribute</caption>
  <tr>
    <td class="one"> </td>
    <td class="two"> </td>
    <td class="three"> </td>
  </tr>
  <tr>
    <td class="one"> </td>
    <td colspan="2" class="two"> </td>
  </tr>
  <tr>
    <td colspan="3" class="one"> </td>
```

```
  </tr>
</table>
```

在第 1 行中，可以看到其中有三个<td>元素，每一个对应一个单元。

在第 2 行中，只有两个<td>元素，并且其中的第 2 个元素包含了 colspan 特性。colspan 特性的值指明单元需要跨越的列数。在本例中，第 2 个单元跨越两列，因此该特性的值为 2。

在最后一行中，只有一个<td>元素，并且 colspan 特性的值为 3，指明单元应该占用三列。

在与表格打交道时必须以网格的模式去思考。这里的网格有三列宽、三行高，所以中间行无法拥有两个等宽的单元，因为它们无法匹配到网格中，不可能拥有跨越 1.5 列的单元。

一个可以利用 colspan 特性的例子是，在创建时刻表或时间计划表时，一天可以被分解为不同的小时数，有些时段持续 1 小时，有的则持续 2 到 3 小时。

注意单元中"无中断空格符"( )的使用。引入它是为了使单元拥有一些内容，如果单元中没有内容，一些浏览器就无法显示背景色。

4.4.2　使用 rowspan 特性跨越行

rowspan 特性的作用与 colspan 特性类似，只是它在相反的方向上工作：rowspan 使单元可以纵向跨越单元行。可以在图 4-7 中看到 rowspan 特性的效果。

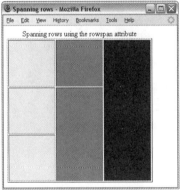

图 4-7　rowspan 特性的效果

在使用 rowspan 特性时，所在单元以下的对应单元必须省略：

```
<table>
<caption>Spanning rows using the rowspan attribute</caption>
  <tr>
    <td class="one"> </td>
    <td class="two"> </td>
    <td rowspan="3" class="three"> </td>
  </tr>
  <tr>
    <td class="one"> </td>
    <td rowspan="2" class="two"> </td>
  </tr>
  <tr>
    <td class="one"> </td>
  </tr></table>
```

4.4.3　将表格分解为表头、表体及表尾

某些情况下，需要将表体与表头或表尾区分开来。例如银行结算单：其中表头包含每列的头部信息，表体包含存取交易的列表，而表尾则包含账户的结算余额。

如果表格太长以至于在屏幕中显示不全，那么表头与表尾可以始终保持可见，而表体中则会出现滚动条。同样，在打印一个大于一页长度的表格时，一般希望浏览器能够在每一页上打印表头和表尾。但是，主流浏览器目前对此尚不支持，只能使用由 CSS 和 JavaScript 实现的可选方案。尽管如此，如果在表格中添加了这些元素，就可以使用 CSS 为<thead>、<tbody>以及<tfoot>中的内容添加不同的样式风格。

以下是这三个用于将表格分解为表头、表体及表尾的元素：

- <thead>创建独立的表头
- <tbody>指定表体
- <tfoot>创建独立的表尾

表格也可能包含多个<tbody>元素以指明不同的页面或数据分组。

下面是一个使用这些元素的表格示例：

```
<table>
  <thead>
    <tr>
      <th>Transaction date</th>
      <th>Payment type and details</th>
      <th>Paid out</th>
      <th>Paid in</th>
      <th>Balance</th>
    </tr>
  </thead>
  <tfoot>
    <tr>
      <td></td>
      <td></td>
      <td>$1970.27</td>
      <td>$2450.00</td>
      <td>$8940.88</td>
    </tr>
  </tfoot>
  <tbody>
    <tr>
      <td>12 Jun 12</td>
      <td>Amazon.com</td>
      <td>$49.99</td>
      <td></td>
      <td>$8411.16</td>
    </tr>
    <tr>
      <td>13 Jun 12</td>
      <td>Total</td>
      <td>$60.00</td>
```

```
      <td></td>
      <td>$8351.16</td>
    </tr>
    <tr>
      <td>14 Jun 12</td>
      <td>Whole Foods</td>
      <td>$75.28</td>
      <td></td>
      <td>$8275.88</td>
    </tr>
    <tr>
      <td>14 Jun 12</td>
      <td>Visa Payment</td>
      <td>$350.00</td>
      <td></td>
      <td>$7925.88</td>
    </tr>
    <tr>
      <td>15 Jun 12</td>
      <td>Cheque 122501</td>
      <td></td>
      <td>$1450.00</td>
      <td>$9375.88</td>
    </tr>
  </tbody>
  <tbody>
    <tr>
      <td>17 Jun 12</td>
      <td>Murco</td>
      <td>$60.00</td>
      <td></td>
      <td>$9315.88</td>
    </tr>
    <tr>
      <td>18 Jun 12</td>
      <td>Wrox Press</td>
      <td></td>
      <td>$1000.00</td>
      <td>$10315.88</td>
    </tr>
    <tr>
      <td>18 Jun 12</td>
      <td>McLellans Bakery</td>
      <td>$25.00</td>
      <td></td>
      <td>$10290.88</td>
    </tr>
    <tr>
      <td>18 Jun 12</td>
      <td>Apple Store</td>
```

```
    <td>$1350.00</td>
    <td></td>
    <td>$8940.88</td>
   </tr>
  </tbody>
 </table>
```

图 4-8 展示了本例在 Firefox 浏览器中的效果，Firefox 浏览器支持 thead、tbody 以及 tfoot 元素。本例使用 CSS 设置表头和表尾的背景颜色。

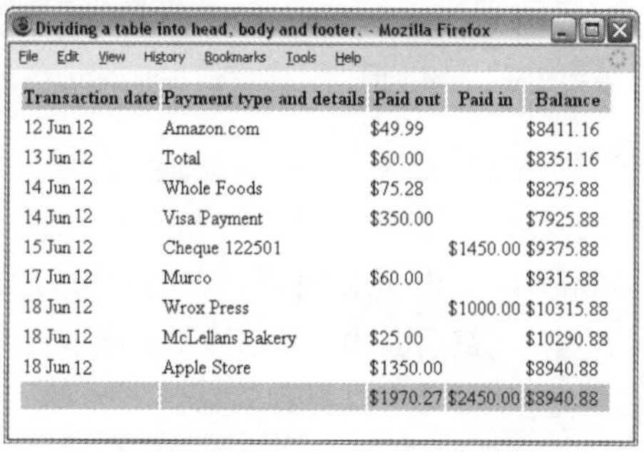

图 4-8　本例在 Firefox 浏览器中的效果

4.4.4　使用<colgroup>元素对列进行分组

如果两列或更多列是相互关联的，则可以使用<colgroup>元素解释这些列应该被归到同一组中。

例如，在下面的表格中，一共应该有六列。前面的四列属于第一个列组，而后面的两列则属于第二个列组。

```
<table>
 <colgroup span="4" class="mainColumns" />
 <colgroup span="2" class="subTotalColumns" />
 <tr>
  <td>1</td>
  <td>2</td>
  <td>3</td>
  <td>4</td>
  <td>5</td>
  <td>6</td>
 </tr>
</table>
```

在使用<colgroup>元素时，它应该直接出现在<table>开始标签之后，并包含 span 特性，用以指定该组包含多少列。

在本例中，class 特性用于附加 CSS 规则，以告知浏览器分组中每一列的宽度以及每个单元的背景颜色。我们将在第 7 章中了解 CSS 的更多内容，但值得注意的是，部分浏览器只支持该元素所用 CSS 规则的一个子集。本例的效果如图 4-9 所示。

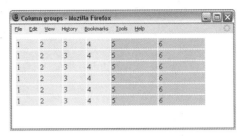

图 4-9　使用<colgroup>元素对列进行分组

4.4.5　使用<col>元素在列间共享样式

<col>元素为<colgroup>中的列指定特性(如列内单元的宽度与对齐方式)。与<colgroup>元素不同, <col>元素不隐含任何结构性分组,因此被更多地用于呈现目的。<col>元素永远是空元素。它们没有任何内容,但可以包含特性。<col>元素可以包含的特性与<colgroup>元素相同。

例如,下面的表格应该有六列,而最前面的五列尽管不是位于它们独立拥有的分组中,但因为属于独立的集合(由<col>元素指定),所以可以得到与最后一列不同的格式。

```
<table>
  <colgroup span="6">
    <col span="5" class="mainColumns" />
    <col span="1" class="totalColumn" />
  </colgroup>
  <tr>
    <td></td>
    ...
    <td></td>
  </tr>
</table>
```

可以在图 4-10 中看到本例的效果。

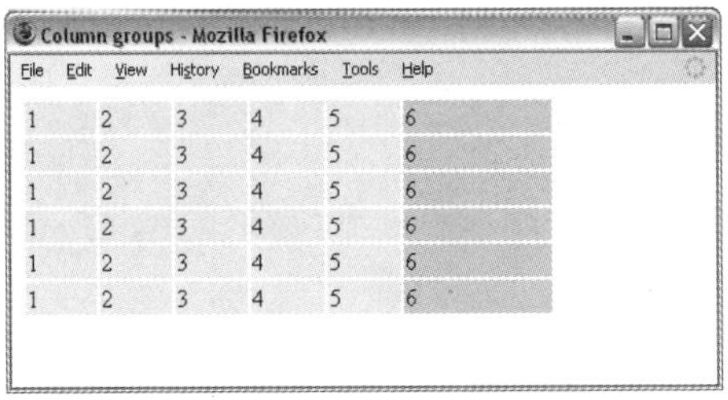

图 4-10　使用<col>元素在列间共享样式

4.5　嵌套表格

正如前面提到的,可以在表格单元中包含标记,只要元素全部包含于单元内即可。这意味着可以将另一个表格整体放置于一个表格单元内,从而创建所谓的"嵌套表格"。图 4-11 展示了一个周末活动计划的表格。

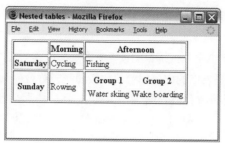

图 4-11　一个周末活动计划的表格

这个表格右下角的单元中是另一个表格，它将参与者分成两组：

```
<table>
  <tr>
    <th></th>
    <th>Morning</th>
    <th>Afternoon</th>
  </tr>
  <tr>
    <th>Saturday</th>
    <td>Cycling</td>
    <td>Fishing</td>
  </tr>
  <tr>
    <th>Sunday</th>
    <td>Rowing</td>
    <td>
        <table>
          <tr>
              <th>Group 1</th>
              <th>Group 2</th>
          </tr>
          <tr>
            <td>Water skiing</td>
            <td>Wake boarding</td>
          </tr>
        </table>
      </td>
  </tr>
</table>
```

我们已经了解了如何创建嵌套表格，但应该注意的是，应该尽量少用嵌套表格，因为对于依赖于屏幕阅读器的人们而言，嵌套表格非常难于理解。我们将在 4.6 节中对此进行讲解。

4.6　易访问表格

表格本身可以包含大量数据，并能对这些信息提供一种很有帮助的视觉呈现形式。在查看一张表格时，很容易就可以通过上下左右扫描，在行与列之间找到一个特定的值，或者比较一定范围内的值。回顾一下在本章开头看到的示例(NFL 比赛结果)，不必读完表格的全部内容就能找到你喜爱的队伍在本赛季的表现如何。

然而，对于那些通过语音浏览器或屏幕阅读器听取页面内容的人，表格会变得非常难于理解。例如，想象一下正在听取一张表格的内容，想要比较跨越一行或一列的条目会变得非常困难。因为必须记住到目前为止听到的所有内容(不像用眼睛前后扫描那么容易)。

但只要稍微用心或计划一下，就可以使表格对所有人都容易理解得多。下面是一些可以为确保表格易于理解而做的事情：

- 为表格添加标题。<caption>元素明确地将一个标题与表格关联，而屏幕阅读器可以在用户遇到表格前先将标题读给用户，这样他们就能够知道接下来是什么内容。如果收听者知道接下来会是什么内容，理解表格信息就会容易一些。
- 始终尝试使用<th>元素指明表头。
- 始终将表头放在第一行与第一列。
- 避免使用嵌套表格(比如在4.5节中看到的那个)，因为这样会使屏幕阅读器使用者难于理解。
- 避免使用 rowspan 与 colspan 特性。它们使屏幕阅读器使用者难于理解。如果需要使用它们，应确保同时使用 scope 与 headers 特性。稍后会进行讨论。
- 了解语音浏览器或屏幕阅读器如何朗诵表格以及它们朗读表格单元的顺序。这样做可以帮助理解如何设计表格结构，使其最大可能易于使用(在4.6.1节中可以看到一些示例)。
- 如果使用 scope 与 headers 特性明确指出哪些表头应用于哪些行或列，屏幕阅读器可以帮助使用者获取特定单元的表头。例如，一个人正在听取一张表格的内容，屏幕阅读器经常会允许使用者选择是否再次听取与该单元相关联的表头信息(不需要返回第一行或该列中的第一个单元，就可以听取与该单元相对应的表头信息)。

我们已经了解了如何向表格中添加标题，接下来看一下表格是如何向使用者朗读的，或者说它们是如何被"线性化"的。

4.6.1 如何线性化表格

一个屏幕阅读器在被用于阅读表格时，通常会对其进行线性化。意思是说，屏幕阅读器会从第一行起，自左向右朗读行中的单元，一个接一个，直到移动到下一行之前，然后继续这样读，直到屏幕阅读器读完表格中的每一行。例如下面简单的表格：

```
<table border="1">
  <tr>
    <td>Column 1, Row 1</td>
    <td>Column 2 Row 1</td>
  </tr>
  <tr>
    <td>Column 1, Row 2</td>
    <td>Column 2, Row 2</td>
  </tr>
</table>
```

图 4-12 展示了浏览器中这个简单表格的效果。

图 4-12　简单表格的效果

图 4-12 中单元的阅读顺序应该为：

- Column 1 Row 1
- Column 2 Row 1
- Column 1 Row 2
- Column 2 Row 2

这个简单的例子很容易理解。但想象一下巨大的表格，会先读表头，之后是每行的数据。如果表格有更多列，将很难记住正位于哪一列中(更糟糕的是，如果使用嵌套表格，用户会变得更加难以记住他们的位置。因为一个表格单元可以包含整个新表格，而它又经常拥有数量不等的行或列)。

幸好，多数屏幕阅读器能够提醒用户他们当前所在的列与行，只是当表格使用<th>元素作为表头时会工作得更好。当构建复杂表格时，还可以使用 id、scope 及 headers 特性增强这一信息。

4.6.2　使用 id、scope 及 headers 特性

id、scope 与 headers 特性在本章介绍<td>与<th>元素可以包含的特性时已经提到过。这里你将看到它们如何被用于更好地记录表格结构，并使其更易于访问。

在创建单元表头时，在<th>元素中添加 scope 特性有助于指定表头应用于哪些单元。如果赋值为 row，就表明它是所在行的表头；而如果赋值为 column，就表明它是所在列的表头。scope 特性的可能取值如表 4-2 所示。

表 4-2　scope 特性的可能取值

值	作　　用
row	所在单元包含所在行的表头信息
col	所在单元包含所在列的表头信息
rowgroup	所在单元包含所在行组的表头信息。"行组"是位于由<thead>、<tbody>或<tfoot>创建的行中的单元(不存在与列中<colgroup>元素对应的元素)
colgroup	所在单元包含所在列组的表头信息(一组使用<col>或<colgroup>元素创建的列)

headers 特性扮演的角色与 scope 特性正好相反，因为它在<td>元素中用于指定哪些表头对应于该单元。该特性的值是一个由空格分隔的表头单元 id 特性值列表。从下例中可以知道这个单元的表头 id 特性值应该分别是 income 和 q1。

```
headers="income q1"
```

这个特性的主要目的是用于支持语音浏览器。当听取一个表格时，很难始终记住所在的行与列。因此，headers 特性可以提醒使用者当前单元的数据属于哪一行及哪一列。

4.6.3 创建易访问表格

现在我们已经具备了创建易访问表格的工具。

例 4-2：创建一个易访问表格。

在本例中，为 Example Cafe 网站创建一个新页面，提供一张关于周末烹饪课程的时间表。一共两天，上午和下午的课程如图 4-13 所示。

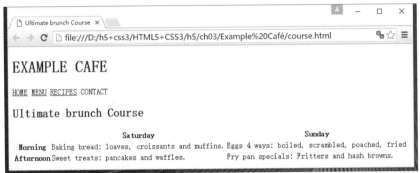

图 4-13   关于周末烹饪课程的时间表

尽管在这张截图中看不到，但该表格被特意设计成面向视觉障碍者的易访问表格。

(1) 建立框架：

```html
<!DOCTYPE html>
<html>
<head>
  <meta charset="utf-8" />
  <title>Ultimate brunch Course</title>
</head>
<body>
  <h1>EXAMPLE CAFE</h1>
   <nav>
    <a href="index.html">HOME</a>
    <a href="menu.html">MENU</a>
    <a href="recipes.html">RECIPES</a>
    CONTACT
   </nav>
  <h2>Ultimate brunch Course</h2>
</body>
</html>
```

(2) 这个表格有 3 行 3 列。第一行以及左侧一列包含表头，因此使用<th>元素。剩余表格单元使用<td>元素。在添加这些元素的同时，也为表格添加一些内容：

```html
  <body>
  <table>
   <tr>
     <th></th>
     <th>Saturday</th>
     <th>Sunday</th>
   </tr>
```

```
  <tr>
    <th>Morning</th>
    <td>Baking bread: loaves, croissants and muffins.</td>
    <td>Sweet treats: pancakes and waffles.</td>
  </tr>
  <tr>
    <th>Afternoon</th>
    <td>Eggs 4 ways: boiled, scrambled, poached, fried.</td>
    <td>Fry pan specials: Fritters and hash browns.</td>
  </tr>
</table>
</body>
```

(3) 下一步是为具有内容的<th>元素添加 id 特性，以及为<td>元素添加 headers 特性以指明哪些表头应该应用于这些元素。这种方式提高了对于屏幕阅读器使用者的易访问性。headers 特性的值应该对应于各单元相应表头的 id 特性值：

```
<table>
  <tr>
    <th></th>
    <th id="Saturday" scope="col">Saturday</th>
    <th id="Sunday" scope="col">Sunday</th>
  </tr>
  <tr>
    <th id="Morning" scope="row">Morning</th>
    <td headers="Saturday Morning" >Baking bread: loaves,croissants and muffins.</td>
    <td headers="Sunday Morning" >Eggs 4 ways: boiled,scrambled, poached, fried </td>
  </tr>
  <tr>
    <th id="Afternoon" scope="row">Afternoon</th>
    <td headers="Saturday Afternoon">Sweet treats:pancakes and waffles.</td>
    <td headers="Sunday Afternoon">Fry pan specials:Fritters and hash browns.</td>
  </tr>
</table>
```

(4) 以 course.html 为文件名保存文件。这个例子要比多数表格复杂一些。很少有人尝试过在<table>元素中使用 id 和 headers 特性。但这样可以使表格对于视觉障碍者容易使用得多。特别对于拥有很多列与行的大型表格更是如此。

id 特性与 headers 特性的组合使屏幕阅读器能够将表头与表格数据单元联系起来。通过将 headers 特性的值与对应关联的 id 特性的值相匹配，就可以得到<td>与<th>元素间的明确连接。

4.7　使用列表

有很多原因需要在页面中添加列表：在首页中列出最喜欢的 5 张唱片，或者包含一组访问者应该遵守的指导等。

可以在 HTML 中创建如下 3 种类型的列表。

● 无序列表：比如项目列表。

● 有序列表：使用有序数字或字母而非圆点。

● 定义列表：使你可以指定术语及其定义。

在了解并开始使用列表之后，可以产生更多的列表用例。

4.7.1 使用<ul>元素创建无序列表

如果想要创建一个项目列表，应该将其写在<ul>元素中("ul"即"unordered list"，无序列表之意)。需要写下的每一项或每一行都应该位于开始标签<li>和结束标签</li>之间("li"即"list item"，列表项之意)。

应该永远关闭<li>元素。虽然有的 HTML 页面省略了</li>结束标签，但那是一种应该避免的不良习惯。

如果想创建一个项目列表，可以通过如下方式：

```
<ul>
  <li>Bullet point number one</li>
  <li>Bullet point number two</li>
  <li>Bullet point number three</li>
</ul>
```

在浏览器中，列表的显示效果如图 4-14 所示。

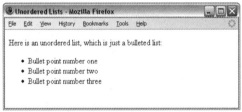

图 4-14　列表的显示效果

正如之前所承诺的，下例中展示了一个链接列表，它们来自使用无序列表重写过的<nav>元素示例。在 Web 页面中，导航元素经常使用列表进行标记，所以尽快适应这种模式会很有帮助。

```
<nav>
  <ul>
    <li><a href="recipes.html">Recipes</li>
    <li><a href="menu.html">Menu</a></li>
    <li><a href="opening_times.html">Opening Times</a></li>
    <li><a href="contact.html">contact</a></li>
  </ul>
</nav>
```

<ul>和<li>元素可以包含所有通用特性以及 UI 事件特性。

4.7.2 有序列表

在有序列表中，不是在每项前放置圆点，而是可以使用数字(1、2、3)、字母(A、B、C)或罗马数字(i、ii、iii)来前置标识它们。

有序列表项位于<ol>元素中。之后每一个列表项都应嵌套于<ol>元素内，并且包含在<li>开始标签和</li>结束标签之间。效果应该如图 4-15 所示。

```
<ol>
  <li>Point number one</li>
  <li>Point number two</li>
  <li>Point number three</li>
</ol>
```

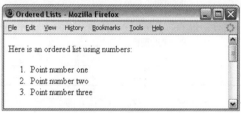

图 4-15　有序列表

在有关使用 CSS 设置列表样式的内容中，将介绍如何为有序列表自定义序列所使用的符号类型。

1. 使用 start 特性修改有序列表的起始数字

如果想指定有序列表的起始数字，可以通过在<ol>元素中使用 start 特性来实现。该特性的值应该是起始项所对应的序列值。可以在图 4-16 中看到结果。

```
<ol start="4">
  <li>Point number one</li>
  <li>Point number two</li>
  <li>Point number three</li>
</ol>
```

2. 使用 reversed 特性反转有序列表的序号

布尔特性 reversed 可以反转有序列表的序号，使其从最大值开始向最小值倒数(仅 Chrome 支持此特性)。以下代码示例展示了该特性的使用。

```
<ol reversed>
  <li>Point number one</li>
  <li>Point number two</li>
  <li>Point number three</li>
</ol>
```

在图 4-17 中，可以看到序列从 3 开始倒数。

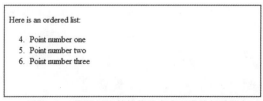

图 4-16　使用 start 特性修改有序列表的起始数字

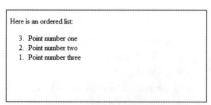

图 4-17　序列从 3 开始倒数

3. 使用 type 特性指定序列标记

type 特性使你可以指定有序列表所使用的序列标记类型。表 4-3 中给出了 type 特性的取值。如果使用此特性,需要记住该特性的取值是大小写敏感的。

表 4-3　type 特性的取值

关　键　字	状　态	描　述
1	decimal	小数(默认)
a	lower-alpha	小写拉丁字母
A	upper-alpha	大写拉丁字母
i	lower-roman	小写罗马数字
I	upper-roman	大写罗马数字

下面的代码示例展示了一个使用小写拉丁字母的列表。

```
<ol type="a">
  <li>Point number one</li>
  <li>Point number two</li>
  <li>Point number three</li>
</ol>
```

在图 4-18 中可以看到,列表从字母"a"开始排序。

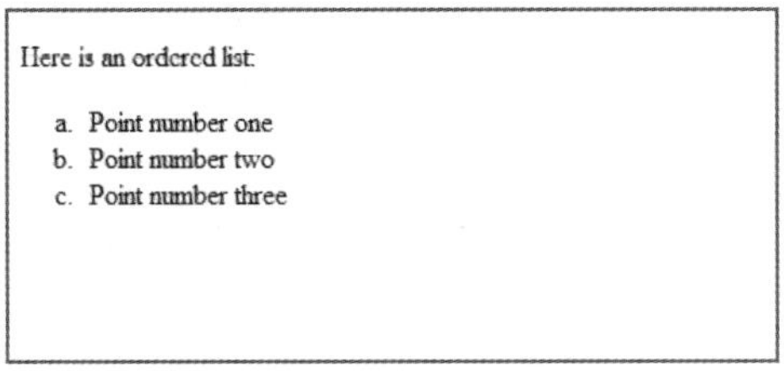

图 4-18　列表从字母"a"开始排序

4.7.3　定义列表

HTML5 规范定义<dl>的含义是"描述列表"。这比"术语"和"定义"的范围都要宽泛一些。<dl>元素代表一个描述列表,由零个或多个"术语-描述"(名称/值)构成。每一组都与一个或多个"术语/名称"(<dt>元素的内容)以及一个或多个"描述/值"(<dd>元素的内容)相关联。

定义列表是一种特殊类型的列表,它的列表项由术语和随后的简短文字定义或描述组成。定义列表包含在<dl>元素内。之后在<dl>元素内部包含交替出现的<dt>和<dd>元素。<dt>元素的内容是所要定义的术语。<dd>元素中则包含之前<dt>元素中术语的定义。例如,以下是一个 HTML 文档中不同列表类型的定义列表:

```
<dl>
  <dt>Unordered List</dt>
  <dd>A list of bullet points.</dd>
  <dt>Ordered List</dt>
  <dd>An ordered list of points, such as a numbered set of steps.</dd>
  <dt>Definition List</dt>
  <dd>A list of terms and definitions.</dd>
```

```
</dl>
```

在浏览器中的显示效果应如图 4-19 所示。

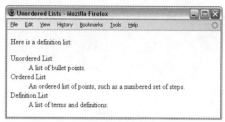

图 4-19　定义列表

所有这些元素都可以包含通用特性以及 UI 事件特性。

4.7.4　列表嵌套

可以在一个列表中嵌套另一个列表。例如，将一个带有独立序列的编号列表放入对应的列表项中。除非使用 start 特性另行指定起始序列号，否则每个嵌套列表都将独立排序，并且应该将每个新列表都置于一个<li>元素内：

```
<ol type="I">
    <li>Item one</li>
    <li>Item two</li>
    <li>Item three</li>
    <li>Item four
        <ol type="i">
            <li>Item 4.1</li>
            <li>Item 4.2</li>
            <li>Item 4.3</li>
        </ol>
    </li>
    <li>Item Five</li>
</ol>
```

在浏览器中的显示效果如图 4-20 所示。

图 4-20　列表嵌套

4.8　表格应用实例

这一节通过实例来进一步介绍如何使用表格。在本例的表格中显示了当天主要市场上蔬菜的市场价格信息。在设计时，主要用到了分组、表头以及单元格合并，放入了单元格文字和图片信息等。

例 4-3：创建表格实例，在 Google Chrome 中浏览，效果如图 4-21 所示。

页面中的表格有边框，带标题，单元格中有图片、文字内容，有合并单元格。代码如下：

```html
<!DOCTYPE HTML>
<html>
<head>
  <title>表格应用</title>
 </head>
 <body>
  <table border="1">
  <caption>蔬菜市场价格表</caption>
  <thead>
    <tr>
        <th>蔬菜图片</th>
        <th>计量单位</th>
        <th>东市场</th>
        <th>西市场</th>
        <th>南市场</th>
        <th>北市场</th>
    </tr>
  </thead>
  <tbody>
    <tr>
        <td><img src="images/tomato-icon.png" width="60" height="60"/></td>
        <td>500 克</td>
        <td>2.5 元</td>
        <td>2.3 元</td>
        <td>2.1 元</td>
        <td>2.3 元</td>
    </tr>
    <tr>
        <td><img src="images/eggplant-icon.png" width="60" height="60"/></td>
        <td>500 克</td>
        <td>1.6 元</td>
        <td>1.7 元</td>
        <td>1.9 元</td>
        <td>1.6 元</td>
    </tr>
    <tr>
        <td><img src="images/pepper-icon.png" width="60" height="60"/></td>
        <td>500 克</td>
        <td>2.8 元</td>
        <td>3.0 元</td>
        <td>2.7 元</td>
        <td>2.7 元</td>
    </tr>
    <tr>
        <td><img src="images/cabbage-icon.png" width="60" height="60"/></td>
        <td>500 克</td>
```

```
                <td>2.1 元</td>
                <td>2.5 元</td>
                <td>2.4 元</td>
                <td>2.3 元</td>
            </tr>
        </tbody>
        <tfoot>
            <tr>
                <td colspan="6">日期：2016-07-24</td>
            </tr>
        </tfoot>
    </table>
</body>
</html>
```

图 4-21　本例在 Google Chrome 中的浏览效果

4.9　本章小结

在本章中，介绍了表格在创建页面时可以成为怎样的强大工具，以及所有表格如何基于一种网格模式，并使用 4 种基本元素：<table>，包含每一个表格；<tr>，包含表格的行；<td>，包含表格数据的单元；以及<th>，包含表头的单元。

本章还介绍了如何添加表头、表尾以及表格标题。现在可以让单元同时跨越列与行。然后介绍了如何将列分组，这样就可以保留结构，使它们可以共享样式与特性。最后介绍了一些使用表格时的易访问性问题。

在进行文字排版时，经常需要用到列表效果。在本章中，介绍了如何在 HTML 中创建如下 3 种类型的列表。

- 无序列表：比如项目列表。
- 有序列表：使用有序数字或字母而非圆点。
- 定义列表：使你可以指定术语及其定义。

4.10 思考和练习

1. 表格的<caption>元素应该被放置于文档中的什么位置？默认情况下，它在哪里显示？

2. 屏幕阅读器将以什么顺序将图 4-22 所示表格的单元读出？

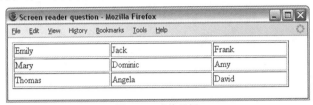

图 4-22　表格示例

3. 在 Web 设计中，表格经常应用在哪些地方？

4. 试述<thead>、<tfoot>以及<tbody>元素的作用。

5. 创建以下列表：

- 1 1/2 3/4 cups ricotta
- 3/4 cup milk
- 4 eggs
- 1 cup plain white flour
- 1 teaspoon baking powder
- 75g 50g butter
- pinch of salt

第 5 章

图片与富媒体

20 世纪 90 年代中期，大多数网站只是含有文本和图像的一系列相互链接的文档。后来一些专利插件(包括 Future Splash、Real Player 和 Quick Time 等)的出现改变了 Web 播放领域的状况。Future Splash 被 Macromedia 收购后，Macromedia 将其重命名为 Flash，并成为台式机上无处不在的插件。Flash 提供了许多开放标准缺失的功能，如视频和动画等，并解决了跨浏览器兼容性的问题。

HTML5 以及 Open Web(开放 Web)的兴起预示着专利模式的终结。本章通过对 canvas 和 SVG(Scalable Vector Graphics，可缩放向量图)做简要介绍向大家介绍原生的视频和音频。本章将介绍如何在网站中添加图片、动画、音频以及视频。

本章的学习目标：

- 如何在网页中添加图片
- 不同类型的图片格式及各自适用的情况
- 如何在网页中添加音频及视频
- 了解所有关于<video>、<audio>以及<object>元素的内容
- 了解 canvas 的概念和用法
- 了解 SVG 与 canvas 的区别

5.1 在网页中添加图片

5.1.1 使用<img>元素添加图片

图片是使用<img>元素添加到网站中的。该元素必须包含两个特性：src 特性，表明图片来源；以及 alt 特性，提供对图片的描述。除了可带有所有通用特性以外，<img>元素还可以包含下列特性：height、width、ismap、usemap。

例如，下面这行代码会将图片 logo.gif 添加到网页中。图 5-1 展示了该图片在浏览器中的效果。

```
<img src="logo.gif" alt="Wrox logo" >
```

图 5-1　图片在浏览器中的效果

1. src 特性

src 特性告知浏览器应从何处查找图片。它的值是一个 URL，同链接一样，该 URL 可以是绝对 URL，也可以是相对 URL。

```
<img src="logo.gif" >
```

网站中的图片可以存储于 Web 服务器上，也可链接引用其他站点的图片。如果图片存储于本地服务器上，src 特性的值一般是相对 URL。

在网站中要单独为图片建立一个目录或文件夹。如果网站规模很大，则要为不同类型的图片建立不同的文件夹。例如，可以把用于设计界面的图片与网站内容使用的图片分开保存。

2. alt 特性

在每一个<img>元素中都应该使用 alt 特性，其取值是一段对图片进行描述的文本。

```
<img src="logo.gif" alt="Wrox Logo" >
```

alt 特性的值又常被称作"alt 文本"，基于以下原因，该特性的值被用于描述图片。

● 如果浏览器无法显示图片，将使用 alt 文本代替显示。
● 有视力障碍的 Web 用户经常使用一种叫作"屏幕阅读器"的软件为他们朗读页面内容。这种情况下，alt 文本会向他们描述看不到的图片。
● 尽管搜索引擎非常智能，但它们无法表述或索引图片内容。因此，提供替代文本可以帮助搜索引擎索引页面并帮助访问者找到网站。

有时候图片并不表达任何信息，而仅用于增强页面布局。这种情况下，仍然需要使用 alt 特性，但不需要赋值。例如，有一幅图片，只是一个装饰性元素，而不向页面中添加任何信息：

```
<img src="stripy_page_divider.gif" alt="" >
```

装饰性元素通常最好使用 CSS 处理。

3. height 与 width 特性

height 与 width 特性指定图片的高度与宽度。这两个特性的值一般以像素为单位显示。

```
<img src="logo.gif" alt="Wrox Logo" height="120" width="180" >
```

指定图片尺寸可以使页面更快、更平滑地得到加载，因为浏览器知道应该为图片分配多大的空间，因此可以在图片还在载入的同时准确渲染页面其他部分。即便因为某些原因图片没有加载成功，浏览器也仍然会显示一个符合给定高度和宽度的空方框，并且在其内部显示 alt 文本。

另外，这些特性的值还可以是浏览器屏幕或包含元素的百分比。但是以任意尺寸显示图片而非使用创建时的原始尺寸，可能会导致图片扭曲或模糊。甚至可以通过指定与高度不同比例的宽度来使图像变形。

图 5-2 展示了一张图片在实际尺寸下(130 像素×130 像素)、被放大后(width 特性被赋予 160 像素)以及变形后(width 特性被赋予 80 像素，而 height 特性被赋予 150 像素)的显示效果。

以下是本例的代码：

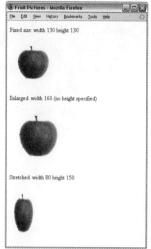

```
<p>Fixed size: width 130 height 130</p>
<img src="images/apple.jpg" alt="Photo of red apple" width="130" height="130">
<p>Enlarged: width 160 (no height specified)</p>
<img src="images/apple.jpg" alt="Photo of red apple" width="160" >
<p>Stretched: width 80 height 150</p>
<img src="images/apple.jpg" alt="Photo of red apple" width="80" height="150">
```

图 5-2　图片的模糊或变形

4. 在网页中添加图片

下面向咖啡馆示例中添加一些图片。需要为咖啡馆添加徽标以及一张表示供应特别早餐的图片。现在，使用文本编辑器或网页编写工具打开首页，并按照以下步骤操作。

(1) 使用位于同一应用中 images 文件夹内的 logo.gif 替换<h1>标题：

```
<img src="images/logo.gif" alt="example cafe logo" width="194" height="80" >
```

(2) src 特性指明图片的 URL 地址。本例中的 URL 全部为相对 URL，它们指向示例页面所在文件夹中名为 image 的目录。

(3) 在导航栏之后和<h2>元素之前，加入以下代码：

```
<img src="images/scrambled_eggs.jpg" width="622" height="370" alt="Photo of scrambled eggs on an English muffin" >
```

(4) width 以及 height 特性告知浏览器应以多大尺寸显示图片。

(5) 保存文件并在浏览器中打开，效果如图 5-3 所示。

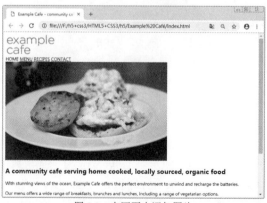

图 5-3　在网页中添加图片

5.1.2　使用图片作为链接

将图片转换为链接很简单。与将文本置于开始标签<a>和结束标签</a>之间相同，图片链接只需要将一幅图片放置于这些标签内。图片经常被用于创建图形化按钮或到其他页面的链接，如下所示：

```
<a href="http://www.wrox.com">
    <img src="images/wrox_Logo.gif" alt="Wrox Logo" width="338" height ="79" >
</a>
```

可以从图 5-4 中看到效果。这幅截图是刻意从 IE 中截取的，旨在展示 IE 是如何在<a>元素内的任何图片周围都画上蓝色(在黑白图片中表现为灰色)边框的。在 HTML 规范中，没有任何规定指出在图片链接周围应该有一个边框，而且也没有其他任何浏览器这么做。

图 5-4　使用图片作为链接

这个边框看起来不太美观，因此可以使用 CSS 指定<a>元素中的任何<img>元素都没有边框。

5.1.3　选择正确的图片格式

选择正确的图片格式以及正确保存图片将确保网站不会出现不必要的加载缓慢现象，而且访问者也会因此更乐于访问网站。

Web 上大多数的静态图片被归类为"点阵图像"。点阵图像将图片分解到由像素组成的网格中，并分别为每个像素指定色彩。如果凑近看计算机屏幕，会看到构成屏幕的像素。点阵图像有多种不同的格式，常见的包括 JPEG、GIF、TIFF、PNG 以及命名极易混淆的"位图"(又叫 BMP)。

图 5-5 展示了一张点阵图像，其中一部分被修改过，从而能够看到图片是如何由像素构成的。

图 5-5　点阵图像

图片中每平方英寸的像素数被称为图片的"分辨率"。Web 上的图片，正常情况下会以每平方英寸 72 像素的分辨率保存，因为这与计算机屏幕上每平方英寸的像素数相当。相对地，用于打印的图片通常会以每平方英寸 300 个色点提供给打印机。

一幅图片每平方英寸包含的像素或色点越多，文件尺寸就越大(以 KB 计)。文件越大，用于 Web 传输的时间就越长。因此，Web 上使用的任何图片都应该以每平方英寸 72 个色点的分辨率保存。

浏览器通常支持三种常见的点阵图像格式，而且大多数图像处理程序也以这些格式保存图片。

● GIF：Graphics Interchange Format(图形交换格式，读作"gif"或"jif")。

- JPEG：Joint Photographic Experts Group(联合图像专家组格式，读作"jay-peg")。
- PNG：Portable Network Graphics(便携式网络图像格式，读作"pee-en-gee"或"ping")。

5.2　HTML5 的视频

有人说 Web 的未来是视频。因此，对于一般用户而言，肯定需要一种包括视频内容的简单可靠的方式，而不必投资昂贵的专利软件。HTML5 恰好满足所需，只需要直接在浏览器中采用一行标记即可。

用 object 标签为网站添加视频，要使用如下这种复杂的嵌入式代码：

```
<object width="640" height="385">
    <param name="movie" value="http://www.youtube.com/v/24FNE60FRzw&hl=en_GB&fs=1&">
    </param>
    <param name="allowFullScreen" value="true"></param>
    <param name="allowscriptaccess" value="always"></param>
    <embed src="http://www.youtube.com/v/24FNE60FRzw&hl=en_GB&fs=1&"
           type="application/x-shockwave-flash" allowscriptaccess="always"
           allowfullscreen="true" width="640" height="385">
    </embed>
</object>
```

HTML5 不仅能够更具语义，而且使得向网站添加视频所需要的标记简化为：

```
<video src="gordoinspace.webm"></video>
```

默认情况下，浏览器不会显示任何播放控件，用户需要打开上下文菜单(右击或 cmd+单击)来使用这一标记播放视频，这不是很直观。如果未明确设置视频的宽度和高度，在浏览器计算其尺寸时，会在页面加载时看到一幅干扰图像一闪而过。而且，用户对他们要看的内容无法进行快进。为了改进这种状况，可以添加 poster 和 controls 特性并指定尺寸。

```
<video src="gordoinspace.webm" width="720" height="405" poster="poster.jpg" controls>
</video>
```

在 Chrome 中应该看到如图 5-6 所示的内容。

然而，标准的全局特性包括 poster 和 controls，不只是可用特性。

HTML5 中定义的标准的全局特性如下。

- autoplay(自动播放)：告诉浏览器，视频一旦下载就开始播放。

- controls(控件)：显示浏览器原生的内置控件。基本控件包括：播放/暂停按钮、定时器、音量控制以及时间刷等。

图 5-6　Chrome 中显示的基本<video>元素

- crossorigin(跨源域共享)：允许或禁止使用 CORS(Cross-Origin Resource Sharing, 跨源域共享)对视频进行跨域共享。

- height(高度)：标识视频的高度(高/宽比若不当, 会在视频的上下看到黑色条带, 但不会变形)。

- loop(循环)：告诉浏览器，视频结束后循环播放。
- mediagroup(媒体组)：通过创建媒体控制器，可以将多个媒体元素链接在一起。因此，可以对多个视频或视频与音频进行同步。
- muted(静音)：让作者指定视频开始时是否静音。
- poster(贴画)：标识一幅静态图像的位置以作为定格帧。
- preload(预载)：让作者能够通知浏览器页面加载后是否立刻下载视频。preload 已经代替了 autobuffer(自动缓冲)特性。如果使用 autoplay，该特性能够覆盖为 preload 设置的值。可用的状态如下：
  - none(无)：告诉浏览器不要预载文件。当用户单击 Play(播放)时，再开始加载。
  - metadata(元数据)：告诉浏览器只预载元数据(尺寸、首帧、视频长度等)。当用户单击 Play 时，开始加载文件的其余部分。
  - auto(自动)：由浏览器决定是否下载整个文件、什么也不下载或只下载元数据。这是未指定 preload 时的默认状态。
- src(源地址)：标识视频文件的位置(注意，当有子元素 source 时，该特性不是必需的，稍后讨论)。
- width(宽度)：标识视频的宽度(若高/宽比不当，会在视频上下看到黑色条带，但不会变形)。

loop、autoplay、preload 以及 controls 都是 Boolean(布尔型)特性，意即若代码中有此关键字，则其值为 true。因此，如果编写 XHTML 文档，则应将 controls 写成 controls="controls"。

有些浏览器尚不支持<video>元素或尚无专用的编解码器支持，但可以以链接的形式提供备用内容以便下载视频，让这些浏览器实现优雅降级。这是由于浏览器对于无法识别的 HTML5 元素，总会将这些元素中的内容显示出来。

```
<video src="gordoinspace.webm" width="720" height="405" poster="poster.jpg" controls>
Download <a href="gordoinspace.webm">Gordo in Space</a> the movie.
</video>
```

5.2.1 视频格式

最关键的是视频格式和编解码器。在深入了解各浏览器支持的编解码器之前，先简要介绍一下视频容器与编解码器之间的区别。

1. 视频容器

用以关联视频的文件扩展名有.mp4、.avi 以及.flv 等，它们本身并不是编解码器，而是一种容器格式。如同 ZIP 或 RAR 文件能够在其中容纳数种文件类型一样，视频容器格式所做的也是同样的事情。应该将容器格式视为"如何存储数据"，而将编解码器视为"如何理解和播放数据"。

这些容器需要包括多个轨道，一般至少有一个用于视频，另一个用于音频。这些轨道是由包含在音频轨道中的记号进行同步的。也可以有多个不同语言的音频轨道或字幕轨道。容器也可能包含相关的元数据，这些元数据可能包括视频标题或章节点等。

为了实现跨浏览器的 HTML5 视频，需要了解三种容器格式。

- WebM：一种加入 HTML5 家族的最新容器格式。它是 Google 收购 On2 Technologies 之后，在 2010 年的 Google I/O 会议上宣布的。它基于 Matroska 容器格式，是为了与开源的 VP8

视频编解码器和 Vorbis 音频编解码器配套使用而设计的。YouTube 支持这种 WebM 格式，假如已同意参与其 HTML5 实验计划，并且正在使用兼容的浏览器，YouTube 便可以为你提供这种格式的视频。

- Ogg：一种无任何专利约束的开放标准容器格式，由 Xiph.Org Foundation(Xiph.Org 基金会)维护。Ogg 的视频编解码器叫作 Theora，配套的音频编解码器为 Vorbis。
- MPEG4：基于 Apple 的 QuickTime 容器格式 MOV，关联的文件扩展名是.mp4 和.m4v。MPEG4 的消极面是专利障碍，这可能意味着用户从 2016 年起将不得不支付版权费。MPEG4 使用 H.264 视频编解码器。

2. 编解码器

编解码器种类繁多，主要有以下三种。

- VP8：一种开放的视频编解码器，没有任何已知的专利障碍，由 Google 拥有，是由 Google 收购的 On2 Technologies 公司创建的。其视频质量类似于 H.264，预计在未来几年将会得到进一步发展。
- Theora：最初也是由 On2 Technologies 创建的，但现在由 Xiph.org 基金会开发。和 VP8 一样，它是免版税的，而且没有任何已知的专利障碍。Theora 等同于 VP3，一般和 Ogg 容器一起使用，但它的质量远低于 VP8 和 H.264。
- H.264：由 MPEG 团体开发，设计目标是以相比以前标准还低的比特率创建高质量的视频。H.264 可以被划分成不同的配置文件以迎合不同设备，因此桌面设备可以要求比移动设备更高的配置文件。它可以和大多数容器格式一起使用(通常为 MPEG-4)，但不足是受 MPEG-LA 专利保护限制。

5.2.2　浏览器支持

主流浏览器全都支持 HTML5 视频。表 5-1 显示了 HTML5 视频格式的兼容性。

表 5-1　HTML5 视频格式的兼容性

编解码器	Internet Explorer				Mozilla		WebKit					Opera	
	IE6	IE7	IE8	IE9+	FF3.6	FF4+	SAF4	SAF5	CHR4	CHR5	CHR6+	O10.5	O10.6+
H.264(MP4)	.	.	.	✓	.	.	✓	✓	✓	✓	✓	.	.
OggTheora(Ogg)	.	.	.	.	✓	✓	.	.	✓	✓	✓	✓	✓
VP8(WebM)	.	.	.	✓	.	✓	.	.	.	✓	.	.	✓

5.2.3　添加视频源

1. 使用 source 元素

现在有了经过三次编码的视频，但对于目前的 video 元素，只能添加 src 特性。可以用 JavaScript 来检测浏览器的支持情况，并用相应的文件对之进行服务。不过，更保险的办法是使用 source 元素。

source 能够指定用于媒体元素的多个可选视频(使用 audio 时则是音频)。这是一个不可见元素，意即浏览器不会渲染它的内容，以指示它在文档中的可见性外观。

```
<video poster="poster.jpg" controls width="720" height="405">
    <source src="gordoinspace.mp4" type="video/mp4">
    <source src="gordoinspace.webm" type="video/vp8">
    <source src="gordoinspace.ogv" type="video/ogg">
    Download <a href="gordoinspace.webm">Gordo in Space</a> the movie.
</video>
```

注意上述代码如何用相应的 type 特性来添加三个 source 元素，以迎合各种浏览器。

注意：

不要混用 source 元素的 src 特性。

现在已去掉 video 元素的 src 特性，因为使用了子元素 source。下载视频的链接仍保留着，主要是为了方便那些可能在用纯文本浏览器或其他设备进行浏览的用户，这种用户只能先把视频文件下载到本地，然后用合适的视频播放器进行观看。

如果未对 source 元素添加 type 特性，浏览器会下载各个文件的一小部分，从而识别出其编解码器是否支持。因此，对每个视频源都应该确保使用了 type 特性。

注意：

在对 Ogg Theora 编码的视频使用 type 特性时，必须将它指定为 video/ogg 而不是 video/ogv(最后一个字母是 g 而不是 v)。这让我们出现了好几次这样的错误，引起混乱的原因是这种文件类型的扩展名为.ogv。

浏览器将播放第一个可理解格式的视频。举例来说，在 Chrome 6 中，它能够播放所有格式，因此它会播放上例中的 MP4 文件。如果浏览器不能理解视频的类型，那么会简单地跳到下一个 source 元素，直到发现能够理解的类型为止。

source 元素的顺序相当重要：MP4 必须放在第一位，因为旧式的 iPad 只审查一个 source 元素，新版的 iPad 已解决。WebM 应放在第二位，这是由于它的质量高于 Ogg，这样可确保 Opera 10.6+ 和 Firefox 4+会播放 WebM 而不是 Ogg。Ogg 放在第三位，以支持 Opera 10.5 和 Firefox 3.5/3.6。随着时间的推移，已经不必使用 Ogg 对视频进行编码了，因为当前使用这一格式的新版浏览器也支持高质量的 WebM。三种视频编码以及添加三个 source 元素已让我们涵盖了许多浏览器和平台,但 IE6、IE7 以及 IE8 又会怎样呢？

注意：

根据用户的服务器配置，也许不能播放视频。如果是在 Apache 服务器上，需要指定视频的服务方式。可以在.htaccess 文件中加入以下几行：

```
AddType video/webm .webm
AddType video/ogg .ogg
AddType video/mp4 .mp4
```

同时，可能对 audio 元素也要做同样的事情。

```
AddType audio/webm .webm
AddType audio/ogg .oga
AddType audio/mp3 .mp3
```

2. 使用 Flash 支持旧版 IE

虽然开放标准取代 Flash 等专利技术是大势所趋,但现在还需要 Flash 来帮助支持旧版的 Internet Explorer。可用的 Flash 视频播放器有很多,以下示例使用了非商业版的 JW Player。在 script 链接之后提供的默认代码如下。script 链接是指页面的<head>元素中的<script>标记,用以链接一些页面所需的脚本或脚本库。

```
<object id="player" classid="clsid:D27CDB6E-AE6D-11cf-96B8-444553540000" name="player" width="720" height="429">
        <param name="movie" value="player.swf" />
        <param name="allowfullscreen" value="true" />
        <param name="allowscriptaccess" value="always" />
        <param name="flashvars" value="file=gordoinspace.mp4&image=poster.jpg" />
        <embed   type="application/x-shockwave-flash"  id="player2" name="player2" src="player.swf"   width="720"
height="429"   allowscriptaccess="always" allowfullscreen="true" flashvars="file=file= gordoinspace.mp4&image= poster.jpg" />
    </object>
```

通过将上述这种 Flash 的 object 元素与前面的示例结合在一起,就有了一种可访问的、跨浏览器的、原生的解决方案。在 object 元素内部还要用一个 img 元素以提醒尚未安装 Flash 插件的用户,完整的文档示例如下:

```
<!DOCTYPE HTML>
<html lang="en-UK">
<head>
        <meta charset="UTF-8">
        <title>Gordo in Space</title>
        <script src="js/jwplayer.js"></script>
        <script src="js/swfobject.js"></script>
</head>
<body>
<h1>Gordo in Space</h1>
<video poster=" poster.jpg" controls width="720" height="405">
  <source src="gordoinspace.webm" type="video/vp8" />
  <source src="gordoinspace.mp4" type="video/mp4" />
  <source src="gordoinspace.ogv" type="video/ogg" />
  <object id="player" classid="clsid:D27CDB6E-AE6D-11cf-96B8-444553540000" name="player" width="720" height="429">
        <param name="movie" value="player.swf" />
        <param name="allowfullscreen" value="true" />
        <param name="allowscriptaccess" value="always" />
        <param name="flashvars" value="file=gordoinspace.mp4&image=poster.jpg" />
        <embed
        type="application/x-shockwave-flash"
        id="player2"
        name="player2"
        src="player.swf"
        width="720"
        height="429"
        allowscriptaccess="always"
        allowfullscreen="true"
        flashvars="file=file= gordoinspace.mp4&image= poster.jpg"
        />
```

```
        <img src="poster.jpg" title="No video playback capabilities, please download the video below">
        <p>Your browser doesn't support video, please <a href="gordoinspace.webm">download it</a>.</p>
        </object>
    </video>
    </body>
    </html>
```

5.2.4 track 元素

source 并不是可用于原生视频的唯一元素。还有后来加入 HTML5 规范的 track 元素以及与之关联的 API——Text Track API，目的是为视频或音频指定外部的同步轨道或数据。track 只能用作 video 或 audio 媒体元素的子元素，用法如下所示：

```
<video src="gordoinspace.webm" width="720" height="405" poster="poster.jpg" controls>
  <track kind="subtitles" src="gordo_subtitles.vtt" />
</video>
```

1. track 元素的特性

track 元素可以采用以下特性。

- default(默认)：以其中使用该特性的 track 元素为默认轨道，除非用户的喜好已指示有另一个更合适的 track 元素。
- kind(种类)：描述 track 元素提供的信息类型，可以采用以下值(若未指定值，默认使用 subtitles)。subtitles(字幕)：对话的副本或翻译文本，会叠加显示在视频上。captions(简短说明)：类似于 subtitles，但也可以包含声音效果或其他相关音频信息，适用于音频不可用时，会叠加显示在视频上。descriptions(描述)：为视频不可用时提供媒体元素的文本描述(例如，当用户正在使用屏幕阅读器时)。chapters(章节)：定义章节标题，以便对媒体元素的内容进行导航。metadata(元数据)：包括媒体元素的信息和内容，默认情况下不会显示给用户。如果愿意，可以用 JavaScript 暴露这些信息。
- label(标签)：为文本轨道定义用户可读的标题。在同一媒体元素内，具有同样 kind 特性的每个 track 元素的 label 必须唯一。
- src(源地址)：文本轨道数据的 URL。
- srclang(源语言)：文本轨道数据的语言。

下面是一个具有多种语言(英语、法语和德语)字幕的示例。

```
<video src="gordoinspace.webm" width="720" height="405" poster="poster.jpg" controls>
    <track kind="subtitles" src="gordo_subtitles_en.vtt" srclang="en" label="English"   />
    <track kind="subtitles" src="gordo_subtitles_de.vtt" srclang="de" label="Deutsch"   />
    <track kind="subtitles" src="gordo_subtitles_fr.vtt" srclang="fr" label=" Français"  />
</video>
```

track 元素对视频具有内置的且可互操作的可访问性，但目前尚未得到任何浏览器的支持。因此，最好的变通方法是使用 JavaScript 来提供支持。

2. WebVTT 文件

前面的例子中，文件扩展名为 ".vtt"，这是一种 WebVTT(Web Video Text Tracks，Web 视频文本轨道)文件格式，用于标记外部文本轨道。该格式以前称为 WebSRT(Web Subtitle Resource Tracks，Web 字幕资源轨道)，该格式颇具争议，因为它与至少 50 多种其他同步文本格式具有对抗性。所有主流浏览器都在计划支持 WebVTT，微软还宣布也会支持 TTML(Timed Text Markup Language，时控的文本标记语言)。

WebVTT 文件是十分简单的文本文件，含有许多"线索"，这些线索用来辨别文本出现的时间以及显示什么样的文本。每个线索有唯一的 ID 号，并且必须单独成行。一个简单的 WebVTT 文件如下所示(注意，合法 WebVTT 文件的第一行必须是 WEBVTT)：

```
WEBVTT
1
00:00:01.000 --> 00:00:10.000
The first lot of subtitles displays from 1 to 10 seconds
2
00:00:15.000 --> 00:00:20.000
The next line displays from 15 to 20 seconds
and can run onto two lines
```

应该注意到，每个线索的时间格式是 hh:mm:ss:ms(时:分:秒:毫秒)。也可以围绕文本封装一些内联的定时器，以使它们以卡拉 OK 的风格按顺序出现，如下所示：

```
WEBVTT
1
00:00:01.000 --> 00:00:10.000
The first lot of subtitles <00:00:03.000> displays from <00:00:07.000>1 to 10 seconds
```

可以有选择地设置字幕的样式，可以用<b>表示粗体、用<i>表示斜体、用<u>表示下划线，并用<ruby>和<rt>表示错误和 ruby 文本。也可以用<c.className>定义 class，以便能够用它设置文本的样式。最后，使用<v>可以定义与文本相关联的声音。格式为：<v Speaker Name >(<v 说话人姓名>)，于是会渲染出说话人的姓名以及字幕。让我们看一个包含这些标签的示例。

```
WEBVTT
1
00:00:01.000 --> 00:00:05.000
<v James Misson Control>Gordo are you ready for takeoff?
2
00:00:05.000 --> 00:00:08.000
<v Gordo><i>Laughs uncontrollably</i>
3
00:00:08.000 --> 00:00:16.000
<v James Mission Control>Good, we're ready for launch
in 3, 2, ... 1 ...
We are <c.launch>go</c>!
4
00:00:16.000 --> 00:00:20.000
<v James Mission Control>Good, we're ready for launch
in 3, 2, ... 1
```

```
5
00:00:20.000 --> 00:00:30.000
<v Gordo><b>Arrrghhhhhhhhhhh</b>
```

最后，对于 WebVTT，通过在时间戳的后面添加一些线索设置，我们可以指定字幕显示的位置。表 5-3 列出了一些可用的设置。

表 5-2　WebVTT 线索的设置

含　义	格　式	值	效　果
文本方向	D:值	vertical	垂直，从右向左
		vertical-lr	垂直，从左向右
行位置	L:值	0~100%	线索的百分比位置(相对于帧)
		[x]number	要显示的行号
文本对齐	A:值	start	文本行首对齐(左对齐)
		middle	文本行中对齐(居中)
		end	文本行尾对齐(右对齐)
文本位置	T:值	0~100%	线索文本的百分比位置(相对于帧)
文本大小	S:值	0~100%	线索文本的大小

下面看一个示例。

```
WEBVTT
1
00:00:01.000 --> 00:00:05.000 A:start T:0
<v James Misson Control>Gordo are you ready for takeoff?
2
00:00:05.000 --> 00:00:08.000 A:end L:10% D:vertical
<v Gordo><i>Laughs uncontrollably</i>
```

此例的第一个线索将文本放在帧的左侧，左对齐。第二个线索上空 10%，垂直显示，右对齐。通过图 5-7 可以看得更直观。

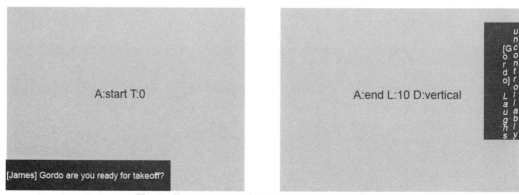

图 5-7　使用 WebVTT 线索设置的视频字幕显示位置示例

5.2.5　更多的视频设置

以后需要对视频做更多的设置，例如，是否要在视频上创建自定义控件，或是添加快进和回放按钮等。这些动作的一部分可使用 HTML5 DOM 的媒体元素 API 来实现。由于复杂的 JavaScript 超出了本书的讨论范围，下面简要介绍一些可以使用的方法和特性。

首先从为视频添加播放和暂停按钮开始。在下面的例子中，已经删除了视频元素的 controls 特性，但在产品环境中应该通过脚本来删除这些控件，以保证用户未使用 JavaScript 的情况下仍能看到原生的控件。以下是简化的视频代码：

```
<video src="gordoinspace.webm">
    Download <a href="gordoinspace.webm">Gordo in Space</a> the movie.
</video>
```

接着，为视频赋予变量。

```
<video src="gordoinspace.webm">
    Download <a href="gordoinspace.webm">Gordo in Space</a> the movie.
</video>
<script>
    var gordovid = document.getElementsByTagName('video')[0];
</script>
```

最后，为视频添加播放和暂停两个按钮。

```
<video src="gordoinspace.webm">
    Download <a href="gordoinspace.webm">Gordo in Space</a> the movie.
</video>
<script>
    var gordovid = document.getElementsByTagName('video')[0];
</script>
<input type="button" value="Play" onclick="gordovid.play()">
<input type="button" value="Pause" onclick="gordovid.pause()">
```

这些控件可以用 CSS 设置样式，并在视频上定位。如果需要，也可以将它们的样式设置为在悬停、获得焦点或其他希望的情况下才显示出来。更深入一步，还可以使用下列 DOM 事件来创建完全定制的控件。

- volume(音量)：用来改变音频的音量，范围是 0.0~1.0。
- muted(静音)：不管音量高低，直接使视频静音。
- currentTime(当前时间)：返回以秒表示的当前播放位置。

将前面这些事件与 loadeddata、play、pause、timeupdate 和 ended 等事件侦听器相结合，用户便有了创建控件集所需要的一切。

既然 video 是 DOM 中的块级元素，那就可以使用 CSS 来设置它的样式，也可以添加悬停或焦点效果。

5.3　HTML5 的音频

以下是给页面添加音频的标记：

```
<audio src="gordo_interview.ogg" controls></audio>
```

audio 元素的工作方式与 video 元素十分相似，并且共享一些相同的特性和 API。audio 和 video 元素共用的特性有：

src controls autoplay preload loop muted crossorigin mediagroup

注意：
不需要在 HTML 中指定音频的宽度和高度。

像视频一样，控件样式因浏览器而有所不同，图 5-8 是在 Opera 中看到的样式，但也可以使用 JavaScript 创建自己的控件。audio 元素的媒体 API 与 video 元素的相同，并且使用相同的方法。

图 5-8 Opera 的音频控件

5.3.1 音频编解码器

与 video 元素一样有趣的是，HTML5 规范并未指定音频编解码器，因为不同的浏览器厂商支持不同的编解码器。本质上，音频编解码器的作用是对音频流进行解码以形成一种能够通过扬声器进行回放的格式。目前有很多可用的音频编解码器，主要有以下五种。

- Vorbis：这是一种无任何专利限制的开放编解码器。它通常被封装在 Ogg 容器中，但也可以封装在 WebM 或其他容器中。
- MP3：一种在 1991 年就已标准化的受专利保护的编解码器。
- AAC：Advanced Audio Coding(高级音频编码)的缩写，用于 Apple 公司的 iTunes Store(iTunes Store 是 Apple 公司运营的数据媒体音乐商店)。它有专利保护，与 MP3 不同的是可以定义多个配置文件。
- WAV：Waveform Audio File Format(波形音频文件格式)的缩写，是 PC 上存储音频的标准。WAV 文件一般比较大，因此它们不适合作为流式音频，这里提到是因为有浏览器支持该格式。
- MP4：主要用于视频，但也可以用于音频。

5.3.2 浏览器支持情况

各浏览器对编解码器的支持是分散的，但大多数浏览器(IE8 及更早版本除外)支持的编解码器不止一个，如表 5-4 所示。

表 5-3 HTML5 音频格式兼的容性

编解码器	Internet Explorer				Mozilla		WebKit				Opera	
	IE6	IE7	IE8	IE9+	FF3.6	FF4+	SAF4	SAF5+	CHR5+	CHR8+	O10.5	O10.6+
AAC	.	.	.	.	.	.	✓	✓	✓	✓	.	.
MP3	.	.	.	✓	.	.	✓	✓	✓	✓	.	.
Ogg Vorbis	.	.	.	.	✓	✓	.	.	✓	✓	✓	✓
WAV	.	.	.	.	✓	✓	✓	✓	.	✓	✓	✓
MP4	.	.	.	✓	.	.	✓	✓	✓	.	.	.

与视频一样，没有哪个单一的编解码器能够在所有浏览器上工作，但是可以使用 source 元素支持多种浏览器。

5.3.3　添加音频源

以 video 元素所采用的同样方式使用 source 元素，可以指定多个音频文件，并让浏览器播放它所能理解的第一个文件。为了迎合不支持 audio 元素的浏览器，可以添加用于下载音频文件的链接。

```
<audio controls>
  <source src="gordo_interview.mp3" type="audio/mp3">
  <source src="gordo_interview.aac" type="audio/aac">
  <source src="gordo_interview.ogg" type="audio/ogg">
  Download <a href="gordo_interview.ogg">Gordo interview</a>.
</audio>
```

可以使用本章前面描述 video 元素时使用的同样技术来提供跨浏览器兼容性的 Flash 备用文件。如果自己不想做所有的事情，可以使用插件或库来帮助解决问题。此外，一定要参考前面介绍 track 元素和 DOM 媒体元素 API 时讨论的内容，它们都可以运用于 audio 和 video 元素。

5.3.4　使用 jPlayer

由 Happyworm 开发的 jPlayer 是一个 jQuery 插件，如图 5-9 所示。它为兼容的浏览器提供 HTML5 音频和视频支持，并且为不支持的浏览器提供备用的 Flash。jPlayer 可以从 www.jplayer.org 下载。

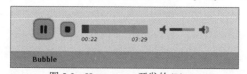

图 5-9　Happyworm 开发的 jPlayer

5.4　canvas

canvas 由 Apple 公司创建，是 Dashboard 界面部件集和 Safari 浏览器的组成部分。这项工作在 WebKit 浏览器中得到了延续，Mozilla 和 Opera 也紧随其后。canvas 后来成为 WHATWG 的 HTML5 版本的一部分。微软的 Internet Explorer 直到 IE9 才支持 canvas。通过使用 ExplorerCanvas 库，可以让 canvas 在 IE7 及以上版本中运行。但 canvas 到底是做什么用的呢？

5.4.1　基于像素的自由

简单说，canvas(画布)及其相关 API 能够通过编写脚本来创建动态图像和实时交互。与 SVG 不同，canvas 是基于像素(光栅)的，因此可以快速渲染，但难以缩放。这也意味着如果想要修改，就需要重绘整个画布。canvas 可以用来创建游戏、图表、图形和交互图形等，而且在某些情况下可以创建整个应用程序。甚至可以与 video 和 audio 元素相结合以创建一些真正有趣的实例。

canvas 包含用于绘制和操纵动态图像的 2D 和 3D 上下文(环境)。以下将专注于 2D 上下文,这是由于浏览器实现而造成的限制。然而,Firefox 和 Opera 的实验版已包含对 3D 上下文的支持。

尽管 canvas 仍保留在 HTML5 规范中,但其上下文 API(使用 canvas 的方法)已经被分离出来,有自成一体的独立规范。

5.4.2 添加/实现 canvas

为了在文档中实现 canvas 并开始绘画,需要做两件基本的事情。

(1) 在文档中添加 canvas 元素。

(2) 使用 JavaScript 获得上下文。

在文档中添加 canvas 元素与添加其他任何元素一样。

```
<!DOCTYPE HTML>
<html lang="en_UK">
  <head>
    <meta charset="UTF-8">
    <title>Canvas</title>
  </head>
<body>
  <canvas width="640" height="480" id="outerspace"></canvas>
</body>
</html>
```

为了定义绘画区域,在 HTML 中需要明确设置 canvas 的宽度与高度。如果不设置这些尺寸,则 canvas 默认为 300 像素×150 像素。为其提供 id 让我们能够在脚本中对 canvas 元素进行定位。

canvas 元素的工作方式与 video 和 audio 元素完全相同,而且允许在该元素中为不支持的浏览器设置备用内容。IE9 在已经支持 canvas 的情况下,还添加了将备用内容暴露给辅助技术的支持。以下是一个带有备用内容的 canvas 示例:

```
<canvas width="640" height="480" id="outerspace">
    Sorry, your browser doesn't support canvas.
</canvas>
```

添加 canvas 标记就这么简单。如果在浏览器中查看该例,什么也看不到,原因是 canvas 默认情况下是透明的。需要使用 JavaScript,才能真正炫耀绘画技能。

1. 2D 上下文

在进行绘画之前,还需要能够在上面进行绘画的上下文(环境)。可以将它看成画板,或者更确切地说是画板形式的页面。可以如下这样得到这一上下文:

```
<script>
var canvas = document.getElementById('outerspace');
var ctx = canvas.getContext('2d');
</script>
```

首先为 canvas 声明一个变量,并使用 getElementById 方法选择 canvas。注意:outerspace 是上例中 canvas 的 id。然后声明第二个变量(ctx),并用 getContext 方法选择上下文,本例为 2d。

为了得到更好的可访问性，可以使用渐进式 JavaScript，以防止不支持的浏览器出现错误。只需要添加一条简单的 if 语句，便可以取得这一效果。

```
<script>
var canvas = document.getElementById('outerspace');
if (canvas.getContext){
        var ctx = canvas.getContext('2d');
} else {
        // canvas not supported do something
}
</script>
```

现在，开始绘画。首先从一个简单的矩形开始。为此，使用 fillRect(填充矩形)方法，并声明一些特性作为 x 轴的起始位置、y 轴的起始位置、宽度和高度。声明坐标时，用于 canvas 的网格(或坐标)空间的起始点是左上角，正方向为 x 轴向右、y 轴向下。

```
<script>
var canvas = document.getElementById('outerspace');
if (canvas.getContext){
    var ctx = canvas.getContext('2d');
    //set the size and shape (x, y, width, height)
    ctx.fillRect(180, 180, 240, 120);
}
</script>
```

最后，添加一个 onload 函数，并在文档中添加脚本。效果如图 5-10 所示。

```
<!DOCTYPE HTML>
<html lang="en_UK">
<head>
<meta charset="UTF-8">
<title>Canvas</title>
<script>
window.onload = function() {
var canvas = document.getElementById("outerspace"),
      ctx = canvas.getContext("2d");
// x = 10, y = 20, width = 200, height = 100
ctx.fillRect(180, 180, 240, 120);
};
</script>
</head>
<body>
<canvas width="640" height="480" id="outerspace">
    Sorry, your browser doesn't support canvas.
</canvas>
</body>
</html>
```

图 5-10　使用 canvas 绘制的简单矩形

通过运用 fillStyle(填充样式)方法,可以改变矩形的颜色。注意,要把它放在 fillRect 之前。正如 Remy Sharp 指出的:"如果打算绘画,首先要把画笔浸入颜料桶里"。为 fillStyle 提供的值可以是关键字(如 blue)、十六进制代码(#002654)或 rgba,如下所示:

```
<script>
window.onload = function() {
var canvas = document.getElementById('outerspace');
if (canvas.getContext){
  var ctx = canvas.getContext('2d');
  ctx.fillStyle="rgba(0,149,197,0.8)";
  ctx.fillRect(180, 180, 240, 120);
};
</script>
```

如果喜欢让矩形有外框而不填充,可以使用 strokeRect(画笔矩形)方法,代码如下所示,效果如图 5-11 所示。还可以使用 clearRect(清除矩形)方法使区域透明。

```
<script>
window.onload = function() {
var canvas = document.getElementById('outerspace');
if (canvas.getContext){
  var ctx = canvas.getContext('2d');
  ctx.fillStyle="rgba(0,149,197,0.8)";
  ctx.strokeRect(180, 180, 240, 120);
};
</script>
```

图 5-11　使用 canvas 绘制的画笔矩形

使用 canvas 可以绘制的不限于矩形,也可以绘制线条、路径(复杂曲线)、渐变线和文字等。同时也可以使用图像、透明和变换等。

例 5-1:使用 canvas 绘制带有渐变和阴影的圆。

首先使用 canvas 绘制一个简单的圆,如图 5-12 所示。

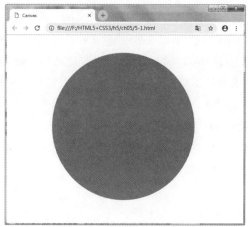

图 5-12　使用 canvas 绘制的圆

注意：

在 Canvas API 中，角度的单位是弧度而不是度。使用下面的 JavaScript 表达式可以将度转换为弧度：

```
var radians = (Math.PI/180)*degrees;
```

为了创建这个圆，要遵循以下步骤：

(1) 选择开始路径(beginPath)。

(2) 绘制一条弧(ctx.arc)，圆心为(320，240)，半径为 200。

(3) 将它从 0 旋转到 2* PI 弧度(360°)。

(4) 用 closePath 方法关闭路径，并运用预定义的填充。

以下代码演示了上述步骤：

```
<script>
window.onload = function() {
var canvas = document.getElementById('outerspace');
if (canvas.getContext){
    var ctx = canvas.getContext('2d');
    ctx.fillStyle = "rgba(0,149,197,0.8)";
    ctx.beginPath();
    // begin the path(开始路径)
    ctx.arc(320,240,200,0,Math.PI*2,true);
    // draw an arc(绘制弧) - (x, y, radius, startAngle, endAngle, anticlockwise)
    ctx.closePath();
    // close path(关闭路径)
    ctx.fill();
}};
</script>
```

接下来，在圆上添加渐变效果。为此，首先定义用于渐变的变量(mygrad)，然后运用 createLinearGradient(创建线性渐变)方法，并指定渐变的起点(x1，y1)和终点(x2，y2)，如下所示：

```
var mygrad = ctx.createLinearGradient(300,100,640,480);
// varmygrad = ctx.createLinearGradient(x1,y1,x2,y2);
```

现在，有了一个其中存储了渐变效果的对象，下面用 addColorStop(添加颜色终止)方法为其设置颜色。该方法有两个参数：position(位置)和 color(颜色)。position 是一个 0 到 1 之间的值，它定义了相对于形状大小的颜色终止位置。例如，将 position 设置为 0.25，便是将颜色放置在沿渐变的 1/4 区间内。color 参数是一个基于 CSS 的字符串，可以使用关键字、十六进制代码或 rgba。

```
mygrad.addColorStop(0, '#6c88ba');
// mygrad.addColorStop(position, color);
```

为了确保渐变平滑，并且不填充整个圆，在这个线性渐变例子中添加 3 种颜色，终止位置分别为 0、0.9 和 1，效果如图 5-13 所示。

```
<script>
window.onload = function() {
    var canvas = document.getElementById('outerspace');
    if (canvas.getContext){
        var ctx = canvas.getContext('2d');
        // Define the gradient(定义渐变)
        var mygrad = ctx.createLinearGradient(300,100,640,480);
        mygrad.addColorStop(0, '#6c88ba');
        mygrad.addColorStop(0.9, 'rgba(0,0,0,0.5)');
        mygrad.addColorStop(1, 'rgba(0,0,0,1)');
        // Draw the circle(绘制圆)
        ctx.fillStyle = mygrad;
        ctx.beginPath();
        ctx.arc(320,240,200,0,Math.PI*2,true);
        ctx.closePath();
        ctx.fill();
}};
</script>
```

请注意，未使用径向渐变实现这一效果。使用径向渐变要稍微复杂一些。

首先调用 createRadialGradient(创建径向渐变)方法，其工作方式与 createLinearGradient 相同，但多了两个半径相关的参数。

```
var radgrad = ctx.createRadialGradient(305,215,150,320,240,200);
// var radgrad = ctx.createRadialGradient(x0, y0, radius1, x1, y1, radius2)
```

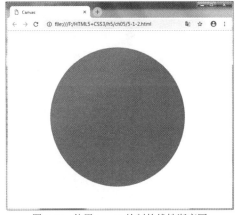

图 5-13　使用 canvas 绘制的线性渐变圆

然后使用与线性渐变示例相同的方式定义颜色终止位，这次使用了 4 个颜色终止位。

```
radgrad.addColorStop(0, '#6c88ba');
radgrad.addColorStop(0.8, 'rgba(61,71,89,0.7)');
radgrad.addColorStop(0.9, 'rgba(61,71,89,0.8)');
radgrad.addColorStop(1, 'rgba(255,255,255,1)');
```

最后，绘制一个矩形来存储此径向渐变。

```
ctx.fillStyle = radgrad;
ctx.fillRect(0,0,640,480);
//rectangle that fills the whole canvas(用于填充整个 canvas 的矩形)
```

将前面的代码片段结合到一起，实现一个完整的示例。

```
<script>
window.onload = function() {
var canvas = document.getElementById('outerspace');
if (canvas.getContext){
var ctx = canvas.getContext('2d');
// Create gradient and color stops(创建渐变和颜色终止位)
var radgrad = ctx.createRadialGradient(305,215,150,320,240,200);
radgrad.addColorStop(0, '#6c88ba');
radgrad.addColorStop(0.8, 'rgba(61,71,89,0.7)');
radgrad.addColorStop(0.9, 'rgba(61,71,89,0.8)');
radgrad.addColorStop(1, 'rgba(255,255,255,1)');
// draw shapes(绘制图形)
ctx.fillStyle = radgrad;
ctx.fillRect(0,0,640,480); }};
</script>
```

你应该能看出图 5-13 和图 5-14 所示两个例子间的差别。

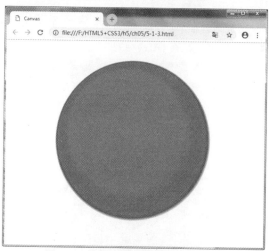

图 5-14　使用 canvas 绘制的径向渐变圆

回到线性渐变示例，可以使用以下 4 个特性给圆添加阴影，将它们插入到渐变定义代码之后，但放在绘制圆的代码之前。

```
// Create a drop shadow(创建下坠阴影)
```

```
ctx.shadowOffsetX = 5;
ctx.shadowOffsetY = 10;
ctx.shadowBlur = 20;
ctx.shadowColor = rgba(0,0,0,0.9);
```

注意，这些偏移量可以设置为负数，意即阴影并不总是出现在所绘制形状的右下方。将它与前面的线性渐变结合起来，最终形成以下脚本：

```
<script>
window.onload = function() {
  var canvas = document.getElementById('outerspace');
  if (canvas.getContext){
    var ctx = canvas.getContext('2d');
    // Define the gradient(定义渐变)
    var mygrad = ctx.createLinearGradient(300,100,640,480);
    mygrad.addColorStop(0, '#6c88ba');
    mygrad.addColorStop(0.9, 'rgba(0,0,0,0.5)');
    mygrad.addColorStop(1, 'rgba(0,0,0,1)');
    //Create a drop shadow(创建下坠阴影)
    ctx.shadowOffsetX = 5;
    ctx.shadowOffsetY = 10;
    ctx.shadowBlur = 20;
    ctx.shadowColor = "black";
    // Draw the circle(绘制圆)
    ctx.fillStyle = mygrad;
    ctx.beginPath();
    ctx.arc(320,240,200,0,Math.PI*2,true);
    ctx.closePath();
    ctx.fill();
}};
</script>
```

如果将上述带有 canvas 元素的脚本添加到完整的 HTML 文档中，并在支持 canvas 的浏览器中打开，最终效果应该类似于图 5-15。

图 5-15　使用 canvas 绘制的带有渐变和阴影的圆

了解了 canvas 的基本绘图方法后，还可以通过其 API 获得更多功能。例如，用 createPattern(创建模式)合并图像以及绘制线条、贝塞尔曲线和文本等，可以使用变换、平移和动画，还可以通过调用 toDataURL 方法将画布保存为图像。

2. canvas 在 IE 中的支持情况

用 canvas 可以创建的一些令人惊奇的示例，可以通过使用一个名为 ExplorerCanvas(excanvas.js) 的 JavaScript 库来实现 IE 支持。工作方式是将脚本转换成微软的 VML 专利技术。这个库的使用如同下载文件一样简单，只需要在页面的 head 中添加一个对该库的链接即可，如下所示：

```
<!DOCTYPE html>
<html>
 <head>
  <meta charset="utf-8">
  <title>Gordo's Space Adventures</title>
  <!--[if lt IE 9]>
     <script src="excanvas.js"></script>
  <![endif]-->
  <script>
    // your canvas script
  </script>
 </head>
<body>
  <canvas id="outerspace" width="640" height="480"></canvas>
</body>
</html>
```

使用 excanvas.js 可能会降低执行和渲染的速度。IE9 已经能够支持 canvas，可以不再使用 excanvas.js。

5.4.3　canvas 的威力与潜力

关于 canvas 的潜力，现在简要地介绍几个使用 canvas 及其 API 的示例。

1. 游戏

(1) Cut the Rope

Cut the Rope(剪绳子)是 iPhone 上一款受人喜爱的游戏，如图 5-16 所示，而且现在已经被 Microsoft、ZeptoLab 和 Pixel Lab 转换成了 HTML5 版本。他们将该游戏的代码从 Objective-C 转换成 JavaScript，特别是对图形利用了 canvas。他们甚至发现，在某些领域 canvas 能提供相比用于 iPhone 版的 OpenGL 更多的功能。在 www.cuttherope.ie 上可以找到这款游戏。

(2) Canvas Rider

Canvas Rider(画布骑手)让用户能够控制骑手沿车道骑行而不跌倒，如图 5-17 所示。该游戏是用 canvas 创建的，并允许用户提交自己的游戏等级。访问 http://canvasrider.com 可玩此游戏。

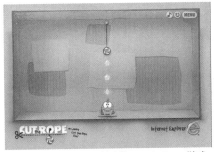

图 5-16 用 canvas 创建的 Cut the Rope 游戏

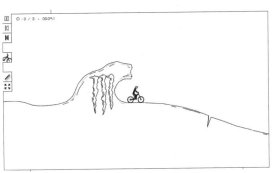

图 5-17 用 canvas 创建的 Canvas Rider 游戏

2. 应用程序

(1) Darkroom

Darkroom(http://mugtug.com/darkroom)由 MugTug 创建, 是用 canvas 创建的一个集所有功能于一体的图像处理包, 如图 5-18 所示。Darkroom 有广泛的特性集, 能够让设计人员随心所欲地剪切、镜像和旋转图像。同 Photoshop 一样, 用户可以修改图像的层级、增加亮度或对比度, 以及运用默认的滤镜, 如 "黑白" 滤镜等。一旦编辑好图像, 就可以将其保存到桌面。

(2) Sketchpad

MugTug 还发布了另一款在线工具 Sketchpad(http://mugtug.com/sketchpad)。这是在浏览器中运行, 并用 canvas 建立起来的一个功能齐全的绘图包, 如图 5-19 所示。

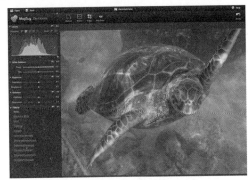

图 5-18 出自 MugTug 的 Darkroom

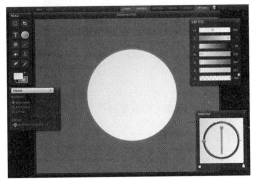

图 5-19 出自 MugTug 的 Sketchpad

3. 结合使用 video、audio 与 canvas

新的原生媒体元素(audio 和 video)的设计目的是与 canvas 协同工作, 从而创建丰富的、引人入胜的在线体验。以下是一些实际运用示例。

(1) 9elements 的 HTML canvas 实验

9elements 用新的 HTML5 特性进行试验, 特别是 audio 和 canvas。他们将这些元素与 Twitter API 和 Processing.js(http://processingjs.org)结合在一起, 用于粒子渲染, 并通过音频轨道进行同步, 创建出非常漂亮的小鸟鸣叫和粒子动画的可视化界面, 如图 5-20 所示。在 9elements 的博客(http://j.mp/9elementsblog)上可以看到该实验。

(2) 视频摧毁

Crafty Mind 的 Sean Christmann 创建了一个 demo，它结合使用了 video 和 canvas 元素。该演示的基本前提是展示如何将 canvas 与其他元素(video)协同工作以创建令人震惊的效果。如图 5-21 所示，单击视频会引起"爆炸"。它还给出了一些变换和转换的预览效果，这些变换和转换能够用 CSS 在这些元素上实现。

图 5-20　9elements 的 canvas 实验

图 5-21　视频摧毁效果

5.5　SVG

Scalable Vector Graphics(SVG，可缩放向量图)是一项在浏览器中创建向量图形的技术，这种向量图基于 XML 文件格式，是 W3C 从 1999 年起便积极开发的一个开放标准(www.w3.org/TR/SVG)。请注意，SVG 不是 HTML5 的一部分，但 HTML5 可以嵌入内联 SVG。

5.5.1　SVG 与 canvas 的选择

SVG 文件是基于向量的，意即它们能够被缩放，而不会损失图像质量。这与 canvas 形成了鲜明对比，它们基于像素(光栅)，且不能优雅地进行缩放。所有主流浏览器(IE8 及其早期版本除外)都支持基本的 SVG。Chrome 7+、Internet Explorer 9、Firefox 4+、Opera11.5+和 Safari5.1+等均支持嵌入到 HTML5 中的 SVG，这种 SVG 也称为"内联 SVG"。它可以实现 canvas 的许多效果。一个主要的区别是，每个 SVG 元素都会成为 DOM 的一部分(canvas 总是空的)，这让每个对象都能够被索引，并提供了一个可访问性更好的解决方案。现在面临两难的选择，canvas 还是 SVG？

canvas 和 SVG 都是可编脚本的图像，都可以创建形状、线条、圆弧、曲线、渐变和很多其他内容，但两者之间如何取舍呢？

SVG 内容可以是静态的、活动的或交互的。可以用 CSS 设置它的样式，或用 SVG DOM 为其添加行为。因为每个元素都是 DOM 的一部分，这意味着 SVG 是相对可访问的。SVG 也是分辨率无关的，并能够缩放到任意屏幕大小。但对于较为复杂的形状，可能会降低渲染速度。

相比之下，canvas 使用 JavaScript API，能够进行程序绘图。它具有两个上下文对象：2D 或 3D 上下文。它没有具体的文件格式，只能使用脚本进行绘制。因为没有相应的 DOM 节点，只能专注于绘制(编写脚本)，而不能随着图像复杂度的增加而取得同样的性能。也可以将结果保存为 PNG 或 JPG 图像。

决定哪种技术最适合可以从以下方面考虑：SVG 比较适用于数据图表和分辨率独立的图形、动画交互的用户界面或矢量图像编辑。canvas 适合于游戏、位图图像处理(如前面看到的 Darkroom 示例)、光栅图形(数据可视化、分形等)以及图像分析(直方图等)。

5.5.2 用 SVG 发布向量

为了产生 SVG 图形,可以用两种方式:使用 Adobe Illustrator 或 Inkscape(一个开源的 SVG 图形编辑器)之类的图形包或者自己编写。

1. 实现基本的 SVG

编写内联 SVG 的语法相对简单。首先在 HTML 的 body 中添加一个 svg 元素。然后为该元素添加 SVG XML 命名空间并指定其尺寸。但要记住,由于它是 XML,必须确保总是对特性使用引号,并包含反斜线。首先,在页面中创建 svg 元素。

```
<!doctype html>
<html lang="en_UK">
<head>
  <meta charset="UTF-8">
  <title>SVG</title>
</head>
<body>
<svg xmlns="http://www.w3.org/2000/svg" width="400px" height="400px">
  <!—SVG content will go here -->
</svg>
</body>
</html>
```

接着,在 SVG 父元素(即 svg 元素)中添加基本的 SVG 形状元素。可供使用的基本形状有:rect(矩形)、circle(圆)、ellipse(椭圆)、line(直线)、polyline(折线)以及 polygon(多边形)等。首先从创建一个简单的画笔矩形开始。这些例子在前面提到的浏览器中都能正常工作。

```
<!doctype html>
<html lang="en_UK">
<head>
  <meta charset="UTF-8">
  <title>SVG</title>
</head>
<body>
<svg xmlns="http://www.w3.org/2000/svg" width="400px" height="400px">
  <rect fill="black" stroke="red" x="150" y="150" width="100" height="50"/>
</svg>
</body>
</html>
```

在图 5-22 中可以看到用 SVG 创建的矩形的显示结果。这些特性都是不言自明的。x 和 y 的值表示进行绘制的起点坐标,从 SVG 元素左上角开始。这意味着该矩形将从 SVG 元素的左侧 150 像素和顶端 150 像素的位置开始绘制。stroke(画笔)和 fill(填充)的值可以用十六进制代码、关键字、rgba 或 rgba 值来指定。

图 5-22　用 SVG 创建的矩形

2．创建一个与 canvas 中同样的例子

例 5-2：用 SVG 创建一个与 canvas 中同样的例子，以便对两者进行比较。首先，用基本的 circle 形状元素建立一个圆。

```
<circle fill="#6c88ba" stroke="red" cx="150" cy="150" r="150"/>
```

cx 和 cy 的值表示圆的圆心，r 表示半径。用这个形状元素替换前面例子中的矩形，效果如图 5-23 所示。

现在继续添加渐变。可以通过建立一组定义(defs)并指定一系列参数来实现，例如渐变类型 (linearGradient)、id(id="MyGradient")、角度(gradientTransform="rotate(45)")以及一系列颜色终止位置 (<stop ... />)。

```
<defs>
  <linearGradient id="MyGradient" gradientTransform="rotate(45)">
    <stop offset="0%" stop-color="#6c88ba" />
    <stop offset="90%" stop-color="#677794" />
    <stop offset="100%" stop-color="#6e747f" />
  </linearGradient>
</defs>
```

在定义渐变后，现在需要将它运用于圆。实现办法是，在圆的 fill 特性上用 url 定界符引用渐变的 id 值(MyGradient)。这便创建了前面用 canvas 实现的同样效果，如图 5-24 所示。

```
<!DOCTYPE HTML>
<html lang="en_UK">
<head>
  <meta charset="UTF-8">
  <title>SVG</title>
</head>
<body>
<svg xmlns="http://www.w3.org/2000/svg" width="400px" height="400px">
  <defs>
    <linearGradient id="MyGradient" gradientTransform="rotate(45)">
      <stop offset="0%" stop-color="#6c88ba" />
      <stop offset="90%" stop-color="#677794" />
      <stop offset="100%" stop-color="#6e747f" />
    </linearGradient>
  </defs>
  <circle fill="url(#MyGradient)" cx="150" cy="150" r="150"/>
</svg>
</body>
</html>
```

图 5-23 用 SVG 创建的圆

图 5-24 用 SVG 创建的带有渐变的圆

也可以用 SVG 创建径向渐变以及其他更多的图形。

5.6 富媒体页面的设计实例

一幅生动形象的图像所包含的信息量可能远远超过许多文字描述，给人的视觉印象会比文字强烈很多。动画、视频是网页设计元素中最生动、活跃的因素，能促进人与人之间的沟通与互动，使信息内容得到极大丰富，带给受众视听享受。

例 5-3：使用富媒体页面设计，效果如图 5-25 所示。

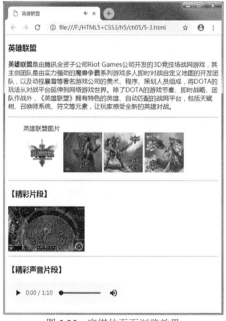
图 5-25 富媒体页面浏览效果

1. 实例分析

实例主要内容包含：在页面中加入图像，定义媒介分组和标题，加入视频播放器，加入音乐播放器等。具体步骤如下：

(1) 加入一组图片，使用<img>元素，并用<figure>和<figcaption>元素分组和添加标题。

(2) 加入视频播放器，使用<video>元素。

(3) 加入音乐播放器，使用<audio>元素。

2. HTML 代码实现

本例中使用了富媒体常用的标记，页面中呈现了图片、声音、视频，页面简单，没有布局。代码如下：

```
<!DOCTYPE html>
<html>
<head>
    <title>英雄联盟</title>
</head>
<body>
    <h3>英雄联盟</h3>
    <p>
    <b>英雄联盟</b>是由腾讯全资子公司 Riot Games 公司开发的 3D 竞技场战网游戏，其主创团队是由实力强劲的魔兽
争霸系列游戏多人即时对战自定义地图的开发团队，以及动视暴雪等著名游戏公司的美术、程序、策划人员组成，将 DOTA
的玩法从对战平台延伸到网络游戏世界。除了 DOTA 的游戏节奏、即时战略、团队作战外，《英雄联盟》拥有特色的英雄、
自动匹配的战网平台，包括天赋树、召唤师系统、符文等元素，让玩家感受全新的英雄对战。
    </p>
    <hr/>
    <figure>
        <figcaption>英雄联盟图片</figcaption>
    <img src="images/00.jpg" alt="英雄联盟专题" width="100" height="100" />
    <img src="images/01.jpg" alt="英雄联盟专题" width="100" height="100" />
    <img src="images/02.jpg" alt="英雄联盟专题" width="100" height="100" />
    <img src="images/03.jpg" alt="英雄联盟专题" width="100" height="100" />
    </figure>
    <hr />
    <h3>【精彩片段】</h3>
    <video controls width="200">
        <source src="medias/LOL 英雄联盟.mp4" type="video/mp4" />
    </video>
    <hr />
    <h3>【精彩声音片段】</h3>
    <audio controls>
        <source src="medias/德玛西亚.mp3" controls="controls" autoplay="audio" width="300" />
    </audio>
</body>
</html>
```

3. 代码分析

(1) 在网页中加入剧照，并为一组图片添加图片说明，使用<figure>和<figcaption>来实现。

```
<figure>
    <figcaption>英雄联盟图片</figcaption>
<img src="images/00.jpg" alt="英雄联盟专题" width="100" height="100" />
```

(2) 在页面中加入视频播放器，以正常显示视频，设置打开后不自动播放视频。

```
<video controls width="200">
    <source src="medias/LOL 英雄联盟.mp4" type="video/mp4" />
```

```
</video>
```

(3) 在页面中加入音乐播放器，正常显示音乐播放器的控制面板，当页面打开后自动播放音乐。

```
<audio controls>
    <source src="medias/德玛西亚.mp3" controls="controls" autoplay="audio" width="300" />
</audio>
```

5.7 本章小结

如本章所述，在浏览器中使用富媒体有无尽的可能性。本章介绍的多种技术可以创建令人震惊的效果，完全可以媲美 Flash 或其他专利插件。浏览器支持这种原生的多媒体内容，意味着已不再需要插件。浏览器提供了原生控件，这些控件内置了键盘可访问性。由于不再需要插件，网站的性能也得以改善。

通过了解如何在 HTML5 文档中实现 video、audio、canvas 和 SVG，用户应开阔眼界，把握使用在线富媒体的新一波机会，创建真正有吸引力、开放且可访问的交互式体验。

5.8 思考和练习

1. 网页中常用的图像格式有 JPG、GIF、和 PNG，它们之间分别有什么不同？

2. 试述<source>元素的作用。

3. 在 HTML5 中，在网页中嵌入视频文件使用什么标记？

4. 将本书配套网站上提供的文件编码成足够多的格式以确保跨浏览器的兼容性，然后用 video 和 audio 元素把它们显示到示例网站中并创建自己的定制播放控件。

5. 选择 canvas 或 SVG，制作一幅简单的示意图，表示在轨道上运行的地球、月亮和太阳，并将其添加到示例网站中。根据所提供的一些链接，在进一步研究的基础上将示意图改为动画。

6. 查看图 5-26 中的图片，判断在将它们保存为 PNG 或 JPEG 格式时，文件的大小及图片质量的可能变化。

图 5-26　图片展示

第 6 章

HTML5表单的应用

几乎每当需要从网站访问者那里收集信息时，都需要使用"表单"。有的表单非常复杂，例如用来订购机票或者在线购买保险的表单。还有些表单则很简单，例如 Google 首页的搜索框。

很多在线表单具有与纸质表单很强的相似性。在纸上，表单由文本书写区、复选框、可选项等组成。类似地，在网页上可以创建由"表单控件"组合而成的表单，包含"文本框""复选框""选择框""单选按钮"等。本章将介绍如何将这些不同种类的控件组合到表单中，用于收集来自网站访问者的所有种类的信息。

本章的学习目标：
- 如何创建表单
- 如何使用不同类型的表单控件
- 用户输入数据的处理
- 如何使表单易于访问
- 如何组织表单内容

6.1 认识表单

先从两个表单示例开始。图 6-1 展示的是百度首页，其中包含两类表单控件。
- 文本输入：在其中可以输入搜索词。
- 提交按钮：向服务器发送表单。这个表单中有一个提交按钮，上面写着"百度一下"。

图 6-1　百度首页

现在再来看一个更复杂的例子。图 6-2 展示了一张保险表单，其中所包含控件的种类相比上例多了很多。

● 选择框：有时又称为"下拉列表"(参照图 6-2 左上角)，用于从提供的答案列表中进行选择。

● 单选按钮：参照图 6-2 右上角，带有 Yes 或 No 选项的控件。当具有一组单选按钮时，只能选中其中一个作为答案。

● 复选框：参照图 6-2 底部的控件，它们用于指定联系方式(通过电子邮件、传统邮件或电话)。当具有一组复选框时，可以选中多个答案。

● 文本输入：用于输入各种信息，在本例中用于填写汽车保险生效的起始日期与车牌号。

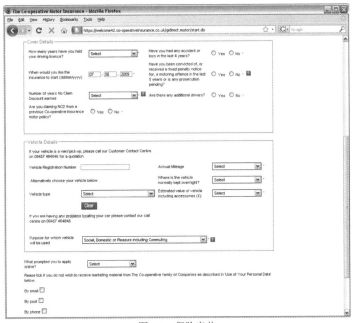

图 6-2　保险表单

表单都位于<form>元素中,而表单控件(文本输入框、下拉框、复选框、提交按钮等)则位于<form>开始标签与</form>结束标签之间。<form>元素还能够包含页面中其他位置的 HTML 标记。

用户在表单中输入完信息后，通常还必须单击提交按钮。该操作表明用户完成表单，之后表单数据通常会被发送到 Web 服务器。

在传统网页中，表单数据抵达服务器之后，一段脚本或其他程序会处理数据并返回一个新的网页。返回的网页用于响应发出的请求，或用于确认执行的动作。这种方式的一个变种叫作 Ajax，其中所有动作都在同一页面中发生。

例如，将图 6-3 中的搜索表单加入到页面中。

这个表单包含一个文本框，供用户输入需要搜索的内容的关键字，还包含一个上面写有 Search 的按钮。当用户单击 Search 按钮时，信息会被发送至服务器，之后服务器会处理数据并为用户生成一个新页面，告诉用户哪些页面符合搜索条件，如图 6-4 所示。

浏览器在将数据发送给服务器时，会将它们转换成"名称/值"对的形式。名称对应于表单控件的名称，而值则是用户输入的内容或某个被选定项的值。每个表单项都需要同时具备名称和值。如果表单中存在 5 个文本框，则需要知道哪项数据对应于哪个文本框。之后进行处理的应用程序才可以处理分别来自各表单控件的信息。

图 6-3　搜索表单

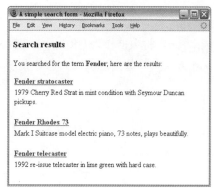

图 6-4　生成一个新页面

如下是图 6-3 中简单搜索表单的代码：

```
<form action=" http://www.example.org/search.aspx " method="get">
    <h3>Search the site</h3>
    <input type="text" name="txtSearchItem">
    <input type="submit" value="Search">
</form>
```

<form>元素带有名为 action 的特性，它的值是 Web 服务器用于处理搜索请求的页面的 URL 地址。同时，method 特性指明使用何种 HTTP 方法(get 与 post 两者之一)向服务器发送表单数据。

6.2　使用<form>元素创建表单

表单位于<form>元素中。<form>元素还可以包含其他标记，例如段落、标题等。但是，不允许包含另一个<form>元素。页面中可以包含任意数量的表单，应该保持<form>元素间相互分离。例如，可以有登录表单、搜索表单以及报纸订阅表单，这些表单可以全部位于同一页面中。如果一个页面拥有多于一个的表单，那么用户可以一次只将一个表单的数据发送给服务器。

在传统网页中，每个<form>元素应该至少带有两个特性：

action　method

除了通用特性以外，<form>元素还可以包含以下特性：

enctype　novalidate　target　autocomplete　accept-charset

6.2.1　action 特性

action 特性指明表单提交后对数据的处理。通常，action 特性的值是页面或程序，位于接收信息的 Web 服务器上。

例如，包含用户名和密码的登录表单，用户输入的详细信息被传送到 Web 服务器上一个用 ASP.NET 编写的页面，叫作 login.aspx。这里的 action 特性如下所示：

```
<form action="http://www.example.org/membership/login.aspx">
```

6.2.2 method 特性

表单数据可以通过两种方式发送给服务器，每种方式对应一种 HTTP 方法。

- get 方法，将数据作为 URL 的一部分发送。此为默认值。
- post 方法，将数据隐藏在 HTTP 头中。

6.2.3 id 特性

id 特性可以唯一标识页面中的<form>元素。赋予<form>元素 id 特性是一种良好习惯，因为很多表单使用样式表和脚本，要求使用 id 特性以识别表单。

id 特性的值在文档中应该是唯一的，并且还应该遵循 id 特性的其他取值规则。有时以字符 frm 作为表单的 id 和 name 特性值的起始字符，并使用特性值的剩余部分描述表单所收集数据的类型，例如 frmLogin 或 frmSearch。

6.2.4 name 特性

name 特性是 id 特性的前任，而且和 id 特性一样，取值在文档内应该保持唯一。现在不需要使用这个特性了。不过如果使用了，可以赋予与 id 特性相同的值。

6.2.5 enctype 特性

如果使用 HTTP post 方法向服务器发送数据，则可以使用 enctype 特性指定浏览器在将数据发送到服务器之前如何对其进行编码。如果没有使用这个特性，则浏览器会使用第一个值。因此，只有在表单允许用户向服务器上传文件(如图片)，或用户将可能使用非 ASCII 字符时，才需要使用该特性。这种情况下，enctype 特性应该被赋予第二个值：

```
enctype="multipart/form-data"
```

6.2.6 accept-charset 特性

不同语言通过不同的"字符集"或字符组书写。然而，在创建网站时，开发人员不会将网站设计成能够理解所有语言。accept-charset 特性背后的思想是，使用该特性可以指定一系列用户能够输入、服务器可以处理的字符编码。该特性的值是一个由空格或逗号分隔的字符集列表。例如，下面的代码指明服务器可以接收 UTF-8 编码：

```
accept-charset="utf-8"
```

如果没有设置 accept-charset 特性，那么任何字符集都是有效的。

6.2.7 novalidate 特性

novalidate 特性是一个布尔特性，用以指定表单在提交时是否应该进行校验。如果该特性存在，则浏览器不应该在提交前校验表单。

```
<form
  action="http://www.example.org/membership/login.aspx"
  novalidate >
```

支持该特性的浏览器有 Chrome 6+、Firefox 4+、Opera 10.6+以及 IE10+。

6.2.8　target 特性

target 特性指定命名窗口或关键字，用于处理表单提交。

例如，要在新窗口中处理表单，可以将<form>元素的 target 特性设置为"_blank"。

```
<form
  action="http://www.example.org/membership/login.aspx"
  target="_blank" >
```

6.2.9　autocomplete 特性

该特性指明浏览器是否应该自动填写表单值。设置为 off 将指明浏览器不应该自动填写任何内容。默认值为 on。

```
<form
  action="http://www.example.org/membership/login.aspx"
  autocomplete="off" >
```

支持该特性的浏览器有 Chrome 17+、Firefox 4+、 Safari 5.2+以及 Opera 10.6+。

6.3　<form>元素中的表单控件

<form>元素中不同类型的表单控件，用于收集来自网站访问者的信息，包括文本输入控件、按钮、复选框与单选按钮、选择框、文件选择框以及新的 HTML5 表单元素(如进度条/度量控件、隐藏控件)。

6.3.1　文本输入控件

"文本输入框"在很多网页中都会使用。"输入类型"是指可用于对 input 元素的 type 特性进行设置的一些值，以指定 input 元素的输入类型。

在 HTML5 之前，只有三种类型的文本输入控件可供表单使用。

- 单行文本输入控件：用于只需要一行用户输入的条目。这类控件使用<input>元素创建，有时被简单称为"文本框"。
- 密码输入控件：这类控件与单行文本输入控件类似，只是它们会将用户输入的字符遮盖起来，从而使这些字符在屏幕上不可见。它们通常会使用星号(*)或圆点替代用户输入的每个字符，这样别人就无法通过简单查看屏幕获得用户输入的信息。密码输入控件主要用于输入登录表单的密码，或用于信用卡号码等敏感信息的输入。这类控件同样使用<input>元素创建。
- 多行文本输入控件：在需要用户输入可能多于单个句子长度的细节时使用。多行输入控件使用<textarea>元素创建。

HTML5规范加入了很多新的<input>元素类型,对应于Web上各种常见的数据类型。新的<input>元素列表如下。

- search:用于 Web 搜索。
- color:用于使用色盘选择颜色。
- date:用于输入日历日期。
- datetime:用于输入时区为"格林尼治/国际标准时间"的日期和时间。
- datetime-local:用于输入本地日期和时间。
- email:用于输入单个电子邮件地址或电子邮件地址列表。多个电子邮件地址可以使用逗号分隔的列表形式输入。
- month:用于输入年份与月份。
- number:用于数字输入。
- range:与其他各种文本输入控件不同,该控件类型通常会以拖动条的形式呈现,使使用户可以从一个数字范围内选择取值。
- search:用于输入搜索词。
- tel:用于输入电话号码。
- time:用于输入由时、分、秒以及小数秒组成的时间。
- url:用于输入网站 URL。
- week:用于输入由年份与周数构成的日期。例如 2018-W01,表示 2018 年的第一周。

下面详细介绍各种类型的文本输入控件。

1. 单行文本输入控件

最基本的单行文本输入控件使用 type 特性值为 text 的<input>元素创建。下面是一个作为搜索框使用的单行文本输入控件的基础示例:

```
<form action="http://www.example.org/search.aspx" method="get" name="frmSearch">
    <p>Search:<br>
      <input type="text" name="txtSearch" value="Search for" size="20" maxlength="64"></p>
    <p><input type="submit" value="Submit"></p>
</form>
```

图 6-5 为这个单行文本输入控件在浏览器中的展示效果。

图 6-5　单行文本输入控件

表 6-1 列出了当<input>元素的 type 特性被设置为 text 时,作为文本输入控件可以包含的特性。name 特性在这里所起的作用很特殊,不同于到目前为止已经见过的用于其他元素时的情况。

表 6-1 标准文本输入控件的特性

特 性	作 用
name	这是一个必要特性，用于为向服务器发送的"名称/值"对提供名称部分(记住：表单中的每个控件都以"名称/值"对的形式表示，其中名称标识表单控件，而值则是用户输入的内容)
value	为文本输入控件提供初始值，用户会在表单加载后看到该值。应该只有在加载页面时希望向文本输入控件中写入某些信息的情况下，才使用该特性(比如告知用户应输入内容的提示信息)。不过新的placeholder 特性在提示信息方面做得更好。value 特性还可以用于脚本编程
size	允许以字符为单位设置文本输入控件的宽度。前面示例中搜索框的宽度是 20 个字符。size 特性不影响用户可以输入的字符数量(在前面的例子中，即使 size 特性的值为 20，用户也依然可以输入 40 个字符)。size 只用于指定输入控件有多少个字符宽。如果用户输入多于输入控件尺寸的字符，他们就可以使用方向键向左或向右滚动以查看输入的内容
maxlength	允许你指定用户在文本框内可以输入的最大字符数量。通常在输入达到最大字符数之后，即使用户继续，也不会再有新字符添加进去
placeholder	代表一段作为初始值显示在输入区域内的简短描述

当<input>元素的 type 特性值为 text 时，它还可以具有如下特性：全部通用特性、disabled、readonly、form、autocomplete、autofocus、list、pattern、required 以及 dirname。

2. 密码输入控件

如果需要收集敏感数据，如密码和信用卡信息，则可以使用密码输入控件。密码输入控件通过使用圆点或星号替换用户在屏幕上输入的字符，对信息进行遮蔽。这样一来，这些信息对于在用户背后偷窥的人来说就是不可见的。

密码输入控件与单行文本输入控件的创建方式几乎完全相同，只是<input>元素的 type 特性值变为 password。

下面是一个登录表单，其中包含一个单行文本输入控件以及一个密码输入控件：

```
<form action="http://www.example.com/login.asp" method="post">
    <p>Username:<br>
      <input type="text" name="txtUsername" value="" size="20" maxlength="20"></p>
    <p>Password:
      <input type="password" name="pwdPassword" value="" size="20" maxlength="20"></p>
    <p><input type="submit" value="Log in"></p>
</form>
```

图 6-6 展示了用户开始输入细节时，浏览器中此登录表单的效果。

图 6-6 登录表单

密码输入控件拥有与普通文本输入控件相同的特性。

3. 多行文本输入控件

使用<textarea>元素可以创建多行文本输入控件。如下是一个使用多行文本输入控件收集网站访问者反馈的例子：

```
<form action="http://www.example.org/feedback.asp" method="post">
    <p>Please tell us what you think of the site and then click submit:</p>
    <textarea name="txtFeedback" rows="20" cols="50"> Enter your feedback here.</textarea>
    <p><input type="submit" value="Submit"></p>
</form>
```

上例中，对<textarea>元素内的文本没有进行缩进。任何写在<textarea>开闭标签之间的内容都将像写在<pre>元素中一样对待，源文档中的格式将予以保留。如果对"Enter your feedback here"这段话在代码中进行了缩进，多行文本输入控件同样会在浏览器中对其进行缩进。图6-7展示了多行文本输入控件的效果。

图6-7　多行文本输入控件

<textarea>元素能够包含的特性如表6-2所示。

表6-2　<textarea>元素的常见特性

特　　性	作　　用
name	控件的名称，在发送至服务器的"名称/值"对中使用
rows	用于指定<textarea>的尺寸。它可以指定<textarea>元素应该具有的文本行数，因此对应于文本区域的高度
cols	用于指定<textarea>的尺寸。它可以指定文本的列数，因此对应于输入框的宽度。一列即为单个字符的平均宽度

表6-3中展示的特性是新添加到<textarea>元素中的。因为它们是新特性，所以其中一些在各浏览器中的支持还比较有限。总体来说，支持它们的浏览器包括Firefox 4+、Safari 5.2+、Chrome 10+、Opera 10.6+以及IE10+。

表 6-3　<textarea>元素的新特性

特　　　性	作　　用
maxlength	用户可输入的最大字符数
autofocus	布尔特性，指定所在元素应在页面加载后获得焦点
required	布尔特性，指定输入控件是否是必需的输入元素
placeholder	作为向用户显示的提示信息
dirname	为文本方向提示提供名称
wrap	指定文本区域内的文本是否应该在达到 cols 特性指定的值之后强制换行
disabled	布尔特性，用于禁用文本框，阻止用户介入
form	指定与<textarea>元素关联的<form>元素，值为所关联<form>元素的 id 特性值
readonly	布尔特性，指定用户是否可以编辑

6.3.2　新的 HTML5 输入控件类型与特性

本节将介绍新的 HTML5 <input>类型以及一些新特性。这些特性不仅可以改善用户体验，还可以使用户摆脱编写大量 JavaScript 代码的烦恼。包括 IE10 在内，所有主流浏览器的最新版本对这些元素及特性都提供了支持。浏览器会将任何未知类型的<input>元素以 text 类型对待。

使用旧浏览器时需要"填平剂"(polyfill)解决方案。"填平剂"是一些小的库，通常用 JavaScript 编写，用于在旧浏览器中提供对新特性的支持。下面的网站注册表单使用如下新的<input>类型标记：tel、url、email、date 以及 color。

```
<form action="http://www.example.org/feedback.asp" method="post">
  <p>Name:<br>
    <input type="text" name="txtName" value="" size="20" maxlength="20"></p>
  <p>Telephone Number:<br>
    <input type="tel" name="txtTel" value="" size="20" maxlength="20"></p>
  <p>Email:<br>
    <input type="email" name="txtEmail" value="" size="20" maxlength="20"></p>
  <p>Favorite Color:<br>
    <input type="color" name="txtColor" value="" size="20" maxlength="20"></p>
  <p>Date of Birth:<br>
    <input type="date" name="txtDate" value="" size="20" maxlength="20"></p>
  <p><input type="submit" value="Submit"></p>
</form>
```

图 6-8 展示了 Google Chrome 浏览器中这个网站注册表单的效果。这个版本的 Chrome 同时支持 date 以及 color 类型标记。本例中用于输入日期的日历控件被展开，以展示这些新的文本输入类型包含多么强大的功能。在引入这些新的输入控件前，创建类似的日期选择控件需要使用十几 KB 的 JavaScript 和 CSS 代码、复杂的标记以及多张图片。而使用浏览器提供的控件则具有更低的复杂性，而且运行速度也更快，因为旧的 JavaScript 日期选择控件所需的所有各种文件会给页面增加额外负担。

图 6-9 演示了这些输入控件在 Firefox 15 浏览器中的效果，该版本不支持其中任何一种输入控件类型。因此，它们看上去与标准文本输入控件完全相同，而且工作起来也完全一样。这意味着即使没有最好的可用浏览器，也仍然能够在表单中填入所需的信息。

图 6-8　新输入控件在 Chrome 浏览器中的效果 　　　图 6-9　新输入控件在 Firefox 15 浏览器中的效果

　　HTML5 中输入控件的其他新特性与新输入控件相同，这些新特性以浏览器提供的控件，取代 Web 上常见的交互与编程模式。在使用新输入控件时，要假定使用旧浏览器的用户可能会直接以文本形式填写答案，因此应该在服务器端准备好处理这类输入。而在使用这些新特性提供的功能时，如表单校验，对于使用旧浏览器的用户来说，需要使用 JavaScript 或其他技术来提供支持。

1. 使用 placeholder 特性提供示例输入

　　在基本输入控件中，value 特性经常被用于提供输入示例。这种技术的缺点是，用户未必总会清空示例输入内容，因此该文本经常会作为数据的一部分被包含进来发送到服务器。为修正这个问题，需要对输入控件进行脚本编程，使其既可以显示默认值，又可以在获得焦点后停止显示。焦点指明该表单元素当前正与用户进行交互。在表单元素获得焦点后，JavaScript 可以清除输入控件中的值，并为用户输入准备好该表单元素。placeholder(占位符)特性复制了这种行为，而且不需要任何脚本编程。

　　placeholder 特性能够设置占位符文本，就如同在 HTML 4.01 中设置 value 特性一样。该特性只用于简短描述，对于较长的内容则应使用 title 特性。与 HTML 4.01 的区别是，只在字段为空且尚未接收焦点时才会显示这种占位符文本。一旦字段得到输入焦点(例如单击鼠标，或使用 Tab 键移动到该字段)并开始输入时，该文本便会消失。如下代码示例展示了使用方法：

```
<input type="text" name="user-name" id="user-name" placeholder="at least 3 characters">
```

　　图 6-10 显示了 placeholder 特性在 Chrome 中的效果。

　　为了在旧浏览器中加入对 placeholder 的支持，需要添加来自 Placeholder.js 项目 (https://github.com/jamesallardice/Placeholders.js)的一个 JavaScript 脚本文件，然后运行一小段 JavaScript 脚本以初始化该支持功能。

```
<script src="Placeholders.js"></script>
<script>
Placeholders.init();
</script>
```

2. 使用 autocomplete 特性确保用户隐私与安全

设置 autocomplete 特性可以允许网页作者控制是否缓存表单条目。autocomplete 特性可以取两个不同的值：on 和 off。on 表示表单值可以安全地保存及预填写。off 则表示不应该保存表单值。下面的登录表单中 autocomplete 设置为 off。

```
<form action="http://www.example.com/login.asp" method="post">
  <p>Username:<br>
    <input type="text" name="txtUsername" value="" size="20"
      maxlength="20" autocomplete="off"></p>
  <p>Password:
    <input type="password" name="pwdPassword" value="" size="20"
      maxlength="20" autocomplete="off"></p>
  <p><input type="submit" value="Log in"></p>
</form>
```

3. 使用 required 特性确保提供信息

可以使用 required 特性确保表单必填字段中具有内容后，表单才可以提交。它代替了以前用 JavaScript 实现的那种基本的表单验证，提高了可用性且节省了开发时间。与 autofocus 特性一样，required 也是一个布尔特性。下面这个简单表单演示了 required 特性的用法。如图 6-11 所示，显示了在 required 输入控件留空时，尝试提交表单的结果。

```
<form action="http://www.example.org/feedback.asp" method="post">
  <p>Name:<br>
    <input type="text" name="txtName" value="" size="20" maxlength="20"
placeholder="Rob Larsen" required></p>
  <p><input type="submit" value="Submit"></p>
</form>
```

required 特性在 Opera 9.5+、Firefox 4+、Safari 5+、Chrome 5+ 和 IE10 中得到了实现。因此，在其他浏览器中(如 IE 低版本)需要继续编写脚本以便对客户端完成的字段进行检查。

图 6-10　有/无焦点时的 placeholder 特性效果

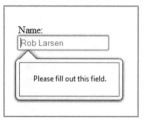

图 6-11　使用 required 特性

4. 使用 autofocus 自动获得输入焦点

顾名思义，添加 autofocus 特性的 input 字段会在页面渲染时自动获得焦点。与 placeholder 特性一样，autofocus 也是以前需要使用 JavaScript 才能实现的特性。

但是，传统的 JavaScript 方法有一些可用性问题。例如，如果用户在脚本加载之前正在进行表单输入，当脚本完成加载时，会发现输入焦点回到表单的第一个字段。HTML5 的 autofocus 特性避免了这一问题，文档一旦加载便设置输入焦点，而不必等待 JavaScript 脚本加载完毕。为防止这种可用性问题，最好将 autofocus 特性用于目标只是表单的页面，如 Google。

autofocus 是一个布尔特性，按如下方式实现：

```
<input type="text" name="first-name" id="first-name" autofocus>
```

所有现代浏览器均支持 autofocus 特性，不支持该特性的浏览器会直接忽略它。

注意：

一些新的 HTML5 表单特性是布尔特性，这意味着这些特性是根据它们是否存在而设置的。它们在 HTML5 中可用以下几种方式书写：

```
autofocus
autofocus=""
autofocus="autofocus"
```

5. pattern

pattern 特性指定一个正则表达式，以便用它对字段的值进行检查。pattern 特性使得开发人员能够轻松实现对产品码、发票号等的一些特定验证。pattern 特性的使用范围十分广泛，以下是一个用于产品号的简单示例。

```
<label> Product Number:
<input pattern="[0-9][A-Z]{3}" name="product" type="text" title="Single digit followed by three uppercase letters."/>
</label>
```

该模式规定，产品号应该是一个数字[0-9]后跟三个大写字母[A-Z]{3}。与 required 特性一样，支持 pattern 特性的浏览器仅有 Opera 9.5+、Firefox 4+、Safari 5+以及 Chrome 5+。Internet Explorer 10 也支持 pattern 特性。

6. list 特性与 datalist 元素

list 特性让用户能够将一个选项列表与特定的字段关联在一起。list 特性的值必须与同一文档中某个 datalist 元素的 ID 相同。datalist 元素是 HTML5 中的新成员，表示可用于表单控件的预定义的选项列表，工作方式类似于浏览器中的搜索框，能随输入自动完成，如图 6-12 所示。

图 6-12　Safari 中 Google 搜索的自动建议

以下示例演示了 list 特性与 datalist 元素相结合的方式，效果如图 6-13 所示。

```
<label>Your favorite fruit:
<datalist id="fruits">
    <option value="Blackberry">Blackberry</option>
    <option value="Blackcurrant">Blackcurrant</option>
    <option value="Blueberry">Blueberry</option>
    <!-- ... -->
  </datalist>
If other, please specify:
<input type="text" name="fruit" list="fruits">
</label>
```

通过在 datalist 中添加 select 元素，要比简单地使用 option 元素能够提供更卓越的优雅降级。

```
<label>Your favorite fruit:
<datalist id="fruits">
    <select name="fruits">
    <option value="Blackberry">Blackberry</option>
    <option value="Blackcurrant">Blackcurrant</option>
    <option value="Blueberry">Blueberry</option>
    <!-- ... -->
  </select>
If other, please specify:
</datalist>
<input type="text" name="fruit" list="fruits">
</label>
```

目前支持 list 特性和 datalist 元素的浏览器仅限于 Opera 9.5+和 Firefox 5+。Internet Explorer 10 在将来会支持 list 特性和 datalist 元素。

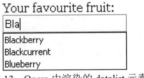

图 6-13　Opera 中渲染的 datalist 元素

7. multiple

通过运用布尔特性 multiple 可以使 list 特性和 datalist 元素更进一步，以允许输入 datalist 元素中的多个值。以下是一个示例。

```
<label>Your favorite fruit:
<datalist id="fruits">
  <select name="fruits">
  <option value="Blackberry">Blackberry</option>
  <option value="Blackcurrant">Blackcurrant</option>
  <option value="Blueberry">Blueberry</option>
  <!-- ... -->
  </select>
If other, please specify:
</datalist>
```

```
<input type="text" name="fruit" list="fruits" multiple>
</label>
```

multiple 特性并不是专门为 datalist 元素而使用的，另一个使用 multiple 特性的例子是给朋友发送邮件时的多个 E-Mail 地址或是多个附件文件，如下所示：

```
<label>Upload files:
<input type="file" multiple name="upload"></label>
```

multiple 特性在 Firefox 3.6+、Safari 4+、Opera 11.5+以及 Chrome 4+中已得到支持，也即将被 Internet Explorer 10 所支持。

8. novalidate 与 formnovalidate

novalidate 和 formnovalidate 特性表示表单提交时不需要进行验证。它们都是布尔特性。formnovalidate 特性能够运用于 submit 或 image 类型的 input 元素，而 novalidate 特性只能对 form 元素进行设置。

formnovalidate 特性的运用示例是"保存草稿"按钮，其中表单具有一些提交时是"required"字段，而在保存草稿时却不必如此。novalidate 特性可以被运用于这样的场合：不希望对表单进行验证，但希望利用更有用的用户界面以提供新的输入类型。

以下示例演示了如何使用 formnovalidate 特性：

```
<form action="process.php">
  <label for="email">Email:</label>
  <input type="text" name="email" value="gordo@example.com">
  <input type="submit" formnovalidate value="Submit">
</form>
```

以下示例演示了如何使用 novalidate 特性：

```
<form action="process.php" novalidate>
<label for="email">Email:</label>
  <input type="text" name="email" value="gordo@example.com">
  <input type="submit" value="Submit">
</form>
```

9. form 特性

form 特性(注意，这是特性而不是 form 元素)用于将 input、select 或 textarea 元素与一个表单(称为这些元素的表单所有者)关联起来。使用 form 特性意味着，该元素不必作为关联表单的子元素，并且可以被移到远离源表单的其他地方。form 特性的主要运用场合是，放在表格中的 input 按钮现在可以与表单关联起来。

```
<input type="button" name="sort-l-h" form="sort">
```

10. formaction、formenctype、formmethod 以及 formtarget

特性 formaction、formenctype、formmethod 以及 formtarget 都在 form 元素上有相应的特性。引入这些新特性主要是因为，用户可能对不同的提交按钮采取不同的动作，以避免在一个文档中有多个表单。下面对各个特性做简要介绍。

- formaction(表单动作)

用于指定对表单进行处理的文件或应用程序，效果等同于 form 元素的 action 特性，并且只能用于提交或图像按钮(即使用了 type="submit" 或 type="image"的 input 元素)。当表单被提交时，浏览器首先会检查 formaction 特性；如果没有这个特性，则进一步查找表单的 action 特性。

```
<input type="submit" value="Submit" formaction="process.php">
```

- formenctype(表单编码类型)

用于说明在使用 POST 方法类型时如何对表单数据进行编码，效果等同于 form 元素的 enctype 特性，并且只能用于提交或图像按钮(即使用了 type="submit"或 type="image"的 input 元素)。不包含该特性时，其默认值为 application/x-www-form-urlencoded。

```
<input type="submit" value="Submit" formenctype="application/x-www-form-urlencoded">
```

- formmethod(表单提交方法)

用于指定使用哪一种 HTTP 方法(GET、POST、PUT 和 DELETE)来提交表单数据，效果等同于 form 元素的 method 特性，并且只能用于提交或图像按钮(即使用了 type="submit"或 type="image"的 input 元素)。

```
<input type="submit" value="Submit" formmethod="POST">
```

- formtarget(表单目标)

用于为表单结果指定目标窗口，效果等同于 form 元素的 target 特性，并且只能用于提交或图像按钮(即使用了 type="submit"或 type="image"的 input 元素)。

```
<input type="submit" value="Submit" formtarget="_self">
```

6.3.3　按钮

按钮最常被用于提交表单。不过，它们有时也被用于清除或重置表单，甚至触发客户端脚本。可以通过三种方式创建按钮：

- 使用<input>元素，并且 type 特性的值为 submit、reset 或 button。
- 使用<input>元素，并且 type 特性的值为 image。
- 使用<button>元素。

使用每种不同方法时，按钮的表现也会稍有区别。

1. 使用<input>元素创建按钮

当使用<input>元素创建按钮时，所创建的按钮类型需要使用 type 特性进行指定。type 特性可以取如下值来创建按钮：

- submit，创建一个单击时提交表单的按钮。
- reset，创建一个按钮，它能自动重置表单控件，将它们设置为页面载入时采用初始值。
- button，创建一个用于在用户单击时触发客户端脚本的按钮。

下面是一个包含全部三种按钮的示例：

```
<form action="http://www.example.org/feedback.aspx" method="post">
```

```
<p><input type="submit" name="btnVoteRed" value="Vote for reds"></p>
<p><input type="submit" name="btnVoteBlue" value="Vote for blues"></p>
<p><input type="reset" value="Clear form"></p>
<p><input type="button" value="Calculate" onclick="calculate()"></p>
</form>
```

这些按钮在 Firefox 浏览器中的效果如图 6-14 所示。按钮的常用特性如表 6-4 所示。

表 6-4　按钮的常用特性

特　　性	作　　用
type	指定所需的按钮类型，可取如下三者之一：submit、reset 或 button
name	为按钮提供名称。如果同一表单中有多于一个的按钮，只需要为按钮添加 name 特性(这样就可以帮助确定单击的是哪个按钮)。不过，无论何种情况都赋予按钮名称，指明按钮所起作用的做法，被认为是一种良好实践
value	允许指定按钮上显示的文本。如果提供了 name 特性，value 特性的值会作为按钮控件的"名称/值"对的一部分被发送至服务器。如果没有提供值，则不会有按钮控件的"名称/值"对被发送到服务器

submit、reset 及 button 类型的<input>元素的新特性如表 6-5 所示。

表 6-5　submit、reset 及 button 类型的<input>元素的新特性

特　　性	作　　用
autofocus	布尔特性，指定元素应该在页面加载后获得焦点
disabled	布尔特性，禁用按钮，防止用户介入
form	指定与<input>元素关联的<form>元素，值为所关联<form>元素的 id 特性值

2. 使用图片按钮

可以使用图片作为按钮，取代浏览器渲染的标准按钮。创建图片按钮与创建任何其他类型的按钮类似，只是 type 特性的值为 image：

```
<input type="image" src="submit.jpg" alt="Submit" name="btnImage">
```

因为创建的按钮带有图片，所以需要两个额外特性，如表 6-6 所示。

表 6-6　image 类型的<input>元素的重要特性

特　　性	作　　用
src	指定图片文件的来源
alt	为图片提供替换文本。在图片无法找到时将显示该信息，同时语音浏览器会将该信息朗读给使用者
height	指定图片高度
width	指定图片宽度

除了表 6-6 提到的特性以及全局特性外，该输入控件类型还支持如下特性：disabled、form、formaction、autofocus、formenctype、formmethod、formtarget 以及 formnovalidate。

如果图片按钮拥有 name 特性，在单击之后，浏览器会将"名称/值"对发送至服务器。名称是为 name 特性提供的值，而值则是用户单击按钮时的 x 及 y 坐标值对。

在图 6-15 中可以看到一个图片按钮。Firefox 与 IE 都会在用户鼠标悬浮于这类按钮上时，改变光标形状，以提示用户可以单击。

图 6-14　三种按钮

图 6-15　图片按钮

3. 使用<button>元素创建按钮

<button>元素的引入时间相对较晚，它允许指定<button>开始标签与</button>结束标签之间用于显示在按钮上的内容，从而可以在二者间包含文本标记或图片元素。

浏览器为按钮提供了一种浮雕(或 3D)效果，以模拟按钮按下时的上下动作。

下面是一些使用<button>元素的示例。

```
<form action="http://www.example.org/feedback.aspx" method="post">
  <p> <button type="submit">Submit</button> </p>
  <p> <button type="reset"><b>Clear this form</b> I want to start again</button> </p>
  <p> <button type="button"><img src="submit.gif" alt="submit"></button> </p>
</form>
```

第一个提交按钮只包含文本，第二个重置按钮包含文本及其他标记(以<b>元素的形式)，而第三个按钮则包含一个<img>元素。

图 6-16 展示了这些按钮的效果。

除了上面介绍的特性以及全局特性以外，<button>元素还支持如下特性：disabled、name、autofocus 以及 value。

图 6-16　按钮的效果

6.3.4　复选框

复选框类似于电灯开关，状态或者是开，或者是关。在被选中时即处于开状态——用户可以通过简单单击复选框使其在开与关两种状态间切换。

复选框可以单独出现，此时每一个复选框都有自己的名称；或者也可以作为复选框组出现，此时它们共享控件名称，并允许用户为同一特性选择多个值。

在需要允许用户进行如下操作时，复选框是理想的表单控件：

- 使用单一控件提供简单的"是"或"否"答案(比如是否接受条款与条件)。
- 从一个可能选项列表中选择多个条目(比如希望用户从给出的列表中指定具有全部技能)。

复选框通过 type 特性值为 checkbox 的<input>元素创建。如下是一个多复选框使用同一控件名称的示例：

```
<form action="http://www.example.com/cv.aspx" method="get" name="frmCV">
Which of the following skills do you possess? Select all that apply.<br>
    <input type="checkbox" name="chkSkills" value="html">HTML <br>
    <input type="checkbox" name="chkSkills" value="CSS">CSS<br>
    <input type="checkbox" name="chkSkills" value="JavaScript">JavaScript<br>
    <input type="checkbox" name="chkSkills" value="aspnet">ASP.Net<br>
    <input type="checkbox" name="chkSkills" value="php">PHP
</form>
```

图 6-17 展示了浏览器中上述代码的效果。注意每个复选框之后都有换行，因此每一个复选框都可以清晰地处于各自行内。

因为被选择的所有技能都将以"名称/值"对的形式发送到应用程序进行处理，所处如果有人选择多于一项的技能，则会有多个共享同一名称的"名称/值"对被发送到服务器。

与此相对，下面是单个复选框，所起作用类似于选择简单的"是"或"否"：

```
<form action="http://www.example.org/accept.aspx" name="frmTandC" method="get">
    <input type="checkbox" name="chkAcceptTerms" checked>
    I accept the <a href="terms.htm">terms and conditions</a>.<br>
    <input type="submit">
</form>
```

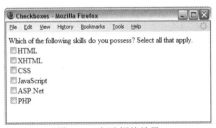

图 6-17　复选框的效果

创建此复选框的<input>元素不带有 value 特性。value 特性默认情况下值为 on。在本例中，还可以看到一个布尔特性，名为 checked，用于指定当页面加载后，复选框是否处于选定状态。表 6-7 展示了 type 特性值为 checkbox 的<input>元素可以包含的常用特性。

表 6-7　checkbox 类型的<input>元素的重要特性

特　　性	作　　用
type	指明要创建复选框
name	赋予控件名称。多个复选框可共享同一名称，但这只适用于希望用户能够从同一列表中选择多个选项的情况——此时它们应该在表单中顺序放置
value	复选框被选定时应该发送到服务器的值
checked	指明页面加载后复选框应该被选定

复选框还可以带有如下特性：全部通用特性、disabled、form、autofocus 以及 required。

6.3.5　单选按钮

单选按钮与复选框类似，也只有开和关两种状态。但二者有两个关键区别：

- 当一组单选按钮共享同一名称时，只有其中之一可以被选定。当一个单选按钮被选定后，如果用户又单击了另一选项，则新的选项被选定，而旧选项则失去选定状态。
- 不应将单选按钮作为指定开或关的单一表单控件使用，因为当单个单选按钮被选定后，就无法再次失去选定状态(在不使用脚本控制的情况下)。

因此，一组单选按钮对于希望向用户提供多个选项，又必须只选择一项的情况是理想的选择。这种情况的一种替代方案是使用下拉选择框，允许用户从多个选项中选择其中一项。选择使用下拉选择框还是单选按钮组，依赖于以下三点。

- 用户预期：如果表单是为了模仿一种纸质表单，其中呈献给用户一些复选框，而他们只能选择其中一项，这种情况下应该使用单选按钮组。
- 看到所有选项：如果用户可以在选择前看到所有选项，则应该使用单选按钮组。
- 空间：如显示在移动设备上，下拉选择框占用的空间要远小于单选按钮组。

单选按钮同样使用<input>元素创建，这一次 type 特性的值应该为 radio。例如，下面的单选按钮被用于允许用户选择希望进行的旅行等级：

```
<form action="http://www.example.com/flights.aspx" name="frmFlightBooking"method="get">
    Please select which class of travel you wish to fly: <br>
    <input type="radio" name="radClass" value="First">First class <br>
    <input type="radio" name="radClass" value="Business">Business class <br>
    <input type="radio" name="radClass" value="Economy">Economy class <br>
</form>
```

只允许用户选择三个选项中的一项，所以单选按钮是理想选择。同样可以使用字母 rad 作为单选按钮名称的起始部分。图 6-18 展示了浏览器中的效果。

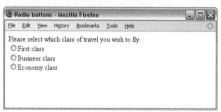

图 6-18　单选按钮的效果

表 6-8 列出了 type 特性值为 radio 时<input>元素的常用特性。

表 6-8　单选按钮的常用特性

特　　性	作　　用
type	指明要创建单选按钮
name	赋予控件名称
value	用于指定选项被选定后将发送至服务器的值
checked	指明选项是否应该在页面加载后默认选定。需要记住，在使用单个单选按钮时，使用该特性没有意义，因为用户无法解除选定状态

单选按钮还可以带有如下特性：disabled、form、autofocus、required以及全部通用特性。

6.3.6 下拉选择框

下拉选择框使用户可以从下拉菜单中选择一个条目。下拉选择框可以占用比单选按钮组小得多的空间。下拉选择框还可以作为当使用单行文本输入控件，但又希望限制用户输入选项时的替代方案。使用下拉选择框可以控制用户能够输入的选项。

下拉选择框包含于<select>元素内，列表中的每一个选项包含于一个<option>元素内。例如，如下表单创建了一个供用户选择颜色的下拉选择框：

```
<select name="selColor">
  <option selected="selected" value="">Select color</option>
  <option value="red">Red</option>
  <option value="green">Green</option>
  <option value="blue">Blue</option>
</select>
```

从上述代码中可以看到，位于<option>开始标签与</option>结束标签之间的文本用于向用户显示选项。而选定选项后将发送到服务器的值则通过value特性赋予。第一个选项没有值，而且内容为"Select color"。该选项用于告知用户必须从列表中选择一种颜色。上述示例中将字母sel作为下拉选择框名称的起始部分。

图6-19展示了下拉选择框在浏览器中的效果。

下拉选择框的宽度是向用户显示的选项中最长选项的宽度。在本例中是文本"Select color"的宽度。此外，还可以使用CSS更改下拉选择框的宽度。

图6-19 下拉选择框的效果

1. <select>元素

<select>元素是下拉列表框的包含元素。它可以具有的常用特性如表6-9所示。

表6-9 <select>元素的常用特性

特　　性	作　　用
name	控件的名称
size	如你稍后将看到的，该特性用于滚动列表框的呈现。该特性的值是列表中同时可见的行数
multiple	这个布尔特性使用户可以在下拉菜单中选择多个条目。如果未提供该特性，则用户只能选择一个条目。该特性的使用会改变下拉选择框的呈现

根据HTML规范，一个<select>元素必须包含至少一个<option>元素。

下拉选择框还可以包含以下特性：disabled、form、autofocus、required 以及全部通用特性。

2. <option>元素

在任何<select>元素内，都可以找到至少一个<option>元素。位于<option>开始标签与</option>结束标签之间的文本会作为选项的标签显示给用户。<option>元素可以包含的常用特性如表 6-10 所示。

表 6-10　<option>元素的常用特性

特　　性	作　　用
value	选项被选中时发送给服务器的值
selected	这个布尔特性所在的选项应该在页面加载后作为初始选择值。即使<select>元素未带有 multiple 特性，该特性也可以同时用于多个<option>元素
label	为选项加标签的另一种方式，使用该特性而非元素内容。该特性在使用<optgroup>元素时特别有用，在稍后的"使用<optgroup>元素分组选项"部分会进行介绍
disabled	布尔特性，禁用选项，阻止用户介入

3. 创建滚动选择框

创建滚动菜单，使用户能同时在下拉选择框中看到所有选项中的一部分。为实现这一功能，只需要在<select>元素中加入 size 特性。size 特性的值是希望同一时间可见的选项数量。

尽管滚动选择框很少使用，但它可以向用户指出，存在多个向他们开放的可能选项，并且使他们可以看到这些选项中的一部分。下面是一个让用户选择一周中某一天的滚动选择框：

```
<form action="http://www.example.org/days.aspx" name="frmDays" method="get">
  <select size="4" name="selDay">
    <option value="Mon">Monday</option>
    <option value="Tue">Tuesday</option>
    <option value="Wed">Wednesday</option>
    <option value="Thu">Thursday</option>
    <option value="Fri">Friday</option>
    <option value="Sat">Saturday</option>
    <option value="Sun">Sunday</option>
  </select>
<br><br><input type="submit" value="Submit">
</form>
```

如图 6-20 所示，通过滚动选择框用户可以清楚地看到他们拥有一些选项。为节省空间，只有一部分可用选项被显示出来。

4. 使用 multiple 特性选择多个选项

multiple 特性允许用户从下拉选择框中选择多于一个选项。在使用该特性时应该知道如何选择多个选项：按住 Ctrl 键，然后单击想要选择的选项。

该特性的一个附加功能是，能够自动将下拉选择框变成类似滚动选择框的样子。下面是一个允许用户选择一周中多天的下拉选择框：

```
<form action="http://www.example.org/days.aspx" method="get" name="frmDays">
    Please select more than one day of the week (to select multiple days
        hold down the control key and click on your chosen days):<br>
    <select name="selDays" multiple>
        <option value="Mon">Monday</option>
        <option value="Tue">Tuesday</option>
        <option value="Wed">Wednesday</option>
        <option value="Thu">Thursday</option>
        <option value="Fri">Friday</option>
        <option value="Sat">Saturday</option>
        <option value="Sun">Sunday</option>
    </select>
<br><br><input type="submit" value="Submit">
</form>
```

效果如图 6-21 所示。可以看到，即使没有额外的 size 特性，下拉选择框仍然以与滚动选择框相同的形式呈现。

图 6-20　滚动选择框

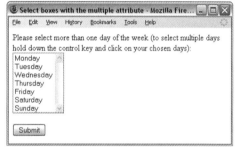

图 6-21　类似于滚动选择框的下拉选择框

5. 使用<optgroup>元素分组选项

如果下拉选择框中的选项很多，则可以使用<optgroup>元素对它们进行分组。其作用就像一个容器元素，包含需要归入同一组中的元素。

<optgroup>元素需要带有 label 特性，它的值是选项分组的标签。在下例中，可以看到选项是如何按照设备类型分组的：

```
<form action="http://www.example.org/info.aspx" method="get" name="frmInfo">
    Please select the product you are interested in:<br>
    <select name="selInformation">
        <optgroup label="Hardware">
            <option value="Desktop">Desktop computers</option>
            <option value="Laptop">Laptop computers</option>
        </optgroup>
        <optgroup label="Software">
            <option value="OfficeSoftware">Office software</option>
            <option value="Games">Games</option>
        </optgroup>
        <optgroup label="Peripherals">
            <option value="Monitors">Monitors</option>
            <option value="InputDevices">Input Devices</option>
```

```
        <option value="Storage">Storage</option>
    </optgroup>
</select>
<p><input type="submit" value="Submit"></p>
</form>
```

不同的浏览器显示<optgroup>元素的方式也不尽相同。图 6-22 展示的是 Safari 浏览器中显示的
<optgroup>元素持有的选项，图 6-23 展示的是 Firefox 浏览器中显示的结果。

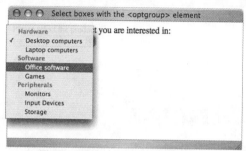

图 6-22　Safari 浏览器中的显示结果

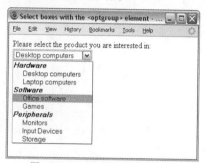

图 6-23　Firefox 浏览器中的显示结果

6. 下拉选择框的特性

以下是<select>元素可带有的全部特性：disabled、form、size、multiple、required、autofocus 以及全部通用特性。同时，<option>元素可包含以下特性：label、selected、value、disabled 以及全部通用特性。

6.3.7　文件选择框

如果需要上传文件，则必须使用“文件选择框”，也被称作“文件上传框”。该控件使用<input>元素创建，不过这一次赋予 type 特性的值应为 file：

```
<form action="http://www.example.com/imageUpload.aspx" method="post"
      name="fromImageUpload" enctype="multipart/form-data">
   <input type="file" name="fileUpload" accept="image/*">
<p><input type="submit" value="Submit"><p>
</form>
```

注意：

在使用文件选择框时，<form>元素的 method 特性值必须是 post。

本例中使用了以下特性：

- enctype 特性被加入到<form>元素中，值为 multipart/form-data，因此每一个表单控件会被单独发送至服务器。在使用文件选择框的表单中要求必须这么做。
- accept 特性被加入到<input>元素中，以指定可被选择上传文件的 MIME 类型。在本例中，accept 特性指定任何图片格式都可被上传，因为在 MIME 类型“image/”后使用了通配符(星号)。支持该特性的浏览器有 Opera 11+、Chrome 16+、Firefox 9+以及 IE10+。

在图 6-24 中可以看到，在 Firefox 中单击 Browse 按钮后，会打开一个文件对话框，从中可以浏

览并选择需要上传的文件。注意，不同浏览器显示该控件的方式也略有不同(例如，Safari 中按钮的名称是 Choose File 而非 Browse)。

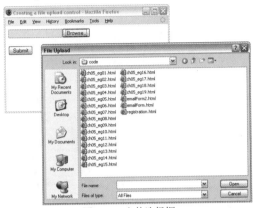

图 6-24　文件选择框

type 特性为 file 的<input>元素可带有如下特性：name、disabled、form、accept、autofocus、required以及 multiple。

6.3.8　隐藏控件

有些时候需要在页面间传递信息而不希望被用户看到。为实现这种功能，可以使用"隐藏控件"。尽管无法在页面中看到它们，但如果查看页面的源代码，还是可以从代码中看到它们的值。因此，隐藏控件不要用于不希望用户看到的敏感信息。

> **注意：**
> 长的 Web 表单会跨越多页，因此分割长表单对用户很有帮助。在这种情况下，经常有必要将用户在第一个表单(在一页中)中输入的值传递到第二页的表单中，然后传递到另一页。隐藏元素是程序员能够在页面间传递值的一种方式。

使用 type 特性值为 hidden 的<input>元素创建隐藏控件。例如，如下表单中包含一个隐藏控件，它指定了用户填写表单时所处的网站分区：

```
<form action="http://www.example.com/vote.aspx" method="get" name="fromVote">
  <input type="hidden" name="hidPageSentFrom" value="home page">
  <input type="submit" value="Click if this is your favorite page of our site. ">
</form>
```

隐藏控件同时需要 name 和 value 特性，它将与表单的其余部分一同发送至服务器。

> **注意：**
> 使用 CSS 的 display 及 visibility 属性同样可以实现表单控件的隐藏。

6.3.9　新的 HTML5 表单元素

除新的<input>类型外，HTML 规范还添加了一些全新的表单元素。与许多新表单类型的情况一样，这些新表单元素的其中一部分取代了之前使用大量 JavaScript、CSS 以及标记创建的常用 Web

模式。

本节将介绍三种最实用的元素：<progress>、<meter>以及<datalist>。此外还有用于数学或其他计算输出的<output>以及用于加密的<keygen>。

1. 使用新的<progress>元素跟踪任务完成进度

<progress>元素用于表现一项任务的完成进度。例如，可以使用<progress>跟踪文件的下载量或一项调查问卷的完成百分比。除全局特性外，<progress>还特别使用如下两个特性来控制显示效果。

- max，指定<progress>元素的最大值。
- value，指定完成量。

如果同时包含二者，进度条会按比例对完成量进行着色。如下代码展示了<progress>的使用情况：

```
Your progress through this book<br>
<progress value="6" max="13">
```

可以使用<progress>元素显示一项任务的完成进度，效果如图 6-25 所示。

如果未指定值，则对该元素的渲染会从"确定的"<progress>变成"不确定"<progress>。对不确定<progress>的渲染有所不同，不会显示特定的完成百分比，取而代之的是一种在可能的值之间不断循环的动画。为正确地看到这一效果，应在能够支持的浏览器(IE10、Firefox、Chrome、Safari 以及 Opera)中测试如下代码：

```
Your progress through this book<br>
<progress max="13">
```

2. 使用<meter>元素表示一定范围内标量的测量值

与<progress>元素类似，<meter>元素可以显示一个标尺。这方面一个好的例子可能就是磁盘使用量了。下面的例子展示了笔者电子邮件收件箱的当前使用量。<meter>元素使用 min 特性为其添加下限(潜在非零值)。可以在图 6-26 中看到使用 Google Chrome 渲染<meter>元素后的效果：

```
<p>You are currently using 510MB out of 950MB available. </p>
<meter min="0" value="510" max="950">
```

图 6-25　显示一项任务的完成进度

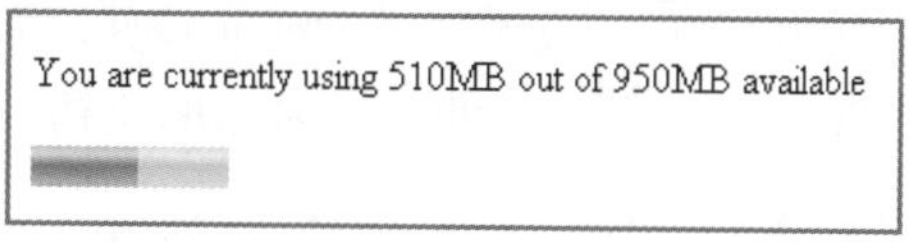

图 6-26　使用 Google Chrome 渲染<meter>元素后的效果

<meter>元素包括如下特性：

- high 指定"高"范围的低端。
- low 指定"低"范围的高端。
- max 设置进度元素的最大范围。
- min 设置进度元素的最小范围。
- optimum 表示最佳数值。
- value 指定任务完成量。

3. 使用<input>元素及新的<datalist>元素创建自动完成列表

使用<datalist>可以通过将普通文本输入字段与供用户选择的预生成选项列表相结合，得到可扩展性，例如 Google 之类网站提供的这种在输入时给出提示的功能。

通常这种功能是由 JavaScript 实现的。使用 HTML 元素实现该功能则需要新的<input>特性、列表以及<datalist>元素。将<datalist>元素与一系列嵌入的<option>元素相结合，这些选项会直接产生一个选项列表，并且会在用户输入时随之缩小范围。

```
<form action="http://www.example.org/info.asp" method="get" name="frmInfo">
  Please indicate your area of interest:<br>
  <input type="text" name="txtName" value="" size="20" maxlength="20" list="tech">
  <datalist id="tech">
    <option value="CSS">
    <option value="HTML">
    <option value="JavaScript">
  </datalist>
</form>
```

图 6-27 展示了该组合在 Google Chrome 中的效果。

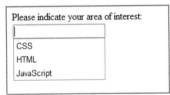

图 6-27　将<input>元素与<datalist>元素组合后得到的效果

6.4　创建一个联系方式表单

前面已经介绍了有关 HTML 表单的基础知识，下面将以上知识用于一个联系方式表单。

例 6-1：创建一个联系方式表单。

在本例中，需要结合多种表单控件，为 Example Cafe 创建一个联系方式表单。

(1) 创建一个带有框架的 HTML 文档，然后加入标题：

```
<!DOCTYPE html>
<html>
<head>
  <title>Contact Us</title>
</head>
<body>
<h1>Contact Us</h1>
<p>Use the following form to send a message to Example Cafe</p>
</body>
</html>
```

(2) 表单会被放置于一个具有两列的表格中，提示信息位于左列，而表单控件则在右列中对齐排列。如果不这么做，表单控件在页面中将显得不对齐。创建此类效果的更可取方式是使用 CSS。

(3) 在前两行中，使用 type 特性值为 email 的<input>元素为访问者的电子邮件地址添加一个文本输入控件。设置该表单控件的尺寸以及用户可以输入的最大字符数。

(4) 在段落后加入以下表格，告知人们使用该表单发送消息。

```
<table>
    <tr>
        <td>Your email</td>
        <td><input type="email" name="txtFrom" id="emailFrom"
            size="20" maxlength="250"></td>
    </tr>
```

(5) 第一行之后是第二行，其中包含用户输入消息的文本区域。文本区域的尺寸使用 rows 及 cols 特性进行设置。

```
    <tr>
        <td>Message</td>
        <td><textarea name="txtBody" id="emailBody" cols="50"
        rows="10"></textarea></td>
    </tr>
```

(6) 在下一行，添加一个下拉选择框，供用户选择咖啡馆的途径：

```
    <tr>
        <td>How did you hear of us?</td>
        <td>
          <select name="selReferrer">
            <option value="google">Google</option>
            <option value="ad">Local newspaper ad</option>
            <option value="friend">Friend</option>
            <option value="other">Other</option>
          </select>
        </td>
    </tr>
```

(7) 在最后一行，添加一个复选框，以指明访问者是否希望注册电子邮件更新。该控件使用 type 特性值为 checkbox 的<input>元素创建。该复选框默认应该处在选中状态，这应该使用 checked 特性进行指定：

```
    <tr>
        <td>Newsletter</td>
        <td><input type="checkbox" name="chkBody" id="newsletterSignup"
          checked>
          Ensure this box is checked if you would like to
          receive email updates</td>
    </tr>
</table>
```

(8) 添加提交按钮，同样使用<input>元素，这样访问者就可以向咖啡馆发送消息了。

```
    <input type="submit" value="Send message">
```

(9) 以文件名 6-1.html 保存文件并在浏览器中打开，效果应该如图 6-28 所示。

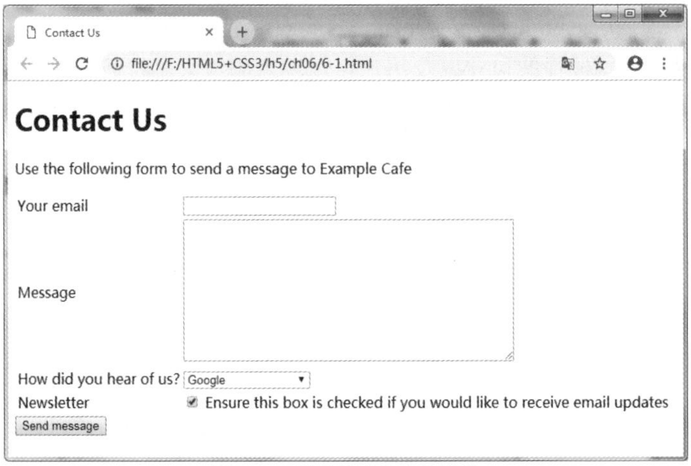

图 6-28　联系方式表单的效果

表单为用户提供输入文本的接口。action 特性指明服务器将处理数据的页面，而 method 特性则指明数据发送的方式：使用添加到 URL 后的一系列查询参数(get)，或者作为 HTTP 头部的一部分(post)。当提交表单时，数据会以一系列"名称/值"对的形式发送到服务器。例如，名为 selReferrer 的<select>下拉选择框会包含值 google 或 friend，并被发送给服务器。

6.5　使用<label>元素为控件创建标签

如果要为网站创建一个表单，需要为它提供好的描述标签，以使用户能够知道在哪里填写什么样的数据。一些表单控件，如按钮，本身已经具有标签。但对于大多数表单控件而言，必须为其提供标签。对于没有标签的控件，应该使用<label>元素。除了告知用户应该填写何种信息之外，该元素不会对表单产生任何影响。比如如下示例：

```
<form action="http://www.example.org/login.aspx" method="post" name="frmLogin">
  <table>
    <tr>
      <td><label for="Uname">User name</label></td>
      <td><input type="text" id="Uname" name="txtUserName"></td>
    </tr>
    <tr>
      <td><label for="Pwd">Password</label></td>
      <td><input type="password" id="Pwd" name="pwdPassword"></td>
    </tr>
  </table>
</form>
```

这是一个登录表单，在本例中可见，<label>元素带有名为 for 的特性，用于指明该标签关联的表单控件。for 特性的值与对应表单控件的 id 特性值相同。例如，用于输入用户名的文本框表单控件拥有值为"Uname"的 id 特性，而该文本框的标签则有一个 for 特性，值也为"Uname"。这个登录表单的效果如图 6-29 所示。

图 6-29　这个登录表单的效果

标签可以放置于控件的前方或后方。对于文本框及下拉选择框而言，通常是将标签放置于表单控件的左侧或上方；对于复选框及单选按钮而言，标签位于右侧更易于与正确的表单控件关联。

<label>元素的另一种使用方式是作为包含元素。在以这种方式使用<label>元素时，不需要使用 for 特性，因为它会自动应用于位于<label>元素内部的表单元素。这类标签有时被称为"隐式标签"，例如：

```
<form action="http://www.example.org/login.aspx" method="post" name="frmLogin">
  <label>Username <input type="text" id="Uname" name="txtUserName"></label>
  <label>Password <input type="password" id="Pwd" name="pwdPassword">
  </label>
</form>
```

这种方式的缺点是，无法控制标签相对于表单控件的出现位置。

6.6　使用<fieldset>及<legend>元素组织表单结构

大型表单需要将相关表单控件组织到一起。<fieldset>和<legend>就是用来完成控件分组的元素。

- <fieldset>元素在表单控件组的四周添加边框，以表示它们是关联元素。
- <legend>元素可以为<fieldset>元素指定标题，它将作为表单控件组的标题显示。在使用时，<legend>元素应总是作为<fieldset>元素的第一个子元素出现。

图 6-30 展示了这些元素的实际效果。可以看到表单被分为 4 个部分：*Contact Information*、*Competition Question*、*Tiebreaker Question* 以及 *Enter competition*。

图 6-30　使用<fieldset>及<legend>元素组织表单结构

本例的代码如下。可以看到<fieldset>元素如何在表单控件组的周围创建边框，以及如何使用<legend>元素为表单控件组添加标题。记住，在使用<legend>元素时，必须将其作为<fieldset>元素的第一个子元素。

```
<form action="http://www.example.org/competition.aspx" method="post" name="frmComp">
 <fieldset>
  <legend><em>Contact Information</em></legend>
   <label>First name: <input type="text" name="txtFName" size="20"> </label><br>
   <label>Last name: <input type="text" name="txtLName" size="20"></label><br>
   <label>E-mail: <input type="text" name="txtEmail" size="20"></label><br>
 </fieldset>
 <fieldset>
 <legend><em>Competition Question</em></legend>
 How tall is the Eiffel Tower in Paris, France? <br>
   <label><input type="radio" name="radAnswer" value="584">584ft</label><br>
   <label><input type="radio" name="radAnswer" value="784">784ft</label><br>
   <label><input type="radio" name="radAnswer" value="984">984ft</label><br>
   <label><input type="radio" name="radAnswer" value="1184">1184ft</label><br>
 </fieldset>
 <fieldset>
   <legend><em>Tiebreaker Question</em></legend>
     <label>In 25 words or less, say why you would like to win $10,000:
       <textarea name="txtTiebreaker" rows="10" cols="40"></textarea>
     </label>
 </fieldset>
 <fieldset>
   <legend><em>Enter competition</em></legend>
     <input type="submit" value="Enter Competition">
 </fieldset>
</form>
```

<fieldset>元素可带有如下特性：name、disabled、form 以及全部通用特性。<legend>元素可带有全部通用特性。

6.7 焦点

当一个网页中包含一些链接或表单控件时，可以使用 Tab 键在它们之间移动，或使用 Shift+Tab 组合键反向在元素间移动。当在元素间移动时，浏览器通常会为元素(链接或表单控件)添加某种类型的边框或高亮效果。这被称作焦点。

只有用户可以与之交互的元素(如链接及表单控件)可以获得焦点。实际上，如果用户希望与某个元素交互，该元素必须首先获得焦点。

元素可通过四种方式获得焦点：

- 元素可以使用定点设备(如鼠标或轨迹球)来选定。
- 能够获得焦点的元素可以通过使用键盘，经常是通过使用 Tab 键在此类元素间导航定位，或使用 Shift+Tab 组合键反向在元素间移动。例如在一些文档中，元素可以被赋予固定的"标签遍历顺序"，用以指定用户按下 Tab 键时元素获得焦点的顺序。

- 网页作者可以指定当用户使用一种称作"快捷键"的键盘快捷方式时，某元素可以获得焦点。例如，如果网页作者设定搜索框的快捷键为 S，在 PC 上可能需要按 Alt+S 组合键，在 Mac 上则需要按 Control+S 组合键，之后对应的表单控件将获得焦点。
- 如果为某一元素设置了 autofocus 特性，该元素在文档加载后将自动获得焦点。一个表单中只能有一个元素设置有 autofocus 特性。

6.7.1　标签遍历顺序

如果想要控制元素能够获得焦点的顺序，可以使用 tabindex 特性赋予元素 0 到 32767 的数字，作为遍历顺序的一部分。每一次当用户按 Tab 键时，焦点就移动到下一个拥有最大遍历顺序值的元素。同样，按 Shift+Tab 组合键将以相反顺序移动焦点。当用户遍历过文档中所有可以获得焦点的元素之后，焦点可能会被赋予浏览器的其他功能区域，最常见的情况是地址栏。

为演示标签遍历顺序如何工作，下面的例子以不同顺序赋予各复选框焦点：

```
<form action="http://www.example.com/tabbing.aspx" method="get"
name="frmTabExample">
<input type="checkbox" name="chkNumber" value="1" tabindex="3"> One<br>
<input type="checkbox" name="chkNumber" value="2" tabindex="7"> Two<br>
<input type="checkbox" name="chkNumber" value="3" tabindex="4"> Three<br>
<input type="checkbox" name="chkNumber" value="4" tabindex="1"> Four<br>
<input type="checkbox" name="chkNumber" value="5" tabindex="9"> Five<br>
<input type="checkbox" name="chkNumber" value="6" tabindex="6"> Six<br>
<input type="checkbox" name="chkNumber" value="7" tabindex="10"> Seven<br>
<input type="checkbox" name="chkNumber" value="8" tabindex="2"> Eight<br>
<input type="checkbox" name="chkNumber" value="9" tabindex="8"> Nine<br>
<input type="checkbox" name="chkNumber" value="10" tabindex="5"> Ten<br>
<input type="submit" value="Submit">
</form>
```

本例中，复选框会按以下顺序获得焦点：

4、8、1、3、10、6、2、9、5、7

图 6-31 展示了默认情况下 Firefox 浏览器如何使用黄色边框突出获得焦点的表单控件，其他浏览器使用不同的突出效果。如 IE 使用蓝色线条。图 6-31 中的焦点元素被放大显示，以呈现更多细节。

可以获得焦点但未被赋予 tabindex 特性值的元素会被自动赋予 0。因此，当指定 tabindex 的值时应取 1 或更大值，而不要取 0。

如果两个元素具有相同的 tabindex 特性值，它们将以在文档中出现的先后顺序进行排序。因此，当 tabindex 值为 1 或更大值的元素循环结束之后，浏览器会以在页面中出现的顺序循环剩余的元素 (tabindex 值为 0)。

> **注意：**
> 如果元素被禁用，则无法获得焦点，也不能参与标签顺序遍历。同时，如果使用 Mac，则还可能需要在系统偏好里检查 Keyboard Shortcuts 设定。在窗口底部写有 Full Keyboard Access 的地方，需要将 All Controls 选项选定。

6.7.2 快捷键

快捷键的作用与键盘快捷方式类似。快捷键是文档字符集中预计应存在于用户键盘上的单一字符。当该键与另一按键一同使用时(例如在 Windows 中，IE 是 Alt 键，Firefox 是 Alt 与 Shift 键；而在 Apple 中，则是 Control 键)，浏览器会自动跳转到该区域。

快捷键使用 accesskey 特性定义。该特性的值是希望用户按下的字符，即键盘上的按键，与之结合的其他按键取决于操作系统及浏览器。

为了解快捷键的工作方式，可参考 6.6 节中的示例。现在可以将 accesskey 特性添加到<legend>元素中：

```
<legend accesskey="c"><u>C</u>ontact Information</legend>
<legend>Competition Question</legend>
<legend accesskey="t"><u>T</u>iebreaker Question</legend>
<legend>Enter competition</legend>
```

在代码中添加额外的
元素以展示快捷键被按下时屏幕如何滚动到适当区域。作为对用户可以使用快捷键的提示，快捷键字符信息也以下划线字体的形式添加到<legend>元素中。图 6-32 展示了更新后的示例在浏览器中的效果。

使用快捷键的效果取决于应用 accesskey 特性的元素。在与<legend>元素一同使用时，正如前例中展示的，如果页面过长，浏览器会自动滚动到该部分，并将焦点赋予该区域中的第一个表单控件。当与表单控件一同使用时，那些元素将获得焦点。元素一旦获得焦点，用户就应能够与其进行交互，通过在文本控件中输入文本，或对其他表单控件按 Enter 或 Return 键。在使用 a 到 z 的字母时，以大写还是小写形式指定快捷键无关紧要，不过严格来说，应该使用小写形式。

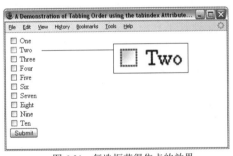

图 6-31　复选框获得焦点的效果

图 6-32　使用 accesskey 特性定义快捷键

6.8　disabled 与 readonly 控件

对于带有 disabled 和 readonly 特性的元素：

- readonly 特性防止用户更改表单控件自身的值,但仍然可以通过脚本进行修改。任何 readonly 控件的名称与值仍将被发送至服务器。
- disabled 特性会禁用表单控件或<fieldset>元素中的表单控件组,从而使用户无法更改。可以使用脚本重新激活控件,但除非控件被重新激活,否则名称与值不会被发送至服务器。

readonly 特性在需要阻止访问者修改表单的某一部分时非常有用。例如,将条款和条件放置于文本区域时,该部分不能被修改。

disabled 特性在用户完成某些操作前阻止用户与特定控件交互时非常有用。例如,可以使用脚本在所有表单字段都有一个值之前禁用提交按钮。

表 6-11 展示了可以与 readonly 和 disabled 特性一同工作的表单控件。

表 6-11　支持 readonly 与 disabled 特性的表单控件

表单控件	readonly	disabled
<textarea>	是	是
<input type="text">	是	是
<input type="checkbox">	否	是
<input type="radio">	否	是
<input type="submit">	否	是
<input type="reset">	否	是
<input type="button">	否	是
<input type="color">	否	是
<input type="date">	是	是
<input type="datetime">	是	是
<input type="datetime-local">	是	是
<input type="email">	是	是
<input type="file">	否	是
<input type="month">	是	是
<input type="number">	是	是
<input type="range">	否	是
<input type="search">	是	是
<input type="tel">	是	是
<input type="url">	是	是
<input type="week">	是	是
<input type="time">	是	是
<select>	否	是
<option>	否	是
<optgroup>	否	是
<keygen>	否	是
<fieldset>	否	是
<button>	否	是

表 6-12 指出了 readonly 与 disabled 特性的主要区别。

表 6-12　readonly 与 disabled 特性的主要区别

特　　性	readonly	disabled
可以修改	是，通过脚本而非用户	禁用时不可以
会发送至服务器	是	禁用时不可以
可以接收焦点	是	否
包含于标签遍历顺序	是	否

6.9　向服务器发送表单数据

当浏览器请求页面以及当服务器向浏览器发送回页面时，使用的是"超文本传输协议"(HyperText Transfer Protocol，HTTP)。

浏览器向服务器发送表单数据能够使用的有两种方法：HTTP get 和 HTTP post。在<form>元素中可以使用 method 特性指定使用哪一种方法。

如果<form>元素未带有 method 特性，默认将会使用 get 方法。如果使用文件上传表单控件，则必须选择 post 方法，而且必须将 enctype 特性的值设置为 multipart/form-data。

6.9.1　HTTP get 方法

在使用 HTTP get 方法向服务器发送表单数据时，表单数据被附加到<form>元素中由 action 特性指定的 URL 尾部。

表单数据与 URL 之间使用问号分隔。在问号? 之后是各表单控件的"名称/值"对。每个"名称/值"对之间使用与符号&分隔。

例如，以之前引入密码表单控件时使用的登录表单为例，如下所示：

```
<form action="http://www.example.com/login.aspx" method="get">
Username:
<input type="text" name="txtUsername" value="" size="20" maxlength="20"><br>
Password:
<input type="password" name="pwdPassword" value="" size="20" maxlength="20">
<input type="submit">
</form>
```

在单击提交按钮之后，用户名与密码会被附加到 URL http://www.example.com/ login.aspx 之后，作为查询字符串。结果如下：

```
http://www.example.com/login.aspx?txtUsername=Bob&pwdPassword=LetMeIn
```

当浏览器请求含有任何空格或不安全字符的 URL 时，如/、\ 、=、&以及+(在 URL 中具有特殊含义)，会以十六进制代码形式替换这些字符。这些操作由浏览器自动完成，被称作 URL 编码。当数据抵达服务器时，服务器通常会自动将特殊字符解码。

在 URL 中传递表单数据的一项优势是可以收藏地址。如果看一下主流搜索引擎(如 Google)，在进行搜索时，它们更倾向于使用 get 方法，从而使结果页面可以被收藏。

但是，get 方法也存在不足。实际上，在发送密码或信用卡细节等敏感信息时，就不应该使用

get 方法。因为这些敏感信息会成为 URL 的一部分，并且对所有人完全可见(还能够被收藏)。

在以下情况下不应该使用 HTTP get 方法，而应该使用 HTTP post 方法。

- 处理敏感信息，如密码或信用卡细节。
- 更新数据源，如数据库或电子表格。
- 表单中包含文件上传控件。

6.9.2　HTTP post 方法

在使用 HTTP post 方法向服务器发送来自表单的数据时，表单数据将在 HTTP 头部中透明地传送。尽管无法看到这些头部信息，但严格地说，它们自身也是不安全的。如果发送信用卡细节之类的敏感信息，数据应该在"安全套接字层"(Secure Sockets Layer，SSL)之下发送，同时还应被加密。如果前面看到的登录表单使用 post 方法发送，则可能在 HTTP 头部中有如下表示：

```
User-agent: MSIE 10
Content-Type: application/x-www-form-urlencoded
Content-length: 35
...other headers go here...
txtUserName=Bob&pwdPassword=LetMeIn
```

最后一行即表单数据。其格式与使用 get 方法时问号之后的数据完全相同。由于同样会进行 URL 编码，因此任何空格或不安全字符，如/、\ 、=、&以及+(在 URL 中具有特殊含义)，都会以十六进制代码形式替换，与在 HTTP get 请求中相同。

HTML5 没有规定阻止使用 post 方法向同时带有查询字符串的页面发送表单数据。例如，有一个页面用于处理用户订阅或退订报纸的请求，而你又可能会选择使用查询字符串指定用户是希望订阅还是退订。同时，你可能希望使用 post 方法发送实际联系方式，因为要用这些信息更新数据源。这种情况下，可能会使用如下<form>元素：

```
<form action="http://www.example.com/newsletter.asp?action=subscribe" method="post">
```

使用 HTTP post 方法的唯一问题是，用户填入表单的数据无法被收藏——使用包含在 URL 中时同样的方式。因此，无法像获取收藏的大多数搜索引擎生成的页面那样，使用 post 方法获取使用特定表单数据生成的页面。不过这样做对安全性是有好处的。

6.10　创建更有用的表单字段

下面使用在这几节中学到的可用性工具增强之前创建的表单。

例 6-2：重新创建联系方式表单，使用在本章后半部分学到的技术添加新的字段并使其更加可用。

(1) 打开在本章稍早时候创建的 6-1.html 文件，并将其另存为 6-2.html。

(2) 应该在描述表单控件作用的介绍信息周围放置<label>元素。这里的<label>元素应带有 for 特性，其值应该是对应表单控件的 id 特性值，例如：

```
<tr>
    <td><label for="emailFrom">Your email</label></td>
```

```
    <td><input type="email" name="txtFrom" id="emailFrom"
        size="20" tabindex="1" maxlength="250"></td>
    </tr>
```

(3) 在表单开始处添加一个新的单行文本输入控件，指明消息应发送给谁。该控件应为只读控件：

```
    <tr>
    <td><label for="emailTo">To</label></td>
    <td><input type="text" name="txtTo" readonly="readonly"
        id="emailTo" size="20" value="Example Cafe"></td>
    </tr>
```

(4) 设置标签遍历顺序，从而允许用户输入电子邮件地址的文本控件首先获得焦点，之后是访问者输入消息的文本区域：

```
    <tr>
    <td><label for="emailFrom">Your email</label></td>
    <td><input type="email" name="txtFrom" id="emailFrom" size="20"
        tabindex="1" maxlength="250"></td>
    </tr>
    <tr>
    <td><label for="emailBody">Message</label></td>
    <td><textarea name="txtBody" id="emailBody" cols="50" rows="10" tabindex="2"></textarea></td>
    </tr>
```

(5) 现在使用<fieldset>元素将表单分为两部分。为确保元素正确嵌套，每个 fieldset 元素应各自具有一个表格。表单的第一部分指明这是关于用户消息的信息。

```
<fieldset>
    <legend>Your message:</legend>
    <table>
    <tr>
    <td><label for="emailTo">To</label></td>
    <td><input type="email" name="txtTo" readonly="readonly" id="emailTo"
        size="20" value="Example Cafe"></td>
    </tr>
    <tr>
    <td><label for="emailFrom">Your email</label></td>
    <td><input type="text" name="txtFrom" id="emailFrom" size="20"
        tabindex="1" maxlength="250"></td>
    </tr>
    <tr>
    <td><label for="emailBody">Message</label></td>
    <td><textarea name="txtBody" id="emailBody" cols="50" rows="10"
        tabindex="2"></textarea></td>
    </tr>
    </table>
</fieldset>
```

(6) 表单的第二部分则是关于公司的信息(即用户是如何找到该网站的，以及用户是否希望加入邮件列表)：

```
<fieldset>
    <legend>How you found us:</legend>
    <table>
        <tr>
            <td><label for="emailBody">How did you hear of us</label></td>
            <td>
            <select name="selReferrer">
                <option value="google">Google</option>
                <option value="ad">Local newspaper ad</option>
                <option value="friend">Friend</option>
                <option value="other">Other</option>
            </select>
            </td>
        </tr>
        <tr>
            <td><label for="newsletterSignup">Newsletter</label></td>
            <td><input type="checkbox" name="chkBody" id="newsletterSignup" checked="checked">
            Ensure this box is checked if you would like to receive email updates</td>
        </tr>
    </table>
</fieldset>
```

保存文件并在浏览器中打开，效果如图 6-33 所示。

图 6-33 改进后的联系方式表单

6.11 本章小结

本章全面讲述了创建在线表单的过程，这对很多网站而言都是至关重要的部分。本章讲解了表单如何存在于<form>元素内，而在表单内部则存在着一个或多个表单控件；讲解了如何使用<input>元素创建多种类型的表单控件，包括很多不同类型的单行文本输入控件，还有复选框、单选按钮、文件选择框、按钮以及隐藏控件；讲解了如何使用<textarea>元素创建多行文本输入控件，以及如何使用<select>与<option>元素创建下拉选择框；还讲解了新的 HTML5 元素，如<progress>和<meter>，以及如何简单地标记复杂 UI 组件。

在使用表单控件创建表单后，需要确保为每个元素都恰当地添加了标签，从而让用户可以了解应该填写何种信息，或者应该做何种选择。还可以通过使用<fieldset>与<legend>元素组织大型表单的结构，并且能够使用 tabindex 与 accesskey 特性帮助进行导航。

最后，本章讲解了何时应该使用 HTTP get 或 post 方法将表单数据发送至服务器。

6.12 思考和练习

1. 在表单中，method 特性的取值有 get 和 post，这两种传送方式有什么区别？

2. 描述 required 特性的作用。

3. 在 input 标记中，当 type 特性值为什么时可以定义电子邮箱类型的输入表单？

4. 创建投票或打分表单，效果如图 6-34 所示。如下<style>元素被添加到文档的<head>元素中，从而使表格的每一列具有相同的宽度，并且文本居中对齐。

```
<head>
  <title>Voting</title>
  <style type="text/css">
    td {
        width:100px;
        text-align:center;
    }
  </style>
</head>
```

5. 创建电子邮件反馈表单，效果如图 6-35 所示。第一个文本框是一个只读文本框，因此用户无法改动电子邮件接收者的姓名。

图 6-34　投票或打分表单

图 6-35　电子邮件反馈表单

6. 什么特性可以让文本框用正则表达式验证数据？

7. 在 input 标记中，type 特性值为什么时可以定义多选按钮输入类型？

8. 要指定处理表单数据的程序文件所在的位置，可以使用 form 标记的什么特性？

第 7 章

CSS3概述

过去，Web 页面的许多视觉效果都是由标记元素描述的，直接把逻辑标记与物理标记混合在一起，HTML 就是这样的标记语言。然而，严格的(X)HTML 变体则不允许出现用于描述外观的元素与特性，标记语言只用于描述结构。描述外观的工作则交给用层叠样式表(Cascading Style Sheet, CSS)语法编写的样式表来完成。标记与样式之间的职责划分为 Web 页面的开发、维护甚至运行带来了诸多益处，而这种解决方案与仅仅使用标记相比，优势巨大。

本章简要介绍 CSS 的历史演进，利用 CSS 2.1 已经能够做很多事情，而 CSS3 建立在这一强大的规范基础之上。本章着重介绍一些 CSS 基础知识和 CSS3 的新增特性。

本章的学习目标：
- 了解 CSS 演变历史
- 掌握 CSS 规则及概念
- 掌握如何应用 CSS 描述 Web 页面的外观
- 了解 CSS3 的新增特性

7.1 CSS 基础

7.1.1 CSS 演变历史

过去这些年，W3C 的层叠样式表(或称级联样式表)规范已经从 CSS1 发展到 CSS3，前者于 1996 年 12 月 17 日成为 W3C 推荐规范，而后者于 2011 年 6 月 7 日成为 W3C 推荐规范，虽然很早之前就已经开始起草 CSS3 规范。

虽然层叠样式表(www.w3.org/Style/CSS/)可以提供 Web 页面设计者呼吁多年的东西：对页面布局的更多控制。然而，CSS 的构建却非常缓慢。1996 年年末，CSS1 作为第一个标准出现，紧接着在 1998 年 CSS2 出现。虽然早期的浏览器，例如 Internet Explorer 3 和 Netscape 4，支持部分 CSS 技术，但是 CSS 却在获得普遍接受上遇到了麻烦。浏览器的支持非常不稳定，而且一些严重的错误，特别是早期 Internet Explorer 中的错误，使得 CSS 的应用成了一件令人沮丧的事情。这里有一些十分直观的例证。一种检验 CSS2 一致性的测试叫作 Acid2(www.acidtests.org/)，它可以测试 CSS1 和 CSS2 的许多功能。图 7-1 显示两个浏览器(Internet Explorer 6 和 Firefox 2)都没有通过测试。然而，随着 Internet Explorer 8 和 Firefox 3 浏览器的发布，以及 Opera 和 Safari 等浏览器对 CSS 的支持，主要的浏览器现在都通过了 Acid2 测试，如图 7-2 所示。现在许多浏览器也通过了 Acid3 测试，CSS 已经稳定可行。

更新版本的浏览器可以很好地支持 CSS1、CSS2 以及 CSS3 的许多功能。然而，尽管支持 CSS 的浏览器已经越来越普遍，但浏览器错误仍然存在。浏览器依然不支持一部分 CSS 规范，浏览器开发商将所有权限制引入到了样式表中。

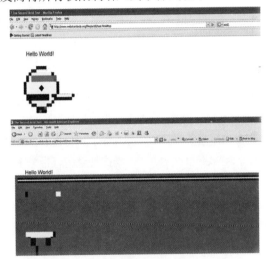

图 7-1　旧版本的浏览器没有通过 Acid2 测试

图 7-2　现代浏览器都能通过 Acid2 测试

7.1.2　CSS 的版本

层叠样式表是与 Web 一样早的技术。CSS1 中提供了许多功能，以更改边框、边距、背景、颜色和不同的文本特征，但是却没有提供需求更大的对象直接定位功能。CSS3 则拥有颜色处理、设备限制、多国语言显示、打印改进等模块。

表 7-1 总结了 CSS 的版本历史。

表 7-1　常用 CSS 版本介绍

CSS 版本	描　　述
CSS1	经典的 CSS 版本，引入了 text、list、box、margin、border、color 和 background 特性。CSS1 最初是在 1996 年定义的，Web 浏览器几乎支持 CSS1 中的每一项功能，但是一些使用较少的功能也的确存在一些问题，例如 white-space、letter-spacing、display 等。CSS1 中的一些问题在 Internet Explorer 7 浏览器之前的旧版浏览器中更明显
CSS2	这个版本以定位和媒体功能著称，特别是 print 样式表功能。CSS2 的许多方面，例如音频样式表，从来没有广泛实施过，并且在 CSS 规范后来的版本中取消了
CSS2.1	这个版本是 CSS2 的修订版，修改了前面版本的一些错误，并且更符合多数浏览器供应商能够实现功能的实际情况。注意，这个版本删除的许多 CSS2 功能在 CSS3 的模块中都可以找到。这个版本是用于研究和使用 CSS 规范的推荐版本

（续表）

CSS 版本	描　　述
CSS3	CSS 的模块化规范。不同的模块扩展、完善了以往 CSS 版本的各个方面。例如，CSS3 颜色模块解决了色彩校正、透明度等功能；CSS3 字体模块增加了文字效果，能调整它们的显示，甚至下载自定义字体。另外，还有一些模块是新添加进来的，如渐变(Transitions)和动画(Animations)模块，其他已经陈旧的不再使用的功能则被抛弃，或者将被抛弃。不管是什么情况，当谈到 CSS3 时，应认真核对和测试对 CSS3 Web 站点的支持情况

1. 专属 CSS 前缀

对于一些 Web 开发人员，CSS 往往与标准和规范相关联。事实上，标记也有专有的功能。所有浏览器厂商已经推出了许多功能以改善浏览器的性能。其中很多功能是 CSS3 规范最终形象的预览，但目前它们还是专有功能。

与(X)HTML 不同，CSS 让浏览器厂商更方便地扩展规范，例如，以连字符 "- " 或下划线 "_" 为起始标记的新引入的关键字和特性名就被认为是供应商特有的扩展。语法是 -vendoridentifier-newproperty 或 _vendoridentifier_newproperty，虽然在实践中，带连字符的名称似乎是唯一在使用的扩展。例如，-moz 用作 Mozilla 功能的前缀时，可以写作 -moz-border-radius。常见的前缀列表如表 7-2 所示。

表 7-2　CSS 扩展前缀

前　　缀	组　　织	示　　例	说　　明
-ms-	Microsoft	-ms-interpolation-mode	Internet Explorer 浏览器中一些旧的专有 CSS 功能没有前缀
-moz-	Mozilla Foundation	-moz-border-radius	应用于所有基于 Gecko 显示引擎的浏览器，例如 Firefox
-o-	Opera	-o-text-overflow	Opera 还支持实验性质的音频样式表属性的 -xv- 前缀，例如 -xv-voice-family
-webkit	WebKit	-webkit-box-shadow	应用于所有基于 WebKit 引擎的浏览器，例如 Apple 的 Safari 和 Google 的 Chrome

另外，还有其他一些专有的CSS前缀，这些前缀或许遵守，或许不遵守恰当的前缀机制。例如，支持WAP(无线应用协议)的无线电话可以使用以-wap-为前缀的特性，如-wap-accesskey。Microsoft Office的一些应用可能会使用类似mso-的CSS规则，如mso-header-data。一般来说，应该尽可能避免扩展，除非外观显示弱化，因为扩展的兼容性和未来浏览器或标准组织对它们的支持并不明确。

2. CSS 与标记的关系

由于 CSS 依赖于标记，而且在某些情况下与旧版的标记元素在功能上有重叠，因此了解这两种技术之间的关系就非常重要。一般来说，(X)HTML 标记的过渡版本包括一些 Web 开发人员可能会使用的显示外观的元素，这些元素取代了 CSS 的作用；而严格的(X)HTML 版本则删除了这样的元素，而完全依靠 CSS 特性。例如，如果要将标签居中，可能会这样使用 align 特性，如下所示：

```
<h1 align="center">Headline Centered</h1>
```

然而，在严格的标记中，已经不再使用 align 特性，而是使用 CSS。这样，标签居中的工作可以交由一种内联样式来完成，如下所示：

```
<h1 style="text-align: center;">Headline Centered</h1>
```

更合适的方法是，通过 class、id 或元素选择器来应用 CSS 规则。这里使用 class 规则，如下所示：

```
h1.centered {text-align: center;}
```

这条规则将包含 centered 的 class 值应用到标签，如下所示：

```
<h1 class="centered">Centered Headline</h1>
<h1 class="fancy centered">Another Centered Headline</h1>
```

在某些情况下，在使用 CSS 后就不再需要一些 HTML 元素。例如，因为 CSS 规则经常与 div 或 span 等普通元素一同使用，所以不再需要像<u>、<sub>、<sup>、<font>这样的标签了。表 7-3 详细介绍了严格的(X)HTML 标记所弃用的元素或特性，并显示了用于替代它们的 CSS 属性。

表 7-3　常用的由 CSS 替代的(X)HTML 结构

(X)HTML 标签或特性	可替代的 CSS 属性	注　　意
<center>	text-align margin	margin 的值，例如 auto 一般用于使用 text-align 将内容居中显示
<font>	font-family font-size color	
align 特性	text-align, float	在像<img>这样的元素中，CSS 的 float 特性比 text-align 更合适
<body>颜色特性	color background-color	设置<body>的一些特性，如 link、vlink、alink 等，可以使用 pseudo-classes:link 、 pseudo-classes:visited 、 pseudo-classes:active，应该在<a>标签中使用
<body>、<table>和<td>的背景图像特性	background-image	
列表和列表项的 type 和 start 特性	list-style-type CSS counters	单个 CSS 属性不能直接替代一些功能
 的 clear 特性	clear	
<s>和<strike>	text-decoration: line-through	
<u>	text-decoration: underline	
<blink>	text-decoration: blink	没有浏览器支持

另外还有更多的标签，例如<sub>、<sup>、<big>、<small>等，也应尽量避免使用，而是要应用样式。但是，即使 CSS 减少了对外观元素的需要，不同的标记规范也并没有弃用每一个显示外观的元素，而是在新的 HTML 5 规范中继续添加表示外观的元素。这意味着，不可能很快实现一个纯粹语义标记的网络世界。

7.1.3　CSS 规则

本节介绍 CSS 规则。通过回顾 CSS 基础，可以了解在写样式表时要用到的各个词汇。

1. CSS 语法

CSS 以将规则与网页中出现的元素相关联的方式工作。这些规则控制元素中的内容应如何渲染。图 7-3 展示了一个 CSS 规则示例，它由两部分组成：

- "选择器"指明声明应用于哪个或哪些元素(如果应用于多个元素，可以使用逗号分隔的多元素列表)。
- "声明"设置被选择器引用的元素应使用的样式。

图 7-3　一个 CSS 规则示例

图 7-3 中的规则将应用于全部<td>元素，并指定其宽度应为 36 像素。

CSS 规则中的声明同样分为两部分，由冒号分隔：

- "属性"是所选元素中希望影响的特性，本例中为 width 属性。
- "值"是对该属性的设定，本例中指定表格单元的宽度应为 36 像素。

这与在 HTML 元素中设置特性并将其用于控制元素的方式类似，特性的值应该作为该属性的设定。例如，<td>元素可以带有 width 特性，它的值是希望该表格单元具有的宽度：

```
<td width="36"></td>
```

然而，在使用 CSS 时，并不是在每一个<td>元素实例中都设置特性，而是通过选择器将该规则应用于文档中的全部<td>元素。

下面是一个应用于多个不同元素(<h1>、<h2>及<h3>)的 CSS 规则示例。应用该规则的各元素名称间使用逗号分隔。该规则还为这些元素指定了多个属性，各"属性-值"对之间使用分号分隔。注意全部属性如何保存在花括号中。

```
h1, h2, h3 {
    font-weight : bold;
    font-family : arial;
    color : #000000;
    background-color : #FFFFFF;
}
```

上例中规则的作用如下：在选择器中指定三个标题元素(<h1>、<h2>及<h3>)，该规则指明使用这些标题的地方应该以粗体样式的黑色 Arial 字体书写，背景色为白色。

CSS 规则会在属性名称后加一个冒号，接着是属性值。每个 CSS 规则之间由分号隔开，最后一个规则的分号是可选的。CSS 基本规则如下所示：

```
selector {
property-name1 : value1; ... property-nameN : valueN;
}
```

上述 CSS 基本规则的组成部分如图 7-4 所示。

图 7-4　CSS 基本规则的组成

下面通过分解一条简单的 CSS 规则，详细介绍属性、值、声明和声明块等 CSS 基础知识。

2. 属性

在下面的示例中，border 是属性：

```
h1 {
        border: 1px;
}
```

属性是应用于选择器的样式。选择器可以是许多元素，例如 h1、p 或 img 元素。这里的 border 是属性，它的值是 1px。

3. 值

border 属性的值设置为 1px。
可以在一个声明中设置多个值。

4. 声明

将属性/值对称为声明。在上面的示例中，声明就是 border:1px。
下面再介绍一个稍微复杂的声明，还是使用 border 属性，可以在一个声明中设置多个值，如下所示：

```
h1 {
        border: 1px dotted red;
}
```

在上面的示例中，我们使用多个值——1px、dotted 和 red——来创建更复杂的声明。我们用简化符号来写这些声明，也可以跨多个声明来写它们，从而创建一系列声明，也就是声明块。

5. 声明块

一条规则通常有多个声明。将前面的示例从单行速记声明扩展为多行的声明块，如下所示：

```
h1 {
        border: 1px;
        border-style: dotted;
        border-color: red;
}
```

很明显，简短版本更高效，但长版本更容易维护。

6. 关键字

在前面的示例中，用长度单元 px 设置了边界宽度。CSS 规范定义了许多关键字，这些关键字可用来定义值。前面的示例显示了两个关键字：border-style 设置为 dotted，border-color 设置为 red。

有很多 CSS 关键字，例如不同的颜色名(red、green、blue 等)和边界样式(dashed、dotted、solid 等)。

7. CSS 单位

再看看下面这个示例：

```
h1 {
        border: 1px;
}
```

这里 border 属性的值设置为 1px。CSS 定义了许多单位，可用来声明值，包括相对长度单位、绝对长度单位、CSS 单位和颜色单位。

以颜色单位为例，可以使用十六进制代码，例如#FF0000，也可以使用关键字 red 来定义颜色。在下面你将看到，还可以用函数符号表示这些单位。

8. 函数符号

在 CSS3 中，函数符号可用来表示颜色、特性和 URI。

看看前面使用颜色的示例，其中有两个是对等的，用十六进制代码写的#FF0000 和用关键字写的 red。 也可以用函数符号写这种颜色。下面这 3 个示例的显示结果是相同的。

第一个，使用十六进制代码：

```
blockquote {
        background: #FF0000;
}
```

第二个，使用关键字：

```
blockquote {
        background: red;
}
```

第三个，使用函数符号：

```
blockquote {
        background: rgb(255,0,0);
}
```

在函数符号示例中，使用“函数”rgb(255,0,0)来设置背景色，圆括号里的“参数”用来定义这个函数。这与 JavaScript 中的函数类似。

如果使用伪代码来写，则如下所示：

```
blockquote {
        background: function(argument);
}
```

函数符号的其他示例还包括 url 函数，如下所示：

```
blockquote {
        background: url(http://www.example.com/background.png);
}
```

这里函数是 url，圆括号里的参数是背景图像的位置(这里是 http://www.example.com/background.png)。

函数符号可以提供很多非常强大的功能，比如使用 calc 函数，W3C 对此进行了介绍，"在需要长度值的任何地方都可以使用 calc(<expression>)函数，计算长度的同时计算圆括号中的表达式……"，如下所示：

```
section {
        float: left;
        margin: 1em;
        border: solid 1px;
        width: calc(100%/3 - 2*1em - 2*1px);
}
```

calc 函数允许使用数学表达式作为值。可以用它代替长度、频率、角度、时间或数值。而且很多浏览器也支持这种特性。

9. 选择器

选择器是一种声明样式应用于哪些元素的方式，h1、blockquote、.callout 和#lovelyweather 都是选择器。还有许多类型的选择器，下面章节中将详细介绍它们。

10. 组合器

按照元素出现时与其他元素(用选择器：空格、>、+或~选择)的相关度进行选择。关于组合器，下面章节中将重点介绍不同类型的组合器。

11. at 规则

at 规则以@字符开头，例如@import、@page、@media 和@font-face。下面章节中将介绍这些 at 规则及其用法。

12. 厂商专有扩展名

厂商专有扩展名很常见。它们为特定厂商(例如浏览器)提供专有功能。它们并不一定表示标准里声明的特性。

7.1.4 继承

CSS 的一项强大特性是，一个属性被应用于某一元素后，该属性经常会被子元素(规则声明所在的元素中包含的元素)"继承"。例如，上例中在对<body>元素进行 font-family 属性声明之后，该属性将被应用于<body>元素内的所有元素。这样做使得免于在标记网页的每个元素上重复同样的规则。

如果另一条规则更具体地指明所应用的元素，它会覆盖<body>元素或任何包含元素中的任何相关联的属性。在上例中，正如<body>元素中的相关规则所指定的，大多数文本都使用 Arial 字体；然而，有一部分表格单元却使用了 Courier 字体。这些独特的表格单元拥有值为 code 的 class 特性：

```
<td class="code">font-size</td>
```

下面是与这些元素相关联的规则：

```
td.code {
    font-family : courier, courier-new, serif;
    font-weight : bold;
}
```

这条规则优先于<body>元素的关联规则，因为选择器更具体地指出其应用于哪些元素。这种属性继承方式可以不用为每个元素编写规则及所有属性/值对，从而得到更简洁的样式表。

7.2　CSS 规则的添加位置

将 CSS 规则放在一个独立文件中，这种方式被称为"外部样式表"。除此之外，CSS 规则还可以出现在 HTML 文档内的两个位置：

- 位于一个<style>元素内，该元素位于文档的<head>元素中。
- 位于一个可以带有 style 特性的元素中，作为 style 特性的值。

当 CSS 规则位于文档头部的<style>元素内时，则被称为"内部样式表"。示例如下：

```
<head>
    <title>Internal Style sheet</title>
    <style type="text/css">
    body {
        color : #000000;
        background-color : #ffffff;
        font-family : arial, verdana, sans-serif;
    }
    h1 {
        font-size : 18pt;
    }
    p {
        font-size : 12pt;
    }
    </style>
</head>
```

当 style 特性被用于 HTML 元素时，则被称为"内联样式规则"，例如：

```
<td style="font-family:courier; padding:5px; border-style:solid;
border-width:1px; border-color:#000000; ">
```

从上例中可以看到，CSS 属性被作为值添加到 style 特性中。这种情况下仍然需要使用冒号分隔每一个属性与对应值，并使用分号分隔每一组"属性/值"对。然而，这里不需要任何选择器(因为样式会自动应用于带有 style 特性的元素)，而且也没有花括号。

总体上应该避免使用内联样式规则以及内部样式表，而应该积极使用外部样式表。虽然有些情况下前面两者很有用，但外部样式表的可维护性要好很多。

外部样式表使用<link>元素进行加载。因此在继续介绍 CSS 之前，先来稍微深入了解一下<link>元素以及相关的特性。

7.2.1　用<link>元素链入外部样式表

<link>元素用于在网页中描述两个文档之间的关系。例如，可以在 HTML 页面中用它指定应该用于设置页面风格的样式表。<link>元素在 HTML 页面中还起到其他的作用，例如，为对应页面指定 RSS 订阅。

这种链接类型与<a>元素不同，因为两个文档是自动关联的，用户不必通过单击任何东西激活链接。

<link>元素永远是空元素，而且当与样式表一同使用时，必须带有两个特性：rel 和 href。在下面的示例中，<link>元素在 HTML 页面中被用于指定应该使用一个名为 interface.css 的 CSS 文件设置页面风格，并且 CSS 文件位于一个名为 CSS 的子目录中。

```
<link rel="stylesheet"    href="../CSS/interface.css">
```

除核心特性外，<link>元素还可以带有以下特性：

```
charset href hreflang media rel type sizes target
```

下面将对其中较为重要的特性进行讨论。

1. rel 特性

rel 特性是一个必需特性，用于指定包含链接的文档与链接指向文档间的关系。用于链接样式表时的键值是"stylesheet"：

```
rel="stylesheet"
```

该特性的其他可能取值已在 3.2.2 节"链接与导航"中介绍过。

2. href 特性

href 特性用于指定链接指向文档的 URL：

```
href="../stylesheets/interface.css"
```

此特性的值可以是绝对或相对 URL(在 3.2.2 节"链接与导航"中介绍过)，但通常是相对 URL，因为样式表是网站的一部分。

3. media 特性

media 特性用于指定应该用于文档的输出设备：

```
media="screen"
```

尽管网页中并不总是使用该特性，但它却非常重要，因为人们会使用不同的设备以不同的方式访问互联网。表 7-4 展示了该特性可能的取值。

表 7-4 media 特性可能的取值

值	使 用 设 备
screen	无分页计算机屏幕(如台式计算机或笔记本电脑)
tty	等宽字符网格媒体,如电传打字机、终端或显示能力有限的便携设备
tv	低分辨率、彩色屏幕,以及向下滚动页面能力受限的电视设备
print	打印文档,有时也称为"分页媒体"(包括打印预览模式中显示于屏幕上的文档)
projection	投影仪
handheld	手持设备,屏幕经常较小,依赖于点阵图形化,并且带宽有限
braille	盲文触觉反馈设备
embossed	盲文分页打印机
speech	语音合成器
all	适用于所有设备

7.2.2 用<style>元素导入外部样式表

<style>元素位于<head>元素内,用于在网页内包含样式表规则,而非链接某个外部文档。有时,还被用于需要在单一页面中包含某些额外规则,而且这些规则不必应用于网站内共享同一样式表的全部其他页面的情况。

例如,使用<link>元素在 HTML 文档中附加一个样式表,同时使用<style>元素为<h1>元素添加额外的规则:

```
<head>
  <title>
  <link rel="stylesheet" href="../styles/mySite.css">
  <style type="text/css">
    h1 {
      color:#Fc00f000;
    }
  </style>
</head>
```

在使用<style>元素时,尽管并非强制,但应该永远带有 type 特性。除全部通用特性外,该元素还可以带有的特性为:

```
type  media  scoped
```

7.2.3 使用外部样式表

在使用外部样式表时,需要先定义外部样式表文件。一个外部样式表文件可以应用于多个页面。当改变这个样式表文件时,所有引用该样式表文件的页面的样式都随之改变,不仅可以减少要重复的工作量,而且有利于以后修改、编辑,浏览时也避免了重复下载代码。样式表文件可以用任何文本编辑器编辑,扩展名为.css,内容是定义的样式表,不包含 HTML 标记。

1. 导入外部样式表

导入外部样式表是指在 HTML 文件头部的<style>元素里导入外部样式表，导入外部样式表采用 import 方式。导入外部样式表和链入样式表相似，但导入外部样式表的样式实质上相当于存放在网页内部。

例 7-1：导入外部样式表，效果如图 7-5 所示。

本例首先定义好外部样式表文件 style.css，然后在 HTML 文件 7-1.html 的<style>元素里采用 import 方式导入外部样式表文件 style.css。

图 7-5　使用导入样式的效果

CSS 文件代码如下：

```
h1{
    text-align:center;              /* 设置对齐方式为居中 */

}
p{
    line-height:1.5;                /* 设置行高 */
    font-size:14px;                 /* 设置字体大小 */
}
img{
    width:120px;                    /* 设置宽度 */
}
```

HTML 代码如下：

```
<!DOCTYPE html>
<html>
<head>
<title>导入样式表</title>
<style type="text/css">
@import url("style.css");
</style>
</head>
<body>
<h1>惠崇春江晚景</h1>
<p>
"竹外桃花三两枝，春江水暖鸭先知。蒌蒿满地芦芽短，正是河豚欲上时。"<br />
　　惠崇春江晚景是元丰八年(1085)苏轼在逗留江阴期间，为惠崇所绘的鸭戏图而作的题画诗。苏轼的题画诗内容丰富，取材广泛，遍及人物、山水、鸟兽、花卉、木石及宗教故事等众多方面。这些作品鲜明地体现了苏轼雄健豪放、清新明快的艺
```

术风格，显示了苏轼灵活自如地驾驭诗画艺术规律的高超才能。而这首《惠崇<春江晚景>》历来被看作苏轼题画诗的代表作。

```
</p>
<img src="images/blossom2.jpg" />
<img src="images/blossom3.jpg" />
<img src="images/blossom4.jpg" />
<img src="images/blossom6.jpg" />
<img src="images/blossom7.jpg" />
<img src="images/blossom8.jpg" />
</body>
</html>
```

2. 链入外部样式表

链入外部样式表是指把样式保存为一个外部样式表文件，然后在页面中用<link>元素链接到这个样式表文件，<link>元素放在页面的<head>元素内。

例 7-2：链入外部样式表，效果如图 7-6 所示。

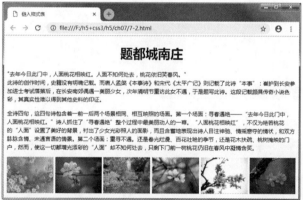

图 7-6　使用链入样式的效果

本例仍使用上例的外部样式表文件 style.css。在 HTML 文件 7-2.html 的<head>元素内通过<link>元素来调用外部的 style.css 文件。

HTML 代码如下：

```
<!DOCTYPE html>
<html>
<head>
<title>链入样式表</title>
<link href="style.css" rel="stylesheet" type="text/css" />
</head>
<body>
<h1>题都城南庄</h1>
<p>
"去年今日此门中，人面桃花相映红。人面不知何处去，桃花依旧笑春风。"<br />
此诗的创作时间，史籍没有明确记载。而唐人孟棨《本事诗》和宋代《太平广记》则记载了此诗"本事"：崔护到长安参加进士考试落第后，在长安南郊偶遇一美丽少女，次年清明节重访此女不遇，于是题写此诗。这段记载颇具传奇小说色彩，其真实性难以得到其他史料的印证。
</p>
<p>
```

全诗四句，这四句诗包含着一前一后两个场景相同、相互映照的场面。第一个场面：寻春遇艳——"去年今日此门中，人面桃花相映红。"诗人抓住了"寻春遇艳"整个过程中最美丽动人的一幕。"人面桃花相映红"，不仅为艳若桃花的"人面"设置了美好的背景，衬出了少女光彩照人的面影，而且含蓄地表现出诗人目注神驰、情摇意夺的情状，和双方脉脉含情、未通言语的情景。第二个场面：重寻不遇。还是春光烂漫、百花吐艳的季节，还是花木扶疏、桃树掩映的门户，然而，使这一切都增光添彩的"人面"却不知何处去，只剩下门前一树桃花仍旧在春风中凝情含笑。

```
</p>
<img src="images/blossom1.jpg" />
<img src="images/blossom2.jpg" />
<img src="images/blossom3.jpg" />
<img src="images/blossom4.jpg" />
<img src="images/blossom5.jpg" />
<img src="images/blossom6.jpg" />
</body>
</html>
```

上面两个实例都使用了外部样式表文件 style.css，当对 style.css 做出改变时，两者均受影响。例如，在 style.css 中增加一条设置网页背景色的样式，则两个网页的背景色均变为#dcb864，浏览效果如图 7-7 所示。

```
body{
    background-color:#dcb864;
}
```

图 7-7　修改外部样式表文件后的页面浏览效果

7.2.4　外部样式表的优势

如果有两个或更多个文档需要使用样式表，则应该使用外部样式表。有以下几点理由：

- 能够免于在每一页中重复相同的样式规则。
- 能够仅通过修改一个样式表完成对多个页面外观的修改，而不必修改每个页面。
- 当网站访问者从网站中第一个使用外部样式表的页面下载该文件后，后续页面加载速度会更快。这同样减轻了服务器的压力，因为向外发送的页面更小了。
- 样式表可以作为样式模板，为不同作者实现相同的文档风格。
- 因为网页不包含样式规则，所以不同的样式表可以与相同的文档关联。因此，可以使用相同的 HTML 文档，然后使用一种样式表对应使用台式计算机的浏览者，而使用另一种样式表对应使用手持设备的用户，等等。可以使用同样的文档与不同的样式表应对不同的访问需求。
- 样式表可以导入并使用来自其他样式表的样式，从而允许模块化开发并获得良好的可重用性。

● 如果移除样式表，可以使网站对于视觉障碍者具有更好的易访问性，因为不再控制字体与配色方案。

7.3　CSS 属性

使用 CSS 设置网页样式需要创建规则，而这些规则包含两部分：一部分是选择器，用于指定规则应用的元素；另一部分是属性，用于控制这些元素的呈现。因此，如果页面中有一部分需要设置某种颜色或尺寸，那么需要使用正确的选择器瞄准页面中的这部分，并使用正确的属性来相应改变其外观。属性都按照相关功能进行了分组，如表 7-5 所示。

表 7-5　主要的 CSS 属性

属　　性	描　　述	属　　性	描　　述
字体		边框	
font	字体复合属性	border	设置所有的边框属性
font-family	规定文本的字体系列	border-color	设置边框的颜色
font-size	规定文本的字体尺寸	border-style	设置边框的线型
font-style	规定文本的字体样式	border-width	设置边框的宽度
font-variant	规定是否以小型大写字母的字体显示文本	border-bottom	设置下边框样式
font-weight	规定字体的粗细	border-bottom-color	设置下边框的颜色
文本		border-bottom-style	设置下边框的线型
color	设置文本的颜色	border-bottom-width	设置下边框的宽度
direction	控制文本的方向	border-left	设置左边框样式
letter-spacing	设置字符间距	border-left-color	设置左边框的颜色
text-align	规定文本水平对齐方式	border-left-style	设置左边框的线型
text-decoration	规定添加到文本的装饰效果	border-left-width	设置左边框的宽度
text-indent	规定文本块首行的缩进	border-right	设置右边框样式
text-shadow	规定添加到文本的阴影效果	border-right-color	设置右边框的颜色
text-transform	控制文本的大小写	border-right-style	设置右边框的线型
unicode-bidi	覆盖文本方向	border-right-width	设置右边框的宽度
white-space	规定文本空白等处理方式	border-top	设置上边框样式
word-spacing	设置单词间距	border-top-color	设置上边框的颜色
背景		border-top-style	设置上边框的线型
background	背景复合属性	border-top-width	设置上边框的宽度
background-color	设置元素的背景颜色	外边距	
background-attachment	设置背景图像是否固定或者随着页面的其余部分滚动	margin	设置所有外边距属性
background-image	设置元素的背景图像	margin-bottom	设置元素的下外边距
background-position	设置背景图像的开始位置	margin-left	设置元素的左外边距
background-repeat	设置是否及如何重复背景图像	margin-right	设置元素的右外边距
background-clip	规定背景的绘制区域	margin-top	设置元素的上外边距

(续表)

属　　性	描　　述	属　　性	描　　述
内边距		outline-style	设置轮廓的样式
padding	设置所有内边距属性	outline-width	设置轮廓的宽度
padding-bottom	设置元素的下内边距	表格	
padding-left	设置元素的左内边距	border-collapse	规定是否合并表格边框
padding-right	设置元素的右内边距	border-spacing	规定相邻单元格边框间距离
padding-top	设置元素的上内边距	empty-cells	规定是否显示表格中的空单元格的边框和背景
尺寸		caption-side	规定表格标题的位置
height	设置元素的高度	table-layout	设置用于表格的布局算法
line-height	设置文本的行间距	列表与标记	
max-height	设置元素的最大高度	list-style	设置所有的列表属性
max-width	设置元素的最大宽度	list-style-image	将图像设置为列表项标记
min-height	设置元素的最小高度	list-style-position	设置列表项标记的放置位置
min-width	设置元素的最小宽度	list-style-type	设置列表项标记的类型
width	设置元素的宽度	marker-offset	
定位		生成内容	
bottom	设置定位元素下外边距边界与其包含块下边界之间的偏移	content	在文档中插入生成内容
Left	设置定位元素左外边距边界与其包含块左边界之间的偏移	counter-increment	控制 CSS 计数器的值
top	设置定位元素上外边距边界与其包含块上边界之间的偏移	counter-reset	重置或设置 CSS 计数器的值
overflow	规定内容超过元素定义区域时元素的行为	quotes	定义使用嵌套引用的引号标记样式
clip	剪裁绝对定位元素	分类	
right	设置定位元素右外边距边界与其包含块右边界之间的偏移	clear	规定元素的哪一侧不允许其他浮动元素
vertical-align	设置文本和图像相对于基准线的垂直对齐方式	cursor	规定鼠标经过元素的范围时所显示光标的类型
z-index	设置元素的堆叠顺序	display	规定元素表现出来的类型
轮廓		float	规定元素的浮动方式
outline	设置轮廓属性	position	规定元素的定位类型
outline-color	设置轮廓的颜色	visibility	规定元素是否可见

7.4　CSS3 新增特性

7.4.1　CSS3 模块化方式

CSS 演进的一个主要变化就是 W3C 决定将 CSS3 分成一系列模块。

随着 CSS 普及率不断上升，对添加规范的呼声也在增加。除了将许多更新加入庞大的规范之外，更容易和更有效的方法是更新规范里的单个条目。模块就能以更及时、更简便的方式更新 CSS，从而能够更灵活、更及时地演进整个规范。

CSS3 最重要的几个模块包括：

- 更强大的 CSS 选择器
- 高级颜色可选方案
- 背景及边框模块
- 多列布局模块
- 媒体查询
- 使用@font-face 指令自定义字体
- 变形、动画以及过渡的高级 CSS 操控

表 7-6 总结了 CSS3 规范的模块和相应的简要描述，从而向大家提供 CSS3 概览。

表 7-6　不同的 CSS3 模块及描述

模　块	描　述	URL
2D Transforms	提供二维内容处理操作，例如让对象旋转、缩放、偏斜	www.w3.org/TR/css3-2d-transforms
3D Transforms	将二维的变形扩展为三维空间的元素处理	www.w3.org/TR/css3-3d-transforms
动画	引入修改 CSS 属性值的能力，例如位置、颜色，从而创建动画布局	www.w3.org/TR/css3-animations
背景和边框	引入多种背景，不同的定位和大小变化的背景属性。允许一些新的边框属性使用图像、阴影等对象形成更丰富的边框样式	www.w3.org/TR/css3-background
行为扩展	定义可以附加到页面元素上的组件，增强其功能	www.w3.org/TR/becss
Box 模块	定义标准框，包括浮动、边距、溢出和内边距	www.w3.org/TR/css3-box
颜色	定义 CSS 中支持的颜色单元，以及一些颜色属性，例如 color 和 opacity。CSS2 对此进行了大多数的定义，包括一些新的内容，例如 currentColor 关键字	www.w3.org/TR/css3-color
字体	定义标准的字体属性，但是引入新的字体装饰功能，例如 font-effect、font-smooth 和 font-emphasize，目前浏览器还不支持这些属性	www.w3.org/TR/css3-fonts
为页面媒体生成的内容	定义对打印输出的内容的管理，包括剪切标记指示、处理页眉页脚等	www.w3.org/TR/css3-gcpm
生成和替换内容	定义对生成内容的管理，包括插入内容、页码、脚注等	www.w3.org/TR/css3-content
网格定位	定义使用标准 CSS 大小和定位属性的基于网格布局的使用方法	www.w3.org/TR/css3-grid
超链接显示	定义链接的外观效果	www.w3.org/TR/css3-hyperlinks
行布局	定义行格式属性，例如垂直行对齐、行高和首行首字视觉效果	www.w3.org/TR/css3-linebox
列表	定义列表标题，包括标记样式和一些计数样式	www.w3.org/TR/css3-lists
滚动文字	定义属性创建动画内容，使用"marquee"的效果与非标准的 HTML 同名标签<marquee>相似	www.w3.org/TR/css3-marquee
媒体查询	定义 CSS 语法基于媒体或设备特征应用不同的样式规则，例如宽度、支持颜色等，避免使用 JavaScript 重复应用样式	www.w3.org/TR/css3-mediaqueries
多列布局	定义如何将文本放置到多列中	www.w3.org/TR/css3-multicol

模　块	描　述	URL
名称空间	定义语法以允许同一文档中，为实现相同样式却属于不同标记语言的元素的模糊性	www.w3.org/TR/css3-namespace
页面媒体	定义页码是如何实现的，特别是在打印输出中	www.w3.org/TR/css3-page
显示级别	根据不同的情况，定义在不同方式下应用到样式元素的显示级别	www.w3.org/TR/css3-preslev
Ruby	定义 CSS 处理 Ruby 文本，这种文本用于为东亚地区语言提供音标或者替代读音内容	www.w3.org/TR/css3-ruby
选择器	为标准的 CSS1 和 CSS2 定义不同的选择器，并引入复杂的 tree-和特性专有语法	www.w3.org/TR/css3-selectors
语音	继续支持 aural 样式表，引入新的值以改善发音，例如 phonemes，但是有些似乎也就是改了一下名称。例如，stress 成为 voice-stress，pitch 成为 voice-pitch、volume 成为 voice-volume	www.w3.org/TR/css3-speech
模板布局	定义的布局网格用于 Web 应用程序和文档的定位和对齐。提供类似于模板的系统，与经典的标记表格相似	www.w3.org/TR/css3-layout
文本	定义文本处理，包含对齐、换行、调整、文本装饰、文本变形和空格处理	www.w3.org/TR/css3-text
切换	定义属性修改如何在特定的时间周期应用 CSS 规则，对于简单的视觉变化动画效果很有用	www.w3.org/TR/css3-transitions
用户界面	定义用于提供用户界面样式的属性和选择器，例如光标和导航处理；还有当前元素状态，例如有效和无效、激活和禁用等	www.w3.org/TR/css3-ui
网络字体	编码，改善可下载字体，Internet Explorer 一直支持该功能	www.w3.org/TR/css3-webfonts
值与单位	扩展测量的绝对与相对单位，包括为支持动画和声音而进行的时间单位(s 和 ms)与角度单位(deg 和 rad)值的变化	www.w3.org/TR/css3-values

7.4.2　CSS3 新增属性及伪类

下面介绍一些 CSS3 新增属性及伪类。

1. CSS3 新增属性

(1) 背景和边框

- border-radius：设置四个角的形状。
- box-shadow：给盒子添加一个或多个阴影。
- border-image：指定一幅图像作为元素的边框。
- background-size：规定背景图片的尺寸。
- background-origin：规定背景图片的定位区域。
- background-clip：规定背景图片的绘制区域。

(2) 文本效果

- text-shadow：设置文字阴影。

- word-wrap：强制换行。
- word-break：控制对象内文本的字内换行行为。

CSS3 提出的@font-face 规则中定义了 font-family、font-weight、font-style、ont-stretch、src、unicode-range 属性。

(3) 2/3D 转换

- transform：向元素应用 2/3D 转换。
- transition：过渡。

(4) 动画

- @keyframes 规则：用于定义动画规则中出现的属性。
- animation：该简写属性用于一次性设置所有的动画属性。
- animation-name：用于定义应该运行的动画。
- animation-duration：用于定义动画播放一次的时间。

(5) 用户界面(常用)

- box-sizing：修改测量元素宽度的计算方式。
- resize：用于定义元素是否应该调整大小，如果需要调整大小，那么以哪个轴进行调整。

2．CSS3 新增伪类

- :nth-child(n)：选择是父元素的第 n 个子元素的元素。
- :nth-last-child(n)：选择是父元素的倒数第 n 个子元素的元素。
- :only-child：选择是父元素的唯一子元素的元素。
- :last-child：选择是父元素的最后一个子元素的元素。
- :nth-of-type(n)：选择同类的并且是父元素的第 n 个子元素的元素。
- :only-of-type：选择同类的并且是父元素的唯一子元素的元素。
- :empty：选择没有子元素的元素。
- :target ：这个伪类允许选择基于 URL 的元素。如果这个元素有识别器(比如跟着一个#)，那么:target 会对使用这个 ID 识别器的元素增加样式。
- :enabled：这个伪类允许选择当前可用的元素。
- :disabled：这个伪类允许选择当前禁用的元素。
- :checked：这个伪类允许选择选中的复选框元素。
- :not(s)：选择与选择器 s 不匹配的元素。

7.4.3　CSS3 的优点

随着 CSS3 不断演进，设计者的工作将变得越来越简单。流水线设计改进了工作流程，将直觉方面推给浏览器，这样就不用在 Photoshop 上花更多时间，也不用在写标记或 CSS 规则花更多时间。

1．流水线设计

一般来说，Web 设计过程(从视角角度看)是：首先用 Photoshop 创建新的设计，然后用 HTML 和 CSS 进行再创建。这种设计过程已经开始改变了。由于要适应许多设备、浏览器和上下文，因此越来越多的设计者开始"在浏览器中"设计。

如果使用 CSS3，Web 设计就不再需要使用 Photoshop 或其他图形编辑器了。可以将许多视觉任务交给浏览器，然后直接在浏览器中创建效果，而以前则需要图形编辑器才能实现这些效果。

这不仅会改进工作流程，缩短项目工期，而且可以让维护和变更请求变得更容易。如果客户要求改变呢？没问题，改变 CSS 就行。不必再费力地使用图形编辑器。

因此，CSS3 提供了许多能够创建效果的新方法，而这些效果以前必须费力才能完成。

2. 减少工作区和要做修改

使用 CSS3 可以避免整个工作区，包括：

- 指定丰富的 Web 字体。不需要在图形编辑器中创建类型，也不需要通过图形替代或者使用 sIFR 这样的工具。
- 自动创建圆角。不依赖图形来创建带圆角的方框。可以使用 border-radius 自动处理。
- 不透明性和 alpha 通道。使用 opacity 或 rgba 创建透明度。
- 创建浮动梯度。不再为梯度或模式创建重复图形。只需要使用 CSS 梯度(辐射状或线性的)。
- 减少简单动画的脚本。不需要使用 JavaScript 创建简单过渡或转换。可以用 CSS 处理。
- 减少其他标记。不需要通过写其他标记来创建各种栏。
- 更少的类。当使用新的 CSS3 选择器能够定位元素时，不需要添加其他无关类。

7.5 一个基本实例

现在来看一个实例，它展示了一组 CSS 规则如何转变 HTML 页面的外观。

例 7-3：CSS 规则可存放于 HTML 文档内。本例使用单独的文件保存 CSS 规则，而 HTML 页面则包含指向该文件的链接。

在查看样式表之前，先来看一下图 7-8。图 7-8 展示了将要应用样式的 HTML 页面在关联 CSS 规则前自身的外观。

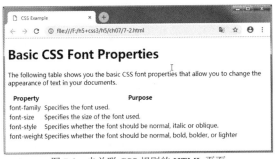

图 7-8　未关联 CSS 规则的 HTML 页面

图 7-8 展示的页面包含一个标题、一个段落以及一个表格。在<head>元素内有一个<link>元素，它告知浏览器从何处找到用于设置页面样式的样式表文件。样式表文件的位置通过 href 特性的值给出。此外还要注意一些<td>元素中是如何包含值为 code 的 class 特性的。这样做可以将文档中包含代码的表格单元格与文档中的其他<td>元素区别开来。

```
<!DOCTYPE html>
<html>
<head>
    <title>CSS Example</title>
    <link rel="stylesheet" href="7-2.css">
</head>
<body>
<h1>Basic CSS Font Properties</h1>
<p>The following table shows you the basic CSS font properties that allow
you to change the appearance of text in your documents.</p>
<table>
    <tr>
        <th>Property</th>
        <th>Purpose</th>
    </tr>
    <tr>
        <td class="code">font-family</td>
        <td>Specifies the font used.</td>
    </tr>
    <tr>
        <td class="code">font-size</td>
        <td>Specifies the size of the font used.</td>
    </tr>
    <tr>
        <td class="code">font-style</td>
        <td>Specifies whether the font should be normal, italic or oblique.</td>
    </tr>
    <tr>
        <td class="code">font-weight</td>
        <td>Specifies whether the font should be normal, bold, bolder, or lighter</td>
    </tr>
</table>
</body>
</html>
```

现在看一下如何样式化这个页面。图 7-9 展示了关联 CSS 规则后页面的效果。

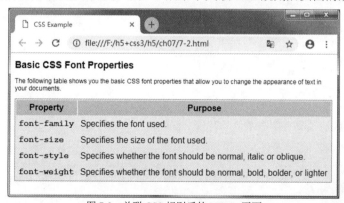

图 7-9   关联 CSS 规则后的 HTML 页面

可以在与创建 HTML 页面相同的编辑器中创建样式表。在创建完 CSS 文件后，以名称

extension.css 保存文件。

本例的样式表中使用了多条 CSS 规则。现在逐条查看这些规则，从而了解每条规则的作用。

在第一条规则之前，有一条注释，告知本样式表是为哪个文件编写的。任何位于开始符/*与结束符*/之间的内容都会被浏览器忽略，因此对页面的显示没有任何影响。

```
/* Style sheet for 7-2.html */
```

在注释之后，第一条规则被应用于<body>元素。它指明页面中的任何文本与线型的默认颜色应为黑色，而页面背景应为白色。这里的颜色使用十六进制代码表示。它同样还声明整个文档应使用的字体为 Arial。如果 Arial 字体不可用，则使用 Verdana 字体代替。如果仍然失败，就使用与通用字体族相对应的默认字体族。

```
body {
    color:#000000;
    background-color : #ffffff;
    font-family : arial, verdana, sans-serif;
}
```

注意:
通常应为文档主体指定 background-color 属性，因为有的用户会修改计算机窗口的默认背景颜色。如果不设置该属性，这些用户的浏览器窗口的背景颜色会使用他们各自选择的颜色。

接下来的两条规则简单地分别指定<h1>及<p>元素中内容的大小，其中 px 代表像素。

```
h1 {
    font-size : 18px;
}
p {
    font-size : 12px;
}
```

接下来，添加一些控制表格外观的设置。首先，添加浅灰色背景。然后，在边界四周画上边框。三个属性被用于描述边框：第一个指明它是一条实线(而不是虚线或点虚线)，第二个指明它应该为 1像素宽，第三个则指明它应该为浅灰色。

```
table {
    background-color : #efefef;
    border-style : solid;
    border-width : 1px;
    border-color : #999999;
}
```

在表格内，表头应该具有中等灰色的背景，比表格主体颜色略深，文本应该以粗体显示，而且在单元格边缘与文本之间应该有 5 个像素的内边距。

```
th {
    background-color : #cccccc;
    font-weight : bold;
    padding : 5px;
}
```

表格的每个数据单元也应该具有 5 个像素的内边距，与表头类似。添加内间距使得文本更易读，而如果没有内间距，一列中的文本则可能与右侧紧挨着相邻列中的文本重叠：

```
td {
    padding : 5px;
}
```

在前面的图 7-9 中，包含 CSS 属性名称的表格单元使用了 Courier 字体。如果看一下 HTML 文档中对应的表格单元，可以看到它们带有值为 code 的 class 特性。就自身而言，class 特性不会改变文档的显示，但 class 特性却使你可以将 CSS 规则与 class 特性为某个指定值的元素相关联。因此，下面的规则只应用于设置有值为 code 的 class 特性的<td>元素，而非全部<td>元素：

```
td.code {
    font-family : courier, courier-new, serif;
    font-weight : bold;
}
```

要指定某个 class 特性为特定值的元素时，需要在特性值前添加句点，如本例中的.code。

7.6　本章小结

本章介绍了 CSS 的历史演变和功能检测方法，并讨论了浏览器支持、厂商前缀等知识；介绍了样式表由规则组成，对于每条规则，首先要选择将应用到的一个或多个元素，然后会包含用于指定元素内容应如何显示的"属性/值"对。本章简述了属性、值、声明和声明块的概念，介绍了 CSS 的继承特色和属性。本章还论述了如何在文档中添加 CSS 规则，介绍了 CSS3 的模块化和新增特性。最后用实例介绍了如何编写 CSS。

7.7　思考和练习

1. 在 HTML 文档中，使用 CSS 的方法有哪些？
2. 在 HTML 文档中，引用外部样式表应在文档的什么位置？
3. 外部样式表文件通常是什么样的文件？
4. 在 HTML 文档中，引用外部样式表文件 mystyle.css 的代码是怎样的？
5. 举例简述 CSS 规则。
6. 简述 CSS3 的优点。

第8章

CSS3选择器

为了使用 CSS 给元素设置样式，首先需要指定元素。输入 CSS 选择器，就可以在 DOM 中指定特定的元素。使用 CSS3 选择器，可以用非常短的标记清晰和灵活地指定元素。而且，新的元素状态伪类还允许突出显示动态的状态变化。

本章将介绍选择器的基础知识，讨论 CSS3 特性选择器、结构元素状态、:target 以及否定伪类。然后简要论述 CSS 2.1 中生成内容的伪元素:before 和 :after，了解它们如何与 HTML5 的内容相结合，并介绍 CSS3 中新的双冒号语法。最后介绍当前浏览器对 CSS 选择器的支持，以及 CSS 选择器的其他知识。

本章的学习目标：
- 掌握选择器的基础知识
- 掌握 CSS3 选择器

8.1 选择器概述

W3C Selectors Level 3 模块在 2011 年 9 月成为推荐标准。它列出了所有的选择器，将近 40 个，不只是 CSS3 中的选择器。这是因为 CSS3 并不是全新的规范，而是建立在 CSS1 和 CSS 2.1 基础之上。

CSS1 引入的选择器如表 8-1 所示。

表 8-1　CSS1 选择器

选择器	举例说明
类型	p {...}和 blockquote {...}
后继组合器	blockquote p {...}
ID	<article id="content">上的#content {...}
类	< article class="hentry">上的 hentry {...}
链接伪类	a:link {...}或 a:visited {...}
用户动作伪类	a:active {...}
:first-line 伪元素	p:first-line {...}
:first-letter 伪元素	p:first-letter {...}

CSS 2.1 引入了另外 11 个选择器，如表 8-2 所示。

表 8-2 CSS2.1 引入的选择器

选择器	举例说明
通用	* {...}
用户动作伪类	a:hover {...} 和 a:focus {...}
:lang()伪类	article:lang(fr) {...}
结构伪类	p:first-child {...}
:before 和:after 伪元素	blockquote:before {...} 或 a:after {...}
子组合器	h2 > p {...}
邻近的同级组合器	h2 + p {...}
特性选择器	input [required] {...}
特性选择器，精确等于	input [type="checkbox"] {...}
子串特性选择器，约等于字符串	input [class~="long-field"] {...}
子串特性选择器，字符串的开头用连字符分隔	input [lang|="en"] {...}

CSS3 Selectors Level 3 模块建立在这些选择器的基础上，并添加了一些功能。在 CSS3 中引入的选择器如表 8-3 所示。

表 8-3 CSS3 引入的选择器

选择器	举例说明
一般同级组合器	h1 ~ pre {...}
子串特性选择器，字符串以子串开头	a[href^="http://"] {...}
子串特性选择器，字符串以子串结尾	a[href$=".pdf"] {...}
子串特性选择器，字符串包含子串	a[href*="twitter"] {...}
:target()伪类	section:target {...}
结构伪类:nth-child	tr:nth-child(even) td {...}
结构伪类:nth-last-child	tr:nth—last-child(-n+5) td {...}
结构伪类:last-child	ul li:last-child {...}
结构伪类:only-child	ul li:only-child {...}
结构伪类:first-of-type	p:first-of-type {...}
结构伪类:last-of-type	p:last-of-type {...}
结构伪类:nth-of-type	li:nth-of-type(3n) {...}
结构伪类:nth-last-of-type	li:nth-last-of-type(1) {...}
结构伪类:only-of-type	article img:only-of-type {...}
结构伪类:empty	aside:empty {...}
结构伪类:root	:root {...}
UI 元素状态伪类:disabled 和 :enabled	input:disabled {...}
UI 元素状态伪类:checked	input[type="checkbox"]:checked {...}
否定伪类:not	abbr:not([title]) {...}

8.2 选择器

要影响文本呈现的属性，可以使用样式规则将这些属性应用于元素。使用不同类型的"选择器"指定哪些元素可以应用某一样式规则。其实有多种方式可以实现该目的，而并非仅能通过元素名称(这类选择器被称为"简单选择器")，也可以使用 class 及 id 特性的值进行指定。接下来将详细介绍各种选择方式。

8.2.1 通用选择器

"通用选择器"用一个"星号"(*)表示，作用类似于匹配文档中全部元素类型的通配符。

```
*{}
```

如果需要将某条规则应用于全部元素，可以使用此选择器。某些时候它还被用于设置应用于整个文档的默认值(如 font-family 和 font-size)，除非使用更为具体的选择器指定某一元素中对应的相同属性应使用其他值。

这种做法与对<body>元素应用默认样式稍有不同，因为通用选择器应用于每一个元素，而不依赖从应用于<body>元素的规则中继承的属性。

8.2.2 类型选择器

"类型选择器"匹配在由逗号分隔的列表中指定的所有元素。它使你能够将相同的规则应用于多个元素。例如，如果需要将相同的规则应用于不同尺寸的标题元素，下面的规则将匹配所有<h1>、<h2>以及<h3>元素：

```
h1, h2, h3 {}
```

8.2.3 类选择器

"类选择器"能够将规则与一个(或多个)包含 class 特性的元素相匹配，class 特性的值匹配在类选择器中指定的值。例如，假设有一个<aside>元素，其 class 特性的值为 BackgroundNote，如下所示：

```
<aside class="BackgroundNote">This paragraph contains an aside.</aside>
```

可以通过两种方式之一使用类选择器。一种是简单指定一条可以应用于任何 class 特性值为 BackgroundNote 的元素的规则。如下所示，在 class 特性的值之前有一个句点或完全停止符前缀：

```
.BackgroundNote {}
```

另一种方式是创建一个选择器，仅匹配带有值为 BackgroundNote 的 class 特性的<aside>元素(而非其他元素)，例如：

```
aside.BackgroundNote {}
```

如果有多种元素，都带有 class 特性并且值相同(例如，<aside>元素与<div>元素可能都使用带有相同值的 class 特性)，并且希望这些元素的内容都以相同的方式显示，那么应该使用第一种标记方式。如果定义的样式专门用于 class 特性值为 BackgroundNote 的<aside>元素,那么应该使用第二种标记方式。

class 特性还可以包含多个以空格分隔的值,例如:

```
<p class="important code">
```

可以使用如下语法指定某个 class 特性值同时包含 important 及 code 的元素(不过,IE7 是 IE 浏览器中第一个支持这种语法的版本)。

```
p.important.code {}
```

8.2.4　id 选择器

"id 选择器"与类选择器的工作方式类似,只是它作用于 id 特性。在 id 特性值前需要使用一个"#"号。因此,一个 id 特性值为 abstract 的元素,可以使用如下选择器进行标识:

```
#abstract
```

因为 id 特性的值在文档中应该保持唯一,所以 id 选择器应该仅应用于元素的内容(而且应该不指定元素的名称)。

8.2.5　子选择器

"子选择器"匹配某一元素的直接子元素。在下面的例子中,它匹配<td>元素中任何作为其直接子元素的<b>元素。两个元素的名称使用一个"大于号"(>)分隔,指明<b>是<td>的子元素,此处该符号称为"连接符":

```
td>b {}
```

它将使你能够对作为<td>元素的直接子元素的<b>元素,设置一种有别于文档中其他位置出现的<b>元素的样式。

作为<td>元素的直接子元素,在<td>开始标签与<b>元素之间不应存在任何其他标签。例如,下面的选择器毫无意义,因为<b>元素不应该成为<table>元素的直接子元素(相反,<tr>元素则更可能成为<table>元素的直接子元素)。

```
table>b {}
```

IE7 是 IE 浏览器中第一个支持子选择器的版本。

8.2.6　后代选择器

"后代选择器"匹配一种元素类型,该元素为另一指定元素的后代元素(或者说嵌套于另一指定元素内),而并非仅仅是直接子元素。尽管大于号被用作子选择器的连接符,但是后代选择器的连接符却是空格。查看以下示例:

```
table b {}
```

在本例中,选择器匹配<table>元素中的任何<b>子元素,这意味着该规则将应用于<td>及<th>元素之间的全部<b>元素。

这与子选择器形成了鲜明对比，因为它应用于<table>元素的全部子元素，而并非仅仅是直接子元素。

8.2.7 相邻兄弟选择器

"相邻兄弟选择器"匹配一种作为其他元素相邻兄弟的元素类型。例如，如果希望使任何一级标题后的第一个段落与其他<p>元素采用不同的样式，可以通过如下类似方式使用相邻兄弟选择器，仅为<h1>元素后出现的第一个<p>元素指定规则：

```
h1+p {}
```

IE7 是 IE 浏览器中第一个支持相邻兄弟选择器的版本。

8.2.8 一般兄弟选择器

"一般兄弟选择器"匹配其他元素的兄弟元素类型。不过，不必是直接前方相邻的元素。因此，假设有两个<p>元素同时是<h1>元素的兄弟元素，它们都会使用如下选择器指定的规则。

```
h1~p {}
```

一般兄弟选择器是 CSS3 的一部分。IE7 是 IE 浏览器中第一个支持一般兄弟选择器的版本，而 Firefox 2 则是 Firefox 浏览器中第一个支持的版本。

8.2.9 子选择器与相邻兄弟选择器的用途

子选择器与相邻兄弟选择器都很重要，因为它们能够减少在 HTML 文档中需要添加的 class 特性的数量。

为所有可能性都添加类型很容易做到。例如，如果希望<h1>元素后的第一个段落以粗体显示，需要为每一个<h1>元素后的第一个<p>元素都添加 class 特性。尽管这样也可以工作，但是标记会被各种类型弄得非常凌乱，而设置这些类型的初衷只是为了简化对页面呈现的控制。

如果又决定将每一个<h1>元素后的前两个<p>元素以粗体显示，就需要回过头为每一个<h1>元素后的第二个<p>元素添加新的 class 特性。因此，子选择器与相邻兄弟选择器对于设置文档样式以及使标记更简洁，提供更强的灵活性。

查看如下 HTML 内容：

```
<p>Paragraph One: not inside a div element.</p>
<div>
  <p>Paragraph One: inside a div element</p>
  <p>Paragraph Two: inside a div element </p>
  <p>Paragraph Three: inside a div element </p>
  <p>Paragraph Four: inside a div element </p>
  <p>Paragraph Five: inside a div element </p>
</div>
```

通过仅使用子选择器与相邻兄弟选择器，就能创建类似于图 8-1 中页面的效果。

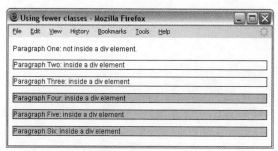

图 8-1　使用子选择器与相邻兄弟选择器的页面效果

三个不同段落的样式为：

- 第一段没有边框及背景色。
- <div>元素内的所有段落都有边框。
- 最后三个段落具有灰色背景与边框。

不同的段落样式不是通过三个 class 指定的，而是通过一条规则控制所有段落中使用的字体：

```
p {
    font-family : arial, verdana, sans-serif;
}
```

下面是第二条规则，用于<div>元素内的所有段落，因为第一个段落没有位于<div>元素内，所以该规则不会应用于第一个段落。

```
div>p {
    border : 1px solid #000000;
}
```

第三条规则匹配任何连续出现的<p>元素中的第三个段落(因为第四及第五个<p>元素的前面有两个<p>元素，所以该规则同样适用于二者以及<div>元素中的第三个<p>元素)。

```
p+p+p {
    background-color : #999999;
}
```

记住本例无法在 IE6 以及更早版本的 IE 浏览器中运行，因为这些选择器是在 IE7 中第一次被引入的。

8.2.10　特性选择器

特性选择器能够在选择器中使用元素包含的特性及其取值。有多种特性选择器可供使用，它们使得以复杂方式选择文档中的元素成为可能。

对特性选择器的使用受到很大限制，因为只有最新版本的浏览器才实现对它们的支持。表 8-4 中列出的部分特性选择器来自 CSS3。

表 8-4　CSS 特性选择器

名　　称	示　　例	匹　　配
存在选择器	p[id]	任何带有 id 特性的<p>元素
相等选择器	p[id="summary"]	任何带有 id 特性并且值为 summary 的<p>元素

(续表)

名　　称	示　　例	匹　　配
空格选择器	p[class~="HTML"]	任何带有 class 特性，值为由空格分隔的单词列表，并且其中包含单词 HTML 的\<p\>元素
连字号选择器	p[language|="en"]	任何带有 language 特性，值以 en 开头并且后接一个连字符（横线）的\<p\>元素(此特性选择器专门用于 language 特性)
前缀选择器(CSS3)	p[attr^"b"]	任何带有以字母 "b" 开头的特性的\<p\>元素(CSS3)
子字符串选择器(CSS3)	p[attr*"on"]	任何带有包含字母 on 的特性的\<p\>元素(CSS3)
后缀选择器(CSS3)	p[attr$"x"]	任何带有以字母 x 结尾的特性的\<p\>元素(CSS3)

IE 系列浏览器在 IE7 中引入了这些特性选择器。Firefox 浏览器从 Firefox 2 开始支持这些特性选择器。

下面是一个使用这些特性选择器的示例。如下有 7 个不同的段落元素，每一个都包含不同的特性及特性值：

```
<p id="introduction">Here's paragraph one; each paragraph has different attributes.</p>
<p id="summary">Here's paragraph two; each paragraph has different attributes.</p>
<p class="important HTML">Here's paragraph three; each paragraph has different attributes.</p>
<p language="en-us">Here's paragraph four; each paragraph has different attributes.</p>
<p class="begins">Here's paragraph five; each paragraph has different attributes.</p>
<p class="contains">Here's paragraph six; each paragraph has different attributes.</p>
<p class="suffix">Here's paragraph seven; each paragraph has different attributes.</p>
```

使用特性选择器将不同样式规则关联到每一个元素的 CSS 样式表：

```
p[id] {
    border : 1px solid #000000;
}
p[id="summary"] {
    background-color : #999999;
}
p[class~="HTML"] {
    border : 3px solid #000000;
}
p[language|="en"] {
    color : #ffffff;
    background-color : #000000;
}
p[class^="b"]{
    border : 3px solid #333333;
}
p[class*="on"] {
    color : #ffffff; background-color:#333333;
}
p[class$="x"] {
    border : 1px solid #333333;
}
```

在图 8-2 中可以看到页面效果。

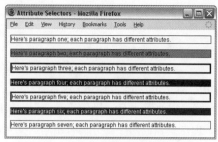

图 8-2　使用特性选择器的页面效果

所有选择器都应该与应匹配元素名称的大小写形式相匹配。

作为总体规则，Chrome、Safari、Firefox 以及 IE9+支持所有 CSS 选择器。IE8 是 IE 浏览器中支持 CSS2 选择器的第一个版本。更早版本的 IE 浏览器不支持最基本的选择器。

8.3　CSS3 选择器

CSS3 有很多不同的选择器，很难确定应使用哪一类选择器。在介绍新的 CSS3 选择器时，会提供这些选择器的一些实例，读者可以在项目中使用它们。

8.3.1　组合器

假定读者以前使用过 CSS，就肯定遇到过组合器。读者肯定知道后继组合器，之所以叫这个名称，是因为它们会选择出给定元素在文档树中的子元素。简言之，后继组合器可以选择出一个元素中某元素类型的所有实例，例如 article p {...}。

相反，子组合器只选择父元素中的直接子元素，它使用大于(>)操作符。因此，article > p {...}会选择出 article 的子段落，但不会选择 article 下嵌套在 section 中的段落，如下面的代码示例所示：

```
article > p {
    font-size:125%;
}
```

下一个组合器是邻近同级组合器，它选择文档树中彼此相邻且有相同父元素的元素。以上面的例子为例，使用+操作符编写 h2 + p {...}，就只给每个 section 中的起始段落设置样式(假定它们都使用 h2 标题)：

```
h2 + p {
    font-weight:bold;
}
```

下面的代码说明了各个选择器会选择什么段落：

```
<article>
  <h1>Article Title</h1>
  <p>...</p><!-- Child combinator targets this paragraph -->
  <section>
    <h2>Section Title</h2>
    <p>...</p><!-- Adjacent sibling combinator targets this paragraph -->
```

```
    <p>...</p>
  </section>
  <p>...</p><!-- Child combinator targets this paragraph -->
</article>
```

前面都是 CSS2.1 包含的组合器示例，那么 CSS3 包含什么组合器呢？

CSS3 添加了一般同级组合器，它使用波浪(~)操作符。使用一般同级组合器时，第二个选择器不必紧跟在第一个选择器后面，但选择器的两个部分仍有相同的父元素。扩展前面的例子，可以使用一般同级组合器，选择深度嵌套的 section 中的 ul：

```
h3 ~ ul {
list-style-type:binary;
}
<article>
  <h1>Article Title</h1>
  <p>...</p><!-- Child combinator targets this paragraph -->
<section>
  <h2>Section Title</h2>
  <p>...</p><!-- Adjacent sibling combinator targets this paragraph -->
  <p>...</p>
  <ul>
      <li>...</li>
      <li>...</li>
      <li>...</li>
  </ul>
  <section>
    <h3>Section Title</h3>
    <p>...</p>
    <p>...</p>
    <ul><!-- General sibling combinator targets this list -->
      <li>...</li>
      <li>...</li>
      <li>...</li>
    </ul>
  </section>
</section>
  <p>...</p><!-- Child combinator targets this paragraph -->
</article>
```

上面演示了 CSS 中组合器的功能，尤其是 CSS3 允许我们更多地控制所选择的元素。

8.3.2 特性选择器和子串选择器

前面提到，CSS2.1 引入了特性选择器。CSS3 增加了工具集中的子串选择器数量，扩展了可用特性选择器的列表。这意味着现在可以选择一条规则，根据特性值将 CSS 样式应用于元素。稍后将介绍如何使用它们设置文档下载链接或电子邮件地址的样式，但先回顾一下 CSS2.1 的特性选择器和子串选择器。

如果给定的特性存在，最基本的特性选择器就允许设置元素的样式。例如，使用如下代码，可以设置带 title 特性的缩写元素：

```
abbr[title] {
    border-bottom:1px dotted #000;
}
```

使用 required 特性，可以指出需要的字段：

```
input[required] {
    background:url(img/mandatory-icon.png) 100% 50% no-repeat;
    padding-right:20px;
}
```

使用等号(=)操作符，特性选择器可以为给定的特性匹配特定的值，例如复选框：

```
input[type="checkbox"] {
    width:20px;
    height:20px;
}
```

接下来，可以使用波浪(~)操作符从用空格分隔的值列表中选择特定的特性值。这常常用于带有微格式或微数据的内容，这种内容常常使用多个特性值：

```
<a ... rel="external license">...</a>
```

选择 rel 特性值为 license 的 CSS 规则如下：

```
a[rel~="license"] {
    background:url(img/copyright.png) 100% 50% no-repeat;
    padding-right:20px;
}
```

最后一个 CSS2.1 特性选择器用得不多，但如果在包含多种语言的站点上工作，就可以使用它。竖杠(|)操作符允许在带连字符的列表中选择以特定值开头的元素。假定要选择指定了英语作为语言的锚，但不考虑语言是英国英语(en-GB)还是美国英语(en-US)(因为它们都包含 "en")。

```
a[hreflang|="en"] {
        border-bottom:3px double #000;
}
```

最后两个示例引入的两个操作符可以用于特性值的子串匹配。CSS3 又进了一步，使用^、$和*操作符提供了另外 3 个子串选择器。它们都非常有用，可以用于确保标记非常干净，没有不必要的类，同时提升用户的体验。

1. ^特性子串选择器

脱字符(^)与子串选择器相关，表示 "以子串开头"。使用它可以从内容中选择出所有外部链接，并添加一个小图标，以表示它们都是外部链接。下面的代码使用^特性子串选择器为以 http://开头的所有链接添加背景图像和页边距：

```
a[href^="http://"] {
        background:url(img/external.png) 100% 50% no-repeat;
        padding-right:15px;
}
```

在图 8-3 中，外部链接在锚的最后添加了一个小图标。这个小图标由一个方框和一个指向外部的箭头组成，它已成为表示外部链接的被广泛接受的符号。

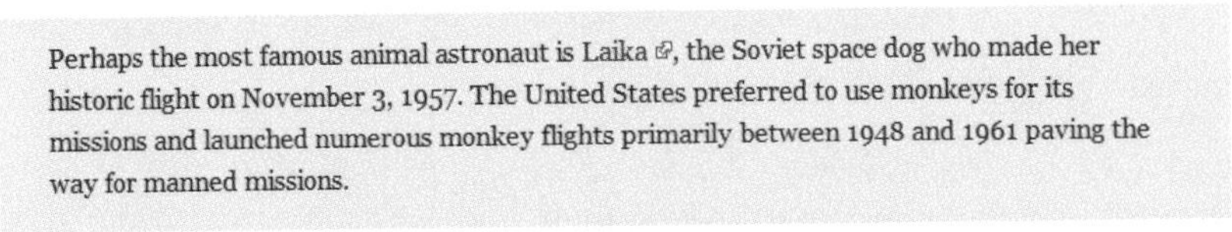

> Perhaps the most famous animal astronaut is Laika ↗, the Soviet space dog who made her historic flight on November 3, 1957. The United States preferred to use monkeys for its missions and launched numerous monkey flights primarily between 1948 and 1961 paving the way for manned missions.

图 8-3　用^特性子串选择器指定样式的外部链接

这是给外部链接快速添加图标的杰出方式，但可能有一些以 http://开头的链接不是外部链接，例如指向自己网站的链接。此时不希望显示这个图标。为了解决这个问题，可以在最初规则下的面再添加一条规则(因为它们的特性是相同的)，对于域的外部链接，将属性置空。^操作符仍保留，因为链接可能位于站点的各个页面上。

```
a[href^="http://"] {
        background:url(img/external.png) 100% 50% no-repeat;
        padding-right:15px;
}
a[href^="http://thewebevolved.com"] {
        background:none;
        padding-right:0;
}
```

图 8-4 显示了结果。其中有两个外部链接用图标表示，而为内部链接("numerous monkeys")删除了图标。

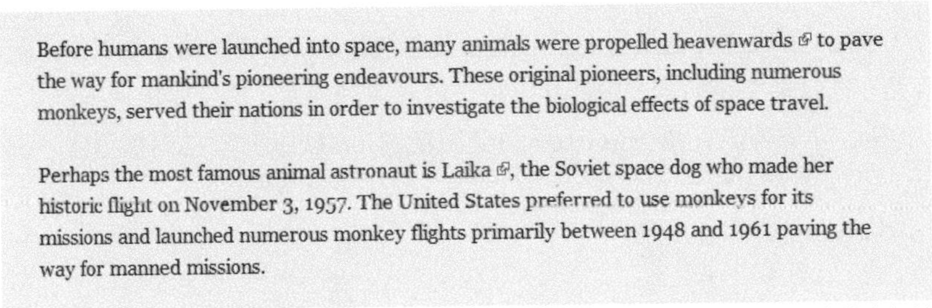

> Before humans were launched into space, many animals were propelled heavenwards ↗ to pave the way for mankind's pioneering endeavours. These original pioneers, including numerous monkeys, served their nations in order to investigate the biological effects of space travel.
>
> Perhaps the most famous animal astronaut is Laika ↗, the Soviet space dog who made her historic flight on November 3, 1957. The United States preferred to use monkeys for its missions and launched numerous monkey flights primarily between 1948 and 1961 paving the way for manned missions.

图 8-4　用^特性子串选择器设置样式的外部链接，以及没有设置样式的以 http://开头的内部链接

^操作符的另一个用途是选择以 mailto:字符串开头的电子邮件地址链接，并添加图标和页边距。

```
a[href^="mailto:"] {
        background:url(img/email.png) 100% 50% no-repeat;
        padding-right:15px;
}
```

2. $子串特性选择器

前面介绍了^子串特性选择器，下面看看$子串特性选择器，语法与^相同。常见用法包括添加图标，表示文档下载的不同文件类型，或者表示不同的种子类型。

为了表示指向 PDF 文档的链接，可以使用如下样式：

```
a[href$=".pdf"] {
        background:url(img/pdf.png) 100% 50% no-repeat;
```

```
        padding-right:18px;
}
```

在图 8-5 中，已将文本"Life magazine"链接到一个 PDF 文档。使用上述代码后，就把一个小的 PDF 图标添加到了链接上。

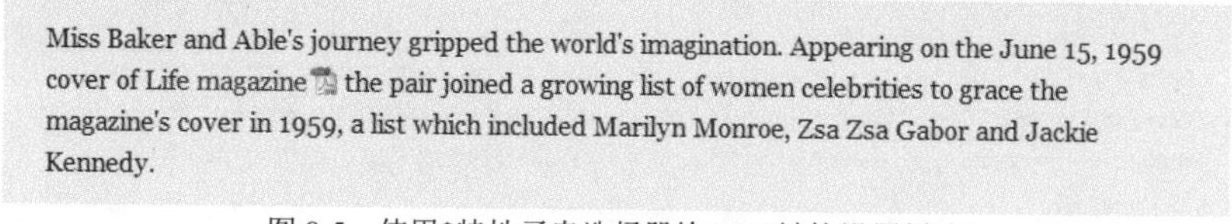

Miss Baker and Able's journey gripped the world's imagination. Appearing on the June 15, 1959 cover of Life magazine 📄 the pair joined a growing list of women celebrities to grace the magazine's cover in 1959, a list which included Marilyn Monroe, Zsa Zsa Gabor and Jackie Kennedy.

图 8-5　使用$特性子串选择器给 PDF 链接设置样式

使用这种方法可以选择任意文件类型，例如.doc、.jpg 或.xml。

3. *子串特性选择器

要介绍的最后一个子串选择器使用星号*操作符，表示"包含"。它允许选择应用了多个类的元素，还可以用于选择锚中的特定域。下面的示例用它突出显示链接到某个人微博账户的锚，结果如图 8-6 所示。

```
a[href*="twitter"] {
        background:url(img/twitter.png) 100% 50% no-repeat;
        padding-right:20px;
}
```

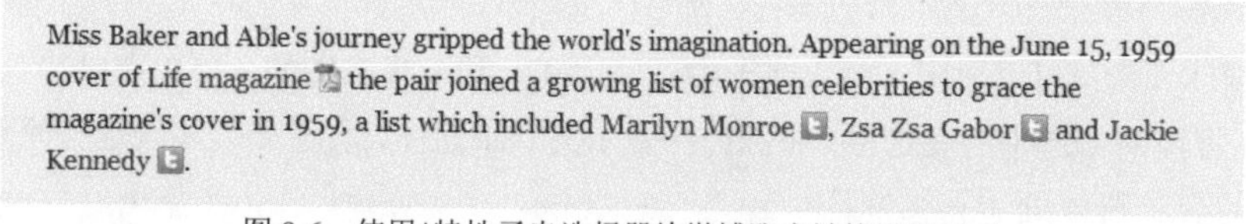

Miss Baker and Able's journey gripped the world's imagination. Appearing on the June 15, 1959 cover of Life magazine 📄 the pair joined a growing list of women celebrities to grace the magazine's cover in 1959, a list which included Marilyn Monroe 📧, Zsa Zsa Gabor 📧 and Jackie Kennedy 📧.

图 8-6　使用*特性子串选择器给微博账户链接设置样式

使用^操作符和值 http://twitter.com 可以得到相同的结果，但使用*操作符可以节省一些字节。根据微博地址(例如 http://twitter.com/ZsaZsa)给某个微博链接设置不同的样式时，*子串选择器就会表现出其真正强大的功能。为了简明起见，所有的链接都包含 twitter，如前面的示例所示，但只有一个链接包含 ZsaZsa：

```
a[href*="ZsaZsa"] {
        background:url(img/twitter.png) 100% 50% no-repeat;
        padding-right:20px;
        color:#ff0;
}
```

使用*操作符和 XFN 微格式还可以表示我们与朋友、家人和其他人的关系状态。例如，如果希望表示 Marilyn Monroe 是我们的甜心，标记就应如下所示：

```
<a href="http://twitter.com/marilynmonroe" rel="met sweetheart friend">Marilyn Monroe</a>
```

rel 特性有 3 个值，所以很难使用^或$操作符来选择，因此*(包含)就是一种选择，与 CSS 2.1 的波浪字符(~)一样，~也可以用于这种情形，因为值是用空白分隔的。对于这个示例，我们使用新的 CSS3 子串选择器*：

```
a[rel*="sweetheart"] {
        background:url(img/sweetheart.png) 100% 50% no-repeat;
        padding-right:20px;
}
```

现在，Marilyn Monroe 就是我们的甜心，如图 8-7 所示。

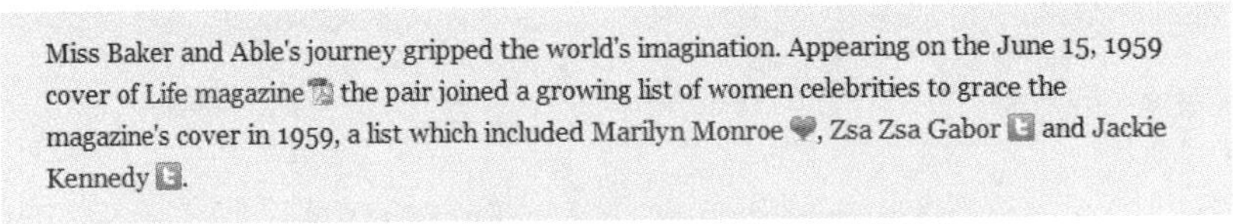

Miss Baker and Able's journey gripped the world's imagination. Appearing on the June 15, 1959 cover of Life magazine the pair joined a growing list of women celebrities to grace the magazine's cover in 1959, a list which included Marilyn Monroe, Zsa Zsa Gabor and Jackie Kennedy.

图 8-7　使用*特性子串选择器设置甜心关系的样式

但此时可能有一个问题：Marilyn 的微博图标消失了。这是因为两个样式规则有相同的级别，a[rel * = "sweetheart"] {...}规则在样式表的底部。要解决这个问题，可以给 sweetheart 规则添加一些额外的空白，使用多张背景图像，把两个图标放在不同的位置。

```
a[rel*="sweetheart"] {
        background:
          url(img/sweetheart.png) 100% 50% no-repeat,
          url(img/twitter.png) 85% 50% no-repeat;
        padding-right:40px;
}
```

8.3.3　UI 元素状态伪类

大多数窗体元素都可以启用、禁用或选中。使用 UI 元素状态伪类，可以在这些元素处于特定状态时选择它们，例如选中的复选框。下面介绍基本的登录窗体，看看如何实现这些元素状态伪类。图 8-8 显示的登录窗体处于正常状态。

Login
Username
e.g. hello@webevolved.com
Password
Remember me
Login

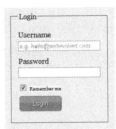

图 8-8　处于正常状态的登录窗体

现在假定用户名、密码字段和登录按钮都被禁用了。HTML 标记如下所示，其中的 disabled 特性在需要时应用。

```
<form action="">
<fieldset>
<legend>Login</legend>

<label for="uname">Username
<input type="text" id="uname" placeholder="e.g. hello@webevolved.com" disabled />
</label>

<label for="password">Password
```

```
<input type="password" id="password" disabled />
</label>

<input type="checkbox" id="rememberme" checked disabled />
<label for="rememberme">Remember me</label>

<input type="submit" value="Login" id="login" disabled />

</fieldset>
</form>
```

现在需要给字段设置样式，以说明它们是被禁用的。要给这些状态设置样式，可以在需要它们的元素(这里是所有的<input>元素)上使用:disabled 伪类。

```
input:disabled {
        background:#999;
        border:1px solid #666;
}
```

前面把禁用字段和按钮的背景色设置为灰色，使它们看起来不是"激活的"或可单击的，如图 8-9 的右图所示。

图 8-9　使用:disabled、:enabled 和:checked UI 元素状态伪类

:checked 和:enabled 伪类的工作方式相同。从图 8-9 左边的窗体可以看出，复选框旁边的 "Remember me" 标签(使用相邻同级组合器)是突出显示的，我们还使用不同的边框颜色突出显示了启用的字段(使用特性选择器确保较高的级别)。

```
input[type="checkbox"]:checked + label {
        display:inline;
        background: #F9FDA2;
}

input[type="text"]:enabled, input[type="password"]:enabled {
        border:1px solid #75aadb;
}
```

这些 UI 元素状态伪类是可切换的(选中/未选中)，当激活状态时，就应用它们。使用它们可以给用户提供有用的可视化反馈，提升站点用户的体验，并且不需要花费太多的精力。

另外，在选择器模块的外部，还有另一个包含伪类的模块，就是 CSS Basic User Interface Module Level 3。在这个模块中，有一些 UI 状态伪类类似于上述伪类，它们是：

default	必需
valid	可选
invalid	只读

in-range	读/写
out-of-range	

这些伪类与 HTML5 窗体一起使用时非常有用，浏览器支持情况类似于 CSS3 选择器。

8.3.4 :target 伪类

CSS3 引入了新的:target 伪类。在选中的元素成为链接的活动目标(指向它的 URL 的片段标识符)时，就可以使用:target。片段标识符在页面的特定元素(例如#flight)上称为锚或 ID。单击以片段标识符结尾的链接时，链接指向的元素就成为:target。

给:target 指定样式的方式与:hover 或:focus 相同。具体示例非常多，比如 FAQ 的简单列表、目录页面、页内导航和脚注。

下面的示例突出显示了页内导航中链接的页面部分。这是页面的基本标记：

```html
<article>
<hgroup>
<h1>Miss Baker</h1>
<h2>First Lady of Space</h2>
</hgroup>
<nav>
<ol>
  <li><a href="#introduction">Introduction</a></li>
  <li><a href="#flight">Flight</a></li>
  <li><a href="#mission">Mission</a></li>
  <li><a href="#retirement">Retirement</a></li>
</ol>
</nav>
<div id="introduction">
  <p>...</p>
</div>
<section id="flight">
  <h1>Miss Baker's Historic Flight</h1>
  ...
</section>
<section id="mission">
  <h1>The Mission</h1>
  ...
</section>
<aside>
  <h1>The US Space Program</h1>
  ...
</aside>
<section id="retirement">
  <h1>Life in Retirement</h1>
  ...
</section>
<footer>
  ...
</footer>
</article>
```

注意每个<section>和<div>元素都有自己的 ID。接着在<nav>中给这些 ID 添加对应的锚。这就提供了使用:target 所需的片段标识符(ID)。

下面添加一条规则，在导航中单击时，突出显示对应的部分。将:target 添加给带 ID(片段标识符)的元素而不是锚。因为有两种带片段标识符的元素，所以给选择器分组，以便给<section>和<div>元素分别添加规则：

```
section:target, div:target {
background: #F9FDA2;
}
```

图 8-10 显示了单击锚时突出显示的部分。为了更进一步，可以使用 CSS 动画使背景色连续变化。

图 8-10　使用:target 伪类突出显示的部分

当然，给所有类型的元素应用:target 是非常麻烦的，但可以使用通用选择器(*)解决这个问题，如下面的代码所示。但是使用*选择器对站点性能有负面影响，所以应小心使用。

```
*:target {
background: #F9FDA2;
}
```

给 CSS 添加一条简单的规则，可以帮助用户弄清楚在通过页内链接导航时，他们处在文档的什么位置。

另一个例子是创建一个基本的、只有 CSS 的选项卡界面，类似于使用:target 和 JavaScript 创建的界面。下面是带选项卡的面板和相关导航功能的简化标记：

```
<article>
<h1>Features</h1>
<a href="#s-one">One</a> | <a href="#s-two">Two</a> | <a href="#s-three">Three</a> | <a href="#s-four">Four</a>
<div>
<section id="s-one">
  <h1>Section One</h1>
  <p>Lorem ipsum dolor set amet.</p>
```

```
</section>
<section id="s-two">
  <h1>Section Two</h1>
  <p>Lorem ipsum dolor set amet.</p>
</section>
<section id="s-three">
  <h1>Section Three</h1>
  <p>Lorem ipsum dolor set amet.</p>
</section>
<section id="s-four">
  <h1>Section Four</h1>
  <p>Lorem ipsum dolor set amet.</p>
</section>
</div>
</article>
```

带选项卡的区域放在<article>中，再包含在导航链接中，之后是一个<div>(用于指定样式)和几个<section>，每个<section>都有唯一的 ID，每个锚都被链接到唯一的 ID。注意这里没有使用<nav>标记，也没有把导航项放在列表中。

现在把基本的样式应用于 article、div 和 section，指定它们的绝对位置，用作选项卡的内容区域。

```
article, div {
        position:relative;
}
section {
        display:block;
        position:absolute;
        top:10px;
        left:0;
        background:#333;
        color:#fff;
        width:100%;
        min-height:400px;
}
```

下一步是激活:target 伪类。我们要把它应用于每个 section，修改 z-index 属性，使该部分显示在其他部分的上面。注意，:target 被应用于带片段标识符(而不是锚)的元素。因为这个示例很简单，所以可以创建一条规则，以选择文档中的所有部分。

```
section:target {
        z-index:2;
}
```

为了确保第一个选项卡在页面初次加载时可见，使用:first-of-type 选择器，修改其 z-index 属性:

```
section:target,
section:first-of-type {
        z-index:2;
}
```

这会提供一个基本的、仅包含 CSS 的选项卡切换器。下一步是以某种方式使活动的选项卡突出显示。为此，需要在标记中选中 section 上面的锚。在本例中，section 是外部 div 的子元素，div 是锚的同级元素。这就存在一个问题：只使用 CSS，无法选中父元素，因为 CSS 本质上是"级联的"。而突出显示激活的选项卡需要父元素。为了解决这个问题，需要给每个锚添加 ID，如下所示：

```
<a href="#one" id="one">One</a> | <a href="#two" id="two">Two</a> | <a href="#three" id="three">Three</a> | <a href="#four" id="four">Four</a>
```

接着给锚应用:target，设置活动状态：

```
a:target {
        background:#f5f5f5;
        font-weight:bold;
}
```

这解决了活动选项卡的问题，但破坏了带选项卡的面板，其中的选项卡不能再切换了。为了解决这个问题，使用子串选择器和邻近同级组合器来选择每个 section。

```
#one:target ~ div > section#s-one,
#two:target ~ div > section#s-two,
#three:target ~ div > section#s-three,
#four:target ~ div > section#s-four,
section:first-of-type {
        z-index:2;
}
```

规则是选中每个 section 元素，这些 section 元素是 div 元素的子元素(使用>操作符)，而 div 是标记中锚的邻近元素(使用~操作符)。还包含默认的 section:first-of-type 规则，确保在页面加载时突出显示第一个 section。因为不能使用 CSS 选择父元素，所以不能把锚放在 ul 或 nav 元素中。如果以这种方式编写标记，就表示上述规则不能实现。所以，这里使用 CSS3 的:target 伪类建立一个简单的、带选项卡的界面，如图 8-11 所示。

图 8-11　使用 CSS3 的:target 伪类建立带选项卡的界面

8.3.5　结构伪类

前面介绍了几个伪类：:target 和 UI 元素状态伪类。下面看看功能超级强大的结构伪类。这些选择器允许给 DOM 中的元素或元素的某些部分设置样式，但如果不添加 ID 或类，这些元素或元素的某些部分就不能使用其他选择器选择。最初使用它们是为了尽可能减少在标记中添加额外的类，包括在源代码中添加的类和使用 JavaScript 库(如 jQuery)动态添加的类。

只有一个结构伪类不是在 CSS3 中引入的，但在此也会介绍这个在 CSS2.1 中引入的结构伪类:first-child。下面就开始介绍结构伪类。

1. :first-child

你可能给列表中的第一项或帖子中的第一段添加了 first 类，但在此将介绍如何避免这么做。顾名思义，:first-child 允许在文档树中选择给定元素的第一个子元素。

以本章前面的示例页面为例，假定要对引言中的第一段文字增大字号，加粗字体。为此，可以在 ID 为 introduction 的 div 中，给段落使用:first-child 伪类。

```
div#introduction p:first-child {
        font-size:18px;
        font-weight:bold;
}
```

图 8-12 显示了结果。

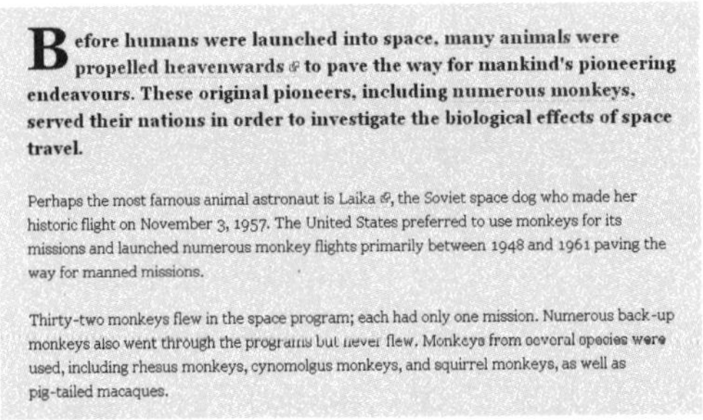
Before humans were launched into space, many animals were propelled heavenwards to pave the way for mankind's pioneering endeavours. These original pioneers, including numerous monkeys, served their nations in order to investigate the biological effects of space travel.
Perhaps the most famous animal astronaut is Laika, the Soviet space dog who made her historic flight on November 3, 1957. The United States preferred to use monkeys for its missions and launched numerous monkey flights primarily between 1948 and 1961 paving the way for manned missions.
Thirty-two monkeys flew in the space program; each had only one mission. Numerous back-up monkeys also went through the programs but never flew. Monkeys from several species were used, including rhesus monkeys, cynomolgus monkeys, and squirrel monkeys, as well as pig-tailed macaques.

图 8-12　使用:first-child 伪类对第一段文字增大字号

注意：

在 Internet Explorer 7 中，:first-child 会产生一个非常奇怪的错误。如果将一个注释放在要选择的第一个元素的前面，IE7 就会将这个注释看作第一个子元素，因此不会将规则应用于要选择的元素。解决方法就是移动注释。

2. :last-child

这个选择器有助于选择最后一个子元素，它也是第一个 CSS3 伪类。图 8-13 显示了一个示例导航菜单，其中的每一项都有右边框。

使用:last-child 可以删除最后一个列表项的右边框，如下所示：

```
nav li:last-child {
        border-right:0;
}
```

在图 8-14 中可以看出，最后一个列表项的右边框被删除了。

Introduction
Flight
Mission
Retirement

图 8-13　导航菜单的每一项都有右边框

Introduction
Flight
Mission
Retirement

图 8-14　导航菜单中最后一项的右边框被删除了

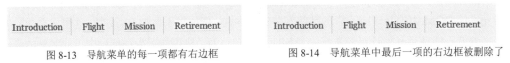

3. :nth-child

:nth-child 伪类使事情开始变得复杂起来，因为需要先使用数学知识。

:nth-child伪类允许选择给定父元素的一个或多个特定的子元素。它可以将数字(整数)、关键字(odd或even)或计算式(表达式)作为参数。给图 8-15 所示的HTML数据表设置样式时，使用:nth-child 非常方便。

首先使用关键字 even，给表中的偶数行添加背景色，创建斑马纹效果。

```
tr:nth-child(even) td {
        background-color:#eee;
}
```

图 8-16 显示了带斑马纹效果的 HTML 数据表。

Year	Shuttle	Type of Animal	Name
1947	V2 Rocket	Fruit Flies	N/A
1949	V2 Flight	Rhesus Monkey	Albert II
1950	V5 Flight	Mouse	N/A
1951	R1 IIIA-1	Dogs	Tsygan & Dezik
1957	Sputnik	Dog	Laika
1958	Jupiter IRBM AM-13	Monkey	Gordo
1959	Jupiter IRBM AM-18	Monkies	Able & Miss Baker
1960	Sputnik 5	Dogs	Belka & Strelka
1961	Mercury Atlas-5	Chimpanzee	Enos
1963	Unknown	Cat	Felix

图 8-15　带简单样式的 HTML 数据表

Year	Shuttle	Type of Animal	Name
1947	V2 Rocket	Fruit Flies	N/A
1949	V2 Flight	Rhesus Monkey	Albert II
1950	V5 Flight	Mouse	N/A
1951	R1 IIIA-1	Dogs	Tsygan & Dezik
1957	Sputnik	Dog	Laika
1958	Jupiter IRBM AM-13	Monkey	Gordo
1959	Jupiter IRBM AM-18	Monkies	Able & Miss Baker
1960	Sputnik 5	Dogs	Belka & Strelka
1961	Mercury Atlas-5	Chimpanzee	Enos
1963	Unknown	Cat	Felix

图 8-16　使用:nth-child 添加了斑马纹效果的 HTML 数据表

对于前面的示例，使用表达式 2n 或 2n+0(含义是"每隔一行指定样式")也能实现相同的效果。

```
tr:nth-child(2n) td {
        background-color:#eee;
}
```

如果希望颠倒该效果，将背景色应用于奇数行，就可以使用 odd 关键字或表达式 2n+1，表示"从第一行开始，每隔一行指定样式"。下面的示例能产生相同的效果：

```
tr:nth-child(odd) td {
        background-color:#eee;
}
tr:nth-child(2n+1) td {
        background-color:#eee;
}
```

下面增加一点复杂性。使用与前面类似的表达式，假定要每隔三行选择一行数据，可以使用如下代码：

```
tr:nth-child(4n) td {
        background-color:#eee;
}
```

如果从第二行开始，每隔三行选择一行数据，该怎么办？

```
tr:nth-child(4n+2) td {
        background-color:#eee;
}
```

可以看出这里有一种模式。下面要选出班级中希望从后往前数数的聪明孩子。假定要给表中的前 5 行设置样式。为此，可以给 n 使用负值：

```
tr:nth-child(-n+5) td {
        background-color:#eee;
}
```

4. :nth-last-child

使用尽可能少的标记设置样式的另一个选项是:nth-last-child 伪类，它与:nth-child 基本相同，但从最后一个元素开始计数。使用与前面示例相同的表达式，会突出显示表中的最后 5 行数据。注意，前面的示例会突出显示表中的前 5 行数据。

```
tr:nth-last-child(-n+5) td {
        background-color:#eee;
}
```

与:nth-child 相同，:nth-last-child 也接收 odd 和 even 参数，不一定要给 n 赋予负值。

5. :only-child

还有一个"子元素"伪类:only-child，它会选择出父元素的唯一子元素。如果一个动态生成的列表只包含一项，使用它就很方便，此时可以减少空白。

```
ul li:only-child {
            margin-bottom:2em;
}
```

6. :first-of-type

"类型"伪类的工作方式与"子元素"伪类相同，关键区别在于"类型"伪类只选择与应用了选择器的元素相同类型的元素。不能保证没有不同的子元素时，就可以使用"类型"伪类。例如，如果把<hr>放在段落之间，使用:first-of-type 就可以确保只选择段落。

以前面的:first-child 示例为例，可以把<div id="introduction">用作样式关联。使用:first-of-type，可以编写如下代码：

```
div#introduction p:first-of-type {
        font-size:18px;
        font-weight:bold;
}
```

为了增加趣味性，可以组合使用:first-of-type 和 CSS1 中的::first-letter 伪元素，给引言中第一段的第一个字母设置样式，如图 8-17 所示。CSS3 给伪元素引入了新的双冒号语法(::)，以区分它们和伪类(如:hover)。下面是双冒号语法示例：

```
div#introduction p:first-of-type::first-letter {
        font-size:60px;
        float:left;
        width:auto;
        height:50px;
```

```
        line-height:1;
        margin-right:5px;
}
```

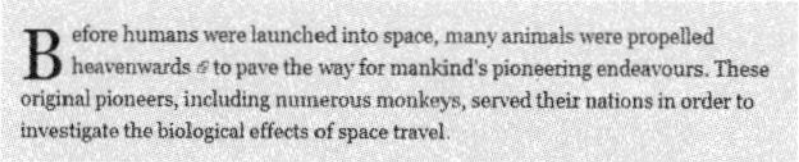

图 8-17　使用 CSS 伪选择器给第一段的第一个字母设置样式

7. :last-of-type

与:first-of-type 一样，使用:last-of-type 也可以实现与:last-child 相同的效果。要删除最后一个菜单项的右边框，可以使用如下代码：

```
nav li:last-of-type {
        border-right:0;
}
```

8. :nth-of-type

:nth-of-type 的工作方式与:nth-child 相同，使用的语法也相同。但是，如果在要选择的元素之间有其他元素，:nth-of-type 就比:nth-child 更有效。在下面的示例中，section 有一个标题，其后是动物图片列表：

```
<section id="animals">
<h1>Animals in Space</h1>
<ul>
  <li><img src="img/fly.png" alt="Fruit Flies" /></li>
  <li><img src="img/albert.png" alt="Albert II" /></li>
  <li><img src="img/mouse.png" alt="Mouse" /></li>
  <li><img src="img/tsygan.png" alt="Tsygan" /></li>
  <li><img src="img/laika.png" alt="Laika" /></li>
  <li><img src="img/gordo.png" alt="Gordo" /></li>
  <li><img src="img/baker.png" alt="Miss Baker" /></li>
  <li><img src="img/belka.png" alt="Belka & Strelka" /></li>
  <li><img src="img/enos.png" alt="Enos" /></li>
  <li><img src="img/felix.png" alt="Felix" /></li>
</ul>
</section>
```

现在，删除列表创建的项目符号，使每个列表项浮动起来，再添加一些页边距。

```
#animals ul {
        list-style-type:none;
}
#animals li {
        float:left;
        width:200px;
        text-align:center;
        margin-right:2em;
        margin-bottom:2em;
}
```

图8-18 显示了效果，可以看出，页边距使第三个列表项移动到新行。问题在于该设计要求每一行应有三幅图像。

:nth-of-type 的新用法是，每隔两个列表项选择一个列表项(3n)，删除其右边的页边距，确保它不会显示到下一行上。效果如图8-19所示。

```
#animals li:nth-of-type(3n) {
        margin-right:0;
}
```

图 8-18　动物图片列表　　　　图 8-19　动物图片列表，每一行有三张动物图片

与:nth-child 相同，也可以使用表达式(2n+1)或关键字(odd 或 even)来选择特定的元素。

还可以使用:nth-of-type 和表达式 li:nth-of-type(1){...}选择组中的第一项，效果与使用:first-of-type 相同。

9. :nth-last-of-type

使用:nth-last-of-type(1) {...}与使用:last-of-type 相同，但将:nth-last-of-type 与表达式一起使用，可以从最后一项向前数，与:nth-last-child 类似。以 nth-of-type 示例为例，添加很大的左页边距，会将最后一张动物图片移到中间，如图8-20所示。

```
#animals li:nth-last-of-type(1) {
        margin-left:232px;
}
```

10. :only-of-type

:only-of-type 选择父元素中的子元素，在父元素中，不再有这种类型的其他子元素。一篇文章可能包含几张图片，但如果只包含一张图片，就希望用另一种方式来处理，例如使其显示完整的宽度。此时就可以使用:only-of-type。

```
article img:only-of-type {
Width:100%;
}
```

图 8-20　动物图片列表，最后一张动物图片居中

11. :empty

:empty 是一个非常有用的伪类，它表示没有内容的元素。假定页面上有一个动态生成的、没有内容的 aside，就可以使用:empty 隐藏它：

```
aside:empty {
        display:none;
}
```

注意：

如果浏览器在元素中发现了字符，甚至只是发现了空白，就会显示该元素，因为它已不再正确匹配:empty 选择器。可以在标记中添加 HTML 注释，但要确保元素中没有空白。

12. :root

不能忽略的一个结构伪类是:root。在 HTML 中，文档的根总是<html>元素，这就是:root 选择的元素。:root 的工作方式如下：

```
:root {
        background-color:red;
}
```

8.3.6　伪元素

前面简要介绍了::first-letter 伪元素，CSS3 给伪元素引入了新的双冒号语法(::)，以区分它们和伪类。这种新语法被应用于 CSS1 和 CSS2 中的如下伪元素：

::first-letter　::first-line　::before　::after

1. ::before 和::after

::before 和::after 伪元素用于在元素的内容(或另一个伪元素)之前或之后生成内容。其中，“在元素的内容之后”很重要。这意味着对于有空内容模式的元素，例如<img>或<input>，不能使用::before

和::after。

::before 和::after 有许多符合规则的用例，如下所示。为这些伪元素生成的内容由 content 属性提供，它可以带有如下一个或多个值。

- 字符串：文本内容。
- URI：外部资源(如图像)的 URI。
- 计数器：自动生成元素的编号。
- 特性值：带有指定特性值的字符串。
- 左右引号：值用引号属性中指定的字符串替代。
- 无左右引号：没有引入内容，但增加了嵌套层数。

下面先添加字符串。要在每个<figcaption>元素之前插入"Figure:"，可以编写如下代码：

```
figcaption::before {
    content:"Figure:";
}
```

字符串必须用引号括起来。也可以包含 Unicode 字符，这些字符必须用反斜杠(\)转义。在下面的示例中，要在返回页面顶部的链接末尾添加一个向上箭头(Unicode 2191)。HTML 代码段如下：

```
<p><a href="#top">Back to top</a></p>
```

使用::after 伪元素添加箭头的 CSS 规则如下，如图 8-21 所示，它使用特性选择器只选择带#top href 的锚：

```
a[href="#top"]::after {
    content:" \2191";
}
```

Back to top ↑

图 8-21　在元素的内容之后添加一个箭头符号

下面使用 content 属性追加一个特性值。这个示例显示锚获得焦点(或鼠标悬停在锚上)时链接的 URL。只有外部链接才有这个效果，所以使用本章前面介绍的^子串特性选择器。

```
a[href^="http://"]:hover::after, a[href^="http://"]:focus::after {
    content:attr(href);
    position:absolute;
    width:auto;
    bottom:-22px;
    left:0;
    padding:0 5px;
    color:#fff;
}
```

前面使用 content 属性和带 href 参数的 attr 值。接着将内容放在链接的下面。

最后，为了说明如何组合几个值，添加一个字符串("External Link")和 href 特性：

```
a[href^="http://"]:hover::after, a[href^="http://"]:focus::after {
```

```
        content:"External Link " attr(href);
        position:absolute;
        width:auto;
        bottom:-22px;
        left:0;
        padding:0 5px;
        color:#fff;
    }
```

2. 进一步研究伪元素

伪元素的潜能很大，范围也很广，包括页面翻卷、自动给各部分或各章编号等。甚至可以在打印的样式表中包含 URL。支持伪元素的浏览器在增加，尽管从 CSS 2.1 才开始支持，但它有助于删除那些用于设置样式的不必要的 div。

8.3.7　否定伪类

最后要介绍的选择器是否定伪类:not()。在许多方面，它的工作方式与其他选择器相反，因为它允许选择不匹配选择器的参数的元素，但实用性是相同的——可能会越来越多地使用它。

一个主要示例是给不是 Submit 按钮的所有窗体输入设置样式：

```
input:not([type="submit"]) {
        width:250px;
        border:1px solid #333;}
```

这样就不需要给 Submit 按钮添加一个额外的类来设置样式了。从另一个角度看，不需要给所有其他的<input>元素添加类。标记看起来很少。

还可以在测试过程中使用否定伪类捕获验证功能没有捕获的部分。例如，如果希望看到所有未指定 title 特性的缩写词，只需要使用如下代码：

```
abbr:not([title]) {
        outline:2px dotted red;
}
```

图 8-22 显示了使用:not()伪类显示的虚点线。

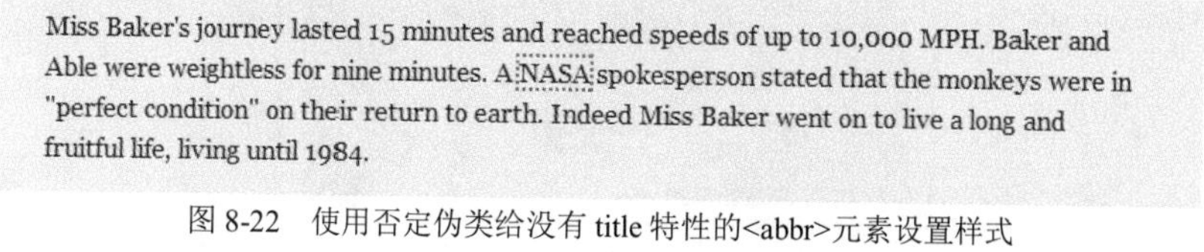

Miss Baker's journey lasted 15 minutes and reached speeds of up to 10,000 MPH. Baker and Able were weightless for nine minutes. A NASA spokesperson stated that the monkeys were in "perfect condition" on their return to earth. Indeed Miss Baker went on to live a long and fruitful life, living until 1984.

图 8-22　使用否定伪类给没有 title 特性的<abbr>元素设置样式

可以使用相同的技术突出显示没有指定 alt 特性的图像：

```
img:not([alt]) {
        outline:2px dotted red;
}
```

在测试过程中可以添加诊断 CSS 来捕获和改正所有这些错误。准备部署到站点上时，只需要删除文件即可。

8.4　浏览器支持

CSS3 选择器在 IE9+、Firefox 3.5+、Chrome 4+、Safari 4+和 Opera 10+中获得了完全支持。IE6、IE7 和 IE8 不支持 CSS3 选择器，IE7 和 IE8 支持一般同级组合器、:first-child 和所有特性选择器，但使用内置的 JavaScript 或 jQuery 库编写填充物程序，就可以解决这个问题。对于 Internet Explorer，给选择器分组，如果 IE 遇到一个它不理解的选择器，它就会忽略整条规则。例如：

```
ul li:nth-child(3n), ul li.last {
    margin-right: 0;
}
```

IE 就不会识别这条规则，所以需要将它们拆分为多条规则，如下所示：

```
ul li:nth-child(3n) {
    margin-right: 0;
}
ul li.last {
    margin-right: 0;
}
```

8.6　应用实例

例 8-1：演示 CSS 的简单应用，效果如图 8-23 所示。

图 8-23　CSS 的简单应用效果

1. 实例分析

(1) 设置页面宽度和居中。

(2) 设置标题和作者居中。

(3) 设置图像大小。

(4) 控制段落文字大小、行高和首行缩进。

(5) 对第一行的第一个字符进行首字下沉。

(6) 文字选中后表现为黑底白字。

(7) 红色文字部分的实现。

2. HTML 代码

```
<!DOCTYPE html>
<html>
<head>
<title>CSS 的简单应用</title>
<link href="css8-13.css" rel="stylesheet" type="text/css" />
</head>
<body>
<div id="container">
    <h1>桃花源记</h1>
    <h2>作者：陶渊明</h2>
    <p class="firstpara">晋太元中，武陵人捕鱼为业。缘溪行，忘路之远近。忽逢桃花林，夹岸数百步，中无杂树，芳草
鲜美，落英缤纷，渔人甚异之。复前行，欲穷其林。</p>
    <p>林尽水源，便得一山，山有小口，仿佛若有光。便舍船，从口入。初极狭，才通人。复行数十步，豁然开朗。土
地平旷，屋舍俨然，有良田美池桑竹之属。阡陌交通，鸡犬相闻。其中往来种作，男女衣着，悉如外人。黄发垂髫，并怡然
自乐。</p>
    <p>见渔人，乃大惊，问所从来。具答之。便要还家，设酒杀鸡作食。村中闻有此人，咸来问讯。自云先世避秦时乱，
率妻子邑人来此绝境，不复出焉，遂与外人间隔。问今是何世，乃不知有汉，无论魏晋。此人一一为具言所闻，皆叹惋。余
人各复延至其家，皆出酒食。停数日，辞去。此中人语云："不足为外人道也。" <br />
    <span>(间隔　一作：隔绝)</span>
    </p>
    <p>既出，得其船，便扶向路，处处志之。及郡下，诣太守，说如此。太守即遣人随其往，寻向所志，遂迷，不复得
路。</p>
    <p>南阳刘子骥，高尚士也，闻之，欣然规往。未果，寻病终，后遂无问津者。</p>
    <img src="images/garden.jpg" class="pic" />
</div>
</body>
</html>
```

3. CSS 代码

```
body{
    text-align:center;              /*居中对齐*/
}
#container{
    width:720px;                    /*宽度*/
    margin:0 auto;                  /*外边距*/
}
p{
    text-align:left;                /*左对齐*/
    text-indent:2em;                /*首行缩进 2 个字符*/
    font-size:13px;                 /*字体大小*/
    line-height:1.3;                /*1.3 倍行高*/
}
.pic{
```

```
    width:720px;                        /*宽度*/
}
h1{
    font-size:24px;                     /*字体大小*/
}
h2{
    font-size:13px;                     /*字体大小*/
    color:#cccccc;                      /*颜色*/
}
p span{
    font-weight:bold;                   /*粗体*/
    color:red;                          /*颜色*/
}
/*段落文字被选中时的样式*/
p::selection{
    background-color:black;             /*背景色*/
    color:white;                        /*颜色*/
}
.firstpara{
    text-indent:0;                      /*首行缩进 0 个字符*/
}
/*引用样式.firstpara 的第一个字符样式*/
.firstpara::first-letter{
    font-size:30px;                     /*字体大小*/
    float:left;                         /*浮动*/
    font-weight:bold;                   /*粗体*/
}
```

4．代码分析

(1) 样式 body 改写<body>标记样式，设置页面内容居中，页面中的所有元素如果没有进一步明确说明，则都居中显示。

```
body{
    text-align:center;                  /*居中对齐*/
}
```

(2) 将页面内容加入 div 容器中：<div id="container">…</div>。样式#container 设置窗口的宽度和外边距。

```
#container{
    width:720px;                        /*宽度*/
    margin:0 auto;                      /*外边距*/
}
```

(3) 标记选择器 p 对所有段落设置样式，字体大小为 13 像素，1.3 倍行高，首行缩进两个字符，并设置段落为左对齐。

```
p{
    text-align:left;                    /*左对齐*/
    text-indent:2em;                    /*首行缩进两个字符*/
```

```
        font-size:13px;              /*字体大小*/
        line-height:1.3;             /*1.3 倍行高*/
}
```

(4) 标记选择器 h1 和 h2 设置标题 1 和标题 2 的样式。

```
h1{
        font-size:24px;              /*字体大小*/
}
h2{
        font-size:13px;               /*字体大小*/
        color:#cccccc;               /*颜色*/
}
```

(5) 包含选择器 p span 设置段落中<span>元素的样式为红色粗体，为文字 "(间隔 一作：隔绝)" 应用该样式。

```
p span{
        font-weight:bold;            /*粗体*/
        color:red;                   /*颜色*/
}
```

(6) 伪对象选择器 p::selection 对段落中被选择的文字设置黑底白字的反选效果。

```
p::selection{
        background-color:black;      /*背景色*/
        color:white;                 /*颜色*/
}
```

8.7　本章小结

本章介绍了 CSS 选择器、:target 伪类以及否定伪类。然后简要论述了 CSS 2.1 中生成内容的伪元素::before 和::after，了解它们如何与 HTML5 的内容相结合，并介绍 CSS3 中新的双冒号语法。

使用强大的 CSS3 选择器，不必在标记中添加必要的类和 ID，就能将内容和显示方式彼此分开。本章介绍了 CSS3 选择器如何在元素组中选择第一个元素、最后一个元素、奇数项和偶数项元素，以及如何使用表达式和元素选择元素组。还介绍了如何使用否定伪类进行测试和诊断，如何在合适的地方添加生成的内容，如何使用:target 和 UI 元素状态伪类提供更好的反馈和用户体验。

8.8　思考和练习

1. 创建一个诊断样式表，用它测试站点，选择出空特性或缺失的值。

2. 分析一些站点，确定可以在哪里使用强大的 CSS3 选择器，而不需要在标记中添加类或 ID。应包含本章介绍的许多选择器，然后使用::before 和::after 伪元素集成一些生成的内容。

3. 使用:target 选择器，建立一个仅有 CSS 的图像库。

4. 在 CSS3 中，有哪几种不同类型的选择器？

5. 后代选择器匹配一个元素的所有后代元素，例如 table b{color:red;}表示什么？

6. CSS 中的类选择符在定义前要有什么指示符？

7. 什么是多元素选择器？

8. 什么是通用选择器？

第9章

文本与字体

长期以来，Web 页面排版是一个被很多人忽略的领域。尽管 Photoshop 或 InDesign 等编辑软件在字体方面有很多改进，但浏览器仍然必须使用非常基本、有限的字体技术。这种状况随着 CSS3 的出现而发生了改变。在深入介绍 CSS3 新提供的字体工具之前，先要了解"字体"的含义和 Web 字体的概念。在本章中，将介绍如何使用 CSS 来控制页面的样式风格，包括字体的颜色与大小、线型的宽度与颜色，以及使用 CSS3 调整字体的不同方式。

本章的学习目标：
- 了解字库和字体的概念
- 掌握使用 CSS 控制文本的基本方法
- 了解 Web 字体的概念及发展历史
- 掌握使用@font-face 指令自定义字体
- 掌握使用 CSS3 控制字体的不同方式

9.1 用 CSS 控制文本

在 CSS 中，有些属性可以用来控制文档中文本的外观。这些属性分成两组：
- 直接影响字体及其外观的属性(包括使用的字库，是否为正体、粗体或斜体，以及文本尺寸等)。
- 具有的效果与所用字体无关的属性，包括文本颜色、单词或字母间的距离等。

表 9-1 列出了直接影响字体的属性。

表 9-1 字 体 属 性

属　　性	作　　用
font	允许将下面多个属性联合成为一个属性
font-family	指定应该使用的字库或字体族
font-size	指定字体大小
font-weight	指定字体应为正常或粗体
font-style	指定字体应为正常、斜体或伪斜体
font-variant	指定字体应为正常或小型大写字母

在详细介绍这些属性之前，先来了解一下印刷学中的一些关键术语。其中最重要的就是，字体与字库是两个不同的概念。

9.1.1　字库和字体

● "字库"是字体族，如 Arial 字体族。

● "字体"是字体族的特定成员，如 Arial 12 号粗体。

字体族通常属于两个群体之一：serif 或 sans-serif 字体。serif 字体在字母中带有额外的曲线。例如，在图 9-1 中，第一个字母"1"在顶端与底部都包含所谓的"衬线"；而 sans-serif 字体的字母则拥有笔直的端点，如图 9-1 中的第二组示例所示。

第三类常见的字体族是等宽字体。等宽字体中每个字母的宽度都相同，而非等宽字体对于不同字母宽度也不同。例如 serif 与 sans-serif 字体中，字母 l 通常要比字母 m 窄。

serif 字体　　　　sans-serif 字体　　　　等宽字体

图 9-1　三类字体族

下面示例中的文本段落会被重复使用，而每一个<p>元素则带有不同的 class 特性值。

```
<p class="sans-serif">Here is some text in a sans-serif font.</p>
<p class="serif">Here is some text in a serif font.</p>
<p class="monospace">Here is some text in a monospaced font.</p>
```

可以通过为每个段落编写独立的规则，来观察不同的属性如何对<p>元素产生影响。可以在 CSS 选择器中使用 class 特性的值来创建每次只应用于一个<p>元素的规则。

9.1.2　font-family 属性

font-family 属性能够指定应用 CSS 规则的元素中所有文本应使用的字库。

在选择字型时，浏览器只能在计算机中已经安装对应字库的情况下才能以指定字体显示 HTML 文本。这就是为什么在浏览网站时，大多数网站都依赖访问 Web 的计算机中都会安装的一小组字库，特别是 Arial、Courier/Courier New、Georgia、Times/Times New Roman 以及 Verdana，其中，Arial 与 Verdana 尤其受欢迎，因为它们被认为易于在线阅读。

为了对这一问题有所帮助，可以指定一个字型列表。如果用户在计算机中没有安装指定的第一选择字库，浏览器能够尝试以第二甚至第三选择字库显示文本。列表中的每种字库都使用逗号分隔，而如果名称中包含空格(如 times new roman 或 courier new)，则应该将字库名称放在双引号中，如下所示：

```
p.sans-serif {
    font-family : arial, verdana, sans-serif;
}
p.serif {
    font-family : times, "times new roman", serif;
}
```

```
p.monospace {
    font-family : courier, "courier new", monospace;
}
```

图 9-2 展示了效果。可以看到为每个段落使用的不同字库。

图 9-2　每个段落使用不同的字库

上例中的每个字库列表都以所谓的"通用字体名称"(sans-serif、serif 以及 monospace)结束。即，每台计算机都应安装对应于 5 种通用字体族(sans-serif、serif、monospace、cursive 以及 fantasy)之一的字体，如果无法找到指定的字库，则可以选择使用与通用字体族对应的字体，如表 9-2 所示。

表 9-2　通用字体名称

通用字体名称	字 体 类 型	示　　　例
serif	带衬线字体	Times
sans-serif	无衬线字体	Arial
monospace	固定宽度字体	Courier
cursive	模拟手写字体	Comic Sans
fantasy	用于标题等的装饰字体	**Impact**

选择字体列表时需要考虑的一件事是，每种字体的高度与宽度可能不同，因此需要选择一组尺寸类似的字体。例如，Courier New 很矮很宽，因此如果它是第一选择的话，将 Impact 作为第二选择明显不合适，因为 Impact 很高很窄。

9.1.3　font-size 属性

font-size 属性能够为字体设置尺寸。可以经常看到该属性的值以像素为单位，例如：

```
p.twelve {
    font-size : 12px;
}
```

不过，其实可以以很多种方式为该属性提供值。

● 长度。

```
px em ex pt in cm pc mm rem vw vh
```

● 绝对尺寸：每一个值都对应一个固定尺寸。

```
xx-small x-small small medium large x-large xx-large
```

● 相对尺寸：该值与周围文本相关联。

smaller larger

● 百分比：计算该部分相对于父元素的百分比。

2% 10% 25% 50% 100%

下例中使用上述每一种方式指定 font-size 属性的值：

```
p.one {
    font-size : xx-small;
}
p.twelve {
    font-size : 12px;
}
p.thirteen {
    font-size : 3pc;
}
p.fourteen {
    font-size : 10%;
}
```

图 9-3 展示了浏览器中上述字体尺寸集合的效果。

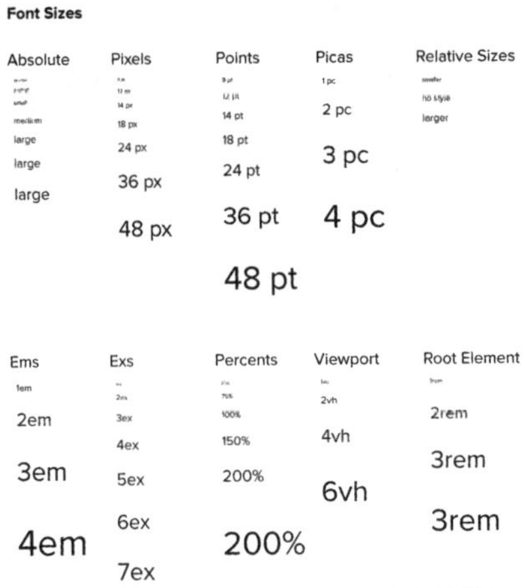

图 9-3　浏览器中上述字体尺寸集合的效果

9.1.4　font-weight 属性

大多数字体都有不同的变体，如粗体及斜体。当印刷商创建一种新字体时，通常还会为粗体再单独创建较粗版本。

浏览器通常会使用一种算法将正常版本的字体加粗，而不是使用字体的粗体版本。因为使用了算法，所以意味着还可以创建较细版本的字体。这就是 font-weight 属性的用途。

font-weight 属性的可能取值为：

normal　bold　bolder　lighter　100　200　300　400　500　600　700　800　900

下例中使用了其中的几种取值(ch07_eg04.css)：

```
p.one {
    font-weight : normal;
}
p.two {
    font-weight : bold;
}
p.three {
    font-weight : normal;
}
p.three span {
    font-weight : bolder;
}
p.four {
    font-weight : bold;
}
p.four span {
    font-weight : lighter;
}
p.five {
    font-weight : 100;
}
p.six {
    font-weight : 200;
}
```

图 9-4 展示了这些值在浏览器中的效果。

图 9-4 font-weight 属性的各种取值在浏览器中的效果

在这些值中,bold 最常用。不过,你可能也见过使用 normal 的情况(尤其当一大段文本已经加粗时,必须创建一些非加粗文本作为特例的情况)。

9.1.5 font-style 属性

font-style 属性能够指定字体应为 normal、italic 还是 oblique。这些也是 font-style 属性的值,例如:

```
p.one {
    font-style : normal;
}
p.two {
    font-style : italic;
}
```

```
p.three {
    font-style : oblique;
}
```

图 9-5 展示了浏览器中这些值的效果。

图 9-5　font-style 属性的各种取值在浏览器中的效果

在印刷学中，字体的斜体(italic)版本通常是一种基于笔迹的特殊风格版本，而伪斜体(oblique)版本则是将正常版本倾斜一定角度来使用。在 CSS 中，当指定 font-style 属性为 italic 时，浏览器通常会取字体的正常版本，然后简单倾斜一定角度进行渲染(与你所期待的使用伪斜体时应有的效果一样)。

9.1.6　font-variant 属性

font-variant 属性有两个可能的取值：normal 及 small-caps。小型大写字体就像是较小版本的大写字母集合。

例如，在下面的段落中，包含一个带有 class 特性的\<span>元素：

```
<p>This is a normal font, but then <span class="smallcaps">there
are some small caps</span> in the middle.</p>
```

现在看一下样式表：

```
p {
    font-variant : normal;
}
span.smallcaps {
    font-variant : small-caps;
}
```

如图 9-6 所示，与\<span>元素相关联的规则指定其内容应该以小型大写字母显示。

图 9-6　\<span>元素的内容以小型大写字母显示

9.2　用 CSS 格式化文本

除影响字体的属性外，还有一些属性可用于影响文本的外观或格式，它们独立于显示文本的字体，如表 9-3 所示。

表 9-3　文本格式化属性

属　　性	作　　用
color	指定文本颜色
text-align	指定文本在包含元素中水平对齐
vertical-align	指定文本在包含元素中垂直对齐
text-decoration	指定文本是否应具有下画线、上画线或中画线
text-indent	指定从左侧边框起对文本进行缩进
text-transform	指定元素内容应全部为大写、小写，或首字母大写
text-shadow	指定文本应具有投影
letter-spacing	控制字符间宽度(即印刷设计师熟知的"字距")
word-spacing	控制单词间的距离
white-space	指定空格是否应该被压缩、保留或阻止换行
direction	指定文本行文方向(类似于 dir 特性)

9.2.1　color 属性

color 属性能够指定文本的颜色。该属性最常见的取值是十六进制颜色代码或颜色名称。例如，下面的规则会使元素内容变成红色。

```
p {
    color : #ff0000;
}
```

9.2.2　text-align 属性

text-align 属性的功能与已经废弃的 align 特性类似。它会将文本在包含元素或浏览器窗口中对齐。表 9-4 给出了 text-align 属性可能的取值。

表 9-4　text-align 属性可能的取值

值	作　　用
left	与包含元素的左边框中的文本对齐
right	与包含元素的右边框中的文本对齐
center	将内容在包含元素中居中放置
justify	将文本宽度拉伸至整个包含元素的宽度
start	于 CSS3 中引入，将行内内容与行内盒子的起始处对齐
end	于 CSS3 中引入，将行内内容与行内盒子的结尾处对齐

图 9-7 展示了这些属性在 500 像素宽的表格中的工作效果。

图 9-7　text-align 属性值在 500 像素宽的表格中的工作效果

下面是要应用于本例中每个表格行的规则：

```
.leftAlign {
    text-align : left;
}
.rightAlign {
    text-align : right;
}
.center {
    text-align : center;
}
.justify {
    text-align : justify;
}
```

9.2.3　vertical-align 属性

vertical-align 属性在使用行内元素时，尤其是图片及文本片段，特别有用。它能够控制这些元素在其包含元素中的垂直定位，例如：

```
span.footnote {
    vertical-align : sub;
}
```

该属性可以有多种取值，如表 9-5 所示。

表 9-5　vertical-align 属性的取值

值	作　　用
baseline	与父元素的基线对齐(此为默认设置)
sub	将元素作为下角标。对于图片，其顶端应处于基线上。对于文本，字体主体的顶端应处于基线上
super	将元素作为上角标。对于图片，其底部应与字体顶端对齐。对于文本，下探部分(g 与 p 等字母位于文本线以下的部分)的底部应与字体主体的顶端对齐
top	将文本顶端及图片顶端与行内最高元素的顶端对齐
text-top	将文本顶端及图片顶端与行内最高文本的顶端对齐
middle	将元素的垂直中点与父元素的垂直中点对齐
bottom	将文本底部及图片底部与行内最低元素的底部对齐
text-bottom	将文本底部及图片底部与行内最低文本的底部对齐

该属性的取值还可以是 inherit、长度值或百分比值。

9.2.4 text-decoration 属性

text-decoration 属性能够使用表 9-6 中的值。

表 9-6 text-decoration 属性的取值

值	作 用
underline	在内容下方添加一条线
overline	在内容顶部之上添加一条线
line-through	添加一条从中间穿过内容的线，如中画线。总体而言，该值应只用于指定标记为删除的文本
none	移除元素中的任何文本装饰

下例在不同段落中使用了这些属性值：

```
p.underline {
    text-decoration : underline;
}
p.overline {
    text-decoration : overline;
}
p.line-through {
    text-decoration : line-through;
}
```

图 9-8 展示了这些属性值在 Firefox 浏览器中的效果。

图 9-8 text-decoration 属性值的工作效果

9.2.5 text-indent 属性

text-indent 属性能够在元素中缩进文本的第一行。在下面的例子中，为第二个段落应用了该属性：

```
<p>This paragraph should be aligned with the left-hand side of the browser. </p>
<p class="indent">Just the first line of this paragraph should be indented by
3 em, this should not apply to any subsequent lines in the same paragraph. </p>
```

如下是用于缩进第二个段落的规则：

```
.indent {
    text-indent : 3em;
}
```

图 9-9 展示了效果。

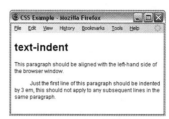

图 9-9　text-indent 属性的效果

9.2.6　text-shadow 属性

text-shadow 属性被用于创建投影，即文本背后稍有偏移的深色版本。该属性经常用于打印媒体，而它的受欢迎程度使它获得了属于自己的 CSS 属性。该属性的值相当复杂，因为它需要一个颜色参数以及三个长度参数：

```
.dropShadow {
    text-shadow : #999999 10px 10px 3px;
}
```

在指定颜色参数之后，前两个长度参数指定投影落下的位置应该离原始文本多远(使用 X 及 Y 坐标)，而第三个长度参数则指定投影应具有的模糊程度。

所有主流浏览器都支持该属性，包括 IE10 及其后续版本。图 9-10 展示了本例在 Safari 浏览器中的效果。

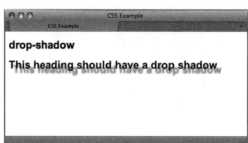

图 9-10　用 text-shadow 属性创建的投影在 Safari 浏览器中的效果

9.2.7　text-transform 属性

text-transform 属性能够指定元素内容的大小写形式，取值如表 9-7 所示。

表 9-7　text-transform 属性的取值

值	作　　用
none	不发生变化
capitalize	每个单词的首字母大写
uppercase	将元素的全部内容设置为大写
lowercase	将元素的全部内容设置为小写

为演示该属性，在下面的示例中有 4 个段落：

```
<p class="none">This text has not been transformed</p>
```

```
<p class="capitalize">The first letter of each word will be capitalized</p>
<p class="uppercase">All of this text will be uppercase</p>
<p class="lowercase">ALL OF THIS TEXT WILL BE LOWERCASE</p>
```

在以下样式中可以看到 text-transform 属性所用的 4 种不同取值：

```
p.none {
    text-transform : none;
}
p.capitalize {
    text-transform : capitalize;
}
p.uppercase {
    text-transform : uppercase;
}
p.lowercase {
    text-transform : lowercase;
}
```

图 9-11 展示了以上各个段落在浏览器中应用样式后的效果。

图 9-11　各个段落在浏览器中应用样式后的效果

9.2.8　letter-spacing 属性

letter-spacing 属性控制着一种被印刷设计师称作 "字距" 的东西：字符间的空隙。松字距的字符之间有很大空间，而紧字距则表示字符挤在一起。若没有设置字距，则字符间采用字体的正常间距。

如果需要增加或缩小字符间的空间，则很可能会以像素或 "em" 为单位进行设置(不过，其实可以使用 CSS 支持的任何长度单位。如果有一段文本的字符间距发生了改动，那么可以使用关键字 normal 指定元素不应带有任何字距。

下例中的第一段使用了普通字距。第二段展示了字符间距为 3 个像素时的效果。第三段展示了字符间距为 0.5em 时的效果。最后一段展示了在普通间距基础上削减 1 像素时的效果：

```
.two {
    letter-spacing : 3px;
}
.three {
    letter-spacing : 0.5em;
}
.four {
    letter-spacing : -1px;
}
```

图 9-12 给出了本例在浏览器中的效果。

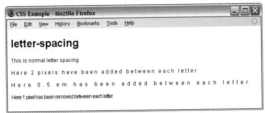

图 9-12　浏览器中的字距效果

9.2.9　word-spacing 属性

word-spacing 属性设置单词间的距离。在下面的例子中，第一段中的单词间为标准间距，第二段中的单词间具有 10 像素的间距，而最后一段中的单词间在普通间距的基础上削减 1 像素。

```
.two {
    word-spacing : 10px;
}
.three {
    word-spacing : -1px;
}
```

图 9-13 展示了本例的效果。

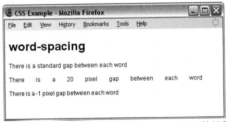

图 9-13　使用 word-spacing 属性设置单词间距的效果

9.2.10　white-space 属性

浏览器会将两个或多个相邻的空格压缩成一个空格，并且会将回车符也变为空格。white-space 属性控制空格是否保留，其提供的功能类似于 HTML <pre>元素，将保留所有空格；或类似于 nowrap 特性，只有在显式告知时，文本才会换行。表 9-8 给出了该属性的取值。

表 9-8　white-space 属性的取值

值	作　用
normal	遵循正常的空格压缩规则
pre	与 HTML<pre>元素相同，保留空格，但格式仍与元素的设置相同(与<pre>元素不同，默认情况下不以等宽字符显示)
nowrap	只有在显式使用 元素指定时才对文本进行换行，否则文本不会换行

例如，可以按如下方式使用 white-space 属性：

```
.pre {
    white-space : pre;
}
.nowrap {
    white-space : nowrap;
}
```

可以在图 9-14 中看到效果。

图 9-14　使用 white-space 属性的两种方式

9.2.11　direction 属性

direction 属性与 dir 特性类似，用于指定文本应该流动的方向。表 9-9 给出了该属性的取值。

表 9-9　direction 属性的取值

值	作　　用
ltr	文本由左向右流动
rtl	文本由右向左流动
inherit	文本的流动方向与父元素相同

例如，如下是指定两个段落分别使用不同文本方向的规则：

```
p.ltr {
    direction : ltr;
}
p.rtl {
    direction : rtl;
}
```

在实践中，该属性的作用与 align 特性相同。当取值为 rtl 时，仅仅简单向右对齐文本，如图 9-15 所示。但需要注意的是，在应该由右向左显示的段落中，句号(或完全停止符)出现在句子的左侧。

图 9-15　direction 属性的应用效果

9.2.12　文本伪类

在学习有关文本的知识时，有两个伪类有助于文本的使用。这两个伪类能够以与元素中其他部分不同的方式渲染元素中的第一个字符或第一行内容。

1. first-letter 伪类

first-letter 伪类能够指定仅适用于元素中首字符的规则。其最常被用于杂志文章或书籍中新页面的第一个字符。

下面的示例中，first-letter 伪类被应用于一个 class 特性值为 introduction 的<p>元素。注意该元素的选择器与 first-letter 伪类之间如何使用冒号分隔：

```
p.introduction:first-letter {
    font-size : 42px;
}
```

图 9-16 显示了 first-letter 伪类的效果。

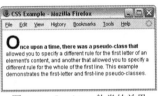

图 9-16　first-letter 伪类的效果

2. first-line 伪类

first-line 伪类能够以与段落中其他部分不同的方式渲染所有段落的第一行。通常，效果是以粗体显示，从而使读者能够看到(文章的)介绍或(诗歌的)第一行。

伪类的名称与元素的选择器之间使用冒号分隔：

```
p.introduction:first-line {
    font-weight : bold;
}
```

在浏览器中尝试本例，因为如果调整窗口尺寸，并使第一行中的文本减少，就可以看到只有第一行文本在浏览器中被赋予新样式。参考图 9-16 以查看 first-line 伪类的使用情况，该图还演示了 first-letter 伪类的效果。

9.3　文本样式化实例

CSS 在 Web 中最常见的任务就是设置文本的样式。在接下来的实例中，为示例网站设置文本样式。

例 9-1：为 Example Cafe 网站设置文本样式。

(1) 启动文本编辑器，创建一个名为 interface.css 的外部样式表文件。将该文件与 Example Cafe 网站的其他文件一样，保存到一个名为 CSS 的独立文件夹中。在样式表的起始处，添加一段解释该样式表用途的注释：

```
/* style sheet for Example Cafe */
```

(2) 默认字体应为 Arial。如果用户未安装 Arial 字体，则建议使用 Verdana 字体。若仍然失败，则使用计算机中默认的 sans-serif 字体。

```
body {
    font-family : arial, verdana, sans-serif;
}
```

(3) 为使标题以不同字体突出显示，设置 Georgia 字体为标题的首选字体，其次为 Times 字体，而最终为默认的 serif 字体。为了以灰色而非黑色显示，使用 color 属性为标题指定颜色(将在下一章中对此进行详细讨论)。因为想使所有标题保持相同的风格，所以应按如下方式指定单一规则：

```
h2 {
    font-family : georgia, times, serif;
    color : #666666;
}
```

(4) 段落中文本的尺寸如果比默认文本尺寸稍小，则效果可能更好，因此将其设置为默认尺寸的 90%，同时将文本设置为深灰色而非黑色。

```
p {
    font-size:90%;
    color:#333333;
}
```

(5) 现在来看一下导航栏。特别要注意的是，需要控制导航栏中链接的外观。为实现该目的，打开 HTML 页面并为包含导航栏的<nav>元素添加 id 特性。

```
<nav id="navigation">
    HOME
    <a href="menu.html">MENU</a>
    <a href="recipes.html">RECIPES</a>
    <a href="opening.html">OPENING</a>
    <a href="contact.html">CONTACT</a>
</nav>
```

(6) 为了添加选择器(用于指定仅选择 id 特性值为 navigation 的元素中所包含的<a>元素)，使用#号后跟 id 特性值的方式指定。以下规则指定这些链接应该以浅蓝色显示，以与徽标相匹配：

```
#navigation a {
    color:#3399cc;
}
```

(7) 默认情况下，链接会以下画线形式显示。可以通过使用值为 none 的 test-decoration 属性移除下画线：

```
#navigation a {
    color : #3399cc;
    text-decoration : none;
}
```

(8) 在 HTML 页面中，需要添加<link>元素以将样式表文件与页面相关联。将如下内容添加到每个页面中：

```
<link rel="stylesheet" href="css/interface.css">
```

现在，示例中的所有页面都使用相同的样式表。首页应与图 9-17 中的效果类似。

在本例中属性只有两个来源：一种是创建的样式表，另一种则是每个浏览器中的默认样式。本例中编写的样式规则覆盖了浏览器的默认样式。

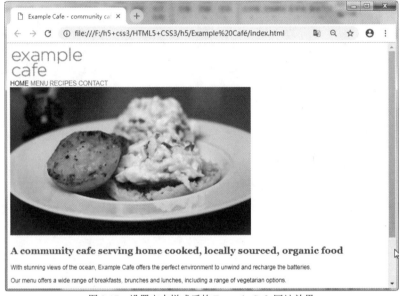

图 9-17　设置文本样式后的 Example Cafe 网站效果

9.4　使用@font-face 自定义字体

@font-face 是 CSS3 Fonts Module 中的一条规则，最初在 2002 年的草案中引入。这条规则通过允许在文档中直接嵌入字体，提供了对 Web 中字体的极大控制能力。

9.4.1　解析@font-face 语法: @font-face 声明

下面看看@font-face 规则。在样式表中声明@font-face 的方式如下：

```
@font-face {
    font-family: bodytext;
    src: url(ideal-sans-serif.woff) format("woff"),
        url(basic-sans-serif.ttf) format("opentype");
}
```

在这条规则中，字体系列声明了使用这个定制字体时用于引用它的名称。例如，在这条规则中指定的字体可以用如下方式使用：

```
p {
```

```
    font: 12px/1.5 bodytext, sans-serif;
  }
```

这会把所有文本显示在\<p\>元素中，字体采用字体系列指定的 bodytext。

属性 src 链接要使用的字体的 URL。

问题是，不是所有的浏览器都理解所有的字体格式(见表 9-7)，所以必须指定一个或多个 URL 以及格式函数，以指定 URL 引用哪种格式。这个例子先声明 WOFF 字体格式的 URL，再声明 OpenType 字体格式的 URL。

在 src 中还可以使用 local()函数，如果字体在本地可用，就显示该字体。这个想法很好，但如果本地字体崩溃了，文本就不会显示。这是一个严重的问题，超出了 Web 开发人员的控制能力。因此，应避免使用本地字体，仅从字体 URL 中读取。

在@font-face 规则中，还可以使用字体描述符，例如 font-weight: bold 或 font-style: italic。这些是指示符，它们会告诉浏览器，在需要时，不要人为地给这些 Web 字体生成粗体或斜体。在把这个 font-face 规则应用于标题时：

```
H2 { font: 16px/1.5 bodytext, sans-serif; font-weight: bold; }
```

浏览器必须生成字体的粗体效果。为了防止这种情形，只需要把 Web 字体描述为粗体，只使用 Web 字体即可：

```
@font-face {
  font-family: bodytext;
  src: url(ideal-sans-serif.woff) format("woff"),
       url(basic-sans-serif.ttf) format("opentype");
  font-weight: bold;
}
```

这对 p 选择器没有影响，但禁止二级标题显示为人为的粗体。

9.4.2　@font-face 的可靠语法

编写应用于所有浏览器的@font-face 规则似乎并不是很困难。其实，这个任务很难。需要确保浏览器只下载指定的几个资源之一，这样页面会很快加载完。有一种语法可以完成这个任务。

```
@font-face {
  font-family: 'MyFontFamily';
  src: url('myfont-webfont.eot');                         /* IE9 Compat Modes */
  src: url('myfont-webfont.eot?iefix') format('eot'),     /* IE6~IE8 */
  url('myfont-webfont.woff') format('woff'),              /* Modern Browsers */
  url('myfont-webfont.ttf')   format('truetype'),         /* Safari, Android, iOS */
  url('myfont-webfont.svg#svgFontName') format('svg');    /* Legacy iOS */
}
```

9.4.3　为网页添加自定义字体的实例

添加自定义字体是一种高级的 CSS 特性，下面通过实例说明这种有些复杂的添加自定义字体的方式。

例 9-2：添加自定义字体，为 Example Cafe 网站增添一些魅力。

(1) 启动文本编辑器，并打开 interface.css 文件，这是网站的 CSS 文件。

(2) 需要将网站中标题元素的默认字体修改为 Droid Serif，这是由 Google Android 团队提供的免费字体。为下载所有需要的版本，并生成嵌入字体所需的 @font-face 代码，请访问 http://www.fontsquirrel.com/fonts/Droid-Serif，并单击 Webfont Kit 按钮，如图 9-18 所示。

图 9-18　下载免费字体

(3) 选择默认选项，然后单击 DOWNLOAD @FONT -FACE KIT 按钮。这样就可以下载一个包含所有不同字体格式、一个 HTML 文件以及一个 CSS 文件的 zip 文件。解压缩该 zip 文件，然后将字体文件移到示例网站中一个名为 fonts 的新文件夹中。

(4) 在 @font-face kit 中打开实例的 stylesheet.css 文件。其中的代码应如下所示：

```
@font-face {
    font-family: 'DroidSerifRegular';
    src: url('DroidSerif-Regular-webfont.eot');
    src: url('DroidSerif-Regular-webfont.eot?#iefix')
        format('embedded-opentype'),
        url('DroidSerif-Regular-webfont.woff') format('woff'),
        url('DroidSerif-Regular-webfont.ttf') format('truetype'),
        url('DroidSerif-Regular-webfont.svg#DroidSerifRegular')
        format('svg');
    font-weight: normal;
    font-style: normal;
}
@font-face {
    font-family: 'DroidSerifItalic';
    src: url('DroidSerif-Italic-webfont.eot');
    src: url('DroidSerif-Italic-webfont.eot?#iefix')
        format('embedded-opentype'),
        url('DroidSerif-Italic-webfont.woff') format('woff'),
        url('DroidSerif-Italic-webfont.ttf') format('truetype'),
        url('DroidSerif-Italic-webfont.svg#DroidSerifItalic')
        format('svg');
```

```
        font-weight: normal;
        font-style: normal;
    }
    @font-face {
        font-family: 'DroidSerifBold';
        src: url('DroidSerif-Bold-webfont.eot');
        src: url('DroidSerif-Bold-webfont.eot?#iefix')
            format('embedded-opentype'),
          url('DroidSerif-Bold-webfont.woff') format('woff'),
          url('DroidSerif-Bold-webfont.ttf') format('truetype'),
          url('DroidSerif-Bold-webfont.svg#DroidSerifBold')
            format('svg');
        font-weight: normal;
        font-style: normal;
    }
    @font-face {
        font-family: 'DroidSerifBoldItalic';
        src: url('DroidSerif-BoldItalic-webfont.eot');
        src: url('DroidSerif-BoldItalic-webfont.eot?#iefix')
            format('embedded-opentype'),
          url('DroidSerif-BoldItalic-webfont.woff') format('woff'),
          url('DroidSerif-BoldItalic-webfont.ttf') format('truetype'),
          url('DroidSerif-BoldItalic-webfont.svg#DroidSerifBoldItalic') format('svg');
        font-weight: normal;
        font-style: normal;
    }
```

(5) 需要调整所有 URL，以便与创建的新的 fonts 子文件夹相匹配。以 DroidSerifRegular 的定义为例，新定义应如下所示：

```
    @font-face {
        font-family: 'DroidSerifRegular';
        src: url('../fonts/DroidSerif-Regular-webfont.eot');
        src: url('../fonts/DroidSerif-Regular-webfont.eot?#iefix')
            format('embedded-opentype'),
          url('../fonts/DroidSerif-Regular-webfont.woff') format('woff'),
          url('../fonts/DroidSerif-Regular-webfont.ttf') format('truetype'),
          url('../fonts/DroidSerif-Regular-webfont.svg#DroidSerifRegular')
            format('svg');
        font-weight: normal;
        font-style: normal;
    }
```

(6) 现在关注于标题元素。标题元素不再使用 Georgia 字体，而是使用 DroidSerifRegular 字体。把 Georgia 字体作为备份，以防自定义字体出现某些问题，或用户使用很旧的浏览器访问网站的情况。新的标题定义应如下所示：

```
    h1, h2, h3, h4 {
        font-family : DroidSerifRegular, georgia, times, serif;
        color : #666666;
    }
```

(7) 现在实例中的所有页面都应该使用相同的样式表，首页如图 9-19 所示。

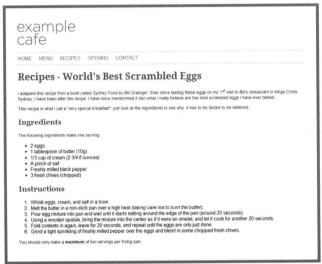

图 9-19　首页效果

@font-face 规则创建了一个新的呈现下载文件的字体族条目。无论何时当需要引用它时，只需要简单引用为文件赋予的短名称。从技术上说，可以使用任何名称为新字体族命名。但选择一个能够准确描述字体的名称，显然更合理。

这种字体格式与@font-face 声明的组合能够提供对 Safari 5.03+、IE6+、Firefox 3.6+、Chrome 8+、iOS 3.2+、Android 2.2+以及 Opera 11+的支持。

9.5　使用 CSS3 调整字体

使用 Web 字体为所有浏览器提供最佳体验时，应确保使用正确的默认字体。首先使用如下代码：

```
html { font-size: 100%; }
```

这会确保在所有浏览器上，内容开始时使用标准的默认字体显示。在桌面上，默认字体大小是 16px。在移动设备上，字体的显示取决于分辨率和设备像素率。

9.5.1　设置 font-family

指定字体系列时，应确保在我们选择的字体不可用时，文本能以可读的格式显示出来。为此，可以设置备选的通用字体。Code Style 是一个很好的字体库(www.codestyle.org/)，CSS Font Stack (http://cssfontstack.com/)是另一个美观的字体库。

```
body {
font-family: 'Helvetica Neue', Helvetica, Arial, sans-serif;
}
```

另外两个常用的通用字体系列是 sans-serif 和 serif。记住它们(尤其是 sans 和 serif 之间的连字符)！还要记住，要把带有空格的字体名放在引号中，例如 'Helvetica Neue'。

9.5.2　设置字号

使用 em 单位设置字号。用 em 指定 font-size 时，得到的字号是 em 值与继承的字号之积。例如：

```
body { font-size: 100%; }
h2 { font-size: 2em; }
```

<h2>元素的字号是 32px。这是相对于基本字号设置字体大小的一种简单方法。如果增大基本字号，其他元素都会自动调整。

设置字号的最流行方式是使用像素。但如果客户机需要较大的文本尺寸，调整所有的文本就比较费劲。如果使用 em，就会比较简单。但如果有三级嵌套，元素样式被高度定制的选择器无意重写后，使用 em 就很难维护。另一个更好的解决方案是使用 rem 单位。

rem 单位允许相对于<html>根元素来设置字号。使用 rem 替代 em，就可以避免 em 的定制问题，修改根元素的字号，使文本统一变大或变小，如表 9-10 所示。

表 9-10　rem 单位的浏览器支持情况

IE	Firefox	Safari	Chrome	Opera
9+	3.6+	5+	5+	11.6+

因此，建议用 rem 单位设置字体，而把 em 单位用作备选。

9.5.3　选择字形的粗细

使用 font-weight 属性可以使文本显示得更粗，它有如下取值。

- 100~900：这些数字构成了一个有序序列，其中每个数字都表示至少与其前任一样粗的值。
- normal：字体的显示效果与 font-weight 指定为 400 的字体一样。
- bold：字体的显示效果与 font-weight 指定为 700 的字体一样。
- bolder：字体比使用继承的 font-weight 值更粗。例如：

```
body { font-weight: normal; }
p { font-weight: bolder; }
```

- lighter：字体比使用继承的 font-weight 值更细。例如：

```
body { font-weight: normal; }
p { font-weight: lighter; }
```

bolder 和 lighter 的准确映射如表 9-11 所示。

表 9-11　bolder 和 lighter 的准确映射

继 承 的 值	bolder	lighter
100	400	100
200	400	100
300	400	100
400	700	100
500	700	100
600	900	400

(续表)

继 承 的 值	bolder	lighter
700	900	400
800	900	700
900	900	700

一个有趣的功能是，浏览器会为没有给 bold 或 light 定义设置的字体生成 bold/light 字体。例如，如果使用 Helvetica Neue Light，把 font-weight 设置为 800，那么因为在用户计算机上，Helvetica Neue Light 默认没有更粗的字体，所以浏览器会生成一个更粗的版本，在屏幕上显示的文本效果如图 9-20 所示。表 9-12 列出了 font-weight 的浏览器支持情况。

This text is rendered with normal font
This text is synthesized

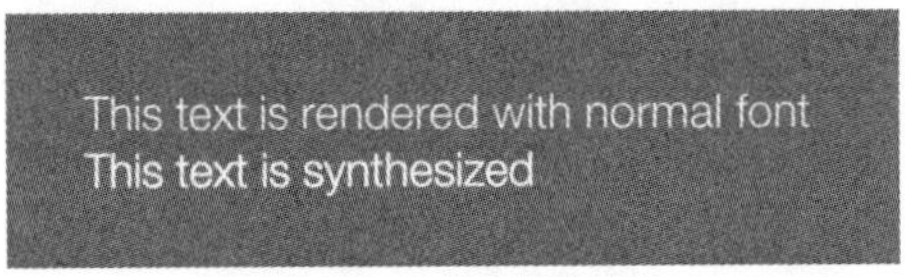

图 9-20　合成的文本

表 9-12　font-weight 的浏览器支持情况

IE	Firefox	Safari	Chrome	Opera
5.5+	1+	1.3+	2+	9.2+

9.5.4　选择正确的字宽

使用 font-stretch，可以从字体系列中选择正常、压缩、扩展的字体。只有 IE9+和 Firefox9+支持它，如表 9-13 所示。

表 9-13　font-stretch 的浏览器支持

IE	Firefox	Safari	Chrome	Opera
9+	9+	-	-	-

9.5.5　设置垂直间距

设置字体时，确保设置 line-height 属性。行高可以是无单位的值，表示任何选择器和从该选择器继承样式的元素都把其行高计算为该无单位的值和当前字号的乘积。最好给大于 1 的 line-height 设置无单位的值，确保文本总是可读的。

9.5.6　用网格设计字体

要在 Web 上显示美观的字体，可以把字体设置为垂直韵律。建立垂直韵律时，垂直间距的基本单位是行高。建立合适的行高，使其可应用于页面上的所有文本(包括标题、主体或边栏)是可靠的垂直韵律的关键，这会鼓励并引导读者继续阅读页面。

有两种方法，一种是使用 em 单位，另一种更简单的方法是使用像素单位。下面是使用了垂直韵律的标记：

<p>There were four of us—George, and William Samuel Harris, and myself, and Montmorency. We were sitting in my room,

smoking, and talking about how bad we were—bad from a medical point of view I mean, of course.</p>

    <p>We were all feeling seedy, and we were getting quite nervous about it.   Harris said he felt such extraordinary fits of giddiness come over him at times, that he hardly knew what he was doing; and then George said that he had fits of giddiness too, and hardly knew what he was doing. With me, it was my liver that was out of order.</p>

    <p class="aside">I knew it was my liver that was out of order, because I had just been reading a patent liver-pill circular, in which were detailed the various symptoms by which a man could tell when his liver was out of order. I had them all.</p>

首先，需要确定垂直韵律的基本单位。接着就可以继续用像素单位或 em 单位实现这个基本单位的倍数。为了提高可读性，基本单位是默认字号的 1.5 倍，根据实现方案中使用的单位，结果是 1.5em 或 24px。下面看看这两种方法。

1. 使用像素

```
body {
    /* font size is 16px */
    font-size: 100%;
    /* Yay, base unit */
    line-height: 24px;
}
p {
/* total space vertically above and below each paragraph equals to one base unit: 24px    */
    margin: 12px 0;
}
```

在这些代码中，建立了基线字体间距。现在开始第一段。它应比其他段落更大，但仍维持垂直韵律。

```
p:first-child {
    font-size: 24px;
}
```

每次声明外边距、内边距、边框时，确保顶部值和底部值的和是基本单位的倍数。尤其要注意，外边距的合并可能破坏垂直韵律，所以需要根据应用于前一个元素的外边距，仔细设计外边距。为这些标记应用这个样式后的效果如图 9-21 所示。可以看出，每一行都正好占满垂直网格。

下面设置最后一段，使其带有边框，字号变小，效果如图 9-22 所示。

```
p:last-child {
    font-size: 12px;
     /* margin-top is already margin-collapsed to be 12px, we now need to allocate rest of the margin to the bottom margin so in total
with border-width it would be a multiple of the base unit */
 margin: 12px 0;
    /* Padding top and bottom is 12px each, total = 24px */
    padding: 12px 0;
}
```

2. 使用 em

```
/* gives us a base font-size of 16px, base line height of 24px on desktop browsers */
body { font-size: 100%; line-height: 1.5em; }
p {
```

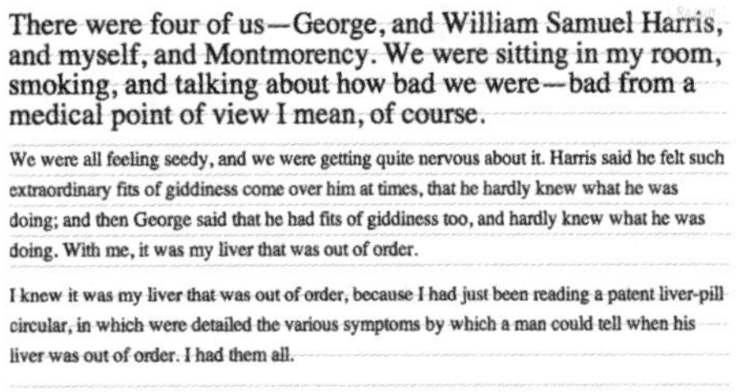
There were four of us—George, and William Samuel Harris, and myself, and Montmorency. We were sitting in my room, smoking, and talking about how bad we were—bad from a medical point of view I mean, of course.
We were all feeling seedy, and we were getting quite nervous about it. Harris said he felt such extraordinary fits of giddiness come over him at times, that he hardly knew what he was doing; and then George said that he had fits of giddiness too, and hardly knew what he was doing. With me, it was my liver that was out of order.
I knew it was my liver that was out of order, because I had just been reading a patent liver-pill circular, in which were detailed the various symptoms by which a man could tell when his liver was out of order. I had them all.

图 9-21　使用垂直韵律和像素，文本正好占满网格

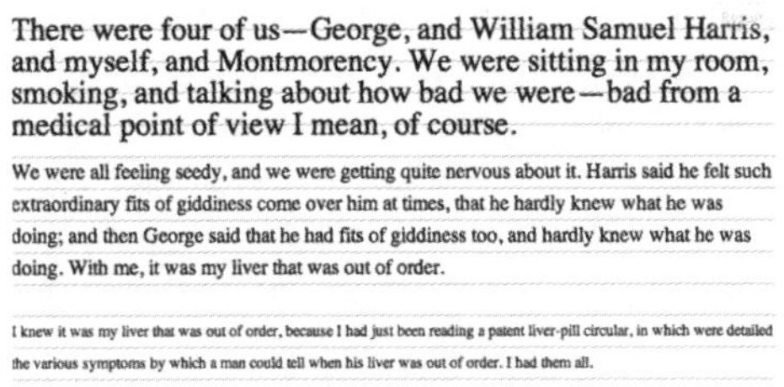
There were four of us—George, and William Samuel Harris, and myself, and Montmorency. We were sitting in my room, smoking, and talking about how bad we were—bad from a medical point of view I mean, of course.
We were all feeling seedy, and we were getting quite nervous about it. Harris said he felt such extraordinary fits of giddiness come over him at times, that he hardly knew what he was doing; and then George said that he had fits of giddiness too, and hardly knew what he was doing. With me, it was my liver that was out of order.
I knew it was my liver that was out of order, because I had just been reading a patent liver-pill circular, in which were detailed the various symptoms by which a man could tell when his liver was out of order. I had them all.

图 9-22　将最后一段的字号变小，但仍占满网格

```
    /* vertical space above and below each paragraph totals to one line: 24px (0.75em = 12px)    */
        margin: 0.75em 0;
    }
    p:first-child {
        /* font-size is now 24px, line-height if not redeclared will be now 36px */
        font-size: 1.5em;
        /* line height is redeclared, now same as font size! 24px */
        line-height: 1em;
        /* vertical space above and below each paragraph totals to one line: 24px    */
        margin: 1em 0;
    }
    p:last-child {
        /* font size is now 12px, line height is redeclared and will be 2*12px = 24px    */
        font-size: 0.75em;
        line-height: 2em;
    /* previous paragraph has margin bottom set to 12px, hence margin collapsing means we cannot set a smaller margin-top    for this selector.    We now need to allocate rest of the margin to the bottom margin (12px/7.2px = 1.667em) so in total with border-width it would be a multiple of the base unit */
        margin: 1em 0;
    /* Padding top and bottom is 12px each, total = 24px */
        padding: 1em 0;
    }
```

图 9-23 显示了为这些标记应用这个样式后的效果。

如果重写其他地方的这些元素的字号，网格就会变乱。对于使用像素的垂直韵律，未设置的元素也会出现相同的问题。

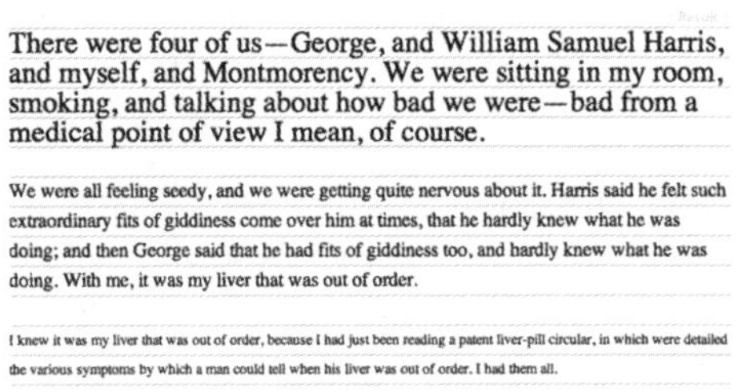
There were four of us—George, and William Samuel Harris, and myself, and Montmorency. We were sitting in my room, smoking, and talking about how bad we were—bad from a medical point of view I mean, of course.
We were all feeling seedy, and we were getting quite nervous about it. Harris said he felt such extraordinary fits of giddiness come over him at times, that he hardly knew what he was doing; and then George said that he had fits of giddiness too, and hardly knew what he was doing. With me, it was my liver that was out of order.
I knew it was my liver that was out of order, because I had just been reading a patent liver-pill circular, in which were detailed the various symptoms by which a man could tell when his liver was out of order. I had them all.

图 9-23　为标记应用样式后的效果

3. 设置网格

如果把网格图像设置为背景，用于即时的可视化验证，那么定义基线网格的这个过程就会简单许多。这有许多方式，但在所有的方式中，都需要提供基本单位。

- 使用插件：gridBuilder(http://gridbuilder.kilianvalkhof.com/)会根据提供的选项生成一幅图像，接着把这幅图像设置为背景图像。
- 使用 CSS 渐变：以这种方式使用重复的渐变来建立网格背景图像。
- 使用书签工具：使用书签工具(http://peol.github.com/960gridder/)的页面上会显示网格。

CSS3 对字体的调整提供了许多支持。下面介绍在 CSS3 中处理字体的一些方式。

9.6　使用 CSS3 控制文本格式

9.6.1　控制文本溢出

文本溢出到块容器外(没有把溢出设置为可见)时，属性 text-overflow 可以控制如何剪切溢出的文本。这个属性可以在如下情形下触发：

- 块元素的 white-space 属性设置为 nowrap。
- 单词长度大于块容器的宽度(针对水平书写的语言，例如英语)。

可以剪切溢出的文本，或者在前几个可见字符后显示省略号(...)，如图 9-24 所示。表 9-14 列出了 text-overflow 的浏览器支持情况。

HTML5 is a language for struct...

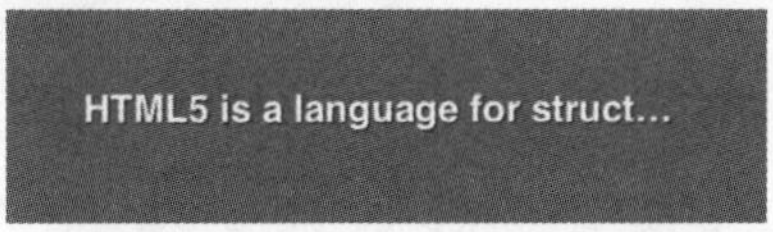

图 9-24　text-overflow: ellipsis 的效果

表 9-14　text-overflow 的浏览器支持情况

IE	Firefox	Safari	Chrome	Opera
6、7、9	7+	1.3+	1.0+	9+、11.0+

9.6.2　从基线开始垂直对齐文本

vertical-align 属性允许相对于父元素设置内联元素的位置。默认情况下，内联元素(例如 b、i、em、img、strong 等)与父元素的基线对齐。但可以调整内联元素的位置，以匹配以下几个选项：baseline(默认)、sub、super、top、text-top、middle、bottom、text-bottom、inherit。还可以用长度单位和百分数设置它们，例如：

```
sup { vertical-align: 30%; }
```

图 9-25 显示了一个例子：字符"1"的 vertical-align 设置为行高的 30%，所以显示在上方。表 9-15 列出了 vertical-align 的浏览器支持情况。

presenting content for the World Wide Web[1]

图 9-25　从基线开始垂直对齐文本

如果希望字符相对于基线上升/下降某个固定的值，就可以使用长度单位。

```
sup { vertical-align: 20px; }
```

表 9-15　vertical-align 的浏览器支持情况

IE	Firefox	Safari	Chrome	Opera
5.5+	1.0+	1.3+	2.0+	9.2+

CSS3 重新定义了 vertical-align 的取值，主要是为了考虑除英语外的其他语言。

9.6.3　控制单词中各个字符之间的空白

letter-spacing 允许设置文本中两个字符之间的距离。负值表示两个字符的间距会收缩。图 9-26 是一个例子，表 9-16 列出了浏览器支持情况。

```
p { letter-spacing: 5px; }
```

在 CSS 中，只能设置统一的字符间距，在文本的两组字符之间添加相同的间距。要调整不同字符组的间距，可以使用 lettering.js(http://letteringjs.com/)，这是一个 jQuery 插件，它把每个字符放在一个带类名的 span 元素中，接着可以使用 span 元素调整每个字符的设置。图 9-27 显示了一个例子。

图 9-26　letter-spacing: 5px 的效果　　　　图 9-27　使用 lettering.js 后的效果

表 9-16　letter-spacing 的浏览器支持情况

IE	Firefox	Safari	Chrome	Opera
5.5+	1+	1.3+	2.0+	9.2+

9.6.4　调整字间距

word-spacing 指定两个字之间的距离。负值表示字间距的缩小。表 9-17 列出了浏览器支持情况。

```
h2 { word-spacing: 2px; }
```

也可以如下方式在块元素上创造性地使用这个属性，防止空白影响它们的位置 (http://jsfiddle.net/nimbu/UrLBk/)，如图 9-28 所示。

图 9-29 显示了另一个例子。

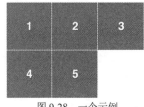

图 9-28　一个示例　　　　　　图 9-29　word-spacing: 20px 的效果

表 9-17　word-spacing 的浏览器支持情况

IE	Firefox	Safari	Chrome	Opera
6+	1+	1.3+	2.0+	9.2+

9.6.5 打断长单词

如果句子包含一个不可打断的单词(例如"antidisestablishmentarianism")，即使超出容器的宽度，浏览器通常也会把它显示在同一行上。使用 word-wrap: break-word 可以告诉浏览器，如果单词过长，超出容器的宽度，就打断它。图 9-30 显示了一个示例，第一个单词太长，超出容器的宽度，为第二个单词使用了 word-wrap:break-word，所以它被打断以适应容器的宽度。表 9-18 列出了 word-wrap: break-word 的浏览器支持情况。

```
h2 { word-wrap: break-word; }
```

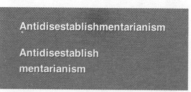

图 9-30 word-wrap: break-word 的效果

表 9-18 word-wrap 的浏览器支持情况

IE	Firefox	Safari	Chrome	Opera
5.5+	3.5+	1.0+	1.0+	10.5+

9.6.6 控制空白和换行符

white-space 属性仅选择如下取值之一，为选定元素处理文本中的空白。

- normal：根据需要压缩空白和换行符，以填满容器(且不显示换行符)。
- nowrap：压缩空白，但不打断行。
- pre：不压缩空白，仅在文本中有换行符或生成的内容"\A"时打断行。
- pre-wrap：与 pre 相同，但如果显示换行符，就在需要时打断行，以填满容器。
- pre-line：与 pre-wrap 相同，但也压缩空格和制表符。

图 9-31 显示了一个例子，表 9-19 列出了浏览器支持情况。

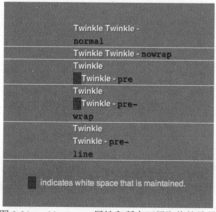

图 9-31 white-space 属性和所有可用取值的效果

表 9-19 white-space 的浏览器支持情况

IE	Firefox	Safari	Chrome	Opera
8+	3.5+	1.3+	2.0+	9.2+

9.6.7 打印断字

多年来，Web 设计人员一直在尝试找到一种解决方法，用连字符调整文本。幸好，在 CSS 中做的大量工作可以对连字符进行一些控制了。

1. 断字

使用 hyphens 属性，可以控制连字符的显示，可用取值如下。

- none：单词不被打断到多个行上。
- manual：如果单词中有换行符，例如软连字符(­)或连字号(-)，单词就被打断到多个行上。
- auto：单词在相应的断字处打断。注意浏览器需要知道使用断字的文本所用的语言，所以这个取值只能用于声明了对应语言的文本(在父元素上用 lang 特性声明，父元素可以是 html 或 body)，以及有正确断字资源的浏览器。

```
h2 { hyphens: auto; }
```

图 9-32 是一个例子，表 9-20 列出了浏览器支持情况。

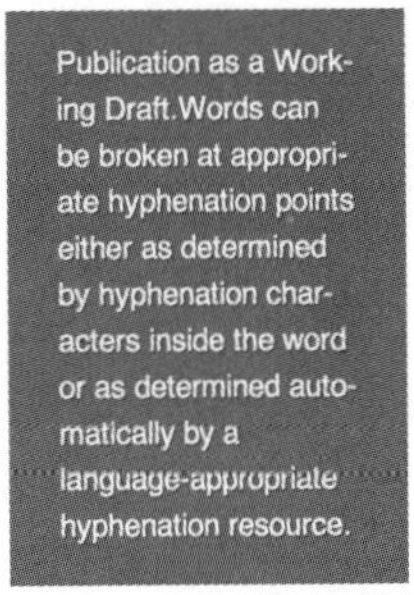

图 9-32 hyphens: auto 的效果

注意：hyphens 属性的初始值是 manual。对于自动断字的单词，这个属性应设置为 auto。

表 9-20 hyphens 的浏览器支持情况

IE	Firefox	Safari	Chrome	Opera
10+	6+	5.1+	-	-

2. 软连字符

软连字符(在 HTML 实体中表示为­)用于告诉浏览器，单词可以在哪里打断。它不是一个 CSS 属性，但目前是在所有浏览器中实现断字的唯一方式。下面的段落使用了软连字符：

A slightly longer but less commonly accepted variant of the word can be found in the Duke Ellington song "You're Just an Old Antidisestablish­mentarianismist"[3] although the correct construction of that word would be "antidisestablish­ mentarianist" (without the "ism").

当不需要软连字符时，这个段落就显示为一个完整的段落，如图 9-33 所示。

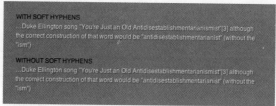

图 9-33　软连字符在不需要时不显示(这两段是相同的)

一旦单词开始被打断，带软连字符的单词就会不同，如图 9-34 所示。

图 9-34　单词遇到换行符，需要被打断时，就会显示软连字符

表 9-21 列出了软连字符的浏览器支持情况。

表 9-21　软连字符的浏览器支持情况

IE	Firefox	Safari	Chrome	Opera
5.5+	3.0+	3.0+	1.0+	9.6+

9.6.8　控制文本标点符号

1. 控制文本引号字形

使用 quotes 属性可以给每一级引号设置用于左右引号的字形(从最外层到最里层)。接着使用 content 属性和左右引号关键字，可以给每个选择器设置引号。

标记：

```
<blockquote><p>Imagine a puddle waking up one morning and thinking, <q>This is an interesting world I find myself in — an interesting hole I find myself in — fits me rather neatly, doesn't it?</q></p></blockquote>
```

样式：

```
blockquote { quotes:  "+" ";" "<" ">"; }
blockquote::before,
```

```
q::before { content: open-quote; }
blockquote::after,
q::after { content: close-quote; }
```

图 9-35 显示了得到的文本(引号字形用黑色表示)。表 9-22 列出了浏览器支持情况。

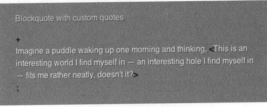

图 9-35　定制的引号字形

表 9-22　quotes 的浏览器支持情况

IE	Firefox	Safari	Chrome	Opera
8+	1.0+	-	12.0+	9.2+

2. 悬挂标点符号

在文档布局工具中，一般可以设置标点符号，使它们不会破坏文本流。但这在浏览器中是不可能做到的。在 CSS3 中可以通过 hanging-punctuation 属性做到，它有以下几个取值。

- none：不悬挂任何字符。
- first：在元素的第一个格式化行中，开头的左方括号或左引号被悬挂。图 9-36 是一个例子。
- last：在元素的最后一个格式化行中，结尾的右方括号或右引号被悬挂。
- force-end：行尾的句号或逗号被悬挂，图 9-37 是一个例子。
- allow-end：如果不悬挂就会使文本不匹配之前的对齐方式，那么悬挂行尾的句号或逗号。

使用方式如下：

```
p {
    hanging-punctuation: allow-end;
}
```

- hanging-punctuation：设置它，表示对行中的文本进行调整、对齐时不考虑悬挂。

图 9-36　hanging-punctuation: first 的效果　　　　图 9-37　hanging-punctuation: force-end 的效果

9.6.9　控制非拉丁 Web 字体的显示

CSS3 引入了许多新属性，对非拉丁类型 Web 字体的样式化允许更大的灵活性。下面介绍几个这样的属性。

1. word-break

设置单词跨行显示时如何打断。下面是可用取值。

- normal：允许在字内换行。
- break-all：每个单词中的断字会溢出容器的宽度。只有当主要使用 CJK(中文、日文和韩文脚本的简写)字符且文本会跨行显示时，这个值才有效。
- keep-all：CJK 字符有隐含的打断点，但使用这个值时，不会应用这些打断点。这个值表示单词不被打断(等价于其他脚本的 normal)。

2. text-emphasis

在 CJK 脚本中，重音用重音字符旁边的小符号表示。可以使用 4 个属性对这些符号设置样式和显示它们。

- text-emphasis-style：这个属性允许设置用于重音的符号种类。可以从可用的关键字中选择，或者把自己的字符设置为要使用的符号。

```
h2 em { text-emphasis-style: double-circle; }
```

- text-emphasis-color：这个属性可以使这些重音符号与主体文本有不同的颜色。

```
h2 em { text-emphasis-color: red; }
```

- text-emphasis-position：这个属性允许指定把重音符号放在什么地方。

```
h2 em { text-emphasis-position: above right; }
```

- text-emphasis：这个快捷属性允许设置 text-emphasis-style 和 text-emphasis-color。但是，text-emphasis-position 取决于文本的语言，而且是继承的(因为只需要设置一次)。下面演示了 text-emphasis 的用法(在 Chrome 或 Safari 5.1 中查看)：

```
h2 em { text-emphasis: double-circle indianred; }
```

目前只有 Chrome 和 Safari 5.1+支持 text-emphasis，且带有–webkit-前缀。

9.6.10　使用连字和其他 OpenType 字体功能

OpenType 格式提供了许多其他字体功能，它们通常只能通过 Adobe InDesign 等应用程序使用。在 CSS3 中，这些功能现在可由 Web 开发人员使用。实现时，可以在文本中使用连字、swsh、smcp 和表格数字。语法如下：

```
h2.fancy {
    /* enable small caps and use second swash alternate */
    font-feature-settings: "smcp", "swsh" 2;
}
```

smcp 和 swsh 是区分大小写的 OpenType 功能标记。完整的标记列表可以在 OpenType 规范 (www.microsoft.com/typography/otspec/featurelist.htm)中找到。swsh 旁边的值 2 表示要选择的字形索引。

Firefox 4 实现的 font-feature-settings 略有区别：

```
h2.fancy {
    -moz-font-feature-settings: "smcp=1,swsh=2";
}
```

表 9-23 列出了字体功能的浏览器支持情况。

表 9-23　字体功能的浏览器支持情况

IE	Firefox	Safari	Chrome	Opera
10+	4.0+	#	16.0+	#

9.7　本章小结

本章介绍了如何使用 CSS 控制文本与字体，讨论了@font-face 的演变过程，以及在页面上调整字体的显示效果；还介绍了如何使用相对和绝对单位设置字体，简要介绍了控制非拉丁字体的一些属性；最后介绍了使用 CSS3 调整字体、字体大小、字体粗细、颜色以及调整 Web 文本的外观等。

9.8　思考和练习

1. 在本练习中，要求继续构建 Example Cafe 网站。打开 index.html 页面，在<body>开始标签和</body>结束标签之间添加一个<div>元素。然后为该<div>元素添加 id 特性，并取值为 page。在该网站的每个页面中重复此操作。不必考虑截图中的尺寸，但应确保在单元内具有内边距，在外部包围有边框。白色边框由 IE 默认创建。

(1) 在样式表中添加一条规则，为元素添加外边距、边框以及内边距，从而使边框效果如图 9-38 所示。

(2) 创建一条 CSS 规则，使其能够对导航栏进行如下修改：在顶部与底部添加一条单像素灰色边框。在灰色边框上下添加 20 像素的外边距。在盒子的顶部与底部添加 10 像素的内边距。为导航栏中每个链接的右侧添加外边距。

(3) 为首页上的主题图片添加 class 特性，并取值为 main_image。然后创建一条规则，为图片添加一条单像素边框，并且在边框的右侧与底部添加 10 像素的外边距。

(4) 增加段落内每个文本行的间距至 1.3em。

2. 创建 tableStyles.css 样式表，使其能够让上一练习的效果如图 9-39 所示。HTML 代码如下：

```
<!DOCTYPE html>
<html>
<head>
    <title>Font test</title>
    <link rel="stylesheet" href="tableStyles.css" />
</head>
<body>
<table>
```

```
    <tr>
        <th>Quantity</th>
        <th>Ingredient</th>
    </tr>
    <tr class="odd">
        <td>3</td>
        <td>Eggs</td>
    </tr>
    <tr>
        <td>100ml</td>
        <td>Milk</td>
    </tr>
    <tr class="odd">
        <td>200g</td>
        <td>Spinach</td>
    </tr>
        <tr>
            <td>1 pinch</td>
            <td>Cinnamon</td>
        </tr>
    </table>
</body>
</html>
```

图 9-38　网页边框效果

图 9-39　应用了 tableStyles.css 样式表的网页效果

第 10 章

应用CSS3的属性

到目前为止,本书已经介绍了 CSS 基础知识,你了解了新的选择器、应用了 Web 字体,并且概览了 Web 文档的排版。现在,是时候应用更多的 CSS3 属性,并将这些设计巧妙的属性添加到网站中了。

本章将介绍新的颜色、透明度以及背景属性,此外还会展示如何应用多重背景、边框、阴影和渐变。

本章的学习目标:

- 了解如何在网页中设置颜色与透明度
- 掌握背景裁剪、多重背景以及设置背景尺寸的选项
- 如何不利用图片创建投影及圆角
- 如何应用 CSS3 的属性为边框添加图像
- 了解 CSS3 的渐变功能

10.1　颜色与透明度

我们习惯在样式表中使用关键字(red 或 blue)或十六进制代码(#fff 或 #ffffff)来表示颜色值,CSS3 颜色模块引入了两种写入颜色值的新方式:RGBa 和 HSLa,在决定使用哪一种方式之前,首先介绍 RGB 和 HSL 之间的区别。

10.1.1　RGB

RGB 描述了一种红、绿、蓝颜色模型,在这个模型中创建颜色时使用三个数值表示一种颜色。RGB 是一种加性颜色模型,一种颜色由三原色相加得到,也就是用这三个值进行十六进制乘法运算,区别仅在于颜色值表示的方式不同。RGB 用 0~255 之间的数表示颜色值,图 10-1 展示的是在 Photoshop 颜色拾取器中指定的 RGB 值。

用 CSS 可以按照如下三种不同的方式之一来描述颜色(例如纯蓝色):名称、简写形式的十六进制代码和全写形式的十六进制代码。

```
color: blue;
color: #00f;
color: #00000ff;
```

为了用 RGB 实现颜色，可以使用关键字 rgb，紧接 rgb 之后的是位于括号中的 RGB 值。为了用 RGB 描述颜色，可以用数字或百分比形式的值表示红色、绿色和蓝色。RGB 值实际上是 CSS 2.1 的一部分，但是直到最近也没有得到广泛应用。在下面的例子中，既有数字形式的值，也有百分比形式的值。

```
color: rgb(0,0,255);
color: rgb(0,0,100%);
/* color: rgb(red, green, blue); */
```

注意：

不仅可以通过 color 属性来使用 rgb，在 CSS 中也可以在任何声明颜色值的地方使用 rgb，比如 background 和 border-color。

RGB 值可以被 IE6、Safari 3、Firefox 3、Chrome 和 Opera 10 以上版本的所有浏览器支持。

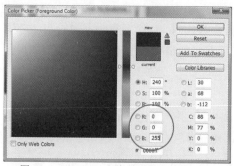

图 10-1　Photoshop 颜色拾取器中的 RGB 值

10.1.2　RGBa 透明度

通过给 color 属性添加第四个值，就可以控制透明度。RGBa 中的"a"表示 alpha，作用和在 Photoshop 中修改 alpha 通道相同。

为了实现 RGBa，需要将关键字 rgb 改为 rgba，这样就可以允许我们设置透明度，"a"的值通过 0 到 1 之间的数来设置(其中 0 表示完全透明，1 表示完全不透明)，值 0.6 相当于将透明度设置为 60%。

```
color: rgba(0,0,255,0.6);
/* color: rgba(red, green, blue, alpha); */
```

图 10-2 展示的是从完全不透明到完全透明之间不同的 RGBa 透明度。

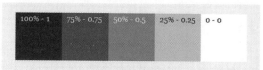

图 10-2　起作用的 RGBa 透明度

浏览器对 RGBa 的支持不如对 RGB 的支持那么广泛，除 IE6~IE8 外，RGBa 可以被上述所有浏览器支持，但是 IE9 可以支持 RGBa。为了迎合那些低性能浏览器，在样式规则中增加了纯色备选方案。

```
a {
    color:rgb(0,0,255); /* Fallback for less capable browsers */
    color:rgba(0,0,255,0.6);
}
```

为浏览器应用它们所能理解的最后一个属性，所以在最后添加了关键字 rgb，确保高性能浏览器可以应用透明度。那些无法理解 RGBa 的浏览器只是忽略关键字 rgba，并以它们可理解的方式来实现 color 属性(第一个颜色值)。在不能使用纯色的情况下，只需要按照同样的方式增加一幅 PNG 图像即可。

```
article {
    background:url(white50.png); /* Fallback for less capable browsers */
    background:rgba(255,255,255,0.6);
}
```

具有不使用图像就可以编辑透明度的能力意味着还可以将透明度应用于边框和轮廓。此外，当需要进行修改时，只需要编辑 CSS 代码，这比返回 Photoshop 中修改多幅图像要容易和快速得多。最后，幸运的是还能减少对服务器的请求数量(因为不必加载图像)，从而让网站更加快速。

10.1.3　HSLa

用 CSS3 添加颜色的另一种方法是使用 HSLa(色度、饱和度、亮度和 alpha)，HSL 比 RGB 更直观。可以想象一个色轮来猜测初始颜色，然后调整饱和度和亮度，直到找到所需颜色的明暗度。色度值由 0°~360°之间的值表示，看一下如图 10-3 所示的色轮，我们可以看到红色由 0°和 360°表示，每隔 120°是其他两种主色(绿色=120°，蓝色=240°)。

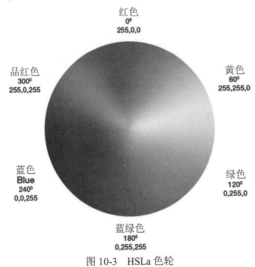

图 10-3　HSLa 色轮

HSL 标记的第二个值表示饱和度，或者说某种颜色的强度，它由一个相对于灰色的百分比值描述，其中 0 表示灰度，100%表示全饱和。HSL 标记的第三个值表示亮度，也由一个百分比值描述，其中 0 表示黑色，50%表示正常亮度，100%表示白色。

　　为了用 HSLa 获取纯红色，需要组合使用色度值(0 或 360°)、饱和度值(100%，全饱和)和亮度值(50%，正常亮度)。另外，要将 alpha 通道设为 1，以保证颜色是完全不透明的。

```
hsla(0,100%,50%,1)
/* hsla (hue, saturation, lightness, alpha) */
```

注意:
HSLa 的颜色值是通过混合度数和百分比值，再加上 alpha 通道得到的。

　　图 10-4 展示了一些通过分别编辑色度值、饱和度值、亮度值和 alpha 值，使纯红色产生变化的例子。

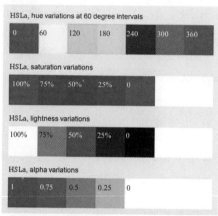

图 10-4　使用 HSLa 产生颜色变化的示例

　　同 RGBa 一样，除 IE6~IE8 外，HSLa 可以被大多数主流浏览器所支持。

　　对于只使用 CSS 进行工作的设计者而言，计算 RGB 值比较困难。相对而言，HSL 允许根据色度选择一种颜色，然后用饱和度和亮度进行精细调整。

10.1.4　不透明度

　　使用 alpha 通道并不是创建透明元素的唯一方法，另一种方法是使用 opacity 属性。它与 RGBa 或 HSLa 中 alpha 通道的工作方式类似，该属性接收 0 到 1 之间的一个值——不同之处在于该属性只能接收这个值，这意味着仍然需要用其他属性(比如 background-color 或 color)声明颜色。为了将 article 元素的背景设为 50%不透明，可以这样做:

```
article {
    background-color:#fff;
    opacity:0.5;
}
```

　　正如在图 10-5 中看到的那样，这样做的问题是: 一旦设置 opacity 属性，就会影响到父元素包含的所有子元素的透明度。相反，RGBa 和 HSLa 只会影响其所应用的元素和属性。

Miss Baker's Historic Flight
Miss Baker's Historic Flight

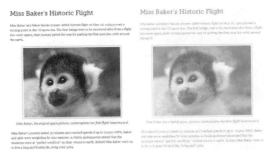

图 10-5　左图中的 article 元素不具有不透明度，右图中的 article 元素具有 50%的不透明度

如果可以选择的话，通常使用 RGBa 或 HSLa 来添加透明度。如果想要一个元素在和用户发生交互之前能够逐渐融入背景，比如广告或表单，那么 opacity 属性就很实用。

在使用和修改 opacity 属性的值时，如果能结合使用:hover 或:focus 之类的伪类，就会产生不错的效果。也可以将其应用于已访问链接，这样一旦链接被访问，就将逐渐融入背景。用 RGBa 或 HSLa 也可以得到同样的效果，但是如果网站上的链接具有多种颜色，那么使用 opacity 属性会将所有链接设置为同样的效果，而不必为每种颜色的实例编写规则。

```
a:visited {
  opacity:0.5;
}
```

图 10-6 展示了应用 opacity 属性后已访问链接的效果，本例中的链接是“many animals were propelled heavenwards”。

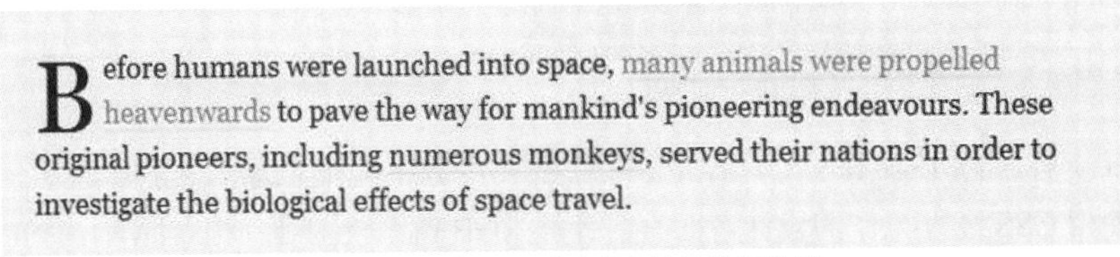
Before humans were launched into space, many animals were propelled heavenwards to pave the way for mankind's pioneering endeavours. These original pioneers, including numerous monkeys, served their nations in order to investigate the biological effects of space travel.

图 10-6　具有 50%不透明度的已访问链接

注意，除了 IE6~8IE 之外，opacity 属性可以在所有浏览器中起作用。在 IE 中有一些特殊的过滤器，可以用来使 opacity 属性起作用，但这些过滤器只作为最后的手段使用。

10.2 背景

CSS3 最有趣且具有许多不同实现的模块之一就是 Background and Borders 模块，现在它是一个候选的推荐模块。在本章稍后我们将回过头来介绍边框，现在先介绍背景裁剪、多重背景以及设置背景尺寸的选项。

10.2.1 background-clip 属性

我们已经习惯于看到背景会在其边框内进行拉伸，如图 10-7 所示，而 Background and Borders 模块中引入的 background-clip 属性可以指定背景是否要在其边框内进行拉伸。

background-clip 属性可以设置为如下三个值之一：

border-box   padding-box   content-box

当没有声明 background-clip 属性的值时，border-box 是其默认值。

如果将该属性的值设置为 padding-box，那么背景会被裁剪至边框内部显示。

```
#introduction {
    border:5px dashed rgb(255,0,0);
    background:rgba(255,255,255,0.7) url(img/bg-moon.jpg) 50% 50%;
    padding:0 20px;
    color:rgb(255,255,255);
    -moz-background-clip:padding;
    background-clip:padding-box;
}
```

图 10-8 展示了在边框内部显示的背景。Opera 10.5+、IE9+、Safari 5+、Firefox 4+和 Chrome 5+ 在实现 background-clip 属性时，都没有采用厂商前缀。

第三个值 content-box 则将背景裁剪至盒子模型的内容区域，如图 10-9 所示，即内边距以内的区域。

```
#introduction {
    border:5px dashed rgb(255,0,0);
    background:url(img/bg-moon.jpg) 50% 50%;
    padding:0 20px;
    color:rgb(255,255,255);
    background-clip:content-box;
}
```

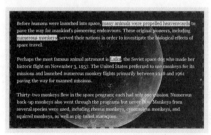

图 10-7　背景图像在元素的边框内拉伸

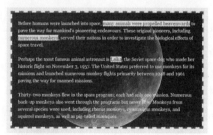

图 10-8　具有 padding-box 值的应用效果

图 10-9　具有 content-box 值的应用效果

10.2.2　background-origin 属性

background-origin 属性允许我们为给定的元素指定背景位置的起始点，它能接收的值与

background-clip 属性相同。例如，如果背景被定位于左上角(0,0)，那么默认值 padding-box 会将背景定位于内边距的外边缘(即边框的内边缘)，如图 10-10 所示。

```
#introduction {
    border:5px dashed rgb(255,0,0);
    background:url(img/bg-moon.jpg) 0 0;
    padding:0 20px;
    color:#fff;
    background-clip:border-box;
    background-origin:padding-box;
}
```

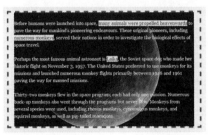

图 10-10　具有 padding-box 值的应用效果

border-box 值会将背景定位于边框的外边缘，如图 10-11 所示。

```
#introduction {
    border:5px dashed rgb(255,0,0);
    background:url(img/bg-moon.jpg) 0 0;
    padding:0 20px;
    color:#fff;
    background-clip:border-box;
    background-origin:border-box;
}
```

最后一个可被 background-origin 属性接收的值是 content-box，该值将背景的起点设置为内容区域的边缘或者内边距的内边缘，如图 10-12 所示。

```
#introduction {
    border:5px dashed rgb(255,0,0);
    background:url(img/bg-moon.jpg) 0 0;
    padding:0 20px;
    color:#fff;
    background-clip:border-box;
    background-origin:content-box;
}
```

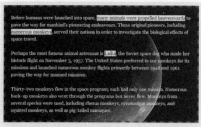

图 10-11　具有 border-box 值的应用效果

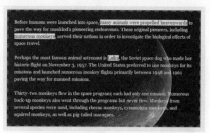

图 10-12　具有 content-box 值的应用效果

Opera、Safari、Firefox、Chrome 和 IE9 都内置支持 background-origin 属性。

10.2.3　background-size 属性

background-size 属性可被用来简化自互联网出现之日网页设计师就全力解决的问题之一，这个问题是指：不管浏览器窗口大小或屏幕分辨率，不依赖于 Flash 或 JavaScript 就能获得实际大小的背景图像。解决该问题的方案：background-size 属性。

顾名思义，该属性允许在 X 轴(水平)和 Y 轴(垂直)两个方向上指定从容器一边到另一边的背景图像的尺寸，这意味着如果正在创建流式设计，就可以用 background-size 属性来确保所使用的背景图像可以根据视口大小或浏览器宽度进行缩放。

该属性可以接收宽度和高度两个值，还可以接收关键字 auto、contain 和 cover，宽度值和高度值可以用像素或百分比表示。第一个值是宽度，第二个值是高度。将 background-size 属性的值设为85%的效果如图 10-13 所示。

```
html {
    background-image:url(img/earth1.jpg);
    background-position:50% 50%;
    background-repeat:no-repeat;
    background-attachment:fixed;
    background-size:85% 85%;
    /background-size: width height */
}
```

高度值并非一定要设置不可，实际上，如果没有设置高度值，就会采用默认值 auto，在这种情况下，会产生最小化效果。

与前面提到的背景属性类似，Opera、Safari、Firefox、Chrome 和 IE9 都支持 background-size 属性。

关键字 contain 在对背景进行缩放的同时保持其纵横比，此时背景会具有最大的尺寸，换言之其宽度和高度会和应用该背景的元素内部完全匹配(在以下例子中是<html>元素)，这会保证在使用 contain 时，背景图像没有任何部分会被裁剪掉。如果容器对于图像而言过大，则必须确保图像会逐渐融合于某种纯色，这种纯色可被用作默认背景，如图 10-14 所示。可以通过用逗号分隔的值来"包含" X 轴或 Y 轴(例如 contain, 250px)，或者针对 X 轴或 Y 轴分别使用 contain 关键字。

图 10-13　宽度值和高度值都为 85%

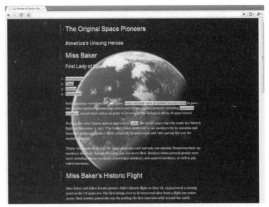

图 10-14　具有 contain 值的应用效果

此外，如果宽度值和高度值都没有设置，那么这两个值都会被假定为 auto，此时背景尺寸的效果与使用 contain 时相同。

```
html {
    background-image:url(img/earth1.jpg);
    background-position:50% 50%;
    background-repeat:no-repeat;
    background-attachment:fixed;
    background-size:contain;
}
```

另一方面，cover 关键字总是控制元素的整个背景，当浏览器窗口改变大小和形状时会调整背景图像的尺寸，但是会将背景图像的一些边缘裁剪掉，如图 10-15 所示。

```
html {
    background-image:url(img/earth1.jpg);
    background-position:50% 50%;
    background-repeat:no-repeat;
    background-attachment:fixed;
    background-size:cover;
}
```

图 10-15　具有 cover 值的应用效果

10.2.4　多重背景

　　Clearleft's Silverback App 网站的首页中分层设置了一些 div 标记，这些 div 标记用具有不同百分比透明度的 PNG 透明背景进行定位，从而使人产生具有深度的错觉。当浏览器窗口改变大小时，由于背景图像会产生移动以保持它们在浏览器内部的部分，因此用户可以产生一种视差效应，如图 10-16 所示。

　　诸如这样的效果容易产生很多不必要的标记，这些标记毫无意义，因为它们位于 div 内部，如何才能去除这些不相关的标记呢？可以用 CSS3 的多重背景来做到这一点。

　　CSS3 的 Backgrounds and Borders 模块中囊括为单个元素添加多重背景的能力。针对 background-image 属性或简写形式的 background 属性可以赋予一些由逗号分隔的值，值的数目定义了所应用的背景的数量。下面将展示使用 background-image 的例子，以及使用 background 的例子，所以不必担心把这两种用法搞混淆，如图 10-17 所示。

图 10-16　Clearleft's Silverback App 网站

图 10-17　三幅单独的图像

　　首先，已经为 html 元素设置了一幅背景图像，并且将其 background-size 属性设置为 cover，以使背景图像覆盖整个浏览器窗口，如图 10-18 所示。

```
html {
    height:100%;
    background-image:url(img/bg-cosmos.jpg);
    background-repeat:no-repeat;
    background-attachment:fixed;
    background-size:cover;
}
```

　　现在向 body 元素添加多重背景，也可以为 html 元素添加多重背景，但是使用其他元素可以更好地维护低性能浏览器，也可以为低性能浏览器提供更好的备选方案。

　　为了添加第一幅背景图像，将使用 CSS 2.1 中的标准表示法。body 元素的高度被设置为 100%，以确保 body 元素足够高，使得图像能与其相匹配。

```
body {
    height:100%;
    background-image:url(img/planet1.png);
    background-repeat:no-repeat;
    background-position:50% 30%;
}
```

　　图 10-19 展示了已经就位的第一幅背景图像。

　　为了给 body 元素添加第二幅背景图像，可以为每个背景属性额外添加一个值，添加的值和第一个值之间用逗号分隔。然后，针对 background-repeat 和 background-position 属性可以重复上述步骤。

```
body {
    height:100%;
    background-image:url(img/planet1.png), url(img/planet2.png);
    background-repeat:no-repeat, no-repeat;
    background-position:50% 30%, 15% 90%;
}
```

图 10-18　应用于 html 元素的背景图像

图 10-19　应用于 body 元素的一幅背景图像

　　注意第二幅图像是如何显示在第一幅图像下方的，如图 10-20 所示，这种显示方式是在规范中定义的：第一幅图像是列表中最接近用户的图层，下一幅图像在第一幅图像的后面绘制，如此等等。如果有背景色的话，它在所有其他图层的后面绘制。

　　由此看出，当声明多个值时，每个属性的每个值都由逗号分隔。然而，可以通过删除background-repeat 属性的一个 no-repeat 值来稍稍简化上面的例子，这是因为如果没有使用多个值(本例中是两个值)，就相当于告知浏览器重复第一个值。

```
body {
    height:100%;
    background-image:url(img/planet1.png), url(img/planet2.png);
    background-repeat:no-repeat;
    background-position:50% 30%, 15% 90%;
}
```

　　如果忘记添加第二个 background-image 值，但是包含两个 background-position 值，浏览器就会显示第一幅图像的另一个实例，相同的图像在两个位置重复显示，如图 10-21 所示，这是因为浏览器重复了 background-image 属性的第一个值。

```
body {
    height:100%;
    background-image:url(img/planet1.png); /* we've forgotten to add our second image! */
    background-repeat:no-repeat;
    background-position:50% 30%, 15% 90%;
}
```

　　如果不想再犯这样的错误，就要在添加第三幅图像时添加所有的背景属性值，这一次使用简写形式的 CSS 标记，即 background 属性。它会以相同的方式生效，只需要将每一组值用逗号分开即可。

```
body {
    height:100%;
    background:url(img/planet1.png) 50% 30% no-repeat, url(img/planet2.png) 15% 90% no-repeat,
```

```
    url(img/planet3.png) 75% 20% no-repeat;
}
```

图 10-20　应用于 body 元素的两幅背景图像

图 10-21　一幅背景图像的两个实例

　　此时有三幅背景图像被应用到一个元素上，如图 10-22 所示，使用百分比值的妙处在于改变浏览器大小时，图像会开始动来动去并隐藏到彼此的后面，如图 10-23 所示。

　　浏览器对多重背景的支持非常广泛，多重背景在 Safari 5、Chrome 5、Opera 10.5、Internet Explorer 9 和 Firefox 3.6 中自然有效。如果某个浏览器不支持多重背景，它就不会显示多重背景中的任何一幅图像。出于这个原因，可以在单独的一行中声明最重要的背景图像，以保证多重背景中至少有一幅图像能够显示出来。

图 10-22　将三幅背景图像应用到 body 元素上

图 10-23　小的浏览器窗口中的多重背景

```
body {
    height:100%;
    background:url(img/planet1.png) 50% 30% no-repeat;
    background: url(img/planet1.png) 50% 30% no-repeat , url(img/planet2.png) 15% 90% no-repeat,
url(img/planet3.png) 75% 20% no-repeat;
}
```

　　这是一种相对简单的技术，而且多重背景图像并不是只能应用于 html 或 body 元素，它们可以应用于任何元素。

10.3　边框

　　现在，可以不再通过添加额外的标记或者剪切外部图像来创建一些微不足道的细节，比如创建圆角，从而使得设计更有吸引力。border-radius 属性仅仅利用 CSS 的功能就可以提供添加自然圆角的能力。同时，Backgrounds and Borders 模块还具有为边框添加图像的能力。

10.3.1　border-radius 属性

只要写几行很短的 CSS 代码就可以为任意元素添加圆角。简写形式的 border-radius 属性可以实现这项功能，此外还可以为每个角单独设置诸如 border-top-left-radius 之类的属性。

半径是圆的直径的一半，如图 10-24 所示，所以，只需要通过为元素的每个角设置唯一的值，就可以将这些角变为相同的圆角。

```
#introduction {
    border-top-left-radius: 20px;
    border-top-right-radius: 20px;
    border-bottom-right-radius: 20px;
    border-bottom-left-radius:20px;
}
```

这些标记无需厂商前缀就可以在 Chrome 5、Safari 5、Firefox 4、Internet Explorer 9 和 Opera 10.5 中生效。使用简写形式的 border-radius 属性，标记如下所示：

```
#introduction {
    border-radius:20px 20px 20px 20px;
}
```

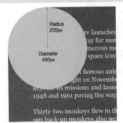

图 10-24　半径是圆的直径的一半

就像 margin 和 padding 属性一样，当编写简写形式的 CSS 代码时，border-radius 属性也可以使用一个值、两个值、三个值或四个值。不同数目的值对角产生的影响如下所示。

- 一个值：所有四个角都有相同的半径。
- 两个值：第一个值是左上角和右下角，第二个值是右上角和左下角。
- 三个值：第一个值是左上角，第二个值是右上角和左下角，第三个值是右下角。
- 四个值：依次是左上角、右上角、右下角和左下角。

因为例子中所有角的边框半径相同，所以可以将规则简化为如下所示：

```
#introduction {
    border-radius:20px;
}
```

前面的三个例子得到相同的结果，如图 10-25 所示，可以用简写形式的属性和值简化代码。

border-radius 的值可以用 em、像素和百分比作为单位，它还可以和背景图像结合起来使用，如图 10-26 所示。

```
#introduction {
    background:rgba(0,0,0,0.3) url(img/bg-moon.jpg) 50% 50%
no-repeat;
    border-radius:2em;
}
```

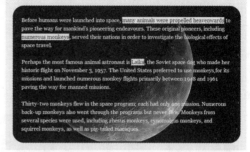

图 10-25　具有相同边框半径的盒子模型　　　　图 10-26　具有边框半径和背景图像的盒子模型

　　边框半径可以有两个长度值：一个针对 X 轴(水平)，另一个针对 Y 轴(垂直)。这可以创建椭圆形状。水平方向和垂直方向的值由两者之间的斜杠(/)分隔，斜杠之前的值是水平方向的半径，斜杠之后的值是垂直方向的半径。图 10-27 展示了这种效果。

```
#introduction {
    background:rgba(0,0,0,0.3) url(img/bg-moon.jpg) 50% 50%
    no-repeat;
    border-radius:2em / 6em;
}
```

　　还可以为每个角在水平方向和垂直方向上设置不同的半径，可以用简写形式的 border-radius 并声明 8 个值，每 4 个值之间用斜杠分隔；也可以使用单独的角属性(border-top-left-radius)，每个角属性有两个值，两个值之间不用斜杠分隔。下面两个例子在 div 上具有相同的效果，如图 10-28 所示。

　　简写形式如下：

```
#introduction {
    background:rgba(0,0,0,0.3) url(img/bg-moon.jpg) 50% 50%
no-repeat;
    border-radius:2em 4em 6em 8em / 9em 7em 5em 3em;
}
Individual corner properties:
#introduction {
    background:rgba(0,0,0,0.3) url(img/bg-moon.jpg) 50% 50%
no-repeat;
    border-top-left-radius: 2em 9em;
    border-top-right-radius: 4em 7em;
    border-bottom-right-radius: 6em 5em;
    border-bottom-left-radius: 8em 3em;
}
```

　　将 border-radius 直接应用于 img 元素。如果将 border-radius 直接应用于 img 或 video 元素，边框半径将无法正确地对图像进行裁剪，如图 10-29 所示。解决该问题的最佳方案是将这种风格应用于外部的 figure 或 div 元素。

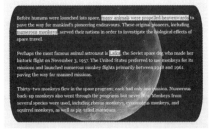 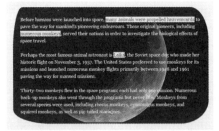

图 10-27　水平方向和垂直方向的半径不同　　　图 10-28　每个角的水平方向和垂直方向的半径不同

不仅能使用 border-radius 对 div、article 或 section 元素进行样式化，而且可以将其应用于锚点、输入甚至表格。你可以广泛地应用 border-radius，通过创建圆、椭圆等来增加设计的趣味性。

Chrome　　　　　　　Firefox　　　　　　　Safari　　　　　　　Opera

图 10-29　直接将 border-radius 应用于 img 元素

10.3.2　border-image 属性

border-image 属性允许指定一幅图像作为元素的边框。

边框图像可以由单幅图像创建，这幅图像可以在元素周边的边框中沿着不同的轴向进行裁切或拉伸。换句话说，图像被 4 条线划分(或切分)成 9 个切片，如图 10-30 所示。

4 个角切片用于创建元素边框的 4 个角，剩下的 4 个边切片由 border-image 用来填充元素边框的 4 条边。然后可以指定切片的宽度以及是否希望这些切片平铺或拉伸以填满元素边框的全部长度。如果中间的切片不为空，就会填充 border-image 所应用的元素的背景。

border-image 属性的基本语法是：

```
border-image: <image> <slice> <repeat>
```

其中：

- image 是准备用作边框的图像文件的 URL 地址。
- slice 由 4 个值决定，每个值要么是百分比，要么是数字，它们决定了切片的尺寸。
- repeat 是指对边框进行平铺的方式，可设置成 round、stretch、space 和 repeat 中的两个值。

在图 10-30 中，每个切片的宽度都是 15px，这也是用 border-image 属性指定的切片值。因此，我们也可以将 border-width 属性声明为 15px。如果想要对边缘切片进行平铺的话，可以使用关键字 repeat。

考虑上述所有内容，为了应用如图 10-30 所示的边框图像，可以使用如下代码：

```
#introduction {
    border-width:15px;
    border-image:url(img/border1.png) 15 15 15 15 repeat;
}
```

效果如图 10-31 所示。

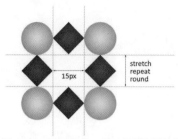

图 10-30　被切分成 9 个切片的边框图像

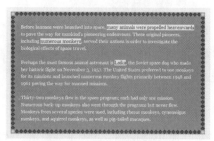

图 10-31　应用边框图像的效果

由于受 div 尺寸的影响，使用 repeat 并不一定起作用，一些图案会隐藏到角图像的后面。有 4 个拉伸选项可用。

- round：图像会进行平铺，直至填满整个区域。如果平铺之后切片的数目与区域不匹配，就会对图像进行相应的缩放。
- stretch：图像会被拉伸，直至填满整个区域。
- repeat：图像会进行平铺，直至填满整个区域。
- space：图像会进行平铺，直至填满整个区域。如果平铺之后切片的数目与区域不匹配，就会调整图像之间的间距以填满整个区域。

可以针对平铺指定两个值：第一个值用于水平方向的边框，第二个值用于垂直方向的边框。现在将 stretch 和 round 选项应用到示例中，因为切片大小是相同的，所以可以将切片的数目从 4 减少到 1。

```
#introduction {
    border-width:15px;
    -moz-border-image:url(img/border1.png) 15 stretch round;
    -webkit-border-image:url(img/border1.png) 15 stretch round;
    border-image:url(img/border1.png) 15 stretch round;
}
```

图 10-32 展示了如何将 stretch 和 round 选项应用于 div 标记。

Opera、Chrome、Safari 和 Firefox 都支持 border-image，目前 Internet Explorer 还不支持 border-image，IE10 的各种预览版也都没有包含对 border-image 的支持。

将 border-image 和 border-radius 结合起来使用会产生什么效果呢？正如在图 10-33 中看到的那样，当把半径应用到背景上时，边框图像仍然会保持在合适的位置。为了避免该问题，只需要在边框图像的四个角切片中重建圆角即可。

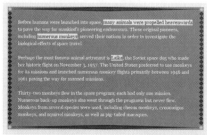

图 10-32　应用 stretch 和 round 的边框图像

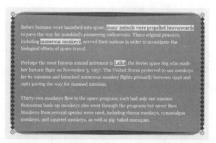

图 10-33　与 border-radius 一起应用的边框图像

10.4　下拉阴影

下拉阴影与圆角和渐变一样，向盒子模型添加阴影曾经是噩梦般的经历。有了 CSS3 的 Backgrounds and Borders 模块之后，情况就不再是这样了。

10.4.1　box-shadow 属性

向元素添加 box-shadow 属性十分简单，该属性可以接收 6 个值：水平偏移(X)、垂直偏移(Y)、模糊、伸展距离、颜色以及可选关键字 inset，该关键字将外阴影转换成内阴影。

```
box-shadow:inset [offsetX offsetY <blur> <spread> <color>];
```

这听起来很复杂，使用 box-shadow 的最小需求可以简化问题。所谓最小需求，就是两个偏移值。也可以使用负的偏移值。正的偏移值向右方和下方绘制阴影，负的偏移值则向上方和左方绘制阴影。如何选择偏移值的组合取决于设计者以及伪光源的位置。

```
#introduction {
    border:5px solid rgba(0,0,0,0.7);
    background:rgba(255,255,255,0.7);
    padding:0 20px;
    border-radius:20px;
    box-shadow:15px 15px;
}
```

如果不包含颜色值，box-shadow 就会接收由浏览器指定的颜色，所以可以用 rgba 向本例添加颜色。

```
#introduction {
    border:5px solid rgba(0,0,0,0.7);
    background:rgba(255,255,255,0.7);
    padding:0 20px;
    border-radius:20px;
    box-shadow:15px 15px rgba(0,0,0,0.4);
}
```

如果没有指定模糊半径值，阴影就不会产生模糊，因此边缘会十分锐利。阴影半径是 box-shadow 可接收的第三个值，本例中为 10px，模糊半径值不能为负值。

```
#introduction {
    border:5px solid rgba(0,0,0,0.7);
    background:rgba(255,255,255,0.7);
    padding:0 20px;
    border-radius:20px;
    box-shadow:15px 15px 10px rgba(0,0,0,0.4);
}
```

接下来可以添加的一个值是伸展半径，该值越大，阴影就会扩展得越多。与模糊半径不同，伸展半径可以为负值。如果不包含伸展半径值，阴影就不会进行扩展。此处将伸展半径值设为 5px，如图 10-34 所示。

```
#introduction {
    border:5px solid rgba(0,0,0,0.7);
    background:rgba(255,255,255,0.7);
    padding:0 20px;
    border-radius:20px;
    box-shadow:15px 15px 10px 5px rgba(0,0,0,0.4);
}
```

偏移、模糊和伸展值的单位可以是像素或 em。Opera、Safari、Chrome、Firefox 和 Internet Explorer 9 都支持 box-shadow。

最后一个值是关键字 inset，它将阴影放置在元素内部。在图 10-35 中可以看到该值产生的效果：因为阴影现在位于元素内部，所以减小了其尺寸。

```
#introduction {
    border:5px solid rgba(0,0,0,0.7);
    background:rgba(255,255,255,0.7);
```

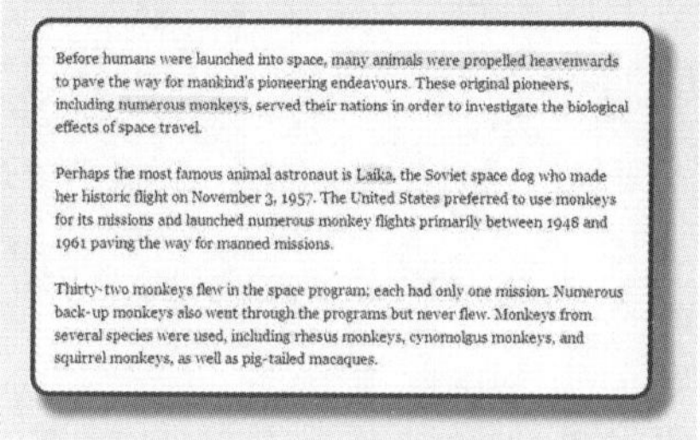

図 10-34　没有厂商前缀的 box-shadow　　　図 10-35　使用 inset 关键字的内部 box-shadow

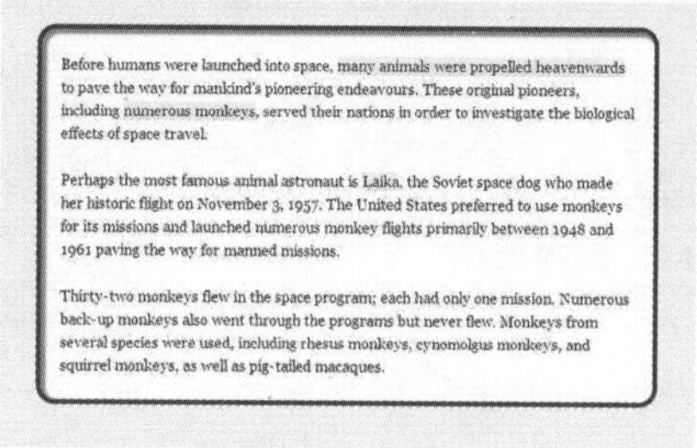

```
    padding:0 20px;
    border-radius:20px;
    box-shadow:3px 3px 3px 2px rgba(0,0,0,0.4) inset;
}
```

可以创建多重阴影，只需要将每个阴影用逗号分开即可，如图 10-36 所示。

```
div#introduction {
    border:5px solid rgba(0,0,0,0.7);
    background:rgba(255,255,255,0.7);
    padding:0 20px;
    border-radius:20px;
    box-shadow:3px 3px 3px 2px rgba(0,0,0,0.4) inset, 15px 15px 10px 5px rgba(0,0,0,0.4);
}
```

还可以使用负的偏移值并翻转阴影，从而产生光源来自不同方向的效果，如图 10-37 所示。

```
div#introduction {
    border:5px solid rgba(0,0,0,0.7);
    background:rgba(255,255,255,0.7);
    padding:0 20px;
    border-radius:20px;
    box-shadow:-3px -3px 3px 2px rgba(0,0,0,0.4) inset, -15px -15px 10px 5px rgba(0,0,0,0.4);
}
```

CSS3 的 box-shadow 属性有无数种可能性，但是不要滥用，而要巧妙地使用，一定不要看起来像 Photoshop 的默认下拉阴影。

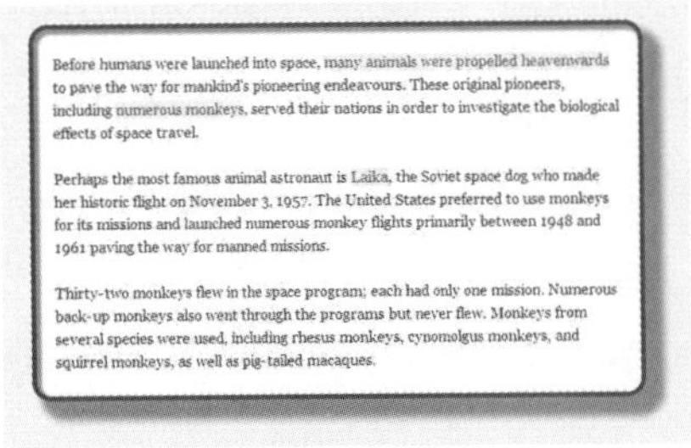

图 10-36　Opera 10.6 中的多重阴影 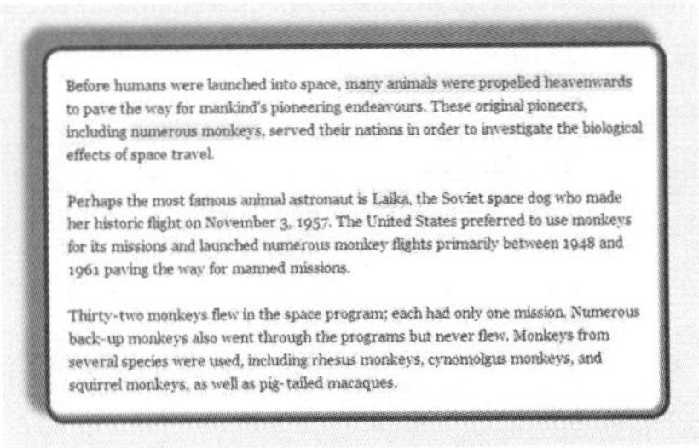　　　　　图 10-37　Opera 10.6 中具有负值的 box-shadows

10.4.2　text-shadow 属性

text-shadow 属性与 box-shadow 属性惊人般相似。可以用相同的 box-shadow 标记将一个或几个阴影应用于文本。注意 text-shadow 不接收伸展值或关键字 inset。

```
h1 {
    color:#777;
    text-shadow: 5px 5px 10px rgba(0,0,0,0.5);
    /* text-shadow: x offset y offset blur color; */
}
```

可以在图 10-38 中看到效果。

与 box-shadow 一样，可以将多个阴影应用于元素上。没有关键字 inset 辅助创建内阴影。可以使用多个 text-shadow，其中一些 text-shadow 具有负值，从而得到凸起(或凹陷)样式的外观，如图 10-39所示。

```
h1 {
    text-shadow: -1px 0 0 rgba(0,0,0,0.5), 0 -1px 0 rgba(0,0,0,0.3), 0 1px 0
rgba(255,255,255,0.5), -1px -2px 0 rgba(0,0,0,0.3);
}
```

图 10-38　Chrome 中的 text-shadow 　　　　　图 10-39　用 text-shadow 创建的凸起样式

虽然 text-shadow 是在 CSS 2.1 中引入的，但是低版本的 Internet Explorer 还不支持它(IE 10 支持它)。如果要在 IE 中使用文本阴影，那么可以使用特有的微软过滤器来显示它。通常就渐进式增强的意义而言，IE 用户看不到阴影也无所谓。Opera、Safari、Chrome 和 Firefox 都支持 text-shadow。

可以用 text-shadow 创建伪浮雕效果，让网站真正以 3D 形式出现，如图 10-40 所示。

```
.anaglyph {
    color:rgba(0,0,0,0.8);
    text-shadow: 0.1em 0 0 rgba(0,245,244,0.5), -0.05em 0 0 rgba(244,0,0,0.9);
}
```

浮雕效果固然很好，但是谁会戴上 3D 眼镜来浏览网站呢？我们需要的是真正的 3D 文本，如图 10-41 所示，在这个文本上应用了 12 种阴影，所以在一些浏览器中会造成性能问题，但是它看上去确实很好。

Space Pioneers

图 10-40　使用 text-shadow 创建的伪 3D 浮雕效果

3D Text

图 10-41　使用 text-shadow 创建的 3D 文本

用 text-shadow 可以创建文本周边的轮廓，也就是将阴影应用于文本的每个边缘。为了获得预期的效果，需要为文本定义一种与背景色相匹配的颜色，从而得到透明效果，如图 10-42 所示。

```
.title {
    color:#ccc;
    text-shadow: -1px 0 rgba(0,0,0,0.5), 0 1px rgba(0,0,0,0.5), 1px 0 rgba(0,0,0,0.5), 0 -1px rgba(0,0,0,0.5);
}.
```

Space Pioneers

图 10-42　WebKit 浏览器使用多个文本阴影创建的轮廓效果

如果使用 WebKit 浏览器，借助该浏览器特有的 -webkit-text-stroke 属性可以获得同样的效果。与 text-shadow 不同，-webkit-text-stroke 没有模糊值，它的工作方式如下所示：

```
h1 {
    color:transparent;
    -webkit-text-stroke:rgba(0,0,0,0.5);
}
```

10.5　渐变

渐变功能位于 CSS 的 Image Values and Replaced Content 模块中。

基于 CSS 的渐变为 Firefox、Safari、Chrome、Opera 和 IE10 浏览器所支持。通过使用过滤器，在旧版本的 Internet Explorer 中也可以获得渐变。对于那些不支持 CSS 渐变的浏览器，需要指定一种背景色作为备选。有两种形式的渐变：线性渐变和放射渐变。

1. 线性渐变

线性渐变值实际上会生成一幅图像，这幅图像与 CSS 中的图像用处相同，也有 background-image、border-image 或 list-style-image 属性。用这种方式设计线性渐变是因为人们熟悉用图像产生渐变，因此渐变不能当作颜色值使用，其基本表示法如下所示：

```
linear-gradient([ [ <angle> | to <side-or-corner> ] ,]?
        <color-stop>[, <color-stop>]+    )
```

其中各个值的含义如下所示。

- angle：渐变方向的角度，值可以为负数或者大于 360°。
- side-or-corner：定义渐变的起始点(如果没有使用角度的话)，其值可从 4 个变量(top、bottom、left、right)中选取两个来指定，默认值是 top left。如果只声明一个值，那么第二个值默认是 center。
- color-stop：该值的最简单形式是一个颜色值，还可以沿着渐变为其添加可选的终止位置，终止位置是 0~100%之间的某个值。颜色值的表示法可以是关键字、十六进制代码以及 rgba 或 hsla。

CSS 渐变与 Photoshop 渐变的工作方式相同，可以沿着渐变从头(0%)至尾(100%)添加颜色终止位置，如图 10-43 所示。

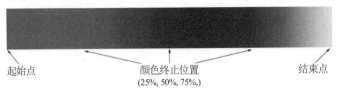

起始点　　　　　　　　　颜色终止位置　　　　　　　　结束点
　　　　　　　　　　　　(25%, 50%, 75%,)

图 10-43　颜色终止位置的示例

为了创建从灰色到黑色的垂直渐变，可以这样使用：

```
#introduction {
    background:#000; /* fallback for browsers that don't support gradients */
    background:linear-gradient(to bottom, #ccc, #000);
}
```

或者：

```
#introduction {
    background:#000; /* fallback for browsers that don't support gradients */
    background:linear-gradient(90deg, #ccc, #000);
}
```

因为没有必要声明角度、边或角，渐变默认是垂直的，所以只需要两个颜色值。这和如下表示法的效果相同：

```
#introduction {
    background:#000; /* fallback for browsers that don't support gradients */
    background:linear-gradient(#ccc, #000);
}
```

由于浏览器需要厂商前缀以支持渐变，因此为了创建如图 10-44 所示的渐变，需要添加厂商前缀：

```
#introduction {
    background:#000; /* fallback for browsers that don't support gradients*/
    background:-ms-linear-gradient(#ccc, #000);
    background:-moz-linear-gradient(#ccc, #000);
    background:-o-linear-gradient(#ccc, #000);
    background:-webkit-linear-gradient(#ccc, #000);
    background:linear-gradient(#ccc, #000);
}
```

90°角意味着渐变从顶到底绘制，角度值是从左边开始设置渐变角度的，其中：0° = 左，90° = 底，180° = 右，270° = 顶，360° = 再次为左，从而完成一个完整的圆。

也可以将负值应用于渐变，但是负值与其按逆时针变化的对应的正值效果相同。例如：－ -90°=270°。为了创建从左下方到右上方的渐变，就要使用 45°角，如图 10-45 所示。

```
#introduction {
    background:#000;
```

```
    background:-ms-linear-gradient(45deg, #ccc, #000);
    background:-moz-linear-gradient(45deg,#ccc, #000);
    background:-o-linear-gradient(45deg, #ccc, #000);
    background:-webkit-linear-gradient(45deg, #ccc, #000);
    background:linear-gradient(45deg, #ccc, #000);
}
```

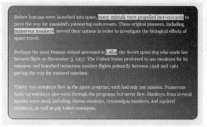

图 10-44　Firefox 中的垂直渐变　　　　图 10-45　Firefox 中的对角线性渐变

只要向参数中添加另一个颜色值就可以添加颜色终止位置，渐变会均匀显示，除非再指定一个表示颜色终止位置的附带值。图 10-46 展示了位于 50%的颜色终止位置，但是也可以用像素或 ems 指定终止位置在何处出现。

```
#introduction {
    background:#000;
    background:-ms-linear-gradient(45deg, #ccc, #c8c8c8 50%, #000);
    background:-moz-linear-gradient(45deg, #ccc, #c8c8c8 50%, #000);
    background:-o-linear-gradient(45deg, #ccc, #c8c8c8 50%, #000);
    background:-webkit-linear-gradient(45deg, #ccc, #c8c8c8 50%, #000);
    background:linear-gradient(45deg, #ccc, #c8c8c8 50%, #000);
}
```

2. 放射渐变

放射渐变的语法比线性渐变复杂一些，标准的表示法如下所示：

```
radial-gradient(
    [ [ <shape> ‖ <size> ] [ at <position> ]? , |
        at <position>,
    ]?
    <color-stop> [ , <color-stop> ]+
)
```

其中：

● position 是渐变的起始点，可以由单位(像素、em 或百分比)或关键字(left、bottom 等)指定。使用关键字的方法与 background-position 相同，默认值是 center。

● shape 指定渐变的形状，可以是圆(半径不变的椭圆)或椭圆(轴对齐椭圆)，默认值是椭圆。如果没有声明形状，最后的形状由长度单位决定。如果只有一个长度，默认形状是圆；如果有两个长度，默认形状是椭圆。

● size 是渐变最终形状的尺寸，如果没有包括该值，那么默认值是 farthest-side，size 可以用单位或关键字指定。

为了绘制简单的圆形放射渐变，将其拉伸到容器的边缘，如图 10-47 所示，需要进行如下所示的声明：

```
#introduction {
    background:#000;
    background: -moz-radial-gradient(circle closest-side, #ccc, #000);
    background: -ms-radial-gradient(circle closest-side, #ccc, #000);
    background: -o-radial-gradient(circle closest-side, #ccc, #000);
    background: -webkit-radial-gradient(circle closest-side, #ccc, #000);
    background: radial-gradient(circle closest-side, #ccc, #000);
}
```

图 10-46　对角线性渐变

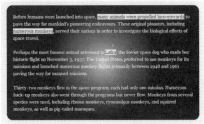

图 10-47　圆形放射渐变

改变 ellipse 和 farthest-side 的形状和尺寸，可以将圆形压缩成具有更大范围的椭圆，如图 10-48 所示。

```
#introduction {
    background:#000;
    background: -moz-radial-gradient(ellipse farthest-side, #ccc, #000);
    background: -ms-radial-gradient(ellipse farthest-side, #ccc, #000);
    background: -o-radial-gradient(ellipse farthest-side, #ccc, #000);
    background: -webkit-radial-gradient(ellipse farthest-side, #ccc, #000);
    background: radial-gradient(ellipse farthest-side, #ccc, #000);
}
```

通过添加位置值可以使渐变偏离中心。在 200px 处添加颜色停止位置，如图 10-49 所示。

```
#introduction {
    background:#000;
    background: -moz-radial-gradient(left top, ellipse farthest-side, #ccc, #75aadb 200px, #000);
    background: -ms-radial-gradient(left top, ellipse farthest-side, #ccc, #75aadb 200px, #000);
    background: -o-radial-gradient(left top, ellipse farthest-side, #ccc, #75aadb 200px, #000);
    background: -webkit-radial-gradient(left top, ellipse farthest-side, #ccc, #75aadb 200px, #000);
    background: radial-gradient(left top, ellipse farthest-side, #ccc, #75aadb 200px, #000);
}
```

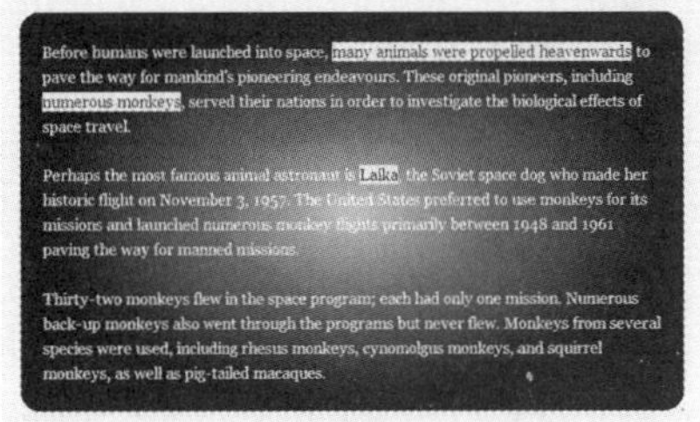

图 10-48　椭圆形放射渐变

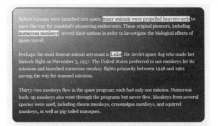

图 10-49　添加颜色停止位置的椭圆形放射渐变

3. 平铺渐变

使用 repeating-linear-gradient 或 repeating-radial-gradient，可以创建平铺渐变。平铺图案由第一个和第二个颜色终止位置之间的多个差值创建，如图 10-50 所示。和早期的渐变一样，需要使用厂商前缀以保证能够在现代浏览器中获得良好的支持。

```
div#introduction {
    background:#000;
    background: -ms-repeating-linear-gradient(#333, #ccc 60px, #333 55px, #ccc 30px);
    background: -moz-repeating-linear-gradient(#333, #ccc 60px, #333 55px, #ccc 30px);
    background: -o-repeating-linear-gradient(#333, #ccc 60px, #333 55px, #ccc 30px);
    background: -webkit-repeating-linear-gradient(#333, #ccc 60px, #333 55px, #ccc 30px);
    background: repeating-linear-gradient(#333, #ccc 60px, #333 55px, #ccc 30px);
}
```

对于放射渐变而言，可以使用如下所示的代码，在图 10-51 中可以看到效果。

```
#introduction {
background:#000;
background: -ms-repeating-radial-gradient(center, 30px 30px, #ccc, #333 50%, #999);
background: -moz-repeating-radial-gradient(center, 30px 30px, #ccc, #333 50%, #999);
background: -o-repeating-radial-gradient(center, 30px 30px, #ccc, #333 50%, #999);
background: -webkit-repeating-radial-gradient(center, 30px 30px, #ccc, #333 50%, #999);
background: repeating-radial-gradient(center, 30px 30px, #ccc, #333 50%, #999);
}
```

图 10-50　Chrome 中的平铺对角线性渐变

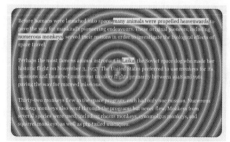

图 10-51　Chrome 中的放射平铺线性渐变

10.6　检测支持和辅助其他浏览器

总的来说，Safari、Chrome、Firefox、Opera 以及 Internet Explorer 9 对于本章介绍的属性都有较好的支持，但是对于 Internet Explorer 浏览器的早期版本有下面三种选择。

- 在 CSS 代码中添加备选，以保证低性能浏览器可以适当地理解属性。
- 运行 Modernizr 之类的检测脚本，并相应地组织样式表。
- 用 JavaScript 库弥补支持需求上的差距。

前面已经介绍了第一种选择，现在将简要介绍第二种和第三种选择。

10.6.1 使用 Modernizr

Modernizr(http://j.mp/modernizr)与 CSS3 属性之间有如下关系：当用户访问网站时，Modernizr 会运行并检测用户浏览器内部对 CSS3 和 HTML5 的支持，同时会给 html 元素增加一系列的类。例如，Modernizr 会给 Internet Explorer 增加类 no-cssgradients。这意味着可以在一个样式表中拥有两套规则来迎合两种浏览器。假定有一种设计必须具有渐变背景，即不能使用纯色。对于 Safari、Chrome、Opera 和 Firefox，可以按照如下所示的方式进行样式化：

```
.cssgradients {
    background:-moz-linear-gradient( center bottom,rgb(240,120,14) 50%,rgb(250,151,3) 90%);
    background:-webkit-linear-gradient( linear, left bottom, left top, color-stop(0.5,
rgb(240,120,14)), color-stop(0.9, rgb(250,151,3)));
background: -o-linear-gradient( linear, left bottom, left top, color-stop(0.5,
rgb(240,120,14)), color-stop(0.9, rgb(250,151,3)));
background: -ms-linear-gradient( linear, left bottom, left top, color-stop(0.5,
rgb(240,120,14)), color-stop(0.9, rgb(250,151,3)));
background:linear-gradient( linear, left bottom, left top, color-stop(0.5, rgb(240,120,14)),
color-stop(0.9, rgb(250,151,3)));
}
```

对于旧版的 Internet Explorer，可以用图像创建渐变，并将属性添加到 no-cssgradients 类中。

```
.no-cssgradients {
    background:#ccc url(img/bg-rpt.png) 0 0 repeat-x;
}
```

使用这种方法不仅能在那些对 CSS3 具有良好支持的浏览器中得到最佳效果，而且在那些对 CSS3 支持较少的浏览器中也能得到较好的效果。

10.6.2 CSS3 Pie

可以利用 CSS3 Pie(http://j.mp/css3pie)将边框半径应用于 IE6~IE8 中。CSS3 Pie 可以支持本章介绍的大部分属性。没有使用 CSS3 Pie 的规则如下所示：

```
#introduction {
    background:#ccc;
    padding:20px;
    -moz-border-radius:20px;
    border-radius:20px;
}
```

为了在 IE6~IE8 中增加这种支持，只要添加 CSS3 Pie behavior: url(js/PIE.htc)即可，这样就可以在 Internet Explorer 中得到圆角。

```
#introduction {
    ...
    behavior: url(js/PIE.htc);
}
```

10.7　组合 CSS3 效果实例

例 10-1：本章前面介绍了许多在 CSS3 中可用的新属性，下面用这些属性设计一个看起来很可爱的按钮，如图 10-52 所示，这个按钮的基本样式代码如下所示：

```
input[type="submit"] {
    font-size:18px;
    width:auto;
    padding:0.5em 2em;
    color:#fff;
    background:orange;
}
```

首先用 RGB 值 R=240、G=120、B=14 改变背景色，并用 HSL 修改边框颜色，将原来丑陋的边框去掉，如图 10-53 所示。

```
input[type="submit"] {
    font-size:18px;
    width:auto;
    padding:0.5em 2em;
    color:#fff;
    background:rgb(240,120,14);
    border:1px solid hsla(30,100%,50%,0.8);
}
```

图 10-52　基本的按钮样式 　　　图 10-53　用 RGB 和 HSL 进行样式化后的按钮

然后通过添加 border-radius 将尖锐的方形边角变得光滑。

```
input[type="submit"] {
    font-size:18px;
    width:auto;
    padding:0.5em 2em;
    color:#fff;
    background:rgb(240,120,14);
    border:1px solid hsla(20,100%,50%,0.7);
    border-radius:5px;
}
```

少许阴影可以将按钮稍微抬升，使得它看起来更为引人注目，如图 10-54 所示。

```
input[type="submit"] {
    font-size:18px;
    width:auto;
    padding:0.5em 2em;
    color:#fff;
    background:rgb(240,120,14);
    border:1px solid hsla(20,100%,50%,0.7);
```

```
    border-radius:5px;
    box-shadow:1px 2px 3px rgba(0,0,0,0.5);
  }
```

现在，应用本章前面使用 text-shadow 创建的凹陷文本，使得文本看起来像是嵌入在按钮中。为此要向文本添加 4 个阴影，阴影值之间用逗号分开。

```
input[type="submit"] {
    font-size:18px;
    width:auto;
    padding:0.5em 2em;
    color:#fff;
    background:rgb(240,120,14);
    border:1px solid hsla(20,100%,50%,0.7);
    border-radius:5px;
    box-shadow:1px 2px 3px rgba(0,0,0,0.5);
    text-shadow: -1px 0 0 rgba(0,0,0,0.3), 0 -1px 0 rgba(0,0,0,0.3), 0 1px 0
rgba(255,255,255,0.5), -1px -1px 0 rgba(250,151,3,0.5);
  }
```

为了对按钮进行一些柔化，将针对背景使用 CSS 产生的渐变，如图 10-55 所示。请记住这些属性只在 Firefox、Safari、Opera 和 Chrome 中有效，所以要将现有的 background 属性作为备选。现在有了完整的基于 CSS 样式化的漂亮按钮。

```
input[type="submit"] {
    font-size:18px;
    width:auto;
    padding:0.5em 2em;
    color:#fff;
    background:rgb(240,120,14);
    border:1px solid hsla(20,100%,50%,0.7);
    border-radius:5px;
    box-shadow:1px 2px 3px rgba(0,0,0,0.5);
    text-shadow: -1px 0 0 rgba(0,0,0,0.3), 0 -1px 0 rgba(0,0,0,0.3), 0 1px 0 rgba(255,255,255,0.5), -1px -1px 0 rgba(250,151,3,0.5);
    background:-moz-linear-gradient( center bottom,rgb(240,120,14) 50%,rgb(250,151,3) 90%);
    background:-webkit-linear-gradient( linear, left bottom, left top, color-stop(0.5, rgb(240,120,14)), color-stop(0.9,
rgb(250,151,3)));
    background:-o-linear-gradient( linear, left bottom, left top, color-stop(0.5, rgb(240,120,14)), color-stop(0.9, rgb(250,151,3)));
    background:-ms-linear-gradient( linear, left bottom, left top, color-stop(0.5, rgb(240,120,14)), color-stop(0.9, rgb(250,151,3)));
    background:linear-gradient( linear, left bottom, left top, color-stop(0.5, rgb(240,120,14)), color-stop(0.9, rgb(250,151,3)));
  }
```

图 10-54　具有圆边角和外阴影的按钮　　　　图 10-55　具有 text-shadow 和 CSS 渐变背景的按钮

最后，为按钮的:hover 和:focus 状态添加一些样式，结合使用 position:relative 和 top:1px，为按钮创建光标悬停其上就按下的效果。此外，通过翻转背景渐变、减少盒模型阴影以及移动文本阴影来获得两种状态之间必要的对比效果，如图 10-56 所示。

```
input[type="submit"]:hover, input[type="submit"]:focus {
    position:relative;
    top:1px;
    cursor:pointer;
    box-shadow:1px 1px 2px rgba(0,0,0,0.5);
    text-shadow: -1px 0 0 rgba(0,0,0,0.3), 0 1px 0 rgba(0,0,0,0.3), 0 0 0 rgba(255,255,255,0.5), -1px 1px 0 rgba(250,151,3,0.5);
    background:rgb(250,151,3);
    background:-moz-linear-gradient(center bottom, rgb(250,151,3) 50%, rgb(240,120,14) 90%,);
    background:-webkit-linear-gradient( linear, left bottom, left top, color-stop(0.5, rgb(250,151,3)), color-stop(0.9, rgb(240,120,14)));
    background:-o-linear-gradient( linear, left bottom, left top, color-stop(0.5, rgb(250,151,3)), color-stop(0.9, rgb(240,120,14)));
    background:-ms-linear-gradient( linear, left bottom, left top, color-stop(0.5, rgb(250,151,3)), color-stop(0.9, rgb(240,120,14)));
    background:linear-gradient( linear, left bottom, left top, color-stop(0.5, rgb(250,151,3)), color-stop(0.9, rgb(240,120,14)));
}
```

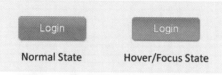

图 10-56 处于正常和:hover 状态的按钮

完整的样式规则也许看起来很深奥，但是效果却很容易获得。将完整的样式规则分解成小块代码并进行组合，就可以用 CSS3 属性创建具有漂亮样式的元素。

10.8 本章小结

浏览互联网，人们应用本章讲述的技术创建了众多实例，其中大量的实例只用到 CSS 的图标、形状、按钮、背景和徽标，还有一些用到了语义 HTML，甚至有些实例使用大量额外的 div 或 span 标记来获得本应是图像的效果。如果正在阅读本书，你会对此有更深刻的理解。要巧妙地使用 CSS3 属性，明白何时使用才是合适的。

10.9 思考和练习

1. 在设置多个背景时默认如何排列，如何进行位置的控制？

2. 给所有的 div 元素设置背景从白色渐变到灰色#666 的代码是什么？

3. 浏览本书中创建的所有页面，在需要 CSS3 属性的地方添加这些属性：背景可以用来添加深度，按钮需要更强的功能可见性，内容可以使用图形边框，文本需要一些小心创建的阴影等。

4. 在这个练习中，需要使用 border-radius 以及过渡模块创建一种平滑的悬浮效果。页面中的悬浮效果应如图 10-57 所示。样式表应实现以下功能：

● 为:hover 以及标准状态设置 1 秒的过渡。过渡 border-radius 和 background-color 属性。

● 在#hover:hover 的定义中，将背景色修改为#00ccff，并将 border-radius 修改为 100 像素，这将使盒子模型成为一个圆。

图 10-57　页面中的悬浮效果

第 11 章

页面布局与媒体查询

本章将介绍如何使用 CSS 布置元素，创建 CSS 布局。这是 CSS 以前的一个弱点——基于 CSS2.1 的布局技术使用原本不用于页面布局的属性，不适合目前的 Web 应用程序。本章首先复习基础知识：CSS 盒子模型、浮动、定位，以及如何使用它们创建灵活而确定的页面布局。接着讨论媒体查询的潜在功能，以及如何调整 CSS。最后讨论 CSS3 布局规范的未来。

本章的学习目标：
- 了解 CSS 盒子模型的概念
- 掌握使用 CSS 定位与布局的方法
- 了解媒体查询功能
- 了解 CSS3 布局规范

11.1 盒子模型

"盒子模型"也称为方框模型，在 CSS 中是一个很重要的概念，因为它决定了元素在浏览器窗口中如何定位。其因 CSS 在处理每个元素时都好像元素位于一个盒子中而得名。在表 11-1 中可见，每个盒子模型都有三个必须了解的属性。

表 11-1　盒子模型的三个重要属性

属　　性	描　　述
border	即使不可见，每个盒子也都有一条边框。边框将一个盒子的边界与周围其他盒子相分离
margin	margin 是从盒子边框到下一个盒子的距离(即外边距)
padding	padding 是元素内容与盒子边框的距离(即内边距)

通过图 11-1 可更好地理解盒子模型。图 1-1 中展示了盒子的不同部分，其中黑线即边框。

可以使用 CSS 在盒子的不同边缘分别控制边框、外边距以及内边距，并为盒子每侧的边框指定不同的宽度、线型以及颜色。

在创建设计师们所说的"空白区域"时，padding 及 margin 属性特别重要。空白区域即页面中不同部分之间的空间。例如，对于有一条黑色边框且包含黑色文本的盒子，如果不希望文本难以阅读，需要使文本不接触边框。padding 属性能帮助将文本与边框分开。

同时，假设有两个相邻的盒子，并且两个盒子都有边框。如果二者间没有外边距，那么两个盒子会出现重叠，二者相邻处的线则可能比其他线更粗。

对于外边距而言，还有一个有趣的问题：当一个盒子的下外边距与另一个盒子的上外边距相遇时，只有其中盒子尺寸较大的那个会显示出来；如果两个盒子的尺寸相同，那么外边距为两个外边距中较大的那个。图 11-2 展示了两个相邻盒子间的垂直外边距被压缩了，这种情况仅适用于垂直外边距，不适用于左右外边距。

图 11-1　盒子模型示意图

图 11-2　两个相邻盒子间垂直外边距的压缩

11.1.1　一个演示盒子模型的示例

为演示盒子模型，可以为网页中的每个元素添加一条边框。<body>元素创建了一个包含整个页面的大盒子，而在其内部，每一个标题、段落、图片或链接都会创建另一个盒子。首先，以下是示例页面的 HTML 代码：

```
<h1>Thinking Inside the Box</h1>
<p class="description">When you are styling a web page with CSS you must start to think in terms of <b>boxes</b>.</p>
<p>Each element is treated as if it generates a new box. Each box can have new rules associated with it.</p>
<img src="images/boxmodel.gif" alt="How CSS treats a box">
<p>As you can see from the diagram above, each box has a <b>border</b>. Between the content and the border you can have <b>padding</b>, and outside of the border you can have a <b>margin</b> to separate this box from any neighboring boxes.</p>
```

只需要使用一条 CSS 规则，就可以看到文档主体中包含的每一个元素——<body>、<h2>、<p>、<img>以及<b>——就像在独立的盒子中一样进行处理。为此，可添加一条 CSS 规则，在每个元素周围添加边框。

```
body, h1, p, img, b {
    border-style : solid;
    border-width : 2px;
    border-color : #000000;
    padding:2px;
}
```

每个盒子可以通过不同方式呈现。例如，可以为<h1>和<bold>元素赋予灰色背景，从而帮助将之与其他元素相区分。

```
h1, b {
    background-color : #cccccc;
}
```

图 11-3 展示了这个页面在浏览器中的效果。尽管不是太吸引人，但其中的线型展示了盒子的边框，也展示了每个元素的盒子是如何创建的。

图 11-3　盒子在浏览器中的效果

块级元素与行内元素的区别在使用 CSS 时非常重要，因为这决定了每个盒子如何显示。

- <h1>与<p>元素是块级元素。每个块级元素都从新行开始，并且包含该块级元素的盒子会占据浏览器的全部宽度，或者占据其上级元素的全部宽度。
- <b>元素是行内元素。它的盒子位于段落中间，并且不会占据整行的宽度，它会在其包含元素内流动。
- <img>元素可能看起来像块级元素，因为它以新行开始。但它其实是行内元素。之所以这么说，是因为它的边框只占据图片自身的宽度。而如果它是块级元素，边框会横跨浏览器的整个宽度。图片之所以从新行开始，仅仅是因为它两侧的元素都是块级元素(因此，它周围的元素会从新行开始)。

11.1.2　border 属性

border 属性能够指定代表某一元素的盒子的边框应如何呈现。一条边框具有三个可以修改的属性：border-color 属性，用于指定边框应具有的颜色；border-style 属性，用于指定边框应为实线、虚线还是双线；borer-width 属性，用于指定边框应具有的宽度。

1. border-color 属性

border-color 属性能够改变盒子周围边框的颜色，可以是任何有效的颜色值。例如：

```
p {
    border-color : #fc00f000;
}
```

可以使用以下属性分别指定盒子边框的底部、左侧、顶部以及右侧的颜色：

```
border-bottom-color    border-right-color    border-top-color    border-left-color
```

2. border-style 属性

border-style 属性能够指定边框的线型样式：

```
p {
    border-style : solid;
}
```

该属性的默认值为 none，因此没有任何边框会被自动显示。表 11-2 给出了 border-style 属性的取值。

表 11-2　border-style 属性的取值

值	描　　述
none	不存在边框(等价于 border-width:0)
solid	边框是一条实心线
dotted	边框是一系列的点
dashed	边框是一系列短线
double	边框是两条实心线。通过 border-width 属性的值为其创建整体宽度以及两条线的间距
groove	边框具有切入效果
ridge	边框效果与 groove 相反
inset	边框使盒子看起来内嵌于页面中
outset	边框使盒子看起来突出于画布之外
hidden	与 none 相同，但用于作为表格元素的边框冲突解决方案

图 11-4 展示的示例中包含每个属性的效果。注意，尽管图 11-4 中的最后四个示例看上去类似，但实际上却不同。

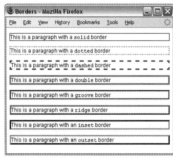

图 11-4　border-style 属性的显示效果

可以使用如下属性分别修改盒子边框的底部、右侧、顶部以及左侧样式：

border-bottom-style　border-right-style　border-top-style　border-left-style

3. border-width 属性

border-width 属性能够设置边框的宽度。通常宽度以像素为单位指定。

```
p {
    border-style : solid;
    border-width : 4px;
}
```

border-width 属性的值不能为百分数，不过可以使用任何绝对或相对单位，或者使用下列三个值之一：thin、medium 以及 thick。这三个值的实际宽度在 CSS 中没有以像素明确指定，因此这些关键字对应的实际宽度取决于浏览器。

可以使用如下属性分别修改盒子边框的底部、右侧、顶部以及左侧宽度：

border-bottom-width　border-right-width　border-top-width　border-left-width

4. 使用缩略形式表达边框属性

可以只用一个属性来指定线型的颜色、样式以及宽度：

```
p {
    border : 4px solid red;
}
```

如果使用这样的缩略形式，那么在值与值之间(除空格外)不能有任何内容。以同样方式还可以使用以下属性分别指定盒子每侧边框的颜色、样式以及宽度：

border-bottom　border-top　border-left　border-right

11.1.3　padding 属性

padding 属性指定元素内容与其边框之间应显示的距离：

```
td {
    padding : 5px;
}
```

该属性的值多数使用像素指定。不过，也可以使用之前介绍过的任何长度单位、百分比或关键字 inherit。

元素的内边距默认不会继承，因此如果<body>元素有一个值为 50px 的 padding 属性，那么它不会自动应用于其内部的所有其他元素。只有当关键字 inherit 被用于某元素时，该元素才会使用与父元素相同的内边距。

如果使用了百分比，则以包含盒子的百分比计算；如果指定为 10%，则每一边取盒子的 5%作为内边距。

可以使用如下属性分别指定盒子内每一边的不同内边距大小：

padding-bottom　padding-top　padding-left　padding-right

padding 属性在用于创建元素边框与其内容之间的空白时特别有用。查看图 11-5，其中有两个段落。

图 11-5　padding 属性的显示效果

如果看一下这两个段落元素的 CSS 规则，可以看到默认情况下第一个段落没有内边距。如果需要第二段中所示的间隔，则必须指定。

```
.a, .b {
    border-style : solid;
    border-color : #000000;
    border-width : 2px;
    width : 100px;
}
.b {
    Padding : 5px;
}
```

有时，元素可能没有可见的边框，但具有背景色或图案。这种情况下，为盒子赋予一些内边距有助于使设计更吸引人。

11.1.4　margin 属性

margin 属性控制盒子之间的空间。它的取值可以是长度、百分比或关键字 inherit，每种取值的含义与刚才所见的 padding 属性完全相同。

```
p {
    margin:20px;
}
```

与 padding 属性一样，除非取值为 inherit，否则 margin 属性的值也不会被子元素继承。

此外，记住当一个盒子位于另一个盒子上时，只有二者中较大的那个盒子的外边距会显示；如果两个盒子相等，则只显示其中一个盒子的大小。

还可以使用如下属性为盒子的每一边分别设置不同的外边距值：

margin-bottom　margin-top　margin-left　margin-right

查看图 11-6，可以看到三个段落，并且看上去它们占据相同的空间。然而，它们顶部的外边距要高于底部，因此当两个盒子相遇时，底部的外边距会被忽略——外边距被压缩了，这种情况只发生于垂直外边距，而不发在于左右外边距。

这个示例还展示了如何设置行内元素左右两侧的外边距——单词被高亮显示的区域。通过这个示例，我们演示了块级元素与行内元素的盒子如何使用外边距。

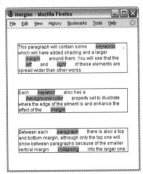

图 11-6　margin 属性的显示效果

在段落中，为使用<em>元素进行强调显示的短语设置了 margin-left 及 margin-right 属性。因为还为<em>元素同时设置了背景色，所以可以实际看到左右两侧的外边距如何将这些单词与周围的其他单词分开。

如下是本例中的规则：

```
body {
    color : #000000;
    background-color : #ffffff;
    font-family : arial, verdana, sans-serif;
    font-size : 12px;
}
p {
    margin-top : 40px;
    margin-bottom : 30px;
    margin-left : 20px;
    margin-right : 20px;
    border-style : solid;
    border-width : 1px;
    border-color : #000000;}
em {
    background-color : #cccccc;
    margin-left : 20px;
    margin-right : 20px;
}
```

11.1.5　内容盒子的尺寸

前面介绍了环绕所有内容盒子的边框、可以出现于每个内容盒子边框内的内边距以及位于边框外的外边距，下面介绍控制内容盒子尺寸的属性，如表 11-3 所示。

表 11-3　控制内容盒子尺寸的属性

属　　性	作　　用
height	设置内容盒子的高度
width	设置内容盒子的宽度
line-height	设置文本行的高度(如布局方案中的行距)
max-height	设置内容盒子的最大高度
min-height	设置内容盒子的最小高度
max-width	设置内容盒子的最大宽度
min-width	设置内容盒子的最小宽度

1. height 与 width 属性

height 与 width 属性能够设置内容盒子的高度与宽度。它们的取值可以为长度值、百分比或关键字 auto。默认值为 auto，其含义为内容盒子的大小刚好足够容纳其内容。

如下是用于两个段落元素的 CSS 规则，第一个段落带有值为 one 的 class 特性，第二个段落带有值为 two 的 class 特性：

```
p.one {
    width : 200px;
    height : 100px;
    padding : 5px;
    margin : 10px;
    border-style : solid;
    border-color : #000000;
    border-width : 2px;}
p.two {
    width : 300px;
    height : 100px;
    padding : 5px;
    margin : 10px;
    border-style : solid;
    border-color : #000000;
    border-width : 2px;
}
```

如图 11-7 所示，第一个段落宽 200 像素、高 100 像素，而第二个段落宽 300 像素、高 100 像素。最常用的测量盒子的单位为像素。不过，百分比及 em 经常用于为适应浏览器窗口尺寸而自动拉伸或压缩的布局。

2. line-height 属性

line-height 是进行文本布局时最重要的属性之一。它能够增加文本行之间的空间，即"行距"。line-height 属性的值可以是长度值或百分比。应该使用与设置文本尺寸时相同的测量单位指定该属性。如下是两条设置不同 line-height 属性的规则：

```
p.two {
    line-height : 16px;
}
p.three {
    line-height : 28px;
}
```

如图 11-8 所示，第一个段落没有 line-height 属性，而第二和第三个段落则与前面的规则相对应。为每个文本行添加额外高度可以使其可读性更好，对于长文章更是如此。

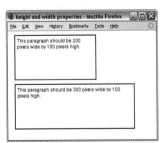

图 11-7　height 与 width 属性的显示效果

图 11-8　line-height 属性的显示效果

在长段落中可以尝试使用 1.5 倍字体高度的行距。当需要在单行文本周围添加空间时，line-height 属性也能提供帮助。

3. max-width 与 min-width 属性

max-width 与 min-width 属性能够指定内容盒子的最大及最小宽度。当需要创建可以适应用户窗口尺寸、自动拉伸或压缩的页面部分时，它们应该特别有帮助。max-width 属性可以防止盒子变得太宽以至于难以阅读，而 min-width 属性则能够帮助防止盒子变得太窄以至于无法阅读。IE7 以及 Firefox 2 是最先支持这两个属性的主流浏览器。

这两个属性的取值可以是数字、长度值或百分比，而且不允许为负值。例如，查看如下规则，其中指定<div>元素的宽度不可小于 200 像素，且不能大于 500 像素：

```
div {
    min-width : 200px;
    max-width : 500px;
    padding : 5px;
    border : 1px solid #000000;
}
```

图 11-9 展示了效果，其中包含两个浏览器窗口。第一个窗口以大于 500 像素的宽度打开，而盒子并没有伸展到大于 500 像素宽。第二个窗口在小于 200 像素的情况下关闭，此时浏览器因为无法显示盒子的完整宽度而出现了水平滚动条。

4. min-height 与 max-height 属性

min-height 与 max-height 属性和 min-width 与 max-width 属性对应，但它们用于指定内容盒子的最小高度及最大高度。同样，IE7 以及 Firefox 2 是最先支持这两个属性的主流浏览器。

这两个属性的取值可以是数字、长度值或百分比，而且不允许为负值。查看如下示例：

```
div {
    min-height : 150px;
    max-height : 200px;
    padding : 5px;
    border : 1px solid #000000;
}
```

同样，这两个属性在创建能够根据用户浏览器窗口尺寸调整自身尺寸的布局时非常有用。然而，可以在图 11-10 中看到一个有趣的现象：盒子的内容如果占据的空间大于规则允许盒子本身占据的空间，那么这些内容会溢出盒子。

图 11-9　max-width 与 min-width 属性的显示效果

图 11-10　min-height 与 max-height 属性的显示效果

5. overflow 属性

如图 11-10 所示，在控制盒子的尺寸时，需要在盒子中放下的内容可能比允许的空间更大。overflow 属性用于处理这类情况，取值如表 11-4 所示。

表 11-4　overflow 属性的取值

值	作　用
hidden	溢出内容会被隐藏
visible	溢出内容在盒子外可见
scroll	盒子将添加滚动条以允许用户滚动查看其内容
auto	盒子在必要时会添加滚动条
inherit	盒子从父元素继承 overflow 属性

现在查看以下示例，其中两个<div>元素的宽度通过 max-height 及 max-width 属性控制，从而<div>元素的内容不会适应盒子的大小。对于第一个<div>元素，将 overflow 属性的值设置为 hidden；对于第二个<div>元素，将 overflow 属性的值设置为 scroll。这两个属性的效果如图 11-11 所示。在第一个盒子里，文本在空间用完时被简单截断；在第二个盒子里，创建了一个滚动条，允许用户滚动到适当内容。

图 11-11　overflow 属性的显示效果

```
div {
    max-height : 75px;
    max-width : 250px;
    padding : 5px;
    margin : 10px;
    border : 1px solid #000000;
}
div.one {
    overflow : hidden;
}
div.two {
    overflow : scroll;
}
```

6. IE 盒子模型以及 box-sizing: border-box

在 CSS 发展的早期，引入了两种相互竞争的盒子模型。其中一个已经作为 CSS 标准存在了很多年，而另一个则是由早期版本的 IE 引入的。早期版本的 IE 在处理盒子的宽度时，效果就像盒子的宽度包含了边框宽度以及盒子尺寸中的内边距。根据 CSS 规范中的描述，盒子的宽度应该为其中内容的宽度，不包含边框以及内边距。图 11-12 展示了上述效果。

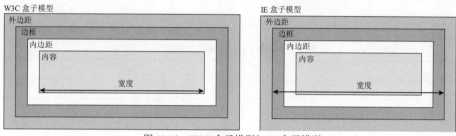

图 11-12　W3C 盒子模型与 IE 盒子模型

新的 CSS box-sizing 属性能够在 W3C 盒子模型和 IE 盒子模型间进行选择。IE8 及其更高版本和其他主流浏览器都支持该属性。

11.2　使用 CSS 定位与布局

CSS 定位方案是 Web 中控制页面布局的标准方式。在 CSS 中可以使用盒子模型表现每个元素中的内容，用属性影响盒子及其内容。使用 CSS 控制盒子在页面中出现的位置，被称为 CSS 定位与布局。

> **注意：**
> 在 CSS 之前，通常使用表格控制网页的布局。但表格的设计初衷是容纳表格化数据，所以应该使用 CSS 代替表格控制新建页面的布局。使用 CSS 控制布局，页面将变得更小，更易于兼容不同设备，更易于重新设计，加载速度更快，更易于被搜索引擎找到。

11.2.1　正常流

默认情况下，使用"正常流"或"静态流"在页面中对元素进行布局。在正常流中，页面中的块级元素从顶部向底部流动，每个块级元素都以独占新行的形式出现，而行内元素则从左向右流动，因为它们不会从新行开始显示。

例如，每个标题以及段落应该在不同的行中显示，而<b>、<em>以及<span>这类元素的内容则位于段落或另一个块级元素中。它们并不从新行开始显示。

图 11-13 使用三个段落展示了这一点。其中每个段落都是一个块级元素，位于另一个段落之上。在每个段落中，各有一个行内元素，本例中为<b>元素。

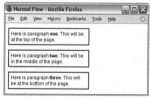

图 11-13　正常流的显示效果

如果希望元素的内容出现在与正常流中不同的位置，有两个属性可以提供帮助：position 和 float。

11.2.2　position 属性

position 属性能够指定希望如何控制盒子的位置，通常用于将项抽离正常流。四个可能的取值如表 11-5 所示。

表 11-5　position 属性的取值

值	含　义
static	与正常流相同，并且为默认值
relative	盒子的位置可以相对其在正常流中的位置出现偏移
absolute	盒子完全使用以包含元素左上角为原点的 x 及 y 坐标进行定位
fixed	位置以浏览器窗口左上角为原点计算得出，并且不随用户滚动窗口而改变位置

11.2.3　盒子偏移属性

当盒子的 position 属性的值为 relative、absolute 或 fixed 时，它们同时会使用"盒子偏移"属性指定盒子应如何定位。表 11-6 列出了盒子偏移属性。

表 11-6　盒子偏移属性

属　性	含　义
top	从包含元素顶部起的偏移位置
left	从包含元素左侧起的偏移位置
bottom	从包含元素底部起的偏移位置
right	从包含元素右侧起的偏移位置

表 11-6 中的每个属性可以取长度值、百分比或关键字 auto。相对单位，包括百分比，使用包含盒子的尺寸或属性进行计算。

11.2.4　相对定位

相对定位能够将盒子移动到与正常流中的位置相关联的某个位置。比如，将一个盒子从正常流中应该出现的位置下移 30 像素或右移 100 像素，它将根据盒子偏移属性从正常流中的位置进行转移。

回到 11.2.3 节演示正常流的示例，使用相对定位移动第二段，如图 11-14 所示。

图 11-14　相对定位的显示效果

本例中的第二段从其在正常流中应处的位置(即它在上一示例中所处的位置)发生了偏移，偏移量为左起 40 像素、上起 40 像素，注意负号，它将段落抬到了正常流位置之上。

```
p {
    border-style : solid;
    border-color : #000000;
    border-width : 2px;
    padding : 5px;
    background-color : #FFFFFF;
}
p.two {
    position : relative;
    left : 40px;
    top : -40px;
}
```

盒子偏移属性的值最常使用像素值或百分比。

注意：

应该仅指定左侧或右侧偏移，以及顶部或底部偏移。如果同时指定了左侧与右侧偏移，或同时指定了顶部与底部偏移，那么右侧或底部偏移将被忽略。

在使用相对定位时，一些盒子可能会遮盖另一些盒子，如前例中所示。因为对盒子相对于正常流进行了偏移，所以如果偏移量足够大，一个盒子最终就可能位于另一个盒子之上。然而，有两个陷阱必须了解：

- 除非为盒子设置背景(无论背景色还是图片都可以)，否则盒子默认是透明的，这使得任何相互覆盖的文本成为无法阅读的混乱内容。在前例中，使用 background-color 属性将段落的背景设置为白色，从而防止了这种情况的发生。
- CSS 规范没有说明当相对定位元素相互遮盖时，哪个元素应位于顶部。因此，在不同的浏览器中就可能出现不同的结果。

11.2.5　绝对定位

绝对定位是指将元素从正常流中取出，并固定其位置。可以为元素应用值为 absolute 的 position 属性，指定对内容进行绝对定位。之后可以使用盒子偏移属性对其进行定位。

盒子偏移属性将盒子的位置固定于与"包含块"相关联的位置——包含块与包含元素稍微不同，因为它特指 position 属性被设置为 relative、absolute 或 fixed 的包含元素。

将下面的样式表再次用于上述三个段落，但这一次，这些段落被包含于一个同样使用绝对定位的<div>元素中：

```
div.page {
    position : absolute;
    left : 50px;
    top :   100px;
    border-style : solid;
    border-width : 2px;
    border-color : #000000;
}
p {
    background-color : #FFFFFF;
```

```
    width : 200px;
    padding : 5px;
    border-style : solid;
    border-color : #000000;
    border-width : 2px;
}
p.two {
    position : absolute;
    left : 50px;
    top : -25px;}
```

图 11-15 展示了绝对定位的显示效果。能够清楚看到的是，第二段已经不再位于页面中间，已经被从正常流中取出，因为第三段现在所处的位置正好是第二段在正常流中本应出现的位置。它甚至出现在第一段之前的右上方。此处出现的 <div class="page">元素展示出该段落是根据绝对定位的<div>元素进行定位的。绝对定位元素总是出现在相对定位元素之上，如你在本例中所见，除非使用 z-index 属性进行设置。

同样还需要注意的是，因为使用绝对定位的盒子被从正常流中取出，所以即使两个垂直外边距相遇，它们的外边距也不会折叠。

图 11-15　绝对定位的显示效果

11.2.6　固定定位

对于 position 属性需要了解的最后一个可取值是 fixed。该值指定不仅元素的内容应完全从正常流中移出，而且该盒子在用户上下滚动页面时也不应该移动。

Firefox、Safari 以及 Chrome 为固定定位提供支持， IE7 是 IE 浏览器中第一个对其提供支持的版本。

可以使用下面的 HTML 示例来演示固定定位。本例使用了更多段落，从而可以看到在页面滚动时，<div>元素的内容在页面顶部保持固定。

```
<div class="header">Beginning Web Development</div>
<p class="one">This page has to contain several paragraphs so you can see
the effect of fixed positioning. Fixed positioning has been used on the
header so it does not move even when the rest of the page scrolls.</p>
```

下面可以看到本例使用的样式表。标题具有值为 fixed 的 position 属性，并被定位于浏览器窗口的左上角：

```
div.header {
    position : fixed;
    top :  0px;
    left : 0px;
    width : 100%;
    padding : 20px;
    font-size : 28px;
    color : #ffffff;
```

```
    background-color : #666666;
    border-style : solid;
    border-width : 2px;
    border-color : #000000;
}
p {
    width : 300px;
    padding : 5px;
    color : #000000;
    background-color : #ffffff;
    border-style : solid;
    border-color : #000000;
    border-width : 2px;
}
p.one {
    margin-top : 100px;
}
```

图 11-16 展示了这个固定的标题元素在用户将页面向下滚动到一半时的效果。

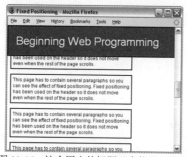

图 11-16　这个固定的标题元素的显示效果

11.2.7　z-index 属性

使用绝对定位和相对定位的元素常与其他元素出现重叠。发生这种情况时，默认的行为是让第一个元素位于后来元素之下。这称为“堆叠上下文”。可以使用 z-index 属性指定哪个盒子位于顶部。在图形设计方案中，堆叠上下文与使用“提高到顶部”以及“送至底部”的功能类似。

z-index 属性的值是一个数字，数字的值越大，就越接近元素显示位置的顶部。例如，z-index 值为 10 的项会出现于 z-index 值为 5 的项之上。

为更好地理解 z-index，下面看另一个绝对定位示例——这一次只有三个段落：

```
<p class="one">Here is paragraph <b>one</b>.
    This will be at the top of the page.</p>
<p class="two">Here is paragraph <b>two</b>.
    This will be underneath the other elements.</p>
<p class="three">Here is paragraph <b>three</b>.
    This will be at the bottom of the page.</p>
```

每个段落都共享相同的 width、background-color、padding 以及 border 属性，这些属性由第一条规则指定。这样做可以免于对每一个<p>元素重复设置相同的属性。然后对每一段都分别使用绝对定位指定其位置。因为现在这些段落出现了叠加，所以 z-index 属性被添加进来，用于控制哪个段落位于顶部。z-index 值越大，结果越接近顶部：

```
p {
    width : 200px;
    background-color : #ffffff;
    padding : 5px;
    margin : 10px;
    border-style : solid;
    border-color : #000000;
    border-width : 2px;
}
p.one {
    z-index : 3;
    position : absolute;
    left : 0px;
    top : 0px;
}
p.two {
    z-index : 1;
    position : absolute;
    left : 150px;
    top : 25px;}
p.three {
    z-index : 2;
    position : absolute;
    left : 40px;
    top : 35px;
}
```

图 11-17 显示第二个段落出现在第一段与第三段之下，而第一段则保持在顶部位置。

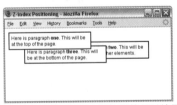

图 11-17　添加 z-index 属性后的显示效果

11.2.8　使用 float 属性实现流动

float 属性能够将某个元素从正常流中取出来，并将其尽可能远地放置在包含盒子的左侧或右侧。

包含元素中的其他内容则会围绕关联有 float 属性的元素进行流动，就如文本与其他元素能够围绕图片流动一样。

任何时候为元素指定 float 属性时，都必须设置 width 属性以指定盒子应该占据的宽度。否则，将自动占据包含盒子 100%的宽度，不会给围绕它流动的内容留任何空间，从而使它的显示效果如同普通的块级元素。

为指定盒子浮动至包含盒子的左侧或右侧，需要设置 float 属性。表 11-7 列出了 float 属性的取值。

表 11-7　float 属性的取值

值	作　　用
left	盒子浮动到包含元素的左侧，而包含元素的其他内容浮动至其右侧
right	盒子浮动到包含元素的右侧，而包含元素的其他内容浮动至其左侧
none	盒子不发生浮动，并保持在正常流中应处于的位置
inherit	盒子继承其包含元素的属性

当一个盒子使用 float 属性时，其垂直外边距将不会像正常流中的块级盒子一样在其上下发生压缩，因为它已经被从正常流中抽取出。浮动的盒子将与包含盒子的顶部对齐。

查看下面的 HTML 代码，可以看到第一个<aside>元素带有值为 pullQuote 的 class 特性：

```
<body>
  <h1>Heading</h1>
    <aside class="pullQuote">Here is the pullquote. It will be removed from
    normal flow and appear on the right of the page.</aside>
    <p>This is where the story starts and it will appear at the top of the
    page under the heading. You can think of it as the first paragraph of an
    article or story. In this example, the pull quote gets moved across to the
    right of the page. There will be another paragraph underneath.</p>
    <p>Here is another paragraph. This one will be at the bottom of the page.</p>
</body>
```

如上例所示，第一个<p>元素被从正常流中抽离出来，并使用值为 right 的 float 属性，放置于包含元素<body>的右侧：

```
body {
   color : #000000;
   background-color : #ffffff;
   font-size : 12px;
   margin : 10px;
   width : 514px;
   border :   1px solid #000000;
}
p {
   background-color : #FFFFFF;
   border : 2px solid #000000;
   padding : 5px;
   margin : 5px;
   width : 500px;
}
.pullQuote {
   float : right;
   width : 150px;
}
```

可以看到，带有值为 pullQuote 的 class 特性的<aside>元素的内容最终出现在页面的右侧，而段落的内容流动到页面的左侧和底部，如图 11-18 所示。

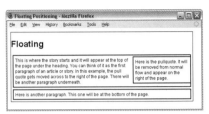

图 11-18　使用 float 属性的显示效果

11.2.9　clear 属性

clear 属性在使用浮动盒子时特别有用。内容能够围绕浮动元素流动，如图 11-19 所示。然而，如果希望浮动元素的旁边没有任何内容，而周围的内容被推至浮动元素之下，那么可以使用 clear 属性。表 11-8 列出了 clear 属性的取值。

表 11-8　clear 属性的取值

值	作　　用
left	具有 clear 属性的元素在其左侧不能有任何内容
right	具有 clear 属性的元素在其右侧不能有任何内容
both	具有 clear 属性的元素在其左右两侧都不能有任何内容
none	允许两侧出现浮动内容

现在来看一个示例。HTML 页面使用与上例完全相同的结构，但是这一次，样式表确保醒目引文旁没有任何内容。

为确保第二段不会环绕在醒目引文周围，在用于<aside>元素的规则中使用 clear 属性指定其左侧不应出现任何内容。可以在下面的代码中看到 clear 属性被高亮显示：

```
p {
    background-color : #FFFFFF;
    border : 2px solid #000000;
    padding : 5px;
    margin : 5px;
    width : 500px;
    clear : right
}
```

图 11-19 展示了本例中的 clear 属性是如何工作的，它确保第二段与第三段位于醒目引文之下。

图 11-19　clear 属性的显示效果

11.3 构建页面布局实例

例 11-1：利用 CSS 控制页面布局。使用的页面如图 11-20 所示，其中没有附加的样式表。
下面是本例中 HTML 代码的主体：

```html
<body>
<h1>Cascading Style Sheets</h1>
  <div class="nav"><a href="../index.htm">Examples index</a>
      <a href="11-1.html">Chapter 11 Code</a></div>
<h2>CSS Positioning</h2>
  <p class="abstract"><img class="floatLeft" src="images/background.gif"
      alt="wrox logo">This article introduces the topic of laying out
      web pages in CSS using a combination of positioning schemes.</p>
  <p>CSS allows you to use three different positioning schemes to create complex layouts:</p>
  <ul>
    <li>Normal flow</li>
    <li>Absolute positioning</li>
    <li>Floating</li>
  </ul>
  <p>By using a combination of these schemes you do not need to resort to using tables to lay out your pages.</p>
</body>
```

图 11-20 没有附加样式表的页面

本例展示了在使用 CSS 时你应该了解的一些问题，当遇到一些有用的属性时，其中一部分可能
只有最新的浏览器才支持，对于这方面的展示非常重要。尽管能以某种在大多数浏览器中工作的方
式设计网站，却可能无法让一些技术在所有浏览器中都能够工作，因此需要彻底地测试网站。

在 Google Chrome 中，本例的效果如图 11-21 所示，可以在 IE7+中看到类似的结果。

图 11-22 展示了本例在 IE6 中的效果。特别需要注意，在左侧的链接之前不再有单词
"Navigation"，并且标题"CSS Positioning"位于页面中更偏下的位置。因此，如果仍然有使用 IE6
浏览器的访问者，就需要考虑哪些特性能不能工作，并在发布网站前在 IE6 中测试页面。最好了解
IE6 浏览器存在的一些局限性。

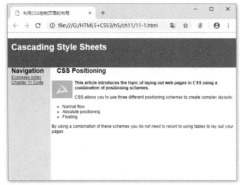
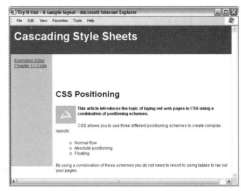

图 11-21　网页在 Google Chrome 和 IE7+中的效果　　　　　图 11-22　网页在 IE6 中的效果

为开始编写本例使用的 CSS 文件,打开网页编辑器并遵照以下步骤进行操作。

(1) 创建一个名为 11-1.css 的文件,添加来自 HTML 页面的元素,并在适于识别每一类元素的地方使用类选择器。最终应该得到一个与下面类似的列表,然后可以依次查看用于每个元素的规则。

```
body {}
h1 {}
div.nav {}
h2 {}
p {}
p.abstract {}
img {}
ul {}
```

(2) 为用于<body>元素的规则设置页面的一些默认值。

```
body {
    color : #000000;
    background-color : #ffffff;
    font-family : arial, verdana, sans-serif;
    font-size : 12px;
}
```

(3) 该网站的标题使用固定定位,将其从正常流中抽离,并且即使在用户滚动页面时,也能将其固定在页面顶部。还有一个 z-index 属性,用于保证标题保持在导航栏顶部。

```
h1 {
    position : fixed;
    top : 0px;
    left : 0px;
    width : 100%;
    color : #ffffff;
    background-color : #666666;
    padding : 10px;
    height : 60px;
    z-index : 2;
}
```

(4) 导航栏同样被从正常流中抽离,因为其使用的是绝对定位。它被定位于顶部向下 80 像素,因此链接在页面首次加载时不会消失于页面标题之下。导航栏被放置于一个 100 像素宽、300 像素高，并带有浅灰色背景的盒子内。在用户向下滚动页面时，导航栏将位于页面标题之下，因为没有为其指定 z-index 属性，而标题具有值为 2 的 z-index 属性。

```
div.nav {
    position : absolute;
    top : 80px;
    left : 0px;
    width : 100px;
    height : 300px;
    padding : 10px;
    background-color : #efefef;
}
```

(5) 导航栏中包含单词"Navigation"，其并不在原始 HTML 文件中。这个单词是在样式表中使用 CSS :before 伪类添加的。可以在下面的代码中看到它还关联了其他样式。

```
div.nav:before {
    content : "Navigation ";
    font-size : 18px;
    font-weight : bold;
}
```

(6) 用于<h2>元素的规则需要从左向右缩进，因为导航栏占据了左侧的前 120 个像素，并且在其顶部还有内边距，以将文本置于标题之下。

```
h2 {
    padding : 80px 0px 0px 130px;
}
```

(7) 有两条用于段落的规则。第一条规则用于所有段落，而第二条规则用于确保文章的摘要以粗体显示。与<h2>元素相同，所有段落都需要从左向右缩进。

```
p {
    padding-left : 115px;
}
p.abstract{
    font-weight : bold;
}
```

(8) 位于第一段中的图片浮动至文本的左侧。如你所见，段落中的文本围绕图片流动。此外，图片的右外边距为 5 像素。

```
img {
    float : left;
    width : 60px;
    margin-right : 5px;
}
```

(9) 用于无序列表元素的规则，需要比用于段落或二级标题的规则缩进更多。另外使用 list-style 属性指定了列表项目符号的样式。

```
ul {
```

```
    clear : left;
    list-style : circle;
    padding-left : 145px;
}
```

(10) 以文件名 11-1.css 保存样式表，并尝试加载将使用该样式表的 11-1.html 文件。

使用 CSS 对网页进行布局既是一项技术，也是一门艺术。如本例所示，成功的布局往往结合了两种或更多种布局与定位技术。

例如，对于带有浮动列的布局，可能将其中一列设置为 position:relative，并且不关联偏移属性，从而在该列内绝对定位子元素。简单的单列布局则可能利用浮动元素来分解单一堆叠的块级元素。

11.4 媒体查询

媒体查询扩展了 CSS 的@media 规则(通常用于为打印或语音浏览器提供样式表)以及 HTML 中的 media 特性，并添加了用于显示尺寸、色深以及高宽比的特性。这使得能够基于设备或浏览器特征来调整设计。

媒体查询在"响应式网页设计"中扮演着重要的角色，这是一种设计开发网站的新技术，允许网站在类型广泛的设备上进行显示。

例 11-2：下面的代码展示了媒体查询的实际使用。标记很简单：一个 id 为"container"的<div>元素包含了两个段落。

```
<div id="container">
    <p>Proident accusamus readymade, exercitation wolf ullamco quinoa
flexitarian chambray. Tattooed est gluten-free, tumblr ethical...</p>
    <p>Proident accusamus readymade, exercitation wolf ullamco quinoa
flexitarian chambray. Tattooed est gluten-free, tumblr ethical ...</p>
</div>
```

在以下 CSS 规则中，定义#container 元素具有 940 像素的宽度、200 像素的高度以及 450 像素的列宽。接下来，可以看到第一个媒体查询。@media 启动了媒体查询，而 screen 关键字则指明本条规则用于屏幕显示媒体(从而与用于打印机或语音浏览器相区别)。之后的 and 关键字将屏幕显示媒体与另一条规则(即实际查询)绑定，也就是值为 999 像素的 max-width。这条规则的意思是："如果这是屏幕显示媒体，并且屏幕的宽度不大于 999 像素，则应用以下 CSS 规则"。

与实际查询对应的规则修改了 width 属性，以更好地匹配显示媒体，还修改了 background-color 以及 column-width 属性，以更好地匹配新布局。

第三条规则使用同样的模式，但使用不同的值。这条规则的意思是："如果这是屏幕显示媒体，并且屏幕宽度不大于 480 像素，则应用以下 CSS 规则"。这些规则修改 width 属性以匹配新的屏幕解析度，修改 height 属性以容纳堆叠的列，还修改了 background-color 属性。

```
#container {
    background-color : #fe57a1;
    height : 200px;
    width : 940px;
    padding : 10px;
```

```
        -webkit-column-width: 450px;
        -webkit-column-gap: 15px;
        -moz-column-width: 450px;
        -moz-column-gap: 15px;
        column-width: 450px;
        column-gap: 15px;
    }
    @media screen and (max-width:999px) {
        #container {
            width: 740px;
            background-color : #b3d4fc;
            -webkit-column-width: 350px;
            -webkit-column-gap: 15px;
            -moz-column-width: 350px;
            -moz-column-gap: 15px;
            column-width: 350px;
            column-gap: 15px;
        }
    }
    @media screen and (max-width:480px) {
        #container {
            width : 400px;
            background-color : #ffcc00;
            height : 400px;
        }
    }
```

图 11-23 展示了在 Google Chrome 中上述样式表的三种状态。

图 11-23　在 Chrome 中上述样式表的三种状态

表 11-9 指出了支持媒体查询的主流浏览器。

表 11-9　支持媒体查询的主流浏览器

Internet Explorer	Google Chrome	Firefox	Safari	Opera
9.0+	4.0+	3.5+	4.0+	9.5+

11.5 CSS3 布局

下面介绍几个 CSS3 布局模块，大多数布局模块可以在一个或多个浏览器中实现。

11.5.1 CSS3 定位布局模块

CSS3 定位布局模块规范(CSS Positioned Layout Module Level 3)包括基于 position 属性的定位模式。CSS3 版本引入了两个新值：position: center 提供简单的水平和垂直居中功能，使用 top、right、bottom 和 left 属性可以偏移；position: page 则创建一个使用绝对定位的盒子，这个盒子相对于最初的包含块来定位，可以在页面媒体中标上页号。这些属性还有 offset 组，其行为类似于定位属性 top、right 等，可用于多语言站点。

11.5.2 CSS3 碎片模块

CSS3 碎片模块辅助规范(CSS Fragmentation Module Level 3)为分隔符定义了属性和规则，即元素因为 CSS 布局分为两部分时，元素的内容如何处理。属性用于设置或控制多列布局中的列、CSS 中的区域以及 CSS Flexible Box Layout 中弹性容器之间的分隔符。它们与前面在 CSS Paged Media Module Level 3 中提及的 page-break-*属性紧密相关，这些属性如下。

- break-before、break-after 和 break-inside：以如下方式添加和控制列的分隔符——break-before 和 break-after 的值是 auto、always、left、right、page、column、region、avoid、avoid-page、avoid-column 和 avoid-region；break-inside 的值是 auto、avoid、avoid-page、avoid-column 和 avoid-region。
- orphans 和 widows：分别控制必须在元素中间的分隔符前后显示的元素内容的最少行数，默认为两行。

要在内容块的前后显示一个分隔符，或者禁止在元素的内容中出现分隔符，应编写如下代码：

```
article {break-after: always;}
h3 {break-before: always;}
table {break-inside: avoid;}
p {
    widows: 4;
    orphans: 3;
}
```

11.5.3 多列布局模块

多列布局模块(Multi-column Layout Module)能为单一元素设置多个列。有两种方式可以为一个元素设置多个列。第一种方式是使用 column-count 属性，它简单地允许为元素设置列的数量。另一种方式是使用 column-width 属性，它能够为每一列设置宽度。在使用宽度可变的元素时，这样做有助于希望通过控制列的宽度以提高可读性的情况。

多列布局模块可以方便地给元素添加报纸样式的列。主要属性 column-width 和 column-count 以及快捷属性 columns 为元素的内容创建均匀布置的列框。因为是 CSS，所以可以使用媒体查询改变列数。

下面是多列属性。

- column-width：每一列的理想宽度。例如，{column-width: 15em;}添加元素宽度允许的(减去 column-gap 宽度)、多个 15em 宽的列，再均匀地增加列宽，以填满元素的宽度。不能使用百分数。
- column-count：列数。例如，{column-width: 4;}会在元素内部创建大小均匀的列。
- columns：设置 column-width 和/或 column-count。给定两个值时，如果元素的宽度小于所需宽度，结果就与使用 column-width 一样；如果元素的宽度大于所需宽度，结果就与使用 column-count 一样。如果只有一个值，另一个值就设置为默认的 auto。
- column-gap：控制列之间的空隙。每个列之间会应用相同的空隙。
- column-rule：在列之间添加一条线，值与 border 和 outline 相同。也可以使用 column-rule-width、column-rule-style 和 column-rule-color 属性分别设置 3 个值。标尺宽度不会影响列框的宽度。
- column-span：值为 all 时，允许块级元素横跨所有列，也用作列分隔符。
- break-before、break-after 和 break-inside：添加并控制列的分隔符。break-before 和 break-after 的值是 auto、always、avoid、left、right、page、column、avoid-page 和 avoid-column。break-inside 的值是 auto、avoid、avoid-page 和 avoid-column。
- column-fill：如果 height 大于 auto，该属性就控制内容如何布置到列中。默认值 balance 尝试使所有的列具有相同的高度，而 auto 每次填充一列。

1. 多列基础

下面是使用多列布局的一些基本示例。首先，column-width 指定每一列的理想宽度。如果一列有足够的空间，这就是最小列宽。列数和列宽都会随着元素的宽度而改变，以确保最后一列的边界与元素的右边界接触。列的可用宽度是元素的宽度减去 column-gap 宽度。

例如，给宽度为 42em 的段落应用 column-width:10em。这里可以留给浏览器来处理，也可以使用如下伪算法计算列数：

```
max(1, floor((available-width + column-gap) / (column-width + column-gap)))
```

对于默认的 column-gap: em，值为 max(1, floor((42em + 1em) / (10em + 1em)))，计算结果为 max(1, floor(3.90909))，有 3 列。接着可以使用如下伪算法确定列宽：

```
((available-width + column-gap) / number-of-columns) −column-gap
```

在这个例子中，结果是((42em + 1em) / 3) −1em，得到 3 个宽 13.333em 的列，它们填满元素的宽度。对宽度为 42em 的段落应用 column-width:10em 的前后效果如图 11-24 所示。

column-width 和 column-gap 不允许使用百分数。如果不希望给 column-width 使用长度单位，可以使用 column-count。这等价于百分数，因为 column-count 给出了固定数目的列，列宽随着元素的宽度而改变。如图 11-25 所示，当元素的宽度只有 20em，不足以容纳两个 10em 宽的列和一个列之间的空隙时，比较 column-width:10em 和 column-count:3。调整 column-width 时，column-count 会维护列框数。

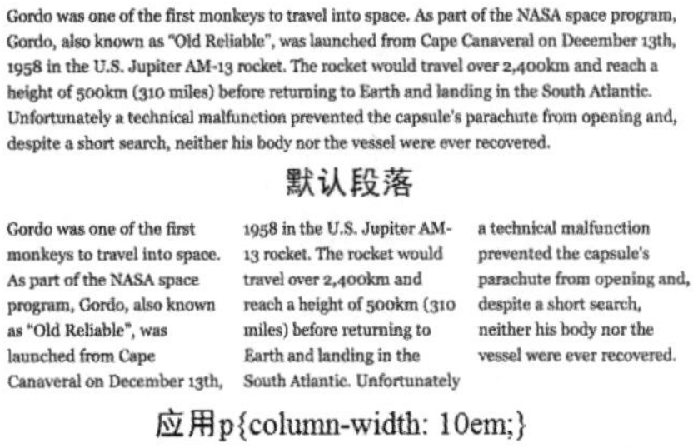

Gordo was one of the first monkeys to travel into space. As part of the NASA space program, Gordo, also known as "Old Reliable", was launched from Cape Canaveral on December 13th, 1958 in the U.S. Jupiter AM-13 rocket. The rocket would travel over 2,400km and reach a height of 500km (310 miles) before returning to Earth and landing in the South Atlantic. Unfortunately a technical malfunction prevented the capsule's parachute from opening and, despite a short search, neither his body nor the vessel were ever recovered.

默认段落

Gordo was one of the first monkeys to travel into space. As part of the NASA space program, Gordo, also known as "Old Reliable", was launched from Cape Canaveral on December 13th, 1958 in the U.S. Jupiter AM-13 rocket. The rocket would travel over 2,400km and reach a height of 500km (310 miles) before returning to Earth and landing in the South Atlantic. Unfortunately a technical malfunction prevented the capsule's parachute from opening and, despite a short search, neither his body nor the vessel were ever recovered.

应用p{column-width: 10em;}

图 11-24 应用 column-width:10em 的前后效果

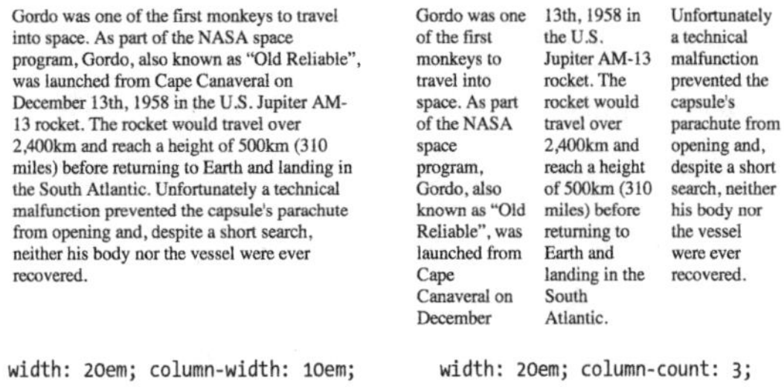

Gordo was one of the first monkeys to travel into space. As part of the NASA space program, Gordo, also known as "Old Reliable", was launched from Cape Canaveral on December 13th, 1958 in the U.S. Jupiter AM-13 rocket. The rocket would travel over 2,400km and reach a height of 500km (310 miles) before returning to Earth and landing in the South Atlantic. Unfortunately a technical malfunction prevented the capsule's parachute from opening and, despite a short search, neither his body nor the vessel were ever recovered.

width: 20em; column-width: 10em;

Gordo was one of the first monkeys to travel into space. As part of the NASA space program, Gordo, also known as "Old Reliable", was launched from Cape Canaveral on December 13th, 1958 in the U.S. Jupiter AM-13 rocket. The rocket would travel over 2,400km and reach a height of 500km (310 miles) before returning to Earth and landing in the South Atlantic. Unfortunately a technical malfunction prevented the capsule's parachute from opening and, despite a short search, neither his body nor the vessel were ever recovered.

width: 20em; column-count: 3;

图 11-25 比较 column-width:10em 和 column-count:3

快捷属性 columns 可以设置列宽和/或列数。只给定一个值时，另一个值是默认的 auto。给定两个值时，如果元素的宽度小于所需宽度，结果就与使用 column-width 一样；如果元素的宽度大于所需宽度，结果就与使用 column-count 一样。另外两个重要的属性是 column-gap 和 column-rule，它们允许指定列之间的空隙，以及空隙中间的标尺。column-gap 占用空间，但 column-rule 不占用空间，将它们应用于所有的列，如图 11-26 所示。

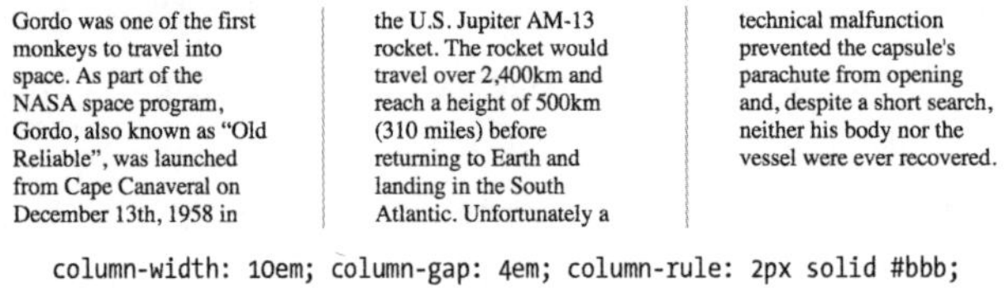

Gordo was one of the first monkeys to travel into space. As part of the NASA space program, Gordo, also known as "Old Reliable", was launched from Cape Canaveral on December 13th, 1958 in the U.S. Jupiter AM-13 rocket. The rocket would travel over 2,400km and reach a height of 500km (310 miles) before returning to Earth and landing in the South Atlantic. Unfortunately a technical malfunction prevented the capsule's parachute from opening and, despite a short search, neither his body nor the vessel were ever recovered.

column-width: 10em; column-gap: 4em; column-rule: 2px solid #bbb;

图 11-26 比较 column-width、column-gap 和 column-rule

2. 支持多列布局的浏览器

表 11-10 列出了支持多列布局的浏览器。

表 11-10 支持多列布局的浏览器

Internet Explorer	Google Chrome	Firefox	Safari	Opera
10.0+	4.0+	2.0+	3.1+	11.2+

对于不支持这些属性的浏览器，元素的内容会正常显示在一列中。这样该列会非常长，但内容仍是可读且可访问的，所以即使没有获得更广泛浏览器的支持，多列布局也是有用的。如果给每一列中的内容添加了包装器，例如把三段放在三列中，就很容易通过添加 Modernizr 的.csscolumns/.no-csscolumns 来退出样式。

3. 多列布局实例

例 11-3：本例中的标记很简单，其中提供了一个类型为 fixed-width 的<div>元素，以及类型为 percentage-width 的另一个<div>元素。二者都包含一或两个无意义的文本段落。

```
<div class="fixed-width">
<p>Proident accusamus readymade, exercitation wolf ullamco quinoa
chambray. Tattooed est gluten-free, tumblr ethical sartorial pickled.
…</p>
</div>
<div class="percentage-width">
```

```
<p>Proident accusamus readymade, exercitation wolf ullamco quinoa
flexitarian chambray. Tattooed est gluten-free, tumblr ethical sartorial
 pickled … keffiyeh nesciunt american apparel.</p>
<p>Proident accusamus readymade, exercitation wolf ullamco quinoa
flexitarian chambray. Tattooed est gluten-free, tumblr ethical
sartorial pickled…
</p>
</div>
```

在 CSS 中分别使用这两种技术进行列的设置。.fixed-width 类将元素的宽度设置为 500 像素。一共定义了三列，彼此间有 15 像素的间隔。.percentage-width 类使用 column-width 属性创建了宽度为 100 像素的列，具体数量有到填满<div>元素的 100%宽度为止。

注意，这里使用了-webkit-和-moz-浏览器前缀，因为 Firefox 与 Chrome/Safari 需要这些带有前缀的版本。图 11-27 展示了 Firefox 中的布局。

```
.fixed-width {
    width:500px;
    height:200px;
    -webkit-column-count: 3;
    -webkit-column-gap: 15px;
    -moz-column-count: 3;
    -moz-column-gap: 15px;
    column-count: 3;
    column-gap: 15px;
}
.percentage-width {
    width:100%;
    height:200px;
    -webkit-column-width: 100px;
    -webkit-column-gap: 15px;
    -moz-column-width: 100px;
    -moz-column-gap: 15px;
    column-width: 100px;
    column-gap: 15px;
}
```

图 11-27　多列布局实例在 Firefox 中的效果

11.5.4　CSS3 区域模块

大多数桌面发布(DTP)程序都允许把一系列文本框链接起来，把它们用作其中内容的盒子。如果在第一个盒子中显示的内容太多，内容就会按顺序自动流动到后续的盒子中，如图 11-28 所示。

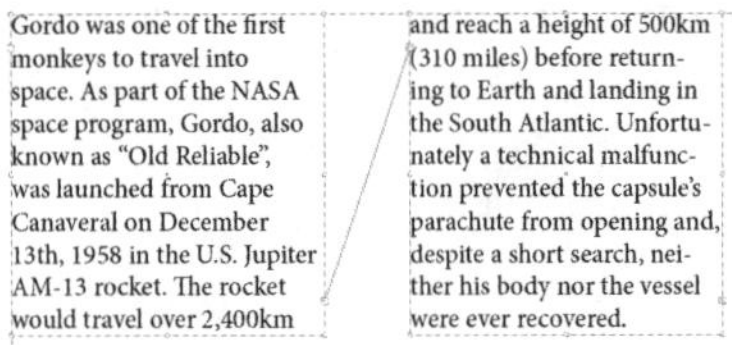

Gordo was one of the first monkeys to travel into space. As part of the NASA space program, Gordo, also known as "Old Reliable", was launched from Cape Canaveral on December 13th, 1958 in the U.S. Jupiter AM-13 rocket. The rocket would travel over 2,400km	and reach a height of 500km (310 miles) before returning to Earth and landing in the South Atlantic. Unfortunately a technical malfunction prevented the capsule's parachute from opening and, despite a short search, neither his body nor the vessel were ever recovered.

图 11-28　在桌面发布程序中，两个文本框用一条连接线链接起来，文本从一个文本框流动到下一个文本框

CSS 区域模块(CSS Regions Module Level 3)完成相同的功能——使用 flow-into 属性把元素赋予指定的流。接着这个元素的内容会流动到一组区域中，这些区域按列出的顺序，定义为 flow-from 属性的同名选择器。

```
article {
    flow-into: article-chain;
}
/* IDs of regions in flow order: either existing elements or pseudo-elements to be created */
#lede, #part1, #part2, #part3 {
    flow-from: article-chain;
}
/* styles for positioning these elements */
…
```

CSS 区域仅仅定义了指定流的内容如何在区域链中流动。接着区域就可以使用其他布局模块定位，包括作为多列布局、弹性盒子布局或网格布局的一部分。区域可以是空元素的框架，例如网格布局的子元素，::before 和::after 等伪元素或其他可以设置样式的元素都可以成为区域。非官方的 CSS Pagination Templates Module Level 3 规范提出了一种方式，给基于页面的布局定义 DTP 样式的"主模板"，虽然使用@slot 规则也可以定义区域，但不需要空元素的框架。

使用如下属性可以控制内容在区域中的显示。

- break-before、break-after 和 break-inside：在区域链中设置或避免区域之间的分隔，参见 CSS Fragmentation Module Level 3 中的定义。
- region-overflow：和 overflow 属性一起使用，控制如何处理最后一个区域中溢出的内容。
- @region 规则：将框模型、排版和颜色样式应用于特定区域中的内容。

伪元素::before 和::after 也可以用于每个区域，每个区域都会创建新的块格式化上下文和堆栈上下文。

11.5.5　CSS3 排除和形状模块

浮动功能的一个有趣方面是非浮动的块级元素忽略浮动元素的方式，但这些方框的行框封装了它们。这个规范(CSS Exclusions and Shapes Module Level 3)的 CSS Exclusions 部分扩展了将内联内容应用于任何元素(使用任意定位模式)的功能。文本可以流向某形状(CSS Shapes 部分)的内部和周围，并在单个元素的内部和外部使用不同的形状。这使文本流向图像的周围或内部等复杂技术更容易实现，如图 11-29 所示。

使用 wrap-flow 属性可以控制块级元素对内联内容的影响，可取值是 auto (默认)、both、start、end、minimum、maximum 和 clear，它们提供不同的封装效果。值不是 auto 的元素会影响同一个包含块中的内联内容，并建立新的块格式化上下文。使用 wrap-margin、wrap-padding、wrap-through 和快捷属性 wrap(包括前面 3 个属性)可以控制排除的内容。

图 11-29　左边的文本流向图像的周围，右边的文本显示在半圆的形状中

CSS Shapes 使用 shape-outside 和 shape-inside 声明。内部形状可以应用于任何块级元素，而外部形状只能应用于排除元素或浮动元素。形状可以用 CSS 中基本的 SVG 语法(rectangle()、circle()、ellipse()和 polygon())定义，在<svg>块中通过引用 SVG 形状来定义，通过带透明度的图像来定义，或者使用 outside-shape 给 shape-inside 和 shape-outside 定义相同的形状。

合并排除元素和形状，就可以生成各种各样的布局。

11.5.6　CSS3 分页媒体模块

这个规范(CSS Paged Media Module Level 3)详细描述了页面媒体格式化模型，在打印网页时，根据页框来使用它。它可以使用@page 规则(和封装页面的区域的相关规则，例如@top-center 和 @bottom-right-corner)、:left、:right 和:first 伪类来设置样式。这些都可以在@media 规则中使用。这个规范还定义了与页面相关的属性，包括：

- page-break-*：这些是 CSS Fragmentation Module 中 break-*属性(由 Multi-Column Layout、CSS Regions、CSS Flexbox 等使用)的先驱，它们的工作方式是相同的。
- size：指定页面的尺寸(常见的页面尺寸，或指定宽度和高度)。如果需要方向，就指定 size: A4 portrait 或 size: 6in 4in。
- page：创建指定的@page 规则，接着使用 page 属性控制元素最适合显示在哪种页面中。

例如，下面的 CSS 代码指定了页面尺寸和方向以及左右页边距：

```
@page {
    size: A5 portrait;
}
/* channeling Müller-Brockmann */
@page :left {
    margin: 15mm 10mm 30mm 20mm;
}
@page :right {
    margin: 15mm 20mm 30mm 10mm;
}
```

这些也可以嵌套在@media 规则中，例如：

```
@media print and (width: 210mm) and (height: 297mm) {
    @page {
        /* rules for A4 paper */
    }
}
@media print and (width: 8.5in) and (height: 11in) {
```

```
@page {
    /* rules for US Letter paper */
    }
}
```

如果页面分隔符出现在带行框的元素的中间，那么 CSS Fragmentation Module 中的 orphans 和 widows 就有助于控制排版的偏离线。另外，CSS Image Values and Replaced Content Module Level 3 规范中的两个相关属性 object-fit 和 object-position 控制着替代内容(例如<img>、<video>、<object> 和<svg>)如何在其方框中显示和定位。

- object-fit: 如果替代内容的尺寸或宽高比不同，那么该属性可以重置替代内容在元素方框中的大小。例如，可以选择剪切或在宽屏幕中显示宽屏电影——非常适用于处理各种内容的模板。
- object-position: 与 background-position 的工作方式相同，允许在元素方框的帧中偏移元素的内容。

这些属性的浏览器支持情况有很大区别。例如，page-break-before 得到了广泛的支持，但 Firefox 不支持 page-break-inside，IE8+和 Opera 9.2+支持 widows 和 orphans，只有 Opera 12 定制版本支持 object-fit 和 object-position。

11.5.7 用于分页媒体模块的 CSS 生成内容

这个规范(CSS Generated Content for Paged Media Module)为生成的内容提供样式，例如自动的页眉、脚注和跨引用。它还包含 overflow-style 属性的 4 个新值：paged-x、paged-y、paged-x-controls 和 paged-y-controls。它们会提供基于页面的界面，有或没有相关的导航控件。这些样式适合与 CSS Paged Media and Multi-Column Layout 规范一起使用。

如果希望显示章号和基于章名的自动页眉，就可以将章的<h1>内容赋予一个指定的字符串，把它与一个计数器关联起来。

```
h1 {
    string-set: chapter-title content-element;
    counter-increment: chapter;
}
```

在上面这个示例中，给字符串"chapter-title"添加了<h1>的 content-element 内容(元素的内容，不包括:before 或 :after 内容)。每次遇到<h1>时，还会递增计数器 chapter。使用 CSS Paged Media Module 中的样式，例如@page 规则，可以获得用 string()设置的指定值，使用 counter()可以获得当前计数，使用 content 属性可以显示它们，使用:left 和:right 伪类可以把它们定位到左右页面中。继续上述代码：

```
title {
    string-set: book-title contents;
}
@page :left {
    @top-center {
        content: string(book-title);
    }
}
```

```
@page :right {
  @top-center {
    content: "Chapter " counter(chapter) ": " string(chapter-title);
  }
}
```

要给电子书使用页面用户界面，可以使用如下 CSS：

```
@media paged {
  html {
    height: 100%;
    overflow: paged-x-controls;
  }
}
```

使用 height:100%限制视口的高度，额外的内容会溢出到右边，通过默认的浏览器页面导航小工具可以访问它们。该规范通过@navigation、基于页面和行的伪元素来包含基于页面的导航功能，以及电子书样式的翻页切换效果。

11.5.8　弹性盒子布局模块

这个规范(Flexible Box Layout Module)开始于 Firefox 用户界面的建立，通过使用布局属性以及在水平或垂直方向上排列的盒子，定义"为界面设计进行优化的 CSS 盒子模型"，并深度控制盒子如何对齐，以及如何相对于可用空间进行伸缩。

要使用弹性盒子，首先要使用 display: flex 把元素变成弹性容器，接着使用弹性布局建立新的弹性格式化上下文，构成包含块，禁止浮动元素折叠、重叠外边距。弹性容器的子元素就变成了弹性项。弹性容器不能使用多列布局，float、clear 和 vertical-align 属性不影响弹性项。图 11-30 为水平和垂直书写的语言显示了单行弹性框，演示了对于英语和传统日语，如何根据不同的 writing-mode 值改变主轴和交叉轴。

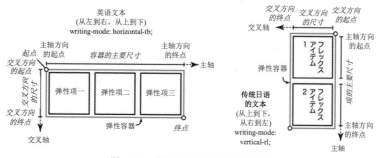

图 11-30　带弹性项的单行弹性容器

下面将 flex 预置值应用于图 11-31 所示的简单导航栏，以比较相对弹性和绝对弹性的区别。这里没有显示 flex: initial，因为有额外空间时，它与 flex: none 相同。

```
<style>
.nav {
  display: flex; /* Establish a flex container */
  list-style-type: none;
}
```

```
/* First image: Flexbox with no flex */
.nav li {
    flex: none; /* equivalent to flex: 0 0 auto; */
}
/* Second image: Relative flex */
.nav li {
    flex: auto; /* equivalent to flex: 1 1 auto; */
}
/* Third image: Absolute flex */
.nav li {
    flex: 1; /* equivalent to flex: 1 1 0px; */
}
/* Fourth image: Differing flex values */
.nav li {
    flex: 1;
}
.nav li:nth-child(2) {
    flex: 2; /* equivalent to flex: 2 1 0px; */
}
/* Increase click target area */
.nav a {
    display: block;
    width: 100%;
    height: 100%;
}
</style>
…
<ul class="nav">
    <li><a href="/">Home</a></li>
    <li><a href="/articles">Space Monkey Articles</a></li>
    <li><a href="/dashboard">Log in</a></li></ul>
```

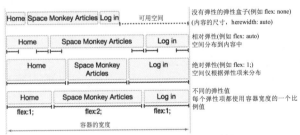

图 11-31　比较相对弹性和绝对弹性

如果没有足够的空间，弹性值(flex-shrink)会控制每个弹性项如何缩小。使用没有弹性的弹性盒子会把块级元素堆放在两边，就好像它们是 inline-block。

弹性盒子的最佳功能是深度控制弹性项的对齐方式和排序方式。首先，没有弹性的弹性项(即带flex-grow:0 的弹性项)的容器如果有额外的空间，就可以使用自动外边距对齐该弹性项——任何额外的空间都会在值为 auto 的轴方向上平均分布到外边距上。注意，这会禁止属性 justify-content 发挥作用，因为自动外边距会在计算弹性后、在弹性盒子对齐之前吸纳所有空闲的空间。

下面使用图 11-31 中的导航按钮(flex:none)演示自动外边距的对齐，如图 11-32 所示。

图 11-32　在弹性项的主轴方向上，额外的空间会平均分布到自动外边距之间

justify-content 属性允许快速应用几种常见的对齐方式之一。图 11-33 显示了将该属性的每个可能性值应用于同一个导航按钮的效果。

除了在主轴方向上对齐内容之外，弹性盒子还提供了在交叉轴方向上对齐内容的强大工具。align-items 和 align-self 属性使用相同的值，分别用于对齐所有弹性项(应用到弹性容器上)和各个弹性项。下面比较 align-items 的可能取值，如图 11-34 所示。

align-content 可在交叉轴方向上对齐多行弹性框的弹性行，所以弹性盒子提供了细调弹性项对齐和分布的功能。

在将弹性盒子用于页面布局时要小心。使用 order 属性可以对一行中的弹性项重新排序，但复杂的页面布局需要额外的包装元素，布局的重新安排常常需要修改 HTML。弹性盒子的长处是可以控制界面或页面中某部分的对齐和分布方式，但它并不适合整个页面布局。CSS Grid Layout 对此做了完美补充，CSS Grid Layout 专门用于整个页面布局，但仍需要处理基于弹性盒子的页面布局。

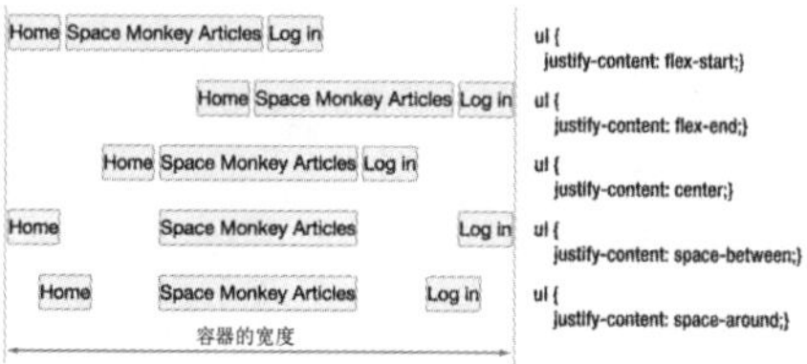

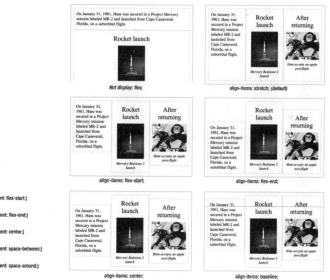

图 11-33　给弹性容器应用 justify-content 属性

图 11-34　对弹性容器应用 align-items 属性

11.5.9　CSS 网格布局模块

网格布局(CSS Grid Layout Module)是"一种真正的布局"方法，基于网格，与源顺序没有任何联系，用于为不可能使用表格布局或其他 CSS 2.1 布局模式的页面建立布局。

网格由水平和垂直的网格线组成，其中包含了网格字段。要建立网格，可以创建网格线、网格字段，或者创建两者，任何未定义的但必需的线条或字段会自动添加。网格的块级元素、替代元素和 inline-block 子元素是网格框，可以根据指定的网格字段、网格线或网格线标尺来定位。网格框可以跨越多行，将内容对齐到网格线时，重叠网格框，甚至将它们定位到同一个位置，控制它们的堆叠次序。这些术语如图 11-35 所示。

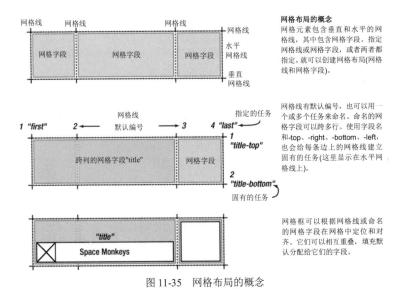

图 11-35　网格布局的概念

网格布局非常灵活、强大——适合创建整个页面布局，再用媒体查询重新安排。这种布局规范合并了以前几和布局规范的优点，希望能得到广泛应用，并最终看到基于 GUI 的 Web 设计工具。

11.6　本章小结

本章首先介绍了盒子模型的基础知识和各种盒子，然后介绍了 position 属性的基于 CSS 2.1 的布局选项、浮动元素以及 display: inline、display: inline-block 和 display: table 布局。还介绍了媒体查询，如何使用它们来获得响应式 Web 设计，以及如何处理高分辨率的显示器。最后介绍了 9 个 CSS3 布局模块，大多数模块可以在一个或多个浏览器中实现。

11.7　思考和练习

1. 网页的正常流向是如何呈现的？
2. 试述 float 和 clear 属性在网页布局中的作用。
3. 在 CSS3 中，使用哪个属性针对绝对定位元素进行剪裁？
4. 试述 CSS 盒子模型的基本结构。
5. 默认情况下，如何计算 CSS 盒子模型的幅面大小？
6. 试述网页布局的方法和流程。
7. 常用的网页布局版式有哪些？分别适用于什么情况？
8. 试述图 11-36 所示网页中可能使用的 CSS 样式。

9. 测试 CSS 定位技巧。使用不同的方式创建一个页面，要求在页面上呈现到文章中不同小节的链接。每个小节必须在不同的块中显示，并且每个块必须在对角线上自左上角向右下角方向绝对定位。中间的盒子应在顶部显示，如图 11-37 所示。

图 11-36　使用 CSS 样式的网页

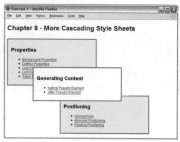

图 11-37　测试 CSS 定位技巧

第 12 章
变形、变换和动画

回顾网络发展的早期阶段，Flash 和 JavaScript 是创建那些无法单独用 HTML 和 CSS 获得的效果的两种流行方法，例如按钮翻转、流视频的创建以及跟随在光标周边的图片。但是随着 HTML5 中<video>、<audio>以及<canvas>等元素的出现，CSS3 将创建这些效果的能力内置于 CSS 变形、变换和动画规范中。利用 CSS3 规范就可以轻易地在浏览器中添加类似 Flash 的动画和用户界面效果。此外，由于硬件加速，尤其是在移动设备上的引入，CSS3 是添加以前不可能实现的效果的可行选择。

对于高级动画，仍然可以选择 JavaScript、canvas、带有 SMIL 的 SVG 甚至 Flash，但是对于一些基本的动画而言，元素的运动可以由:hover 伪类实现，向 CSS3 中添加运动可以让这些流行的特性比在 JavaScript 中更易让人理解。本章将介绍利用 CSS3 在网页中添加变形、变换和动画的工具。

本章的学习目标：
- 掌握 CSS 的 2D 和 3D 变形工具
- 了解 CSS 的 2D 和 3D 变换概念
- 使用 CSS 的 2D 和 3D 动画制作关键帧动画

12.1 CSS 的 2D 和 3D 变形

变形就是在空间中对元素进行平移、旋转、缩放和斜切等基本操作，如图 12-1 所示。产生变形的元素不会影响其他元素，只会与其他元素发生交叠，例如 position:absolute，但是仍然会占据原来默认的位置。这对于改变元素的宽度、高度、边缘等十分有利，因为这样布局就不会因为变形而产生改变。

例如 2D 变换：平移(24 像素，24 像素)、旋转(-205°)、缩放(.75)和斜切(-18°)。每个盒子的标签也随之发生相同或相反的变形。代码如下：

```
.translate {transform: translate(-24px, -24px);}
.rotate {transform: rotate(-205deg);}
.scale {transform: scale(.75);}
.skew {transform: skewX(-18deg);}
```

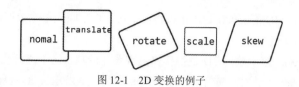

图 12-1　2D 变换的例子

12.1.1　变形属性和变形函数

下面是有关变形属性和变形函数的简要说明，首先简要介绍 CSS 的值和单位。

表 12-1 列出了 CSS 的值和单位的缩写形式。

表 12-1　CSS 的值和单位

单　　位	说　　明
整数	可在前面加上可选的+或-符号的数值，例如-1
数字	包括小数在内的数值，前面可加上可选的+或-符号，例如.95
百分数	后面紧跟%的数值，例如33.3%
长度	长度单位(如果长度是 0，则是可选的)，例如24px。长度单位包括如下。 相对单位：em、ex、ch、rem、vw、vh、vm 绝对单位：cm、mm、in、px、pt、pc
角度	后面紧跟角度单位的数值，例如18deg。角度单位包括 deg、grad、rad 和 turn
时间	后面紧跟时间单位的数值，例如400ms。时间单位包括 ms 和 s

下面介绍一些常用的变形属性和变形函数。

(1) transform 属性

该属性由使用空格分隔的应用于元素的变形函数构成，例如 transform: translate(3em,-24px) scale(.8)。变形函数可以是负值，默认为非负值。

变形函数包括以下 6 个。

- 函数 translate()：将元素从其原点开始沿着 X 轴、Y 轴和/或 Z 轴进行移动，该函数也可以被写为 translate(tX)、translate(tX, tY)以及 translate3D(tX, tY, tZ)(除了 tZ 之外，其他参数都采用长度的百分比单位)。此外，还有 2D 平移函数 translateX(tX)、translateY(tY)以及 3D 平移函数 translateZ(tZ)。

- 函数 rotate()：在 2D 空间中围绕元素的变形原点对其进行旋转，0°指向元素上方，正旋转方向为顺时针(角度)。此外，还有 rotateX(rX)、rotateY(rY)和 rotateZ(rZ)三个变形函数使得元素围绕单独的轴进行旋转。最后，还有一个函数 rotate3D(vX, vY, vZ, angle)，它使得元素在 3D 空间中围绕 vX、vY 和 vZ(无单位数值)决定的方向矢量旋转由 angle 参数指定的角度。

- 函数 scale()：改变元素的尺寸，默认是 scale(1)。该函数可以写成 scale(s)、scale(sX, sY)和 scale3D(sX, sY, sZ)(无单位数值)。此外，还有 2D 变形函数 scaleX(sX)和 scaleY(sY)以及 3D 变形函数 scaleZ(sZ)。

- 函数 skew()：将元素沿着 X 轴(如果指定两个数值的话，就会同时沿着 Y 轴)进行斜切。该函数可被写作 skew(tX)和 skew(tX, tY)。此外，还有两个函数 skewX()和 skewY()。

- 函数 matrix()：该变形函数接收一个变形矩阵作为参数。matrix()的参数形式为 matrix(a, b, c, d, e, f)(无单位数值)，matrix3D()则接收一个 4×4 的变形矩阵作为参数。2D 变形函数 matrix()

则被映射成 matrix3D(a, b, 0, 0, c, d, 0, 0, 0, 0, 1, 0, e, f, 0, 1)(无单位数值)，它可以一次性进行所有的 2D 和 3D 变形。

- 函数 perspective()：该函数为 3D 变换提供透视图并控制。这个值必须大于 0，2000px 左右表示正常，1000px 会产生一定的失真，500px 则会造成严重失真。perspective()变形函数与透视属性的不同之处在于变形函数只会影响元素本身，而透视属性却会影响元素的子元素。注意，perspective()只会影响变形规则中位于它后面的变形函数。

(2) perspective 属性

该属性与透视变形函数产生的效果相同，它会让产生 3D 变形的元素具有一种深度感。该属性会影响到元素的子元素，同时会将它们保持在相同的 3D 空间中。

(3) perspective-origin 属性

与使用 transform-origin 设置变形原点一样，该属性会设置透视原点，它与 transform-origin 接收相同的值：关键字、长度和百分比。默认情况下是 perspective-origin：50% 50%。它可以影响所应用元素的子元素，默认是 none。

(4) transform-origin 属性

在 X 轴、Y 轴和/或 Z 轴上设置进行变形所围绕的点，可以被写作 transform-origin:X、transform-origin: X Y 以及 transform-origin: X Y Z。可以针对 X 轴使用关键字 left、center 和 right，针对 Y 轴使用关键字 top、center 和 bottom。对于 X 轴和 Y 轴也可以使用长度和百分比，但是对于 Z 轴只能使用长度。最后，对于 2D 空间中的 transform-origin，可以列出 3 或 4 个值来表示偏移，偏移的形式是两对关键字后紧接一个百分比值或长度值。如果只列出 3 个值，那么缺少的百分比值或长度值被当作 0 处理。默认情况下，transform-origin 是元素的中心。也就是说，对于 2D 变形是 transform-origin: 50% 50%，对于 3D 变形是 transform-origin: 50% 50% 0。

(5) transform-style 属性

对于 3D 变形而言，该属性可以为 flat(默认情况下)或 preserve-3d，flat 会将进行变形的元素的所有子元素保持在 2D 空间中——同一平面中。preserve-3d 则会让子元素在 3D 空间中产生变形，并通过 Z 轴控制子元素在父元素前后的距离。

(6) backface-visibility 属性

对于 3D 变形而言，该属性可以控制元素的背面可见还是隐藏。

在类似 scaleY()这样的单个函数中使用大写的 X、Y、Z 和 3D 时，只是使它们更易于辨识。也可以使用像 scaley()中这样小写形式的 x、y、z 和 3d。

> **注意：**
> 在变形中可以使用多个由空格分隔的变形函数，但是不能对每个变形函数应用其他变形属性(例如 transform-origin)的不同值，而应该将每一组属性应用于包装器元素。
> 如果正在使用 3D 变形，就需要将透视属性应用于进行变形的元素，以使它们呈现 3D 外观。如果要对多个元素进行变形，并将它们保持在同一个 3D 空间中，就需要将透视属性应用于这些元素的前驱元素。

12.1.2　元素的变形效果

变形属性是变形的基础，可以有一个或多个由空格分隔的 2D/3D 变形函数。如果有多个 2D/3D

变形函数，它们将按顺序进行应用。

1. 移动元素

(1) 用 transform:translate()和 transform:translate3d()平移元素

transform: translate()允许沿着 X 轴、Y 轴和/或 Z 轴移动元素及其子元素。它使用长度单位(px、em、rem 等)和百分比，默认值是 0。有如下形式的移动变形函数：

```
transform: translate(tX)    transform: translate(tX, tY)    transform: translateX(tX)
transform:translateY(tY)    transform: translateZ(tZ)    transform: translate3D(tX, tY, tZ)
```

图 12-2 中的 transform: translate()示例展示了具有一个值和两个值的平移，代码如下：

```
div {width: 25%; height: 100px; /* by default translate: transform(0); */}
span {display: inline-block; width: 50%; height: 50px; transform: translate(-3px,47px);}
div, span {border-width: 3px; transition: all 1s; /* ease by default */}
figure:hover div {transform: translate(280%); /* same as translateX(280%); */}
figure:hover span {transform: translate(90%,-3px);}
```

注意，我们让里面的盒子覆盖外面的盒子的边框，这样就可以演示具有负值的平移，如图 12-2 所示。

图 12-2　2D 平移元素效果

transform: translate3d()的最终结果和 2D 平移非常相似，如果用到了 transform-style: preserve-3d，那么它会像 2D 平移一样允许修改 z-index。但是，一旦增加透视属性，Z 轴产生的效果就和 2D 缩放变形一样，如图 12-3 所示。

虽然是相同的盒子，但是里面的盒子使用了 transform: translate3d()，从负值开始(距离观察者较远)，在动画结束时平移为正值(距离观察者较近)。代码如下：

```
.outer-box {
    perspective: 800px;
    transform-style: preserve-3d;}
.inner-box {transform: translate3d(-3px,47px,-50px);} /* 50px behind the div */
.outer-box, .inner-box {transition: all 1s;}
.container:hover .outer-box {transform: translate3d(280%,0,0);} /* the same as translate(280%) */
.container:hover .inner-box {transform: translate3d(90%,-3px,200px);} /* 200px in front of the div */
```

图 12-3　3D 平移元素效果

(2) 用 transform: rotate()和 transform: rotate3d()旋转元素

变形函数 rotate()接收角度值(deg、rad、grad 和 turn)，包括负值和大于 360°的值，如图 12-4 所示。对于正值而言，旋转方向是顺时针，例如 transform: rotate(360deg)将顺时针旋转一圈。有以下形式的旋转变形函数：

```
transform: rotate(angle)    transform: rotateX(rX)    transform: rotateY(rY)    transform: rotateZ(rZ)
```

```
transform: rotate3D(vX, vY, vZ, angle)
```

对于悬停时旋转的盒子，外面的盒子用具有正值(顺时针)的 transform: rotate()进行旋转，里面的盒子用具有负值(逆时针)的 transform: rotate()进行旋转。代码如下：

```
div {width: 100px; height: 100px;}
span {display: inline-block; width: 50px; height: 50px;}
div, span {transition: all 1s;}
figure:hover div {transform: rotate(180deg);
figure:hover span {transform: rotate(-450deg);}
```

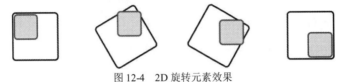

图 12-4　2D 旋转元素效果

3D 旋转允许元素围绕由前 3 个值指定的方向矢量进行旋转，旋转的角度由第 4 个值指定。方向矢量的值都是无单位数值，但是重要之处在于它们之间的比例：rotate3d(2,1,0,90deg)与 rotate3d (10,5,0,90deg)相同，2D 变换 transform: rotate()与用 transform: rotate3d(0,0,1,angle)围绕 Z 轴进行旋转相同。但是，旋转角度大于 180°的 rotate3d()与 transform: rotate()的效果不同。在图 12-5 中，对每次围绕一个轴旋转与 rotate()和 rotate3d()进行了比较。

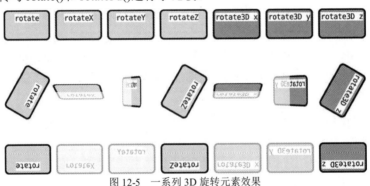

图 12-5　一系列 3D 旋转元素效果

下面展示不同 3D 旋转的一系列盒子。第一个盒子是标准的 rotate()，紧接着的三个盒子则用单个 2D 的轴属性分别围绕 X 轴、Y 轴和 Z 轴旋转 180°，最后三个盒子用 transform: rotate3d()产生同样的效果。注意，通过 rotateZ(180deg)或 rotate3D(0,0,1,180deg)围绕 Z 轴进行旋转实际上与 rotate(180deg)相同。所包含的元素有些不透明，在围绕 X 轴和 Y 轴旋转时可见。代码如下：

```
div {transition: all 1s;}
figure:hover .rotate3d-x {transform: rotate3d(1,0,0,180deg);}
figure:hover .rotate3d-y {transform: rotate3d(0,1,0,180deg);}
figure:hover .rotate3d-z {transform: rotate3d(0,0,1,180deg);}
figure:hover .rotatex {transform: rotateX(180deg);}
figure:hover .rotatey {transform: rotateY(180deg);}
figure:hover .rotatez {transform: rotateZ(180deg);}
figure:hover .rotate {transform: rotate(180deg);} /* for comparison */
```

2. 缩放元素

使用 transform:scale()和 transform:scale3d()可以缩放元素。

变形函数 scale()用于调整元素的尺寸，它接收无单位数值，scale(1)就是元素的默认尺寸。小于 1 的值使元素变小，所以 scale(.5)将元素的尺寸变为默认尺寸的一半；大于 1 的值使元素变大，所以 scale(2)将元素的尺寸变为默认尺寸的两倍。有以下形式的缩放变形函数：

```
transform: scale(s)    transform: scale(sX, sY)    transform: scaleX(sX)    transform: scaleY(sY)
transform: scaleZ(sZ)    transform: scale3D(sX, sY, sZ)
```

可以用两个值分别沿着水平方向和垂直方向对元素进行缩放，甚至可以用负值反转元素。单个函数 scaleX()和 scaleY()与为 scale()设置两个值相同，因此，scaleX(2)等同于 scale(2,1)。如图 12-6 所示，第一个盒子使用一个值(均匀缩放)，第二个盒子使用两个值分别沿 X 轴和 Y 轴进行缩放，当这两个值不同时，盒子会产生变形。里面的盒子则用接收负值的 scale()进行缩放，因此会收缩至 0，然后进行反转。代码如下：

```
.one {transform: scale(.5);} /* the same as scale(.5,.5) */
.one span {transform: scale(-3);}
.two {transform: scale(.75,1);} /* the same as scaleX(.75) */
.two span {transform: scale(-3,-1.5);}
```

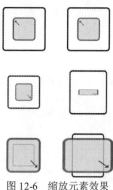

图 12-6　缩放元素效果

对于 scale3d()和 scaleZ()，则会遇到不具有任何深度的元素的问题。因此，沿着 Z 轴进行缩放不会产生任何改变。可以用 transform: translateZ()沿着 Z 轴平移来代替沿着 Z 轴进行缩放。

3. 元素的斜切

使用 transform: skew()以及类似的函数可以使元素产生斜切效果。

只有一个值的变形函数 skew()会使元素在水平方向(X 轴)上产生斜切，如果有第二个值的话，那么第二个值控制元素在垂直方向(Y 轴)上的斜切。和 rotate()一样，该函数接收角度单位(deg、grad、rad 和 turn)。有以下形式的斜切变形函数：

```
transform: skew(sX)    transform: skew(sX, sY)    transform: skewX(sX)    transform: skewY(sY)
```

图 12-7 展示了一系列元素斜切效果。

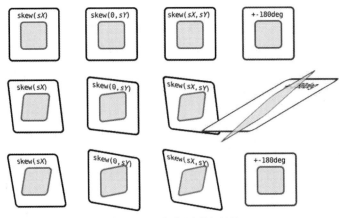

图 12-7　一系列元素斜切效果

skew()可以为负值和较大的值，skew(90deg)会让元素消失，如同元素的两条平行边相切，而元素变成无限长。大于 90deg(或-90deg)的值会产生镜像效果，如同 180deg(或-180deg)的值会使图像看起来与 0deg 的效果相同。这意味着 skew(10deg)看起来与 skew(190deg)相同，但是如果产生动画，在经过 90deg 时会看起来有些怪异。一般而言，只需要 45deg 和-45deg 之间的值。skew()函数没有3D 版本。

当值为 180deg(或-180deg)时，被斜切的元素看起来与 skew(0)产生的效果相同。当值为 90deg(或-90deg)时，被斜切的元素则会变得无限长并且难以辨认(所以在产生动画时看起来有些怪异)。示例代码如下：

```
.one {transform: skew(10deg);} /* the same as skewX(10deg) */
.one span {transform: skew(-20deg);}
.two {transform: skew(0,10deg);} /* the same as skewY(10deg) */
.two span {transform: skew(0,-20deg);}
.three {transform: skew(10deg,10deg);}
.three span {transform: skew(-20deg,-20deg);}
/* CAUTION! large values animate unpredictably */
.four {transform: skewX(180);} /* the same as skew(0) */
.four span {transform: skewY(-180deg);} /* the same as skew(0,0) */
```

4. 矩阵变换

使用强大的 transform: matrix()和 transform3d: matrix()可以进行矩阵变换。

有 6 个值的 transform:matrix()可以同时执行所有的 2D 变形。矩阵以具有 6 个值的变形矩阵的形式指定 2D 变形，matrix(a,b,c,d,e,f)与应用变形矩阵[a b c d e f]产生的效果相同，值 a 到 f 定义了一个3×3 变形矩阵。对于每种变形，第三行都是("0, 0, 1")，这对于矩阵相乘十分必要，如图 12-8所示。

下面是用 transform: matrix()表示的各种 2D 变形函数：

- translate(tX, tY) = transform: matrix(1, 0, 0, 1, tX, tY)，其中 tX 和 tY 是水平方向和垂直方向的平移值。

- rotate(a) = transform: matrix(cos(a), sin(a), -sin(a), cos(a), 0, 0)，其中 a 的单位为 deg。交换 sin(a) 和-sin(a)会产生相反方向的旋转。注意，可以提供的最大旋转角度是 360°。

- scale(sX, sY) = transform: matrix(sX, 0, 0, sY, 0 ,0)，其中 sX 和 sY 是水平方向和垂直方向的缩放值。
- skew(aX, aY) = transform: matrix(1, tan(aY), tan(aX), 1, 0 ,0)，其中 aX 和 aY 是水平方向和垂直方向的值，单位为 deg。

当需要同时应用多个变形时，最好使用非矩阵形式的变形函数，并将这些变形函数依次列出，如图 12-9 所示。如果进行动画，rotate(0) 和 rotate(180deg) 之间的旋转是顺时针进行的。代码如下：

```
div {transform: translate(50px, -24px) rotate(180deg) scale(.5) skew(0, 22.5deg);}
```

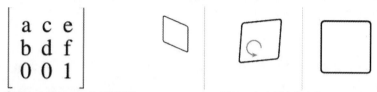

图 12-8　表现 transform: matrix()的矩阵　　　　　　　图 12-9　应用多个变形

但是，如果应用多个矩阵相乘，或者使用某种变换工具，例如由 Eric Meyer 和 Aaron Gustafson 创建的 Matrix Resolutions(http://j.mp/matrix-tool 和 http://meyerweb.com/eric/ tools/matrix/)，就可以用 transform: matrix()写出简略形式的变形，通过 matrix()进行与图 12-9 中相同的变形。此时，如果进行动画，旋转是逆时针进行的，如图 12-10 所示。注意，这里引入了具有厂商前缀的 CSS 代码。代码如下：

```
div {
    -webkit-transform: matrix(-.5,-.207,0,-.5,50,-24);
        -moz-transform: matrix(-.5,-.207,0,-.5,50px,-24px);
        -ms-transform: matrix(-.5,-.207,0,-.5,50,-24);
        -o-transform: matrix(-.5,-.207,0,-.5,50,-24);
        transform: matrix(-.5,-.207,0,-.5,50,-24);
}
```

图 12-10　通过 matrix()进行与图 12-9 中相同的变形

默认值是 matrix(1,0,0,1,tX,tY)，使用数字。目前，在 Opera、Internet Explorer 和 WebKit 中，matrix(tX，tY)中的平移只接收像素值(如果不指定单位)。Firefox 3.5 以后的版本可以接收长度值，但是需要定单位，从版本 10 开始也可以接收无单位数值。当对基于旋转的矩阵进行变形时，从 0deg 变换到 180deg 只能进行逆时针旋转。尽管对于多重变形而言，transform:matrix()更为简洁，也是浏览器内部进行变形的方式，但是 transform:matrix()有些复杂，它并不是最好的选择。

下面的示例使用 3D 矩阵的形式来达到 rotate3d()的效果。

```
transform: matrix3d(1 + (1-cos(angle))*(x*x-1), -z*sin(angle)+(1-
cos(angle))*x*y, y*sin(angle)+(1-cos(angle))*x*z, 0, z*sin(angle)+(1-
cos(angle))*x*y, 1 + (1-cos(angle))*(y*y-1), -x*sin(angle)+(1-
cos(angle))*y*z, 0, -y*sin(angle)+(1-cos(angle))*x*z, x*sin(angle)+(1-
cos(angle))*y*z, 1 + (1-cos(angle))*(z*z-1), 0, 0, 0, 0, 1);
```

12.1.3　修改变形对象

1. 使用透视和 transform:perspective()函数将 3D 对象置于透视角度

变形函数 transform:perspective()可以控制 3D 变形的透视和阴影，此外，变形属性 perspective 可以达到同样的目的，下面对它们进行比较。

默认情况下，变形发生在平面上，通过添加 perspective 属性或变形函数 transform:perspective()，可以造成进行 3D 变形的元素具有深度的错觉。perspective 属性和变形函数 transform:perspective()通过指定透视投影矩阵产生作用。

> **注意：**
>
> 尽管变形使用的是 3D 坐标系统，但元素本身不是 3D 对象。它们只存在于 2D 平面上，并且不具有深度。

如果将透视看作锥体，那么场景位于锥体底部，而观察者位于锥体顶部，透视值即观察者和场景之间的距离。锥体越短，镜头风格的失真就越明显。perspective属性和变形函数transform:perspective()都有一个长度值用于控制透视收缩。例如，2000px就很不错，800px会产生明显的透视收缩，而250px就会造成极严重的失真。这个长度值必须大于 0，如果值不带单位，则被当作像素处理。应用透视还会使具有较大Z轴值的元素看上去更大，如图 12-11 所示。图中显示了分别通过rotateY(−45deg)、rotateY(−112.5deg)和rotateY(−180deg)产生旋转的元素应用不同perspective()变形函数值的效果，也可以通过将perspective属性应用于容器元素获得同样的效果。

> **注意：**
>
> 使用变形函数 perspective()只会影响紧接其后的元素。例如，transform:perspective(800px) rotateY(−45deg)会产生透视效果，但是 transform: rotateY(−45deg) perspective(800px)却不会。

```
.box {
    transform-origin: left center;
    transition: all 1s;
}
/* using the perspective() transform function */
.one .box {transform: perspective(2000px) rotateY(-45deg);} /* slight perspective */
.two .box {transform: perspective(800px) rotateY(-45deg);} /* perspective */
.three .box {transform: perspective(250px) rotateY(-45deg);} /* fish-eye */
/* alternatively, using the perspective property
.four {perspective: 2000px;}
.five {perspective: 800px;}
.six {perspective: 250px;}
.four .box, .five .box, .six .box {transform: rotateY(-45deg);}
*/
.container:hover .box {transform: rotateY(-180deg);}
```

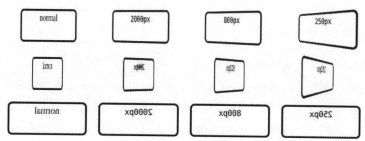

图 12-11　为旋转的元素应用不同 perspective()变形函数值的效果

上述两种方法的区别在于变形函数 transform:perspective()将透视直接应用于元素，而 perspective 属性会将透视应用于元素的子元素。如果将 3D 变形应用于多个元素并在一个包装器元素上应用透视，那么所有子元素都将处于同一 3D 空间中。具有透视效果的元素的尺寸会影响子元素的阴影数量，就如同使用非默认的 transform-origin 属性一样。

2. 使用 perspective-origin 属性修改透视原点

perspective-origin 属性会设置透视原点，默认情况下透视原点是元素的中心(perspective-origin: 50% 50%)。它接收长度、百分比和关键字(例如 transform-origin 属性的 X 值和 Y 值)。当使用两个关键字或一个不同于 center 的关键字以及一个值时，浏览器会算出哪个值是 X(=left 或 right)、哪个值是 Y(=top 或 bottom)。否则，第一个值位于 X 轴上，第二个值位于 Y 轴上。因此，即使在使用关键字时，也要坚持 perspective-origin: pX pY 的默认顺序。回顾一下透视锥体，修改 perspective-origin 就如同移动锥体顶部(观察者的位置)，使其远离场景的中心。代码格式如下：

```
perspective-origin: pX;
perspective-origin: pY; /* if top or bottom */
perspective-origin: pX pY;
```

3. 用 transform-origin 修改变形

transform-origin 可以设置变形动作的中心，这个中心实际上会修改最终的变形。transform-origin 接收 4 个值：

- 如果有一个值或两个值，那么值可以为关键字、长度和/或百分比。长度和百分比从左上角 (0,0)开始计算。
- 3D 变形可以接收 3 个值，其中前两个值可以是关键字、长度和/或百分比，但是第三个值必须是长度。
- 2D 变形可以接收 3 个值或 4 个值，4 个值表示偏移并且必须写成关键字后加长度或百分比的两个组合，例如 transform-origin: top 12px right 0。如果只有 3 个值，那么缺少的偏移值被假定为 0，例如 transform-origin: top 12px right(注意对 3 个值的支持刚开始，现有的浏览器只使用前两个值)。

默认情况下，tX 和 tY 是 50%，tZ 是 0，所以对于 2D 变形，默认值是 transform-origin: 50% 50%；对于 3D 变形，默认值是 transform-origin: 50% 50% 0。与 perspective-origin 一样，当仅使用关键字时，应保持标准的顺序：pX(pY(pZ))。代码格式如下：

```
transform-origin: tX;
transform-origin: tY; /* if top or bottom */
transform-origin: tX tY;
transform-origin: tX tY tZ; /* for a 3D transform */
```

与前面图 12-4 中的 transform:rotate()示例相比较，transform-origin 产生的结果有何不同？前面的例子没有指定 transform-origin，所以使用了默认值，即元素的中心。在图 12-12 中，外面的盒子仍然保持原样，但是里面的盒子通过 transform-origin 使用了不同的角，图中用方形角表示原点。代码如下：

```
/* Figure 12-4 code, plus… */
.top-left {
    border-top-left-radius: 0;
    transform-origin: left top; /* the same as 0 0 */
}
.bottom-left {
    border-bottom-left-radius: 0;
    transform-origin: left bottom; /* the same as 0 100% */
}
.top-right {
    border-top-right-radius: 0;
    transform-origin: right top; /* the same as 100% 0 */
}
.bottom-right {
    border-bottom-right-radius: 0;
    transform-origin: right bottom; /* the same as 100% 100% */
}
```

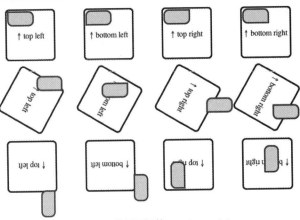

图 12-12　使用不同的 transform-origin

执行 3D 变形的 transform-origin 只是对前面见过的 2D 变形的 transform-origin 加上针对 Z 轴的长度值。值越大，产生的效果越超乎寻常，如图 12-13 所示。

```
.container {perspective: 800px;}
.container:hover span {transform: rotate3d(1,1,0,180deg); /* inner box */}
.top-left {transform-origin: left top 20px;}
.bottom-left {transform-origin: left bottom 40px;}
.top-right {transform-origin: right top 80px;}
```

.bottom-right {transform-origin: right bottom 160px;}

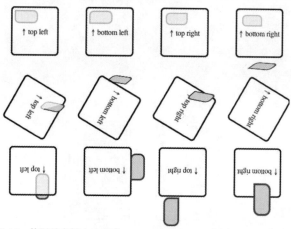

图 12-13   使用具有较大 Z 值的 3D transform-origin 创建 transform: rotate()

4. 使用 transform-style 进行 3D 或平面变换

默认情况下，元素与其父元素处于同一平面上，并且具有由 HTML 源代码指定的叠放顺序。我们可以用 z-index 修改叠放顺序，但默认的 transform-style 在同一平面上。为了再次见识一下 Z 轴变形的效果，我们需要使用 transform-style: preserve-3d，这种用法也会对元素的子元素起作用。

对于 3D 变形而言，可将 transform-style:preserve-3d 和 perspective 属性或变形函数 perspective() 结合起来使用。3D 变形也许会导致某些元素隐藏到另一些元素之后，所以需要显式地在某个元素上使用 transform-style:flat 来重写祖辈元素的 preserve-3d 值。

5. 隐藏和显示变形元素的背面

可以使用 backface-visibility 隐藏和显示变形元素的背面。当元素在 3D 空间中绕 X 轴或 Y 轴旋转 180°以上时，默认情况下元素的背面是可见的。backface-visibility 属性允许隐藏元素的背面，举例来说，这一点可用于从两个背面对齐的元素创建双面纸牌，也可用于方便地创建 3D 盒子和空间。如图 12-14 所示，如果不具有 backface-visibility 属性，当翻动纸牌时就会出现变换断裂。

```
.card {
    transform-style: preserve-3d;
    perspective: 1000px;
}
.back, .front {
    position: absolute;
    width: 169px;
    height: 245px;
    -webkit-transition: .8s all;
}
.front {transform: rotate3d(0,1,0,180deg);}
.card:hover .back {transform: rotate3d(0,1,0,180deg);}
.card:hover .front {transform: rotate3d(0,1,0,0deg);}
.backface .back, .backface .front {backface-visibility: hidden;}
```

```
<div class="card">
    <div class="back">Back</div>
    <div class="front">Front</div>
</div>
<div class="card backface">
    <div class="back">Back</div>
    <div class="front">Front</div>
</div>
```

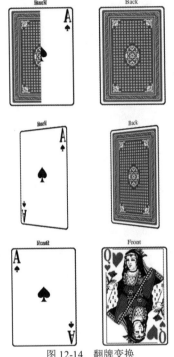

图 12-14   翻牌变换

12.1.4   浏览器对 CSS 变形的支持

CSS 变形易于设计大量的变换，在不支持变形的浏览器中如果没有备选的话，就可能会出现断裂。尽管 2D 变形在现代浏览器中可以得到相当好的支持，但是早期版本的 IE 缺少这种支持。变形函数 scale() 的效果可以通过 IE 的 CSS zoom 属性得到，其他的 2D 变形可以通过 MS Matrix 过滤器得到。

对于 3D 变形，有限的浏览器支持以及缺乏相应的功能插件严重限制了应用变形的场合，而且其性能也无法胜任游戏编程。

1. 浏览器对 2D 变形的支持

包括 Internet Explorer 9 在内的现代浏览器都支持 2D 变形，甚至最新版本的 Internet Explorer、Firefox 和 Opera 不需要厂商前缀就可以更好地支持 2D 变形，如表 12-2 所示。

表 12-2　对 2D 变形的浏览器支持情况

属　　性	IE	Firefox	Safari	Chrome	Opera
transform	9-ms-10	3.5-moz-16	3.1-webkit-	1-webkit-	10.5-o-12.5
transform:translate()	9-ms-10	3.5-moz-16	3.1-webkit-	1-webkit-	10.5-o-12.5
transform:rotate()	9-ms-10	3.5-moz-16	3.1-webkit-	1-webkit-	10.5-o-12.5
transform:scale()	9-ms-10	3.5-moz-16	3.1-webkit-	1-webkit	10.5-o-12.5
transform:skew()	9-ms-10	3.5-moz-16	3.1-webkit-	1-webkit	10.5-o-12.5
transform:matrix()	9-ms-10	3.5-moz-10-moz-16	3.1-webkit-	1-webkit-	10.5-o-12.5
transform-origin	9-ms-10	3.5-moz-16	3.1-webkit-	1-webkit-	10.5-o-12.5

2. 浏览器对 3D 变形的支持

浏览器对 3D 变形的支持情况如表 12-3 所示。

表 12-3　对 3D 变形的浏览器支持情况

属　　性	IE	Firefox	Safari	Chrome	Opera
transform(3D 变形)	10-ms-	10-moz-	4.0.5-webkit-	12-webkit-	-
transform:translate3d()	10-ms-	10-moz-	4.0.5-webkit-	12-webkit-	-
transform:rotate3d()	10-ms-	10-moz-	4.0.5-webkit-	12-webkit-	-
transform:scale3d()	10-ms-	10-moz-	4.0.5-webkit-	12-webkit-	-
transform:matrix3d()	10-ms-	10-moz-	5-webkit-	12-webkit-	-
transform:perspective()	10-ms-	10-moz-	4.0.5-webkit-	12-webkit-	-
perspective	10-ms-	10-moz-	4.0.5-webkit-	12-webkit-	-
perspective-origin	10-ms-	10-moz-	4.0.5-webkit-	12-webkit-	-
transform-origin: X Y Z	10-ms-	10-moz-	4.0.5-webkit-	12-webkit-	-
transform-style	10-ms-	10-moz-	4.0.5-webkit-	12-webkit-	-
backface-visibility	10-ms-	10-moz-	4.0.5-webkit-	12-webkit-	-

3. 扩展浏览器对 CSS 2D 变形的支持

如果要扩展对 2D 变形的浏览器支持，可以使用 Internet Explorer 专有的 CSS 过滤器属性，也就是 translate: matrix() 的前缀，支持 IE6~IE8。

如果选择功能插件方法，那么有两个 JavaScript 功能插件可以将 2D 变形的 CSS 代码快速转换成 Internet Explorer 专有的 CSS 过滤器属性。

Transformie(http://transformie.com/) 是一个由 Paul Bakaus 创建的 jQuery 插件，可以为 IE6-8 添加基本的变形支持。

由 Zoltan "Du Lac" Hawryluk 创建的 cssSandpaper 为 IE6~IE8 和 Opera 10.0 以上版本添加了变形支持，此外还可以添加 box-shadow、线性渐变和放射渐变支持。

最后，变形、变换和动画也可以通过 JavaScript 实现（参见 http://j.mp/jq-effects 和 http://api.jquery.com/category/effects/）。CSS 2D 和 3D 变形可以通过 Modernizr 检测，所以可以设置备选内容，或者通过 2D 变形功能插件扩展不支持变形的浏览器的功能，或者使用合适的非变形替换方案，例如图像。

12.2 CSS 变换和 CSS 动画

通过 CSS 变换和 CSS 动画，可以根据时间改变元素，包括使用了 CSS 变形的元素。

CSS 变换提供了一种创建简单动画的途径。但是动画的起始和终止状态由现有属性值控制，变换只是提供对动画过程的一些控制。

CSS 动画引入了定义好的动画，在其中可以将随时间改变而产生的 CSS 属性变化作为一组关键帧。动画在随时间改变 CSS 属性的外在值方面与变换十分相似。

CSS 变换和 CSS 动画的区别：

- CSS 变换可以被 CSS 状态的改变和 JavaScript 触发，而 CSS 动画在默认情况下一旦被声明就会开始播放，尽管也可以用 CSS 状态的改变和 JavaScript 来触发 CSS 动画。状态改变的一个例子是将鼠标悬停在具有:hover 属性的元素上。
- CSS 变换是将变换应用于已有的即时改变，CSS 动画则会向元素添加样式并让使用这些样式的元素产生动画。
- CSS 变换出现于两个固有样式(指应用变换或动画之前的样式)之间，元素在 CSS 变换前后的内在样式会得到触发，例如 non-:hover 和:hover values。CSS 动画则会从元素的内在状态开始并且会在多个关键帧之间产生动画。默认情况下，元素会在动画结束时返回其内在状态。
- CSS 变换很简单，并且具有更宽泛的浏览器支持。CSS 动画则更加强大和复杂，得到的浏览器支持也较少。

表 12-4 对 CSS 变换和 CSS 动画之间的差别进行了总结。

表 12-4　CSS 变换和 CSS 动画之间的区别

对比项	CSS 变 换	CSS 动 画
属性	一个或多个(相同的属性)	
可枚举属性	单独的，全部	当在关键帧中声明值时使用单个属性
计时函数	是(相同的函数)	
延迟	是(正值/负值)	
CSS to animate	元素在状态改变前后的样式(两个状态)	元素在关键帧内的内在状态和规则(两个或多个状态)
由谁应用	状态中的 CSS 修改，JavaScript	被声明后，由状态中的 CSS 修改，由 JavaScript 使用
备选	状态的改变是即时的	什么都不会发生
可重复性	否	是

12.3 CSS 变换

链接翻转以及:link、:visited、:hover、:focus、:active 等伪类可以提供基本的交互性。这些功能十分有用，但是持续时间很短暂。

CSS Transitions 模块具有控制现有 CSS 属性变化的能力，使其随着时间变化从一个值变为另一个值。可以通过修改状态中的 CSS 来应用这些变换。变换包括的伪类有:link、:visited、:hover、:focus、:active、:disabled、:enabled 和:checked，还包括使用@media queries 和 JavaScript，例如通过向元素添加类来使用 JavaScript。

12.3.1　使用 transition-property 设置可变换的属性

transition-property 允许用默认值 all 为变换指定一个或多个由逗号分隔的可设置动画的 CSS 属性。注意具有厂商前缀的属性也需要为 transition-property 加上对应的厂商前缀。例如，以下就是应用于 transform 属性的具有厂商前缀的 transition 代码：

```
.postcard {
    -webkit-transition-property: -webkit-transform;
    -moz-transition-property:    -moz-transform;
    -ms-transition-property:     -ms-transform;
    -o-transition-property:      -o-transform;
    transition-property:         transform;
}
...
```

1. 针对 CSS 变换和 CSS 动画的可设置动画属性

可以将 CSS 变换应用于很多 CSS 属性，如表 12-5 所示。

表 12-5　可设置动画的 CSS 属性(针对 CSS 变换和 CSS 动画)

属 性 类 型	属 性 名	可设置的变换值
catch-all	all	(所有可设置的变换属性)
文本属性	color	color
	font-size	长度、百分比
	font-weight	数字、关键字(除了 bolder 和 lighter)
	letter-spacing	length
	line-height	数字、长度、百分比
	text-indent	长度、百分比
	text-shadow	shadow
	vertical-align	关键字、长度、百分比
	word-spacing	长度、百分比
盒子属性	background	color(目前)
	background-color	color
	background-image	图像、渐变
	background-position	百分比、 长度
	border-left-color 等	color
	border-spacing	长度
	border-left-width[3]	长度
	border-top-left-radius 等	百分比、 长度
	box-shadow	shadow
	clip	rectangle

(续表)

属 性 类 型	属 性 名	可设置的变换值
盒子属性	crop	rectangle
	height、min-heigh、 max-height	长度、百分比
	margin-left 等	长度
	opacity	数字
	outline-width	长度
	outline-offset	整数
	outline-color	color
	padding-left 等	长度
	width、min-width、max-width	长度、百分比
定位属性	bottom	长度、百分比
	top	长度、百分比
	grid-*	various
	left	长度、百分比
	right	长度、百分比
	visibility	visibility
	z-index	整数
	zoom	数字
SVG 属性	fill	绘图服务器
	fill-opacity	浮点数
	flood-color	color、关键字
	lighting-color	color、关键字
	marker-offset	长度
	stop-color	color
	stop-opacity	浮点数
	stroke	绘图服务器
	stroke-dasharray	数字列表
	stroke-dashoffset	数字
	stroke-miterlimit	数字
	stroke-opacity	浮点数
	stroke-width	浮点数
	viewport-fill	color
	viewport-fill-opacity	color

2. 使用 max-width 和 max-height 模拟具有 auto 值的 width 和 height

在 auto 值和 0 之间产生动画对于创建某些效果十分有用，例如 jQuery 的 slideToggle 效果中所演示的"滑动抽屉"效果。可以分别通过替换 max-width 或 max-height 的值来模拟从 width 和 height 变换到 auto 或者从 auto 变换到 width 和 height，产生变换的盒子比它所包含的内容要多，如图 12-15 所示。

```
.box {
    max-height: 5em; /* larger than your content: 200px would also work here */
    overflow: hidden; /* otherwise the text will be visible */
    padding: .5em .25em;
    transition: all 0.5s;
}
.wrapper:hover .box {
    max-height: 0;
    opacity: 0;
    padding: 0 .25em;
}
```

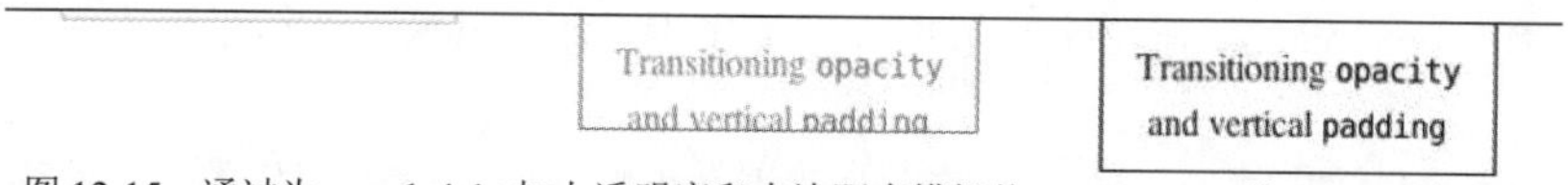

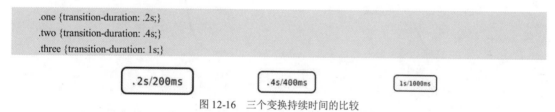

图 12-15   通过为 max-height 加上透明度和内边距来模拟从 height: auto 到 height: 0 的变换

这对于模拟高度动画很有帮助，因为不能使用固定高度(单位为 px)，用户肯定会调整大小。而较大的值会导致延迟，所以使用单位为 em 的 max-height 更安全。在前面这个例子中，盒子大约有 5em 高，所以使用了 max-height: 8em。

12.3.2   使用 transition-duration 控制变换的持续时间

transition-duration 属性可以设置变换的持续时间，它接收以秒(s)或毫秒(ms)为单位的时间值。图 12-16 展示了三个持续时间的比较。

```
.one {transition-duration: .2s;}
.two {transition-duration: .4s;}
.three {transition-duration: 1s;}
```

.2s/200ms　　　.4s/400ms　　　1s/1000ms

图 12-16   三个变换持续时间的比较

变换的持续时间给人留下的印象会受状态改变程度的影响。对于链接的明显不同的:hover 状态而言，与 transition-duration: .2s(或 transition-duration: 200ms)一样快的变换会快速平滑地改变状态，但是太快的变换就会变得和没有变换毫无区别。对于精细的变换而言，0.4s(或 400ms)易于产生较好的效果。但是，如果将元素移动任意距离，0.4s 就太短了。较长时间的变换会使其自身得到更多的关注，但不滥用这样的变换对特定的效果十分有用，和 transition-timing-function 属性结合使用时更是如此。

12.3.3   transition-timing-function、三次贝塞尔曲线和 steps()函数

transition-timing-function 属性基于贝塞尔曲线，就是沿着一条弧运动。三次贝塞尔曲线有 4 个点：起始点和终止点位于一个正方形对角线的两端——(0,0)和(1,1)，另外两个点控制定义曲线的句柄，如图 12-17 所示。相反，步进函数(steps()等)根据步长的数目将变换分割为若干相等的时间间隔。

transition-timing-function 属性可以按照 cubic-bezier(X1, Y1, X2, Y2)的模式，通过针对起始点和终止点设置 X、Y 的句柄位置创建自定义的三次贝塞尔曲线。此外，该属性还有一些常见的预设值。

- linear：变换具有常值速度，等同于 cubic-bezier(0, 0, 1.0, 1.0)。
- ease：默认变换，变换迅速开始，然后逐渐变慢，类似于更快和更平滑版本的 ease-out，等同于 cubic-bezier(0.25, 0.1, 0.25, 1.0)(默认)。
- ease-in：变换开始时较慢，并且逐渐加速直至结束，等同于 cubic-bezier(0.42, 0, 1.0,1.0)。
- ease-out：变换开始时较快，然后逐渐变慢，等同于 cubic-bezier(0, 0, 0.58, 1.0)。
- ease-in-out：变换在开始和结束时较慢，但在中间变得较快，等同于 cubic-bezier (0.42, 0, 0.58, 1.0)。

steps()：变换逐步推进，而不像基于贝塞尔曲线的变换那样光滑。它有一个表示步长数目的参数值，也可以设置两个参数值。其中，step-start 表示变换是即时的，一旦被触发就立即发生，等同于 steps(1,start)；step-end 表示变换是即时的，但是在 transition-duration 结束时才会发生，等同于 steps(1,end)。

虽然值 linear 可以使具有小运动的变换更加平滑，但默认值 ease 是很好的通用选择。尽管预设值一般来说已经足够了，但是对于要产生特定效果的时间较长的变换而言，可以使用 cubic-bezier(X1, Y1, X2, Y2)创建自定义的贝塞尔计时函数。

Y 值可以小于 0 和大于 1.0，从而导致变换具有"弹性"，如图 12-18 所示。

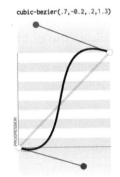

图 12-17　三次贝塞尔曲线　　　　图 12-18　具有弹性的三次贝塞尔值

首先使用 clamped 备选(值在 0～1 之间)，然后逐步添加具有小于 0 或大于 1 的 Y 值的三次贝塞尔计时函数，如图 12-19 所示。

```
.ease {transition-timing-function: cubic-bezier(.25,.1,.25,1);} /* = ease */
.clamped {transition-timing-function: cubic-bezier(.7,0,.2,1);} /* Y=0~1 */
.bounce {transition-timing-function: cubic-bezier(.7,-.2,.2,1.3);}

/* our recommended way to include a cubic-bezier with bounce: */
.bulletproof { /* including vendor prefixes to show WebKit fallback */
  -webkit-transition-timing-function: cubic-bezier(.7,0,.2,1); /* fallback */
  -webkit-transition-timing-function: cubic-bezier(.7,-.2,.2,1.3);
    -moz-transition-timing-function: cubic-bezier(.7,-.2,.2,1.3);
    -ms-transition-timing-function: cubic-bezier(.7,-.2,.2,1.3);
    -o-transition-timing-function: cubic-bezier(.7,-.2,.2,1.3);
      transition-timing-function: cubic-bezier(.7,-.2,.2,1.3);
```

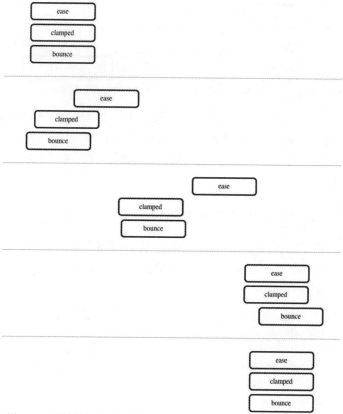

图 12-19　逐步添加小于 0 或大于 1 的 Y 值的三次贝塞尔计时函数的效果

在不支持[0,1]范围外的 Y 值的浏览器中，会用默认的 ease 计时函数代替。通过在"弹性"计时函数之前增加 clapmed 备选三次，可以在不支持[0,1]范围外的 Y 值的浏览器中得到与希望的效果更接近的计时函数。

steps()计时函数可以让效果在变换开始或结束时出现。这些函数可用于基于帧的动画。

基于三次贝塞尔曲线和步长的计时函数囊括所有可能的计时函数。但是一些计时函数，例如 Scripty2，还需要类似 CSS 动画或 JavaScript 之类的其他东西。

12.3.4　使用 transition-delay 推迟变换的起始时间

transition-delay 可以推迟变换受到触发后的起始时间。与 transition-duration 一样，它接收以秒或毫秒为单位的时间值。当值为正时，变换的延迟由值的数量决定；当值为负时，动画会根据 transition-delay 的值开始跳转，就好像时间已经流逝一样。图 12-20 中对正负、负值和默认的 transition-delay:0 进行了比较。

```
hover .box {transition-duration: 3s;}
:hover .positive-delay {transition-delay: 1s;} /* "delay 1s" box */
/* transition-delay is 0 by default (the "no delay" box) */
:hover .negative-delay {transition-delay: -1s;} /* "delay -1s" box */
```

图 12-20　一个 3 秒动画延迟±1 秒的情形

当变换被触发时，触发器却在变换完成之前被移除，例如鼠标悬停时会由:hover 触发变换，紧接着鼠标被移出，那么变换就会从当前状态反方向转变到其初始状态。如果有 transition-delay，那么这种现象也会在变换反转时出现。对于正值延迟而言，元素会冻结；对于负值延迟而言，元素在继续进行变换之前会跳转。

12.3.5　多个变换值和简写形式的变换属性

所有变换属性都可以接收由逗号分开的多个值，这样可以让多个具有不同设置的属性同时产生变换。当每个 transition-*属性使用多个值时，值的顺序十分重要，因为每个属性的值都根据顺序进行组合。例如以下代码块：

```
.warning {
    transition-property: left, opacity, color;
    transition-duration: 600ms,300ms, 400ms;
        transition-delay: 0s,0s, 300ms;
} /* values aligned to make their groupings clear */
```

效果和下面三个由逗号分开的变换相同：

```
.warning {transition: left 600ms, opacity 300ms, color 400ms 300ms;}
```

12.3.6　简写变换属性时值的排序

在使用变换属性时，保持值的顺序十分重要，对于多个变换而言，由逗号分开的值按以下组合排序：

(1) transition-property

(2) transition-duration

(3) transition-timing-function

(4) transition-delay

如果没有声明值的话，这些属性就会使用默认值。在上面的第一个例子中，没有声明 transition-timing-function 的值，所以变换就会使用默认值 ease。此外，尽管必须在第一个例子中针对 transition-delay 声明值 0s，以使得最后一个值应用于 color 属性；但是在第二个例子中，就没有必要这样做，因为 0s 是默认值。

12.3.7　浏览器对 CSS 变换的支持

除了 Internet Explorer 9 之外，现代浏览器都可以很好地支持变换，如表 12-6 所示。

表 12-6　对 CSS 变换的浏览器支持

属　　性	IE	Firefox	Safari	Chrome	Opera
transition-property	10	4-moz-16	3.2-webkit-	1-webkit-	10.5-o-12.5
transition-duration	10	4-moz-16	3.2-webkit-	1-webkit-	10.5-o-12.5
transition-timing-function	10	4-moz-16	3.2-webkit-	1-webkit-	10.5-o-12.5
:steps()	10	5-moz-16	5-webkit-	8-webkit-	10.5-o-12.5
bounce	10	4-moz-16	6-webkit-	16-webkit-	12-o-12.5
transition-delay	10	4-moz-16	3.2-webkit-	1-webkit-	10.5-o-12.5
transition	10	4-moz-16	3.2-webkit-	1-webkit-	10.5-o-12.5

12.4　使用 CSS 动画制作关键帧动画

前面已经介绍了如何通过 CSS 变换使元素产生基本的运动，CSS 动画规范用基于关键帧的动画使运动效果更进一步。

与 CSS 变换不同，设置动画的属性会从元素的固有样式开始变化，或者变化为元素的固有样式，固有样式是浏览器用来显示未应用动画的元素的运算值。这意味着如果 from 或 to 关键帧与元素的固有样式不同，那么当动画开始或结束时，对默认动画的设置这种变化会立刻出现。

CSS 动画在两个部分进行添加，如下面的代码所示。

(1) 包含单个关键帧的@keyframes 代码块，@keyframes 代码块对动画进行定义和命名。

(2) 用于向元素添加已命名的@keyframes 动画以及控制动画行为的若干 animation-*形式的属性。

```
@keyframes popup { /* ← define the animation "popup" */
  from {…} /* CSS for any differences between the element's initial state and the animation's initial state */
  to {…} /* CSS for the animation's final state */
}
.popup {animation: popup 1s;} /* ← apply the animation "popup" */
```

就像选择器一样，每个关键帧规则的开始都是一个百分比值或者 from(相当于 0%)与 to(相当于 100%)这两个关键字之一，从而指定关键帧在动画的何处出现。百分比值表示动画持续时间的百分比，所以一段 2 秒动画中的 50%关键帧出现于动画的 1 秒处。下面的代码展示了一段带有几个关键帧规则的@keyframes 声明。

```
@keyframes popup {
  0% {…} /* the start of the animation (the same as "from") */
  25% {…} /* a keyframe one quarter through the animation */
  66.6667% {…} /* a keyframe two thirds through the animation */
  …
  to {…} /* the end of the animation (the same as "100%") */
}
```

向关键帧添加需要设置动画的属性，浏览器只会用到可设置动画的属性，此外还会用到 animation-timing-function 属性，animation-timing-function 属性只是重写了关键帧动画的计时函数。请参见表 12-5 来获取可设置动画属性的列表，不能设置动画的属性(除了 animation-timing-function 属性之外)都将被忽略。

> **注意：**
> 每个关键帧中的属性值只在从不同的值变化而来或者变为不同的值时才会产生动画，这些值不会产生级联效应，也不会被之后的关键帧继承。这就意味着必须为多个关键帧添加声明。

在对动画进行命名和定义之后，就可以将之应用于元素，并且可以通过使用 animation-*形式的属性控制动画的发生方式。这些属性可以使用由逗号分开的多个值来定义多个动画。

- animation-name：由@keyframes 定义的动画的名称。默认没有名称。
- animation-duration：动画发生一次的持续时间，单位是秒(s)或毫秒(ms)。默认是 0s，相当于没有产生动画。
- animation-timing-function：用于动画的计时函数(就和 CSS 变换中的计时函数一样)，可取值包括 linear、ease(默认)、ease-in、ease-out、ease-in-out、cubic-bezier()、step-start、step-end 和 steps()。该属性可以添加到@keyframes 声明中以重写动画每一帧的 animation-timing-function 属性。
- animation-delay：动画开始之前的延迟时间，单位为秒(s)或毫秒(ms)。默认是 0s。该属性也可以接收负值，负值使得动画一开始就好像已经完了一样。
- animation-iteration-count：动画重复的次数。可接受的值有 0(不产生动画)、正值(包括非负值)和无穷大。默认次数是 1。
- animation-direction：该属性可接收的值是 normal(默认)和 alternate，仅在 animation-iteration-count 大于 1 时才生效。normal 使得动画每次向前推进(从头至尾)，而 alternate 先将动画向前推进，而后反向推进。
- animation-fill-mode：该属性通过下列值控制起始关键帧是否会在 animation-delay 中影响动画，以及/或控制动画结束时是否保持终止状态。
  - animation-fill-mode: none：只在正的 animation-delay 属性值在指定的时间结束后才应用起始关键帧值，并且在动画结束时使用元素本身的样式。animation-fill-mode: none;是默认状态。
  - animation-fill-mode: forwards：使元素在动画结束后保留最后一个关键帧(一般是值为 100%或 to 的关键帧)定义的属性。值 forwards(或值 both)使得动画的终止状态表现得与 CSS 变换产生的效果相同。
  - animation-fill-mode: backwards：在具有正值的 animation-delay 属性指定的时间内让元素拥有第一个关键帧(0%或 from)定义的属性。
  - animation-fill-mode: both;：兼有 animation-fill-mode: forwards 和 animation-fill-mode: backwards 的功能。
- animation-play-state：默认情况下该属性的值是 running，当值变为 paused 时，动画会暂停。通过将值改回为 running，动画会从暂停时所处的位置重新开始。
- animation：简写形式的动画属性，接收以空格分隔的上述属性的列表(除了 animation-play-state)。多个动画之间用逗号分开。

12.4.1 创建一个简单动画

例 12-1：创建一个使用 animation-name 和 animation-duration 的简单动画。

一个简单的动画需要很多带有厂商特定的 CSS，效果如图 12-21 所示。

```
.box {position: absolute;}
:hover .box {
  -webkit-animation-name: moveit;
     -moz-animation-name: moveit;
      -ms-animation-name: moveit;
       -o-animation-name: moveit;
  -webkit-animation-duration: 1s;
     -moz-animation-duration: 1s;
      -ms-animation-duration: 1s;
       -o-animation-duration: 1s;
}
@-webkit-keyframes moveit {to {left: 100%;}}
@-moz-keyframes moveit {to {left: 100%;}}
  @-ms-keyframes moveit {to {left: 100%;}}
   @-o-keyframes moveit {to {left: 100%;}}
```

上述代码看上去比较多，因为编写了定义动画的声明(@keyframes 代码块)并对其进行了调用 (animation-*属性)，此外出于浏览器前缀的原因将声明和调用写了四次，但是实际上，上述代码可以非常简短。如果浏览器支持，可以只用下面的代码就能在 CSS 中得到动画。

```
:hover .box {
   animation-name: moveit;
   animation-duration: 1s;
}
@keyframes moveit {to {left: 100%;}}
```

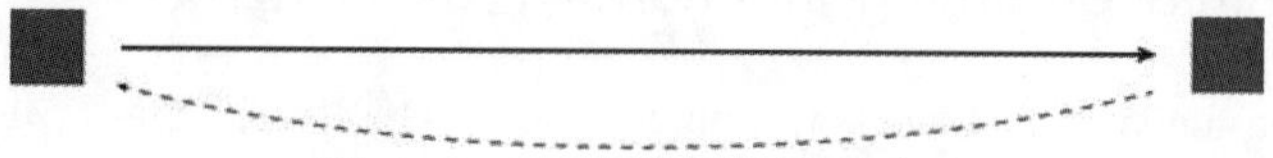

图 12-21　CSS 中基于关键帧的动画

每个动画都需要一个动画名，想要 animation-duration 的值大于默认值 0s。所有 animation-*属性都是可选的，因为它们的默认值都无法阻止动画的发生。至少需要一个关键帧来声明@keyframes，本例中声明的是 to {left: 100%;}，它是希望这个动画呈现的终止状态。产生动画的元素本身提供动画的初始状态，因为在本例中要设置动画的属性 left 是 0，所以不必用 from {}或 0%{}显式指定动画的初始状态。

在上面的例子中只是给出了 animation-name 和 animation-duration。animation-duration 和 transition-duration 一样，值以毫秒(ms)和秒(s)为单位。为了安全起见，在使用简写形式的动画属性时，不要用其他的属性值作为 animation-name，以避免可能的浏览器错误。

12.4.2　使用@keyframes 控制动画

@keyframes 可以创建无法使用变换创建的动画。本例十分简单，和在前面使用变换一样容易，仅仅在初始状态和终止状态之间产生动画，方法是在图 12-22 中添加一些关键帧。

```
.box {position: absolute;}
:hover .box {
   animation-name: shakeit;
```

```
    animation-duration: .5s;
}
@keyframes shakeit {
    10%, 37.5%, 75% {left: -10%;}
    22.5%, 52.5% {left: 10%;}
    75% {left: -7%;}
}
```

上面的@keyframes 声明也可以写成：

```
@keyframes shakeit {
    10% {left: -10%;}
    22.5% {left: 10%;}
    37.5% {left: -10%;}
    52.5% {left: 10%;}
    75% {left: -7%;}
} */
```

图 12-22　想象一下这个盒子会来回晃动

多个关键帧的属性共享相同的值时可以用逗号分开，并且百分比形式的关键帧属性可以包含小数。在上面的例子中，将 75%处的关键帧值定义了两次。如果在两个不同的关键帧中针对同一个关键帧选择器定义了一个属性，就会使用后定义的值(本例中是 left:-7%)。

12.4.3　使用 animation-timing-function 属性的计时函数

animation-timing-function 和 transition-timing-function 的使用方式相同，并且接收的值也相同，如下所示：

cubic-bezier() linear ease ease-in ease-out ease-in-out　　　steps() step-start step-end

使用动画展示这些值可以获得与使用变换和 transition-timing-function 同样的效果。此外，还可以针对动画的不同部分使用不同的计时函数。

与 CSS 变换不同的是，动画可以具有不止一个计时函数，因为可以通过向关键帧的规则集中添加 animation-timing-function 来修改每个关键帧的计时函数，这种方法仅仅重写某个关键帧的计时函数，在下面的代码中针对图 12-22 中的盒子使用了这种方法：

```
@keyframes presets {
    33% {
        transform: translate(113%,0);
        animation-timing-function: step-start;
    }
    67% {
        transform: translate(227%,0);
        animation-timing-function: ease-out;
    }
    to {transform: translate(340%,0);}
```

```
}
```

上面的代码用到了 3 个计时值。

- 0～33%用到了 ease(默认值)。
- 33%～67%用到了 step-start，在 33%关键帧规则集中进行了定义。
- 67%～100%用到了 ease-out，在 67%关键帧规则集中进行了定义。

这些计时函数并没有涵盖你想要的所有计时函数。可以用多个关键帧(或 JavaScript)来模拟这样的计时函数。

12.4.4　使用 animation-delay 修改动画的起始方式

animation-delay 的值可以用来改变动画的起始时间，和 transition-delay 一样方便。当值为正时，起始的延迟时间由值的数量决定；当值为负时，动画就会根据值的数量进行跳进，就好像这段时间已经过去了一样。图 12-23 显示了 animation-delay 如何影响动画。

```
:hover .box {animation-duration: 3s;}
:hover .positive-delay {animation-delay: 1s;} /* "delay 1s" box */
/* animation-delay is 0 by default (the "no delay" box) */
:hover .negative-delay {animation-delay: -1s;} /* "delay -1s" box */
```

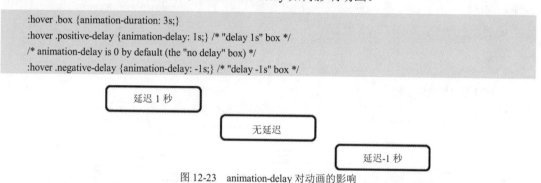

图 12-23　animation-delay 对动画的影响

在上面这个例子中，默认的动画没有声明 animation-delay，所以具有默认值 0s，并且动画持续 3 秒。添加 animation-delay:1s 意味着动画会在 1 秒后开始，并且到结束时耗费 4 秒。添加 animation-delay: -1s 意味着动画会从现在所处的状态立即开始，并且时间好像已经过去了 1 秒，动画会在 2 秒内结束。

12.4.5　控制动画的运行次数

animation-iteration-count 可以控制动画的运行次数。

当一个动画被触发后，默认情况下只会运行一次，然后会重置为初始状态。可以用 animation-iteration-count 让动画运行不止一次，或者用值 infinite 让动画不停地运行，直至浏览器窗口被关闭。图 12-24 展示了这种效果。

```
:hover .box {animation-duration: 3s;}
/* animation-iteration-count is 1 by default (the "count: 1" box) */
:hover .two-five {animation-iteration-count: 2.5;} /* non-integers are allowed */
:hover .infinite {animation-iteration-count: infinite;} /* use carefully! */
```

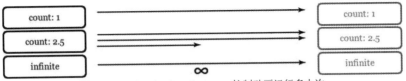

图 12-24   animation-iteration-count 控制动画运行多少次

使用 2.5 这样的非整数值可以在支持这种类型的值的浏览器中让动画运行两次，并且在动画结束前再运行一半时间。负值被当作 0 处理。由于动画特别能分散注意力，并且是影响性能的重要原因，因此请谨慎使用值 infinite。

12.4.6   结合 animation-direction

前面讲了如何用 animation-iteration-count 增加动画的运行次数。如果运行次数大于 1，那么就可以用 animation-direction 控制后面偶数次的动画也从头运行到尾(值 normal)，还可以用值 alternate 使动画反向运行。由于 animation-direction: normal 是默认值，因此将 animation-direction: alternate 应用于前面的那个例子，如图 12-25 所示。

```
:hover .box {
    …
    animation-direction: alternate;
}
```

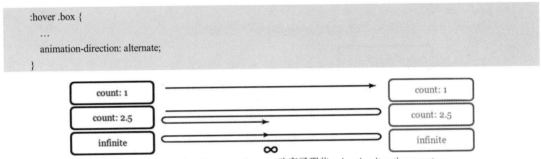

图 12-25   animation-direction: alternate 改变了那些 animation-iteration-count
大于 2 的动画，使那些动画在偶数次运行时反方向运行

12.4.7   控制元素在动画前后的表现

使用 animation-fill-mode 控制元素在动画前后的表现。除非动画正在运行，否则不会产生任何效果。甚至在 animation-delay 的值为正时也是如此——任何起始关键帧的值都只会在延迟结束后才得到应用。这也意味着动画与 CSS 变形不同，默认情况下会在动画结束时返回原有的样式，就好像动画触发器仍然在起作用一样。这归咎于 animation-fill-mode 属性的默认值是 none，但是值 forwards、backwards 和 both 可以控制元素在动画前后的表现。

- animation-fill-mode: forwards：产生动画的元素会保持最后一个关键帧的属性，通常是 100% 或 to 关键帧。但是如果指定了 animation-iteration-count 和 animation-direction，就不总会产生这样的效果。
- animation-fill-mode: backwards：在具有正值的 animation-delay 指定的时间内，产生动画的元素将由动画的 from 或 0%关键帧赋予样式。
- animation-fill-mode: both：animation-fill-mode: forwards 和 animation-fill-mode: backwards 表现的组合。

4 个 animation-fill-mode 值产生的效果，包括默认值 none 以及 forwards、backwards 和 both，如

图 12-26 所示。

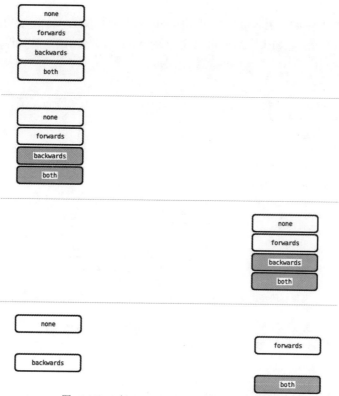

图 12-26 4 个 animation-fill-mode 值产生的效果

```
:hover .box {
    animation-duration: 3s;
    animation-delay: 1s;
}
@keyframes pushit {
    0% {background-color: #bfbfbf;} /* start gray */
    to {left: 100%;} /* end on the right */
}
/* animation-fill-mode is none by default */
    /* forwards: keep the animation's final state when it ends */
:hover .fill-forwards {animation-fill-mode: forwards;}
    /* backwards: use the from/0% keyframe styles during animation-delay */
:hover .fill-backwards {animation-fill-mode: backwards;}
    /* both: the same as forwards and backwards */
:hover .fill-both {animation-fill-mode: both;}
```

初始关键帧的背景为灰色，但是动画也有 1 秒的延迟。值 backwards 和 both 在 animation-delay 指定的时间内使用 0%关键帧的样式；值 forwards 和 both 保持最后一个关键帧的样式，而不是退回到元素原有的样式。这个动画在:hover 上得到触发，所以在上面这个例子中，只要鼠标悬停于元素上方，就会使元素保持最后一个关键帧的样式(通过 forwards 或 both)。

12.4.8 暂停动画

使用 animation-play-state 暂停动画。这个简单的属性具有默认值 running，将值改为 pause 会暂停动画，如图 12-27 所示。如果之后值再次改为 running，那么动画会从暂停之处继续运行。

```
:hover .box {
    animation-name: runner;
    animation-duration: 3s;
    animation-timing-function: ease-in-out;
    animation-iteration-count: infinite;
    animation-direction: alternate;
}
.box:hover {animation-play-state: paused;}
```

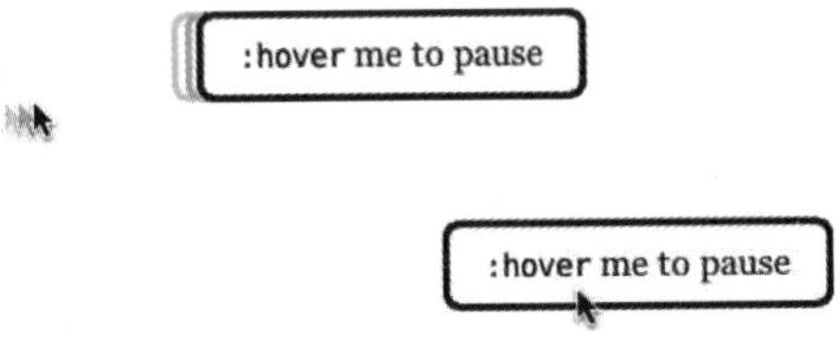

:hover me to pause

:hover me to pause

图 12-27　将鼠标放在图像上时动画开始运行，将鼠标悬停在盒子上时动画就会暂停

当使用 JavaScript 结束动画时，只需要移除应用动画的类即可，这样会即刻将元素变为动画之前的状态。能够暂停动画并使其从暂停之处继续运行，这提供了优良的交互选择。

> **注意:**
> 不能用 JavaScript 通过移除和添加应用动画的类来重启动画，但是简单的非 JavaScript 方法是用不同的名称定义一个完全相同的动画。

12.4.9 简略形式的动画属性以及用逗号分隔的 animation-*值

可以用简略形式的动画属性同时指定几个值，简略形式的动画属性接收单个 animation-*属性(animation-play-state 除外)的值。

简略形式的动画属性应使用如下顺序以避免出现可能的浏览器错误：

(1) animation-name

(2) animation-duration

(3) animation-timing-function

(4) animation-delay

(5) animation-iteration-count

(6) animation-direction

(7) animation-fill-mode

例如，WebKit浏览器需要将animation-name放置在animation-iteration-count和animation-direction之前。

使用单个 animation-*属性的示例动画如下所示：

```
:hover .box {
    animation-name: runner;
```

```
        animation-duration: 3s;
        animation-timing-function: ease-in-out;
        animation-iteration-count: infinite;
        animation-direction: alternate;
    }
```

这等同于如下所示的动画属性(但要短得多)——记住没有必要包含所有具有默认值的属性，在下面的例子中就没有包含 animation-delay 和 animation-fill-mode。

```
:hover .box {animation: runner 3s ease-in-out infinite alternate;}
```

此外，针对单个 animation-*属性和简写形式的动画属性，都可以通过用逗号分开各个值来指定多个动画。两种方法都在图 12-28 中进行了演示。本例中用到了两个动画，所以可以针对每个动画使用不同的计时函数——运动的计时函数是 linear，背景颜色的计时函数是 steps(2)。

```
/* Using individual properties for multiple animations: */
:hover .box {
    animation-name: moveit, colorstep, fade;
    animation-duration: 3s;                          /* one value? */
    animation-timing-function: linear, steps(2,start); /* two values? */
} /* values aligned to make their groupings clear */
/* The same styles using the animation shorthand property: */
:hover .box {
    animation: moveit 3s linear, colorstep 3s steps(2,start), fade 3s linear;
} */
```

图 12-28　用到的两个动画

12.4.10　浏览器对 CSS 动画的支持

CSS 动画已经能够完全被 Safari 和 Chrome 所支持，Firefox 以及最新的 Internet Explorer 也已经增添了对 CSS 动画的支持，Opera 也将加入这个阵营。然而，尽管有三种实现方式，但是添加无前缀版本的 CSS 动画还不够稳定。

对于 animation-*属性和@keyframes 代码块而言都要用到浏览器前缀，加上三种渲染引擎与无前缀版本的代码，代码会变得十分冗长。如果使用了带前缀的属性，那么在其他浏览器增加带前缀的支持时，必须将它们加入到代码中。

12.5　CSS 动画+JavaScript

与变形一样，添加动画意味着必须决定在面对不支持动画的浏览器时如何处理。对于那些仅增加视觉效果的小动画而言，就没有必要添加备选。但是，如果将动画作为用户体验的核心部分，就需要使用一种技术作为 CSS 动画的补充，JavaScript、canvas、SMIL 以及 SVG，甚至 Adobe Flash

都可以成为备选。

早期的方法就是在可以支持的地方使用 CSS 动画，再加上可产生同样效果的 JavaScript 备选。可以使用很多框架，包括：

- jQuery 内置的 Effects 或 jQuery UI。
- jQuery 插件，如 jquery.transition.js 或 jQuery.animate-enhanced.js。
- YUI Transition 库。
- $fx()。
- scripty2 和 script.aculo.us。

其中的一些框架是功能插件，如果浏览器本身无法支持 CSS 动画，它们可以将动画自动转换成可产生同样效果的 JavaScript 代码。其他的框架需要进行一些脚本编程，并且需要 Modernizr 来检测浏览器支持。对于超出基本的 CSS3 动画适用范畴的需求，加入一些 JavaScript 通常会有所帮助，想要获得的效果越高级，所需要的 JavaScript 代码也就越多。

12.6 本章小结

在合适的场合使用 2D 变形能够巧妙地改进用户体验。2D 变形可以用于渐进增强， CSS 变形非常有利于添加微妙的风格，如果用户能够提供支持，例如针对 iOS 设备的网站，那么 CSS 变形就会扮演更重要的角色。

CSS 变换可以根据时间变化控制 CSS 状态的改变，如果没有这些变换的话，状态的改变会在瞬间发生。CSS 变换提供了增加 UI 交互趣味性的易用工具。但是变换有局限性。一般情况下，变换都被用来增强用户的体验，所以对于那些不支持变换的浏览器来说，用 JavaScript 支持变换并不值得。

CSS3 动画对于增强内容效果非常好。为创建能产生动画的内容，还可以在 canvas、SMIL+SVG、WebGL 或 Flash 中自由选择。与变形和变换一样，动画也是造成性能问题的主要原因，甚至在现代浏览器中也是如此。因此，建议在网页中还是应使用少量动画。

12.7 思考和练习

1. 创建如图 12-29 所示的变形效果，样式表应实现以下功能：将第一个<div>元素旋转 20°，将第二个<div>元素缩小一半。作为参考，背景图片展示了文档流中每个<div>元素所处的位置。

```
<div id="rotate">
   <p>The background image of the page shows the original orientation of this element</p>
</div>
<div id="scale">
   <p>Scaled. This div is defined as 500px×200px, but is scaled to be much
   smaller as the background image of the page shows.</p>
</div>
```

图 12-29 Google Chrome 浏览器中的变形效果

2. 创建一个针对单个<div>元素的简单动画。CSS 代码应实现以下功能：

将<div>元素最初设置为 100 像素的方块，定位于浏览器的左侧边界。用@keyframes 指令创建一个命名为 scroll 的对新动画效果的引用。它告知浏览器将<div>动态移动至页面的左侧最远边界，并将元素旋转 180°。用 animation-name 属性引用相同的动画。用 animation-duration 属性指明动画应持续 5 秒。用 animation-iteration-count 属性指明动画应无限持续运行。最后，用 animation-direction 属性指明动画应在每次运行时反转方向。

第 13 章

网页设计综合实例

通过对前面章节的学习，相信读者已对利用 HTML5+CSS3 进行网页设计有了全面的了解。但由于各章知识相对独立，各有侧重，因此看起来比较零散。本章主要列举两个综合应用设计实例，一个是基于 HTML5 的贪吃蛇游戏的设计与实现；另一个是旅游网站网页的开发与设计。本章通过对完整的项目实例进行解析与实现，提高读者的项目分析能力以及强化对 HTML5、CSS3 与 JavaScript 的综合应用能力，并巩固前面所学的知识。

本章的学习目标：

- 了解如何综合应用 HTML5、CSS3 与 JavaScript 开发 Web 网站首页
- 了解如何综合应用 HTML5、CSS3 与 JavaScript 开发网页版单机游戏

13.1 设计旅游网站网页

随着互联网的发展，很多公司为了方便客户了解本公司的业务，都会创建属于公司自己的门户网站。不论哪种类型的网站都要给用户提供清晰的信息。目前通用的方法是既提供合理的布局，方便用户查找所需的信息内容；又提供丰富的图片和文字介绍，给用户更好的直观感受。本节重点介绍一种较为受用的网站静态页面设计实例。

13.1.1 页面的设计

这里设计一个旅游网站的首页，页面对应的文件为 13-1.html，浏览效果如图 13-1 所示。

例 13-1：设计一个旅游网站的首页，页面提供了该旅游网站的一些业务信息、旅游相关的一些咨询信息和客户旅游心得等。

页面布局为：主区域 container 包含三个区域，分别为网页首部(top 区)、主内容区(main 区)和页尾区(footer 区)，然后在这三个区域内再次进行布局划分，如图 13-2 所示。

图 13-1　整体浏览效果

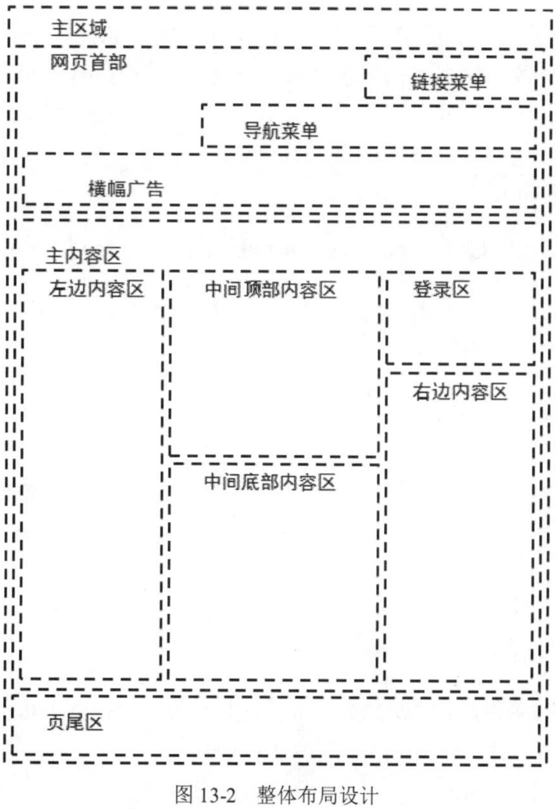

图 13-2　整体布局设计

13.1.2　全局样式的设计

网页的最顶层是 container 区，其他所有的内容都包含在这个区域中，CSS 首先对这个顶层区域和整个页面的通用样式进行设定。CSS 代码如下：

```
*{ margin:0; padding:0;}
img { border:none;}
body {
    font-family:"宋体";
    font-size:12px;
    color:#666666;
    background:url(../images/bg.jpg) repeat-x scroll 0 0 #fcfcfc;
}
a{
    color:#666666;
    text-decoration:none;
}
a:hover{
    color:#000;
    text-decoration:underline;
}
#container{
    width:968px;
    margin:0 auto;
}
```

上面设置了超链接、图片、页面主体的共同风格，并为整个页面加了背景图片。对 container 区的设置相对简单，主要是控制这个区的显示和布局。在上述设置中，container 区的宽度被设定为968px。

13.1.3　网页首部(top 区)

top 区分为三个区域：link 区、menu 区、bannerwrap 区。top 区对应的 CSS 代码如下：

```
#top{
    width:968px;
}
```

样式表很简单，为 top 区设定了宽度。在这个区域放置了链接菜单(link 区)、导航菜单(menu 区)、横幅广告(bannerwrap 区)三个小区域。其中，链接菜单和导航菜单的效果如图 13-3 所示。

网站首页 ┃ 会员中心 ┃ English

旅游 ┃ 自驾 ┃ 目的地 ┃ 发现 ┃ 大咖 ┃ 精彩专题 ┃ 预定 ┃ 联系我们

图 13-3　链接菜单和导航菜单的浏览效果

1. 链接菜单

(link)区用来放置链接菜单，里面嵌套了一个名为 links 的区域。在 links 区域中放置三个超链接。HTML5 代码如下：

```
<div id="link">
```

```
     <div id="links"><a href="#">网站首页</a> |
          <a href="#">会员中心</a> |
          <a   href="#">English</a>
     </div>
</div>
```

在样式中，设置 link 区的宽度和高度。在网页中并没有直接插入图片，而是在样式代码里嵌入图片链接，并且规定了 link 区中文字的放置位置和超链接的相关样式，默认去掉下画线，当悬浮的时候出现下画线。CSS3 代码如下：

```
#link{
     width:968px;
     height:28px;
     color:#fff;
     background:url(../images/link.jpg) no-repeat scroll right center;
}
#links{
     padding:9px 26px 0 0 ;
     text-align:right;
     letter-spacing:1px;
}
#links a{
     color:#fff;
     text-decoration:none;
}
#links a:hover{
     color:#fff;
     text-decoration:underline;
}
```

2. 导航菜单(menu 区)

menu 区的作用就是放置网页的导航菜单，使用无序列表的形式表现导航菜单。内容代码如下：

```
<div id="menu">
     <ul class="main-menu">
     <li class="main-li"><a class="li-a" href="#">旅游</a></li>
     <li class="main-li">|</li>
     <li class="main-li"><a class="li-a" href="#">自驾</a></li> <li class="main-li">|</li>
     <li class="main-li"><a class="li-a" href="#">目的地</a></li> <li class="main-li">|</li>
     <li class="main-li"><a class="li-a" href="#">发现</a></li>
     <li class="main-li">|</li>
     <li class="main-li"><a class="li-a" href="#">大咖</a></li>
     <li class="main-li">|</li>
     <li class="main-li"><a class="li-a" href="#">精彩专题</a></li>
     <li class="main-li">|</li>
     <li class="main-li"><a class="li-a" href="#">预定</a></li>
     <li class="main-li">|</li>
     <li class="main-li"><a class="li-a" href="#">联系我们</a></li>
     </ul>
</div>
```

在样式中，分别规定 menu 区的宽度、高度、内留白，指定。字体的大小、列表、列表项，以及超链接中相关的颜色、尺寸、留白、位置等相关样式。样式代码如下：

```
#menu{
        width:710px;
        height:38px;
        padding-left:258px;
        font-size:14px;
}
#menu ul{
        list-style:none;
        padding-top:12px;
        height:20px;
}
#menu a{
        text-decoration:none;
        color:#525151;
}
#menu a:hover{
        text-decoration:underline;
        color:#525151;
}
.main-menu{
        width:710px;
}
.main-menu .main-li{
        float:left;
        height:30px;
        line-height:30px;
        position:relative;
        z-index:1;
        text-align:center;
}
.main-menu .main-li a{
        display:block;
        color:#525151;
        font-weight:bold;
}
.main-menu .main-li .li-a{
        float:left;
        width:80px;
}
.main-menu .main-li .sub-menu{
        position:absolute;
        top:30px;
        display:none;
        z-index:2;
        left:0px;
        width:100px;
        text-align:center;
```

```
        background-color:#C6C6C6;
    }
```

注意：

float:left 指定元素脱离普通的文档流后产生的布局，并且 float 属性必须应用在块级元素上，而不能应用于内联标记。换句话说，如果为某个元素应用了 float 属性，那么这个元素将被指定为块级元素。

3. 网站的横幅广告(bannerwrap 区)

bannerwrap区是网页中放置广告图片或宣传图片的地方，浏览效果如图13-4所示。内容代码如下：

```
<div id="bannerwrap">
    <a href="#"><img src="images/banner.jpg" width="968" height="190"/></a>
    <div class="clear"> </div>
</div>
```

在后面的代码中，在很多地方会出现<div class='clear'></div>，功能是消除之前区域的浮动设置。原因是把之前 div 的 float 属性设置成了 left 或 right，不清除浮动的话，父 div 的高度就不会随内容而增加了。样式代码如下：

```
#bannerwrap{
    width:968px;
    height:190px;
    margin-top:3px;
}
.clear{
    clear:both;
    font-size:0;
    height:0;
    line-height:0;
}
```

图 13-4　网站的横幅广告

13.1.4　主内容区(main 区)

主内容区(main 区)是首页上显示主要内容的区域，这里被划分为多个区域来显示不同的内容，整体上分为 login、left、centertop、centerbottom、right 五个区，其中 right 区又划分为三个区。main 区的样式设置主要针对尺寸和外边距。样式代码如下：

```
#main{
    width:968px;
    margin-top:5px;
}
```

1. 登录区(login 区)

在这个区域中有一个登录表单。其中，"用户名"和"密码"采用 text 类型的文本框，"登录" "会员注册""找回密码"按钮使用 image 类型的文本框，这种类型文本框的外观主要取决于图片，所以设计者可以利用五颜六色的图片创造出十分有特点的按钮，效果如图 13-5 所示。内容代码如下：

```html
<div id="login">
    <div class="userinfo">
        用户名 <input type="text" name="username" size="14" class="input" /><br/><br/>
        密  码 <input type="text" name="username" size="14"class="input" />
    </div>
    <div class="ok"><input type="button" class="login_ok"/></div>
    <div class="register">
        <input type="image" src="images/reg.jpg" width="65" height="22"/>
        <input type="image" src="images/foundp.jpg" width="66" height="22"/>
    </div>
</div>
```

图 13-5 登录区的浏览效果

样式代码如下：

```css
#login{
        width:200px;
        height:190px;
        float:right;
        background:url(../images/login_bg.gif) no-repeat scroll 0 0;
}
.userinfo{
        padding:48px 0 0 20px;
}
.input{
        margin-left:5px;
}
.ok{
        padding:9px 0 0 60px;
}
.login_ok{
        background:url(../images/ok.jpg) no-repeat scroll 0 0;
        width:68px;
        height:22px;
        border:none;
        cursor:pointer;
}
```

```
.register{
    padding:15px 5px 0 31px;
}
```

2. 左边内容区(left 区)

在这个区域中，可以展示当前的一些旅行家推荐和相关
的周边产品等内容。由于是模拟网站，因此户外商城和畅销
排行榜是虚拟的图片。这个区域分为第一行标记和下面的展
示内容两部分，如图 13-6 所示。内容代码如下：

```
<div id="left">
    <div class="title">旅行家推荐<div class="more"><a href="#"><img
        src="images/more.jpg" /></a></div></div>
        <div id="leftcontent">
            <a href="#"><img src="images/pic_08.jpg"
            width="174"/></a>
            <a href="#"><p>酷暑仲夏终于来了，白天我们蜷在空调房
里盼望着夜晚的来临，可夜晚到了你有没有些......</p></a>
            <img src="images/store.png" width="174"/>
            <img src="images/charts.png" width="174"/>
        </div>
        <div class="clear"> </div>
</div>
```

样式代码如下：

```
#left{
        width:198px;//左边吃喝内容的宽度，高度根据内容自动增长
        border:1px solid #C8C8C8;
        float:left;
        display:inline;
        background-color:#F5F5F5;
}
#left .title{
        position:relative;
        text-indent:25px;
        color:#fff;
        font-size:14px;
        font-weight:bold;
        width:192px;
        height:25px;
        margin-left:1px;
        line-height:25px;
        background:url(../images/title_bg.jpg) no-repeat scroll 0 0;
}
#left .more{
    position:absolute;
    top:6px;
    left:110px;
```

图 13-6　左边内容区的浏览效果

```
        width:49px;
        height:12px;
    }
    #leftcontent{
        width:174px;
        padding:5px 0 0 12px;
    }
    #leftcontent    p{
        text-indent:2em;
        text-decoration:underline;
        line-height:1.2;
        padding:3px 10px 0 5px;
    }
    #leftcontent ul{
        list-style-type:square;
        padding:12px 0 16px 5px;
        width:169px;
        list-style-position:inside;
    }
    #leftcontent li{
        line-height:2.3;
        vertical-align:middle;
        border-bottom:1px dashed #C4C2C2;
    }
```

3. 中间顶部内容区(centertop 区)

在中间部内容区主要展示"最新活动"，将热门旅游活动展示出来，主要包括图片、价格和满意度等相关内容，如图 13-7 所示。内容代码如下：

```
<div id="center">
    <div class="title">最新活动<div class="more"><a href="#"><img src="images/more.jpg" /></a></div></div>
    <div id="centertop">
        <ul>
            <li><a href="#"><img src="images/pic_001.jpg" width="250" /><br/><span class="money">￥2639 起</span>
<s>￥3639</s> <span class="satisfact">满意度  100%</span></a></li>
            <li><a href="#"><img src="images/pic_002.jpg" width="250" /><br/><span class="money">￥12639 起</span>
<s>￥15999</s> <span class="satisfact">满意度  100%</span></a></li>
        </ul>
        <ul>
            <li><a href="#"><img src="images/pic_004.jpg"
width="250" /><br/><span class="money">￥5639 起</span><s>￥7639
</s> <span class="satisfact">满意度  100%</span></a></li>
            <li><a href="#"><img src="images/pic_005.jpg"
width="250" /><br/><span class="money">￥7426 起</span><s>￥9854
</s> <span class="satisfact">满意度  100%</span></a></li>
        </ul>
    </div>
```

图 13-7 中间顶部内容区的浏览效果

样式代码如下：

```css
#center{
    margin-left:7px;
    width:546px;
    float:left;
    background-color:#F5F5F5;
}
.money{
    color:red;
    font-size:20px;
    font-weight:bold;
    text-decoration:none;
}
.satisfact{
    color:#666666;
    padding:0 0 0 20px;
    text-decoration:none;
    font-size:15px;
}
#centertop,#centerbottom{
    width:546px;
    height:449px;//中间图片的高度
    border:1px solid #C8C8C8;
}
#centertop ul{
    list-style:none;
    padding:9px 0 0 12px;
}
#centertop li{
    padding:5px 5px 20px 5px;
    float:left;
    display:block;
}
```

4. 中间底部内容区(centerbottom)

在中间底部内容区主要展示"精彩游记"，这个区域是利用图文混排的样式规划的，如图 13-8 所示。内容代码如下：

```html
<div id="centerbtcont">
    <div class="pwrap">
        <p><img src="images/pic_07.jpg" class="imgwrap"/>很多人选择清迈或许是因为一部电影，《泰囧》；又或许是因为一个人，邓丽君；再或者是一个日子，万人水灯节 or 泼水节。而我在年初毫不犹豫地敲定清迈的行程，并不是因为这些，清迈真正吸引我的是那里有我心中追寻的色彩。心中的清迈，一座古朴的小城，没什么大风景，却处处充满色彩。</p>
        <p>那里有金碧辉煌的庙宇，那里有小清新的街道，那里有触手可及的蓝天，那里有色彩斑斓的拜县，那里还有灯火辉煌的夜市......已经迫不及待地开启一段清迈之旅，追寻我心中清迈的色彩！我是 Nazario 罗尼，爱生活，爱旅行，爱摄影，爱折腾自己的游记，希望大家喜欢！</p>
        <p><img src="images/pic_09.jpg" class="imgwrap2"/>Hello，Chiang Mai！
            清迈，我们来了！
            在一个并不完美的季节，
```

用我们的方式感受着小城清晨的古朴和宁静，
在下一转角邂逅金碧辉煌或安静清闲的佛寺，
在拜县假装很唯美，留下我们最美的光与影，
在因他农山翱翔天空，触碰那一片蓝天白云，
漫步在色彩斑斓的宁曼路，找寻那一抹清新，
迎着夕阳在夜市等待着华灯初上的那份妖娆。
清迈，我们曾经来过！</p>

```
<p style="text-align:right; padding:3px 0 0 0; width:320px;"><a href="#">详细进入>></a></p>
        <div class="clear"> </div>
    </div>
        <div class="clear"> </div>
</div>
```

样式代码如下：

```
#centerbottom {
    margin-top:5px;
    padding:6px 8px 0 3px;
    width:535px;
    height:242px;
}
#centerbottom .title,#center .title{
    position:relative;
    text-indent:25px;
    color:#fff;
    font-size:14px;
    font-weight:bold;
    width:535px;
    height:24px;
    line-height:24px;
    background:url(../images/title_bg02.jpg) no-repeat scroll 0 0 #25AA9E;
}
#centerbottom .more,#center .more{
    position:absolute;
    top:6px;
    left:452px;
    width:49px;
    height:12px;
}
#centerbtcont {
    width:510px;
    padding:6px 0 0 8px;
}
.imgwrap {
    float:left;
    border:1px solid blue;
    margin:5px;
}
.imgwrap2 {
    float:right;
    border:1px solid blue;
```

```
    margin:5px;
}
#centerbtcont .pwrap {
    padding-top:5px;
}
#centerbtcont .pwrap p {
    text-indent:3em;
    line-height:1.5;
    width:525px;
}
```

contertop 区和 centerbottom 区中的有些样式设置一样，所以样式代码中没有彻底分开，可以将两部分的样式代码合在一起对比网页。

图 13-8　中间底部内容区的浏览效果

5. 右边内容区(right 区)

在这个区域中展示当前的一些热点内容。由于内容类型很多，因此在这里又划分成很多区来进行排版布局，包含 around 区、domestic 区、abroad 区。首先看一下 right 区，对应的 CSS 代码如下：

```
#right {
    width:202px;
    float:right;
    padding-right:3px;
    background-color:#F5F5F5;
}
#right ul {
    padding:10px 0 0 30px;
    list-style-image:url(../images/icon.jpg);
}
#right li {
    line-height:1.7;
}
```

由于 around 区、domestic 区和 abroad 区的样式风格一样，因此下面先分别介绍这三个区的内容代码，再一起展示样式代码。

(1) around 区的内容代码

around 区展示热门头条的相关内容，里面的主要内容由列表和图片组成，如图 13-9 所示。内容代码如下：

```
<div id="around">
    <div class="title">热门头条
<div class="more"><a href="#"><img src="images/more.jpg" /></a></div>
</div>
    <ul>
        <li><a href="#">【爆款】上海迪士尼乐园 门票买 1 送 1</a></li>
        <li><a href="#">【特惠】三亚狂欢节 第 2 人半价</a></li>
        <li><a href="#">【促销】暑期银行特惠 部分减 4000 元</a></li>
        <li><a href="#">【惠游】欧洲第 2 人 5 折 中行卡折上惠</a></li>
    </ul>
    <img src="images/hot.png" width="174"/>
</div>
```

(2) domestic 区的内容代码

domestic 区展示国内游的相关内容，里面的主要内容由列表组成，如图 13-10 所示。内容代码如下：

```
<div id="domestic">
    <div class="title">国内游<div class="more"><a href="#"><img src="images/more.jpg" /></a></div></div>
    <ul>
        <li><a href="#">青山清水客家人</a></li>
        <li><a href="#">超详细三亚自由行游记</a></li>
        <li><a href="#">沿着海岸去纳凉</a></li>
        <li><a href="#">全家香港亲子游</a></li>
        <li><a href="#">去玩哦旅游 烟雨凤凰 3 日游</a></li>
        <li><a href="#">浪漫海滨辽宁四地 5 日游</a></li>
        <li><a href="#">山不在高：浙江·台州之旅</a></li>
        <li><a href="#">维吾尔族的历史，你了解吗？</a></li>
    </ul>
</div>
```

图 13-9 热门头条的浏览效果

图 13-10 国内游的浏览效果

(3) abroad 区的内容代码

abroad 区展示境外游的相关内容，里面的主要内容由列表组成，如图 13-11 所示。内容代码如下：

```
<div id="abroad">
    <div class="title">出境游<div class="more"><a href="#"><img src="images/more.jpg" /></a></div></div>
    <ul>
        <li><a href="#">北欧+峡湾 9 日冰纯天净之旅</a></li>
        <li><a href="#">热浪岛休闲度假 6 日游</a></li>
```

```
        <li><a href="#">爱尔摩沙度假村+云顶欢乐游</a></li>
        <li><a href="#">马尔代夫 6 日逍遥游</a></li>
        <li><a href="#">悠游巴厘岛半自助 6 日行</a></li>
        <li><a href="#">超值香港+长滩岛 6 日游</a></li>
        <li><a href="#">韩国济州休闲 3 日游</a></li>
        <li><a href="#">赴国际电影节主办地</a></li>
        <li><a href="#">暑假出境游回暖</a></li>
    </ul>
</div>
```

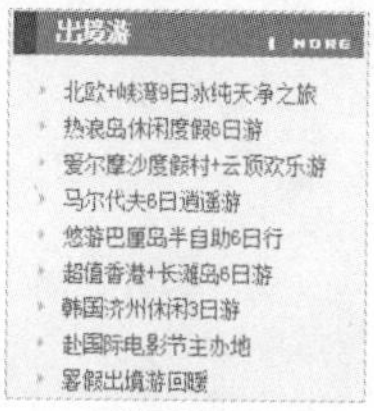

图 13-11　境外游的浏览效果

(4) around 区、domestic 区、abroad 区的样式代码

```
#domestic,#abroad,#around{
    width:202px;
    padding-left:1px;
    border:1px solid #C8C8C8;
}
#domestic .title,#abroad .title,#around .title {
    position:relative;
    text-indent:25px;
    color:#fff;
    font-size:14px;
    font-weight:bold;
    width:200px;
    height:25px;
    line-height:25px;
    background:url(../images/title_bg03.jpg) no-repeat scroll 0 0;
}
    #domestic .more, #abroad .more,#around .more{
        position:absolute;
        top:6px;
        left:120px;
        width:49px;
        height:12px;
    }
```

13.1.5　页尾区(footer 区)

首页上的底部是页尾区，一般情况下放置网站版权等其他信息。效果如图 13-12 所示。
页尾区的网页代码结构如下：

```
<div id="footer">
    <ul>
        <li><a href="#">商家服务</a></li>
```

```
        <li>|</li>
        <li><a href="#">新手上路</a></li>
        <li>|</li>
        <li><a href="#">网站荣誉</a></li>
        <li>|</li>
         <li><a href="#">友情链接</a></li>
         <li>|</li>
        <li><a href="#">关注我们</a></li>
         <li><img src="images/w_icon1.gif" /><img src="images/w_icon2.gif" /><img src="images/w_icon3.gif" /></li>
        </ul>
        <p>Copyright©2016-2017    All Rights Reserved</p>
</div>
```

样式代码如下:

```
#footer {
    width:1004px;
    height:76px;
    border-top:1px solid #BFBCBC;
    margin:0 auto;
    margin-top:10px;
}
#footer ul {
    padding:20px 0 0 330px;
    list-style:none;
    width:704px;
    float:left;
}
#footer li {
    display:block;
    float:left;
    margin-right:10px;
}
#footer p {
    padding:5px 0 0 330px;
    width:704px;
    float:left;
}
```

商家服务 ┃ 新手上路 ┃ 网站荣誉 ┃ 友情链接 ┃ 关注我们
Copyright©2016-2017 All Rights Reserved

图 13-12   页尾区的浏览效果

13.2   设计网页游戏

下面介绍网页版单机游戏贪吃蛇的设计,将使用画布作为页面主体。

13.2.1   游戏简介

贪吃蛇游戏是一款经典的网页版单机游戏,玩家通过上、下、左、右按键控制蛇头的移动方向,使蛇向指定的方向前进，并吃掉随机位置上产生的食物来获得分数。每吃一次食物，贪吃蛇的蛇身都会变长，并且会继续在随机位置上产生下一个食物。如果蛇头撞到墙壁或蛇身，则判定游戏失败。根据游戏的难度可以设置不同的游戏速度，蛇的爬行速度越快，游戏的难度越大。

该游戏将综合应用 HTML5、CSS3 与 JavaScript 相关技术来实现。对于开发者来说，除了需要设计游戏的界面布局外，还需要设计按键的监听、游戏速度、蛇的移动效果以及食物的处理。游戏效果如图 13-13 所示。

图 13-13　贪吃蛇游戏的效果图

13.2.2　界面布局的设计

下面介绍游戏界面布局的设计，由两部分组成：信息展示区(包含历史最高分和当前分数)和主游戏显示区域。

1. 设计整体界面

首先使用一个<div>元素在页面背景上创建游戏整体界面，在内部添加标题、水平线并预留信息展示区和主游戏显示区域(游戏画布)。HTML5 代码片段如下：

```
<body>
  <div id="container">
      <h3>基于 HTML5 的贪吃蛇小游戏</h3>
      <hr>
      <!--状态信息栏-->
<!--设置游戏画布-->
  </div>
</body>
```

这段代码为<div>元素定义了 id="container"，以便可以使用 CSS 的 ID 选择器进行样式设置。

本例使用 CSS 外部样式表规定页面样式。在本地的 CSS 文件夹中创建 snake.css 文件，并在<head>首尾标签中声明对 CSS 文件的引用。相关 HTML5 代码片段如下：

```
<head>
<meta charset="utf-8">
```

```
<title>贪吃蛇</title>
<link rel="stylesheet" href="css/snake.css">
</head>
```

在 CSS 文件中使用 ID 选择器为 id="container"的<div>标签设置样式,具体样式要求如下:文本,居中显示,尺寸,宽度为 600 像素;边距,各边的外边距定义为 auto,以便可以居中显示,内边距为 10 像素;颜色,背景颜色为白色;另外,使用 CSS3 技术为其定义边框阴影效果,在其右下角有灰色阴影。

相关 CSS 代码片段如下:

```
/*游戏主界面的总体样式*/
#container {
    text-align:center;
    width:600px;
    margin:auto;
    padding:10px;
    background-color:white;
    box-shadow:10px 10px 15px gray;
}
```

其中,box-shadow 属性可以实现边框阴影效果,4 个参数分别代表水平方向的偏移(向右偏移 10 像素)、垂直方向的偏移(向下偏移 10 像素)、阴影宽度(15 像素)和阴影颜色(灰色),均可自定义成其他值。

由于网页的背景颜色默认为白色,与为<div>元素设置的背景颜色相同;因此为了区分,将网页的背景颜色设置为银色(silver)。

相关 CSS 代码片段如下:

```
body{
    background-color:silver;/*设置页面的背景颜色为银色*/
}
```

此时页面效果如图 13-14 所示。

图 13-14　页面效果

由图 13-14 可见,对游戏整体界面的样式要求已初步实现。接下来将介绍如何添加信息展示区。

2. 设计信息展示区

信息展示区位于主游戏区域的上方,在游戏主界面的预留区域创建一个 id="status"的<div>元素,并在其中包含两个<div>元素,分别用于显示历史最高分与当前游戏分数。

相关 HTML5 代码片段如下:

```
<div id="container">
<h3>基于 HTML5 的贪吃蛇小游戏</h3>
```

```
<hr>
<!--状态信息栏-->
<div id="status">
    <!--历史最高分-->
    <div class="box">
        历史最高分为：<span id="bestScore">0</span>
    </div>
    <!--当前分数-->
    <div class="box">
        当前分数：<span id="currentScore">0</span>
    </div>
</div>
<!--设置游戏画布-->
<div>
```

为显示分数的两个<div>元素添加 class="box"，以便在 CSS 样式表中为它们设置统一的样式。其中历史最高分与当前游戏分数均初始化为 0，并将分数各自嵌套在<span>元素中。为这两个<span>元素分别设置 id="bestScore"和 id="currentScore，以方便后面使用 jQuery 语句实时更新信息展示区中的分数。

在 CSS 样式表中使用 ID 选择器为信息展示区(栏)设置整体样式：边距，各边的内边距均为 10像素；各边的外边距为 auto，以便可以居中显示；尺寸，宽度为 400 像素、高度为 20 像素。

相关 CSS 代码片段如下：

```
/*状态栏样式*/
#status {
    padding:10px;
    width:400px;
    height:20px;
    margin:auto;
}
```

然后使用类选择器对包含 class="box"的<div>进行样式设置：浮动，向左浮动；尺寸，宽度为200 像素。

相关 CSS 代码片段如下：

```
/*状态栏中栏目的盒子样式*/
.box {
    float:left;
    width:200px;
}
```

目前信息展示区已完成，运行效果如图 13-15 所示。

图 13-15　信息展示区的完成效果

由图 13-13 可见,信息展示区已完成。接下来将介绍如何设计主游戏显示区域。

3. 设计主游戏显示区域

主游戏显示区域包含两部分,即游戏画面与"重新开始"按钮。该项目的游戏画面是基于 HTML5 Canvas API 实现的,所有的游戏内容将在元素<canvas>内部呈现。

相关 HTML5 代码片段如下:

```
<div id="container">
    <h3>基于 HTML5 的贪吃蛇小游戏</h3>
    <hr>
    <!--状态信息栏-->
    …(代码略)
    <!--设置游戏画布-->
    <canvas id="myCanvas" width="400" height="400" style="border:1px solid">
</canvas>
  </div>
```

为画布标签<canvas>设置 id="myCanvas",以便后续使用 JavaScript 进行绘制工作。设置<canvas>元素的宽度和高度均为 400 像素,并使用行内样式表设置画布带有 1 像素宽的实际边框效果。

最后使用<button>标签制作"重新开始"按钮。相关 HTML5 代码片段如下:

```
<body>
<div id="container">
        <!--页面标题-->
<h3>基于 HTML5 的贪吃蛇小游戏</h3>
        <!--水平线-->
        <hr>
        <!--游戏时间(代码略)-->
        <!--游戏画布(代码略)-->
        <!--游戏按钮-->
        <div>
            <button>重新开始</button>
        </div>
    </div>
</body>
```

当前"重新开始"按钮仅用于设计布局,单击后暂无响应事件,后续会在 JavaScript 中为其增加回调函数。

在 CSS 文件中对按钮标签<button>进行样式设置:尺寸,宽度为 200 像素、高度为 50 像素;边距,上、下外边距为 10 像素,左、右外边距为 0 像素;边框,无边框效果;字体,字体大小为 25 像素,加粗显示;颜色,字体颜色为白色,背景颜色为浅珊瑚红色(lightcoral)。

相关 CSS 代码片段如下:

```
/*设置游戏按钮样式*/
button {
    width:200px;
    height:50px;
    margin:10px 0;
    border:0;
```

```
        outline:none;
        font-size:25px;
        font-weight:bold;
        color:white;
        background-color:lightcoral;
    }
```

用户还可以为<button>标签设置鼠标悬浮时的样式效果，在 CSS 样式表中用 button:hover 表示。本例将效果设置为按钮背景颜色的改变，换成颜色加深的珊瑚红色(coral)。

相关 CSS 代码片段如下：

```
/*设置鼠标悬浮时的按钮样式*/
button:hover {
    background-color:coral;
}
```

此时整个样式就全部设计完成了，页面效果如图 13-14 所示。

由图 13-16 可见，对贪吃蛇游戏的布局和样式要求已初步实现。目前尚未实现游戏逻辑，这些内容将在下面介绍。

图 13-16   完成的效果

13.2.3   数据模型的设计

将游戏画布分割成 40 行、40 列，即分割成长宽均为 10 像素的 1600 个网格。画布中的蛇身就是由一系列连续的网格填充颜色后组成的，而食物是由单个网格填充颜色后形成的。因此，只要知道这些需要填色的网格的坐标，即可在画布上绘制出蛇身与食物。

1. 创建贪吃蛇模型

设置贪吃蛇的初始身长为 3 格，以蛇头出现在最左侧第 2 行并且向右移动为例，动态过程如图 13-17 所示。

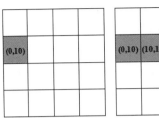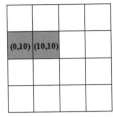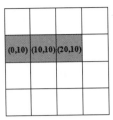

(a) 贪吃蛇的初始位置　　(b) 蛇头向右伸展的过程　　(c) 展现完整蛇身

图 13-17　贪吃蛇模型

图 13-17 中标记的所有坐标数据对应的都是网格的左上角坐标位置。由图 13-17(a)可见，贪吃蛇的初始位置出现在坐标(0,10)处，使用浅蓝色填充，用边长为 10 像素的网格表示蛇身。由于目前规定向右移动，因此随着每次刷新游戏内容，会追加填充右侧的空白网格作为蛇身，直到完整蛇身在网格中全部显现，这一过程由图 13-17(b)和图 13-17(c)呈现。

可以使用一个数组来记录组成蛇身的每个网格的坐标，并依次在画布的指定位置填充颜色，这样即可形成贪吃蛇从出现到移动，直到展现完整蛇身的过程。

例如，向右移动的贪吃蛇的初始坐标可以记录为：

```
var snakeMap = [{'x':0 , 'y':10}];
```

随着蛇头向右前进，为数组增加第 2 组坐标：

```
snakeMap = [{'x':0, 'y':10}], [{'x':10, 'y':10}];
```

如果继续向右前进，，就为数组增加第 3 组坐标：

```
snakeMap = [{'x':0, 'y':10}], [{'x':10, 'y':10}], [{'x':20, 'y':10}];
```

此时蛇身已经完整显示出来。

2. 蛇身移动模型

当蛇身已经完全显示在游戏画面中时，如果蛇头继续前进，则需要清除蛇尾的网格颜色，以表现出蛇的移动效果。以上面的贪吃蛇模型为例，分别展示向右、向下和向上移动的效果，如图 13-18 所示。

图 13-18(b)显示的是贪吃蛇的蛇身已全部显示出来后仍继续向右前进的效果。在吃到食物之前，贪吃蛇的身长将保持不变。此时除了需要填充右侧新的空白网格外，还需要清除最早的蛇身网格颜色，以实现贪吃蛇在移动的动画效果。图 13-18(c)与图 13-18(d)显示的是贪吃蛇分别向下和向上移动的效果，原理与图 13-18(b)的相同。

以上面介绍的数组 snakeMap 为例继续讲解如何实现贪吃蛇的移动效果。

例如继续往右前进，为数组添加新坐标，还需要删除最早的一组坐标：

```
snakeMap = [{'x':10, 'y':10}], [{'x':20, 'y':10}], [{'x':30, 'y':10}];
```

因为数组中的坐标只用于显示当前的蛇身数据，所以需要去掉曾经路过的轨迹。这种绘制方式可以展现贪吃蛇的动态移动效果。因此，只要在每次刷新游戏界面时保持更新 snakeMap 数组的记录，即可获得贪吃蛇的当前位置。

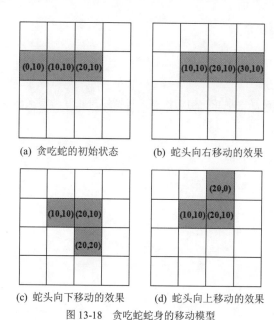

(a) 贪吃蛇的初始状态　　　(b) 蛇头向右移动的效果

(c) 蛇头向下移动的效果　　　(d) 蛇头向上移动的效果

图 13-18　贪吃蛇蛇身的移动模型

3. 蛇吃食物模型

在贪吃蛇的移动过程中，如果蛇头碰到食物，则认为蛇将食物吃掉了。此时蛇的身长增加一格，并且食物消失，然后在随机位置重新出现。同样以初始位置在坐标(0,10)、身长为 3 格的贪吃蛇模型为例，展示蛇吃食物的过程如图 13-19 所示。

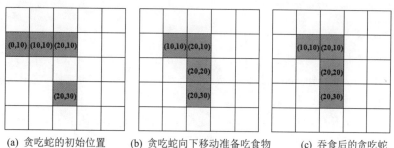

(a) 贪吃蛇的初始位置　　　(b) 贪吃蛇向下移动准备吃食物　　　(c) 吞食后的贪吃蛇

图 13-19　蛇吃食物模型

由图 13-19(a)可见，食物位于蛇头的正下方，因此需要控制蛇头向下移动来接近食物。图 13-19(b)显示的是蛇向下移动一格的效果，此时蛇头已经贴在食物边上了。图 13-19(c)显示的是食物被吞食后的效果，此时贪吃蛇的蛇身长度增加一格并且食物消失。

因此，每当贪吃蛇吃到食物时需要将表示蛇身的变量 t 自增 1，然后判断用于记录蛇身坐标的数组 snakeMap 的长度，如果与当前蛇身长度 t 的值相同，则不必删除最前面的数据。

此时的 snakeMap 数组坐标为：

```
snakeMap = [{'x':10,'y':10}, {'x':20,'y':10}, {'x':20,'y':20}, {'x':20,'y':30}];
```

13.2.4 游戏的逻辑实现

1. 准备游戏

首先使用一系列变量设置贪吃蛇的初始状态，包括蛇身长度、首次出现的位置和移动方向等。相关 JavaScript 代码如下：

```
//========================
//游戏参数设置
//========================
//蛇身长度
var t=3;
//记录贪吃蛇的运行轨迹，用数组记录每一个坐标点
var snakeMap=[ ];
//蛇身单元大小
var w=10;
//方向代码：左37，上38，下40
var derection=37;
//蛇的初始坐标
var x=0;
var y=0;
//画布的宽度和高度
var width=400;
var height=400;
//根据 id 找出指定的画布
var c=document.getElementById("myCanvas");
//创建 2D 的 context 对象
var ctx=c.getContext("2d");
```

上述代码设置贪吃蛇的初始状态为身长 3 格，初始出现位置为坐标(0,0)，并且向右移动。其中用于记录移动方向的变量 derection 可以根据实际需要自定义方向对应的数字，这里为了方便按键监听效果，选择相应的按键代码以表示方向。

这里声明蛇身单元格的边长(w)以及画布的宽度(width)和高度(height)是为了方便开发者后续修改。如果想改变游戏界面或贪吃蛇的大小，只需要更改对应的这一处变量的值，无须修改其他逻辑代码。最后声明的 ctx 对象是为了后续用于游戏画布的绘制工作。

由于当前贪吃蛇的初始位置与方向为固定值，这样会降低游戏难度与可玩度，因此在游戏启动方法 GameStart()中可以使用随机数重新定义贪吃蛇初始出现的位置和移动方向，以便每次刷新页面都可以获得不同的游戏效果。

JavaScript 中 GameStart()方法的初始代码如下：

```
//========================
//启动游戏
//========================
function GameStart(){
//随机生成贪吃蛇的蛇头坐标
    x=Math.floor(Math.random()*width/w)*w;
    y=Math.floor(Math.random()*height/w)*w;
    //随机生成贪吃蛇的前进方向
```

```
        direction=37+Math.floor(Math.random()*4);
    }
```

首先需要为贪吃蛇随机产生初始位置坐标(x,y)，并且其中 x 和 y 的值必须是游戏画布中任意网格的左上角点，这样才能保证蛇身的位置不发生偏移。

由于游戏画布的长度和宽度均为 400 像素，因此画布中任意网格的坐标规律为：

```
(row*10, col*10)
```

其中，row 指的是当前网格的行数，col 指的是当前网格的列数。注意，这里的行数与列数均从 0 开始计数。例如游戏画布中第 2 行、第 3 列的网格的坐标为(2*10, 3*10)，即(20,30)。因此，只需要随机产生 0~39 的行数和列数，即可乘以网格边长换算出坐标位置。

在 JavaScript 中，Math.random() 可以产生位于[0,1]区间的随机数，因此在这里使用 Math.random()*width/w，表示用随机数乘以画布的宽度，再除以网格边长，可获得位于[0,40]区间的随机数。由于此处画布的宽度与高度相等，因此，使用 Math.random()*height/w 同样可以产生位于[0,40]区间的随机数。使用 Math.floor()函数是为了去掉小数点后的数字，这样才能确保最后的随机数为指定范围内的整数。最后再乘以网格边长 w，即可符合画布中任意网格的坐标规律。

表示蛇头前进方向的变量 direction 为了和键盘上方向键对应的代码保持一致，只能是位于[37,40]区间的数字。因此，同样先使用 Math.random()*4 获取位于[0,4]区间的数字，再用 Math.floor()函数去掉小数点后的内容，变成整数，最后加上 37 即可获得位于[37,41)区间的整数。

此时游戏的初始化工作基本完成，接下来介绍如何动态地绘制蛇身的移动过程。

2. 绘制蛇身

每次刷新游戏画面时，蛇头只需要往指定方向前进一格。如果没有吃到新的食物，那么还需要清除原先蛇尾最后一个位置的颜色，以表现出贪吃蛇动态前进一格的效果。

在 JavaScript 中声明 drawSnake()方法，专门用于绘制贪吃蛇。

```
//========================
//贪吃蛇绘制函数
//========================
function drawSnake(){
    //设置蛇身内部的填充颜色
    ctx.fillStyle="lightlue";
    //绘制最新位置的蛇身矩形
    ctx.fillRect(x,y,w,w);
    //数组只保留蛇身长度的数据，如果贪吃蛇前进了，则删除最旧的坐标数据
    if (snakeMap.length>t){
        //删除数组的第一项，即蛇尾最后一个位置的坐标
        var lastBox=snakeMap.shift();
        //清除蛇尾最后一个位置的坐标，从而实现移动效果
        ctx.clearRect(lastBox['x'],lastBox['y'],w,w);
    }
}
```

由于要通过刷新游戏画面才能实现动画效果，因此在 JavaScript 中声明 gameRefresh()方法，专门用于刷新画布。在该方法中调用 drawSnake()方法，绘制贪吃蛇的蛇身变化过程。

在 JavaScript 中，gameRefresh()方法的初始代码如下：

```
//========================
//游戏画面刷新函数
//========================
function gameRefresh(){
    //将当前坐标数据添加到贪吃蛇的运动轨迹坐标数组中
    snakeMap.push({
        'x':x,
        'y':y
    });
    //绘制贪吃蛇
    drawSnake();
    //根据方向移动蛇头的下一个位置
    switch(direction){
    //左 37
    case 37:
        x-=w;
        break;
    //上 38
    case 38:
        y-=w;
        break;
    //右 39
    case 39:
        x+=w;
        break;
    //下 40
    case 40:
        y+=w;
        break;
    }
}
```

最后，在 GameStart()函数中设置在过了间隔规定的时间后，重复调用 gameRefresh()以达到刷新游戏画面的效果。修改后的 GameStart()函数如下：

```
//========================
//启动游戏
//========================
function GameStart(){
    //随机生成贪吃蛇的蛇头坐标
    …(代码略)
    //随机生成贪吃蛇的前进方向
    …(代码略)
    //每隔 200 毫秒刷新一次游戏内容
    setInterval("gameRefresh()",200);
}
```

其中，200 指的是游戏画面每隔 200 毫秒刷新一次，该数值可自定义。为方便开发者后续修改，也可以将这里的 200 改为变量 time，并在游戏的初始化参数中对变量 time 进行初始化声明。

相关 JavaScript 代码如下：

```
//===========================
//设置游戏参数
//===========================
//刷新游戏界面的间隔时间(数字越大，蛇的速度越慢)
 var time=200;
 …(后续代码略)
```

运行效果如图 13-20 所示。

(a) 贪吃蛇的初始位置

(b) 贪吃蛇向左前进

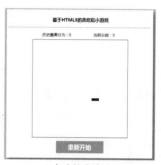
(c) 贪吃蛇完全出现

图 13-20　绘制贪吃蛇的蛇身

在图 13-20 中，贪吃蛇在随机位置出现后以随机方向(本例为向右)开始前进，直到整个蛇身出现并继续前进。由于此时尚未获取用户的按键指令，因此目前贪吃蛇只能按照初始方向一直前进。

3. 处理蛇头的移动

贪吃蛇是依靠玩家按下键盘上的方向键进行上、下、左、右方向切换的，因此首先在 JavaScript 中使用 document 对象的 onkeydown 方法监听并获取用户按键。

JavaScript 中按键监听的完整代码如下：

```
//===========================
//改变蛇前进方向的按键监听
//===========================
document.onkeydown=function(e){
    //根据按键更新前进方向:左 37，上 38，右 39，下 40
    if(e.keyCode==37||e.keyCode==38||e.keyCode==39||e.keyCode==40)
        direction=e.keyCode;
}
```

由于只需要监听键盘上的方向键，并且与这些方向键顺时针旋转左、上、右、下对应的数字代码是 37~40，因此只考虑这 4 种情况，并且直接将按键的代码赋值给表示方向的变量 direction，以便后续判断。加上按键监听后的运行效果如图 13-21 所示。

4. 绘制随机位置的食物

接下来需要在页面上为贪吃蛇绘制食物。食物每次将在随机网格位置出现，占一格位置。食物每次只在画面中呈现一个，直到被蛇头触碰表示吃掉才可在原先的位置消除并在下一个随机位置重新产生。

(a) 贪吃蛇正在前进 (b) 贪吃蛇改变方向

图 13-21 改变贪吃蛇的方向

在 JavaScript 中声明 drawFood()方法,用于在游戏画布的随机位置绘制食物,代码如下:

```
//========================
//食物绘制函数
//========================
function drawFood(){
    //随机食物的坐标
    foodX=Math.floor(Math.random()*width/w)*w;
    foodY=Math.floor(Math.random()*height/w)*w;
    //内部填充颜色
    ctx.fillStyle="#FF0000";
    //绘制矩形
    ctx.fillRect(foodX,foodY,w,w);
}
```

这里随机产生的食物坐标(x,y)与贪吃蛇的初始位置坐标要求一样,必须是游戏画布中任意网格的左上角点,因此同样使用 Math.random()来获取随机数。然后设置食物为红色,并使用 fillRect()函数进行颜色的填充。

修改 JavaScript 中的 GameStart()方法,在绘制贪吃蛇之前添加 drawFood()函数来绘制食物。修改后的相关代码如下:

```
//========================
//启动游戏
//========================
function GameStart(){
    //调用 drawFood()函数,在随机位置绘制第一个食物
    drawFood();
    //随机生成贪吃蛇的蛇头坐标
    …(代码略)
    //随机生成蛇的前进方向
    …(代码略)
    //每隔 time 毫秒刷新一次游戏内容
    …(代码略)
}
```

添加食物后的运行效果如图 13-22 所示。

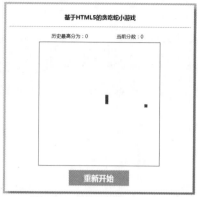

图 13-22　在随机位置生成食物

此时还不能完成吃食物的动作，将在下面介绍相关内容。

5. 对吃到食物的判定

当蛇头与食物出现在同一网格中时，判定贪吃蛇吃到了食物，此时食物消失、当前分数增加 10 分、蛇身增加一格，并且在随机位置重新生成下一个食物。

在 JavaScript 中修改后的 gameRefresh() 方法如下：

```
//========================
//游戏画面刷新函数
//========================
function gameRefresh(){
    //将当前坐标数据添加到贪吃蛇的运动轨迹坐标数组中
    …(代码略)
    //绘制贪吃蛇
    …(代码略)
    //根据方向移动蛇头的下一个位置
    …(代码略)
    //碰撞检测，返回值为 0 表示没有撞到障碍物
    …(代码略)
    //对到食物的判定
    if (foodX==x && foodY==y){
        //吃到一次食物加 10 分
        score+=10;
        //更新状态栏中的当前分数
        var currentScore=document.getElementById("currentScore");
        currentScore.innerHTML=score;
        //在随机位置绘制下一个食物
        drawFood();
        //将蛇身的长度加 1
        t++;
    }
}
```

这里使用 document.getElementById() 方法找到状态栏中用于显示当前分数的元素对象，并将内容更新为最新分值。

运行效果如图 13-23 所示。

(a) 贪吃蛇向食物前进   (b) 贪吃蛇吃到第一个食物

图 13-23   贪吃蛇吃食物的过程

其中，图 13-23(a)是尚未吃过食物的贪吃蛇向食物前进的画面，此时蛇身长度为 3 个网格，当前分数为 0 分；图 13-23(b)是贪吃蛇已经吃到第一个食物的画面，此时蛇身长度增加为 4 个网格，并且将当前分数更新为 10 分。

6. 碰撞检测

蛇头碰到游戏画布的任意一边或碰到贪吃蛇自身均判定游戏失败，此时弹出提示告知玩家游戏失败的原因，并显示当前分数。如果本局得分打破历史纪录，就使用 HTML5 Web 存储 API 中的 localStorage 对象更新存储的数据。玩家单击提示框中的"确定"按钮后，可以开始下一局游戏。

在 JavaScript 中首先创建函数用于贪吃蛇与障碍物的碰撞检测。碰撞检测需要检测两种可能性，一种是蛇头撞到四周的墙壁，另一种是蛇头碰到了蛇身。无论哪一种情况发生，都判定游戏失败。

detectCollision()方法的完整代码如下：

```
//=======================
//碰撞检测函数
//=======================
function detectCollision(){
    //蛇头撞到四周的墙壁，游戏失败
    if (x>width||y>height||x<0||y<0){
        return 1;
    }
    //蛇头碰到蛇身，游戏失败
    for (var i=0;i<snakeMap.length;i++){
        if (snakeMap[i].x==x && snakeMap[i].y==y){
            return 2;
        }
    }
    return 0;
}
```

该方法有 3 个返回值，它们分别表示不同的含义。

返回值为 0：表示蛇头没有碰到障碍物，游戏继续。

返回值为 1：表示蛇头碰到游戏画布任意一边的墙壁，游戏失败。

参考文献

[1] (美)Christopher Murphy 等著；黄曙荣，林逸，胡训强 译. HTML5+CSS3 开发实战[M]. 北京：清华大学出版社，2014.

[2] (美)Rob Larsen 著；崔楠 译. HTML5 &编程入门经典[M]. 北京：清华大学出版社，2014.

[3] (美)Thomas A. Powell 著；刘博 译. HTML5 & CSS 完全手册(第 5 版)[M]. 北京：清华大学出版社，2011.

[4] 姬莉霞，李学相. HTML5+CSS3 网页设计与制作案例教程[M]. 北京：清华大学出版社，2017.

[5] 周文洁. HTML5 网页前端设计实战[M]. 北京：清华大学出版社，2017.

[6] 李东博. HTML5+CSS3 从入门到精通[M]. 北京：清华大学出版社，2013.

[7] (美)Jon Duckett 著；刘涛，陈学敏 译. HTML & CSS 设计与构建网站[M]. 北京：清华大学出版社，2013.

[8] 缪亮，陶莹. Web 前端设计与开发：HTML5+CSS3+JavaScript 微课版[M]. 北京：清华大学出版社，2018.

返回值为 2：表示蛇头碰到蛇身，游戏失败。

在 JavaScript 中修改 gameRefresh()方法，在根据方向移动蛇头位置的 switch 语句后面添加游戏失败判定的相关代码，通过判断 detectCollision()方法的返回值来确定当前的游戏状态。修改后的 gameRefresh()方法如下，加上碰撞检测后的游戏运行效果如图 13-24 所示。

```javascript
//====================
//游戏画面刷新函数
//====================
function gameRefresh(){
    //将当前坐标数据添加到贪吃蛇的运动轨迹坐标数组中
    ...(代码略)
    //绘制贪吃蛇
    ...(代码略)
    //根据方向移动蛇头的下一个位置
    ...(代码略)
    //碰撞检测，返回值为 0 表示没有撞到障碍物
    var code=detectCollision();
    //如果返回值不为 0，表示游戏失败
    if (code!=0){
        //如果当前得分高于历史最高分，则更新历史最高分
        if (score>bestScore)
            localStorage.setItem("bestScore",score);
        //返回值为 1 表示撞到墙壁
        if (code==1){
            alert("撞到了墙壁，游戏失败！当前得分："+score);
        }
        //返回值为 2 表示撞到蛇身
        else if (code==2){
            alert("撞到蛇身，游戏失败！当前得分："+score);
        }
        //重新加载页面
        window.location.reload();
    }
}
```

(a) 贪吃蛇碰到墙壁　　　　(b) 贪吃蛇碰到蛇身

图 13-24 贪吃蛇的碰撞检测

7. 显示历史最高分

这里将介绍如何在状态栏中显示历史最高分。使用 HTML5 Web 存储 API 中的 localStorage 进行历史最高分的读取。在 JavaScript 中声明 showBestScore()方法，用于获取并在状态栏中展示历史最高分。

JavaScript 中 showBestScore()方法的完整代码如下：

```
//========================
//显示历史最高分
//========================
function showBestScore(){
    //从本地存储数据中读取历史最高分
    bestScore=localStorage.getItem("bestScore");
    //如果尚未记录最高分，则重置为 0
    if(bestScore==null)
        bestScore=0;
    //将历史最高分更新到状态栏中
    var best=document.getElementById("bestScore");
    best.innerHTML=bestScore;
}
```

首先从 localStorage 中根据键名 bestScore 查找历史最高分。如果为空值，则表示尚未存储历史最高分，因此将空值重置为 0，最后将获取的历史最高分更新到信息展示区。相关代码修改后如下所示，运行效果如图 13-25 所示。

```
//========================
//设置游戏参数
//========================
…(代码略)
//获得历史最高分
    showBestScore();
    //开始游戏
    GameStart();
});
```

图 13-25　显示历史最高分为 50 分

图 13-25 中显示的是历史最高分为 50 分的情况，当游戏分数超过历史最高分h最高分。

8. 重新开始游戏

重新开始游戏有两种方式，一种是当贪吃蛇碰撞到墙壁或自身导致游戏失败时自戏，另一种是当单击"重新开始"按钮时强制重新开始游戏。

可以直接使用 window.location.reload()方法重新加载游戏，以达到刷新页面的作为"重新开始"按钮添加按键监听，修改后的代码如下：

```
<button onClick="window.location.reload()">重新开始</button>
```

在游戏画面刷新函数 gameRefresh()中找到碰撞检测的相关代码，在判断碰到物体时window.location.reload()方法以达到刷新游戏的效果。

gameRefresh()方法修改后的代码如下：

```
//========================
//游戏画面刷新函数
//========================
function gameRefresh(){
    //将当前坐标数据添加到贪吃蛇的运动轨迹坐标数组中
    …(代码略)
    //绘制贪吃蛇
    …(代码略)
    //根据方向移动蛇头的下一个位置
    …(代码略)
    //碰撞检测，返回值为 0 表示没有碰到障碍物
    var code=detectCollision();
    //如果返回值不为 0，表示游戏失败
    if(code!=0){
        …(代码略)
        //重新加载页面
        window.location.reload();
    }
}
```

此时所有的代码就全部完成了。

13.2.5　游戏的完整代码

HTML5 和 CSS 的完整代码请在本书的附赠资料中查看。